“十二五”高等教育机电类专业规划教材

塑料成型工艺与模具设计

主　编　陈丽丽　刘颖辉
副主编　张　南　陈福民　林　凯　朱斌海
参　编　刘守佳　孙本龙
主　审　陈维民　杨德云

中国铁道出版社
CHINA RAILWAY PUBLISHING HOUSE

内容简介

本书系统简明地介绍了塑料制品与塑料成型模具的设计原理、设计方法以及基本的塑料成型工艺。全书共分为11章。第1章绪论介绍塑料成型技术的应用与发展；第2、3章主要介绍塑料成型技术基础和塑料制品的设计原则；第4到9章主要介绍注射成型工艺及注射模浇注系统、成型零部件、导向及脱模机构、侧向分型与抽芯机构、温度调节系统的设计原则和方法；第10章简要介绍了其他常用的塑料成型工艺；第11章介绍了注射模的设计步骤、材料和标准模架的选用。

本书适合作为本科、高职高专院校模具设计与制造专业及机械、机电类等相关专业的教学用书，也可作为从事模具设计与制造的工程技术人员的参考书，还可作为相关培训用书。

图书在版编目（CIP）数据

塑料成型工艺与模具设计/陈丽丽，刘颖辉主编．—北京：中国铁道出版社，2014.2
"十二五"高等教育机电类专业规划教材
ISBN 978-7-113-17763-8

Ⅰ.①塑… Ⅱ.①陈… ②刘… Ⅲ.①塑料成型—生产工艺—高等学校—教材 ②塑料模具—设计—高等学校—教材 Ⅳ.①TQ320.66

中国版本图书馆CIP数据核字（2013）第288130号

书　　名：塑料成型工艺与模具设计
作　　者：陈丽丽　刘颖辉　主编

策　　划：何红艳　　　　**读者热线：**400-668-0820
责任编辑：何红艳
编辑助理：雷晓玲
封面设计：付　巍
封面制作：白　雪
责任校对：汤淑梅
责任印制：李　佳

出版发行：中国铁道出版社（100054，北京市西城区右安门西街8号）
网　　址：http://www.51eds.com
印　　刷：化学工业出版社印刷厂
版　　次：2014年2月第1版　　2014年2月第1次印刷
开　　本：787 mm×1 092 mm　1/16　**印张：**15.75　**字数：**360千
印　　数：1～2 000册
书　　号：ISBN 978-7-113-17763-8
定　　价：30.00元

FOREWORD

前　言

塑料作为四大基础工业材料之一，至今得到了飞速发展，在国民经济的各个行业的应用也日益广泛。目前，塑料产品的发展已呈现系列化、品种多样化、生产自动化、应用领域不断拓宽以及功能型的塑料不断发展的态势。

塑料模具设计技术实践性强，并处于不断的发展中。因此本书在编写过程中注重理论联系实际，在生产、教学实践的基础上，参考大量有关塑料成型工艺、塑料模具设计等方面的资料，整理编写了此书。本书中，理论知识的介绍力求体现“实用、够用、适度”，注重实践，并介绍了新的塑料成型技术，同时突出应用型本科院校培养技能型人才的教材编写特点。

本书按照现代模具技术人员必须具备的知识、技术、能力的要求进行编写，主要包括制定塑料成型工艺和设计塑料成型模具。本书在介绍塑料成型技术的应用与发展、塑料成型技术基础和塑料制品的设计原则的基础上，详细介绍了注射成型工艺及注射模浇注系统、成型零部件、导向及脱模机构、侧向分型与抽芯机构、温度调节系统的设计原则和方法，并介绍了注射模的设计步骤、材料和标准模架的选用，同时简要介绍了其他常用的塑料成型工艺。

本书内容丰富、结构紧凑、实用性强。每一章都设定了明确的知识目标和能力目标，以便学生自我检验学习效果，同时章后都设置了小测验（课堂讨论）和课后思考与练习题。经过如此系列的学习与训练后，学生能很好地掌握塑料零件的工艺设计、工艺分析和模具设计，符合企业对模具设计人员的职业素质需要。

本书由陈丽丽、刘颖辉任主编，张南、陈福民、林凯、朱斌海任副主编，其中参与编写的还有刘守佳和孙本龙。

特别感谢主审陈维民教授、杨德云老师在本书的编写过程中提出的宝贵意见以及多次审稿所付出的辛苦工作。同时编者所在单位也给予了大力支持和帮助，在此一并表示感谢。

由于编者水平有限，书中难免有疏漏和不足之处，恳请广大读者批评指正。

编　者

2013年12月

CONTENTS 目　录

第❶章 绪论

知识目标

1. 掌握塑料生产和塑件制品生产两个系统的内容。
2. 熟悉塑料成型工艺和模具设计。
3. 了解本门课程的学习内容和目标。

能力目标

1. 学会分析模具、塑料模具、塑料工业。
2. 学会分析基本的塑料成型工艺和模具。
3. 能描述塑料成型技术的发展趋势。

塑料是20世纪才发展起来的一类新材料。由于其具有品种多、性能优、适应性广、加工方便等优点，所以发展迅速。到20世纪90年代，塑料的体积年产量已赶上钢铁，现已广泛应用于国民经济的各个领域，已由副产物、代用材料发展为不可缺、不可代替的材料。塑料已与金属、木材、硅酸盐一起，被并称为世界四大原材料。

1.1 塑料工业在国民经济中的地位

塑料工业是一门新兴工业，也是当今世界发展最快的工业之一。塑料工业包括塑料原料（简称塑料，含树脂和半成品）的生产和塑料制件（简称塑件）的生产两个体系。没有塑料的生产，就没有塑件的生产。反之，没有塑件的生产，塑料就不能变成工业产品和生活用品，两者是相辅相成的。

从1909年实现以纯化学合成方法生产塑料算起，塑料工业仅有近100年的历史。然而，从1927年聚氯乙烯塑料问世以来，随着高分子化学的发展以及高分子合成技术与材料改性技术的进步，越来越多的具有优良性能的塑料高分子材料不断涌现，促使塑料工业获得了飞跃发展。据统计，在世界范围内，塑料用量近几十年来几乎每5年翻一番，预计今后将以每8年翻一番的速度持续高速发展。我国的塑料工业起步于20世纪50年代初期。从中华人民共和国成立初期第一次人工合成苯酚塑料开始至今，我国的塑料工业发展速度十分惊人。特别是近20年来，产量和品种都大大增加，许多新型的工程塑料已投入批量生产。今天，我国的塑料工业已形成具有相当规模的完整体系，包括塑料的生产、成型加工、塑料机械设备、模具工业以及科研、人才培养等。总之，我国在塑料材料的消耗量上，塑料新产品、新工艺、新设备的研究、开发与应用上都取得了可喜的成就。

塑料工业的发展之所以如此迅猛，主要原因在于塑料具有以下优良特性：

(1) 塑料的密度小、质量轻、比强度高。大多数塑料密度在 1.0 ～ 1.4 g/cm^3，相当于钢材密度的0.14倍，是铝材密度的0.5倍左右，因而在同样体积下，塑料制件要比金属制件轻得多，这就是“以塑代钢”的明显优点所在。由于塑料的密度小，所以其比强度（按单位质量计算的强度）比较高，如钢的拉伸比强度为160 MPa，而玻璃纤维增强塑料的拉伸比强度可高达170 ～ 400 MPa。因此，各种机械、车辆、飞机和航天器上采用塑料零件后，对减轻质量、节省能耗具有非常重要的意义。例如，美国波音747客机有2 500个质量达2 kg的零部件是用塑料制造的；美国全塑火箭中所用的玻璃钢占总重量的80%。

(2) 化学稳定性高，对酸、碱和许多化学药品都有良好的耐腐蚀能力。例如，聚四氟乙烯塑料，“王水”对它也不能腐蚀，甚至连原子工业中的强腐蚀剂五氟化铀对它都不起作用，因此有“塑料王”之称。由于塑料的化学稳定性好，所以在化学工业中应用很广泛，可以用来制作各种管道、密封件和换热器等。

(3) 绝缘性能好，介电损耗低。金属导电是其原子结构中自由电子和离子作用的结果，而塑料原子内部一般都没有自由电子和离子，所以大多数塑料都具有良好的绝缘性能及很低的介电损耗。因此，塑料是现在电子工业中不可缺少的原材料，许多电器用的插头、插座、开关、手柄等都是用塑料制成的。

(4) 耐磨和自润滑性能较好，可以在水、油或带有腐蚀性的液体中工作，也可以在半干摩擦或者完全干摩擦的条件下工作，这是一般金属无法与其相比的。因此，现代工业中已有许多齿轮、轴承和密封圈等机械零件开始采用塑料制造，特别是对塑料配方进行特殊设计后，还可以使用塑料制造自润滑轴承。

(5) 减振、隔音性能也较好，许多塑料还具有透光性能、绝热性能以及防水、防潮和防辐射等多种特殊性能。

(6) 成型性能与着色性能好，可以用不同的成型方法制作各种不同的产品零件。塑料数量的增多、新型塑料品种的增加以及塑料成型技术的发展，为塑料制件的应用开拓了广阔的领域。目前，塑料制件已深入到国民经济的各个部门中，特别是在办公用品、照相器材、汽车、仪器仪表、机械、航空、交通、通信、轻工、建材、日用品以及家用电器行业中，零件塑料化趋势不断加强，并陆续出现了以塑代金属的全塑产品。据报道，美国塑料工业已成为全美第四大工业，是世界上最大的塑料产业国，每年的塑料消耗量已经超过钢材。在全世界，按照体积和质量计算，塑料的消耗量也超过了钢材。我国的塑料工业发展也很快，塑料的产量已上升到世界第四位。塑料工业在国民经济的各个部门中发挥了越来越大的作用。

1.2 塑料制件成型过程及方法

1. 塑料制件的生产过程

塑料制件的生产主要由塑料的成型、机械加工、修饰和装配四个基本工序所组成。有些塑料在成型前需进行预处理（预压、预热、干燥等），因此，塑件生产的完整工序顺序为：准备原材料及预处理→成型→机械加工→修饰→装配，如图1-1所示。

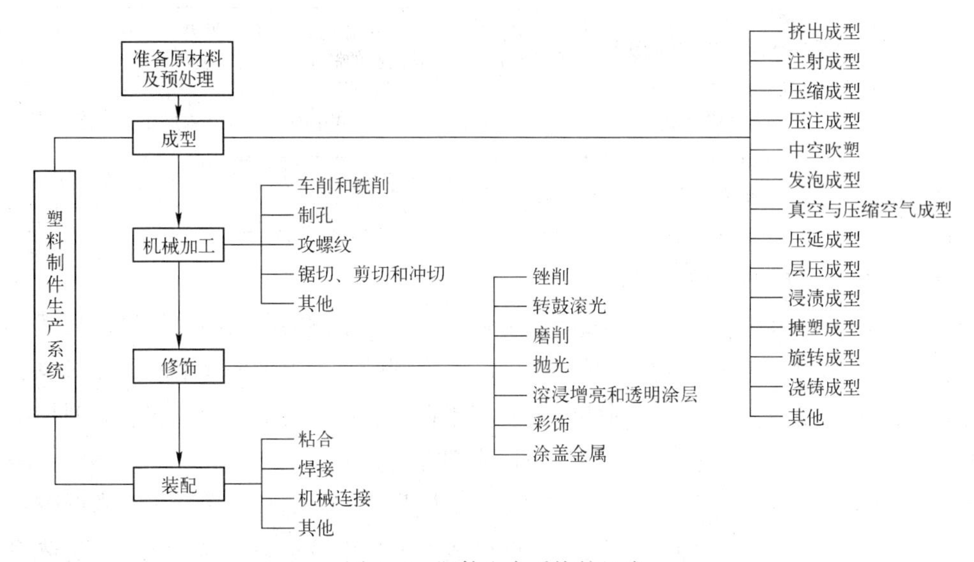

图1-1 塑件生产系统的组成

（1）准备原材料及预处理是指根据制品的使用性能和加工方法选择合适的树脂及助剂并进行预处理的过程。

（2）成型是指将各种形态的塑料原料（如粉料、粒料、纤维料等）制成所需形状的制件或坯件的过程，它是生产塑料制件不可缺少的过程。而塑料制件生产的其他过程，通常要根据制件的要求进行取舍。塑料成型加工的方法很多，如注射、压缩和挤出等。

（3）机械加工是指成型后的工件上进行钻孔、攻螺纹、车削或铣削等，以完成成型过程所不能完成或完成得不够准确的一些工作。

（4）修饰的目的是指美化制件外观或改变制件表面性能，如对制件表面进行磨削、抛光、增亮、涂层和镀金属等。

（5）装配是指将已成型的各个部件连接或配套成为一个完整制品的过程。

机械加工、修饰、装配有时统称为二次加工。

2. 塑料成型方法及模具

塑料成型是将各种形态的塑料原料（粉状、粒状、熔体或分散体）熔融塑化或加热到要求的塑料状态，在一定的压力下经过一定形状是口模或填充到一定形状的型腔内，待冷却定型后获得所需形状、尺寸、精度及性能要求的塑件或半成品的过程。

塑料成型的方法很多，包括注射成型、压缩成型、压注成型、挤出成型、吹塑成型、发泡成型、压延成型、真空与压缩空气成型等（图1-1）。其中挤出成型、注射成型和压缩成型这三种成型方法应用最广，占全部塑件加工量的90%以上。表1–1列出了常用的塑料成型加工方法与模具。

表1–1　常用的塑料成型加工方法与模具

成型方法	成型模具	用　途
注射成型	注射模（注塑模）	电视机外壳、食品周转箱、塑料盆、桶、汽车仪表盘
挤出成型	口模（机头）	棒材、管材、板材、薄膜、电缆护套、异形型材（百叶窗叶片、扶手）等
压缩成型	压缩模（压塑模、压胶模）	适于生产非常复杂的制品，如含有凹槽、侧抽芯、小孔、嵌件等，不适合生产精度高的制品
压注成型	压注模（传递模）	设备和模具成本高，原料损失大，生产大尺寸制品受到限制
气动成型	气动成型模	适于生产中空或管状制品，如瓶子、容器及形状较复杂的中空制品

各种成型方法的成型原理介绍如下：

（1）注射成型。由注射机的螺杆或活塞使料筒内塑化熔融的塑料经喷嘴、模具浇注系统注入型腔而固化成型。塑料注射成型是在金属压铸成型的基础上发展起来的。注射模通常适合于热塑性塑料的成型，热固性塑料的注射成型正在推广和应用中。塑料注射成型是塑料成型生产中自动化程度最高、采用最广泛的一种成型方法。

（2）压缩成型。借助加热和加压，使直接放入模具型腔内的塑料熔融并充满型腔，经化学与物理变化而固化成型。塑料压缩成型是塑件成型方法中较早采用的一种，也是热固性塑料通常采用的成型方法之一。成型所使用设备是塑料成型压力机。与塑料注射成型相比，塑料压缩成型周期较长、生产效率较低。

（3）压注成型。通过柱塞，使在模具加料型腔内受热塑化的热固性塑料经浇注系统压入加热的闭合型腔而固化成型。压注成型所使用的设备和塑料的适应性与压缩成型完全相同，知识模具的结构不同。

（4）挤出成型。通过螺杆将加热料筒内塑化熔融的塑料通过特殊形状的口模，使其成为与口模形状相仿的连续体，并逐渐冷却固化成型。成型所使用设备是塑料挤出机。只有热塑性塑料才能使用挤出成型。

（5）吹塑成型。将挤出的熔融塑料毛坯置于模具内，借助压缩空气吹胀而贴于型腔壁上，经冷却固化而成型。

（6）压延成型。将塑化的热塑性塑料通过两道或多道旋转的辊筒间隙挤压延展，连续生产塑料薄膜或片材。

（7）发泡成型。将发泡性树脂直接填入模具内使其受热熔融，形成气液饱和溶液，通过成核作用形成大量微小泡核，再由泡核增长而成型。

（8）真空及压缩空气成型。把热塑性塑料板或塑料片固定在模具上，加热到软化温度后，用真空泵把板材和模具之间的空气抽掉，依靠大气的压力使板材贴合在模具型腔表面，冷却后固化成型。

成型塑件所用的模具称为塑料成型模具，简称塑料模。塑料模是塑件生产的重要工艺装备之一，不同的塑料成型方法采用不同的成型工艺、原理及结构特点各不相同的塑料模具，塑件质量的优劣及生产效率的高低，模具因素占80%。一副质量好的塑料注射模可以成型上百万次，压缩模大约可以生产25万件塑件，这些都与模具设计与制造有很大的关系。在现代塑件的生产中，合理的成型工艺、高效的成型设备和先进的塑料模具是决定塑件质量的重要因素，尤其是塑料模具对实现塑料加工工艺要求，保证塑件的形状、尺寸及精度起着极其重要的作用。高效率、全自动的成型设备也只有配备了适应自动化生产的模具才有可能发挥其效能，产品的生产和更新都是以模具制造和更新为前提的。随着国民经济领域的各部门对塑件的品种和产量需求越来越大、产品更新换代周期越来越短、用户对塑件的质量要求越来越高，人们对模具设计与制造的周期和质量提出了更高的要求，这就促使塑料模设计与制造技术不断向前发展，从而推动了塑料工业以及机械加工业的高速发展。

1.3 塑件成型技术的发展趋势

我国塑料成型技术从起步到现在，经历半个多世纪，有了很大的发展，模具水平有了较大的提高。特别是20世纪90年代以来，在国家产业政策和与之配套的一系列国家经济政策的支持和引导下，我国模具工业发展迅速，年均增速达14%，至2005年，我国模具总产值约为610亿元（其中塑料模约占30%），跃居世界第三位。在未来的模具市场中，塑料模在模具总量中的比例还将逐步提高。

在成型工艺方面，多材质塑料成型模、高效多色注射模、镶件互换结构和抽芯脱模机构的创新取得了较大进步。气体辅助注射成型技术的使用更趋成熟，如青岛海信模具有限公司成功地在电视机外壳以及一些厚壁零件的模具上运用了气辅技术，一些厂家还使用了C-MOLD气辅软件，并取得了较好的效果。热流道模具也开始推广，有的厂家采用率达20%以上，一般采用内热式或外热式热流道装置，少数单位采用了具有世界先进水平的高难度针阀式热流道模具，但总体上热流道的采用率达不到10%，与国外的50%～80%相比，差距较大。

在大型模具方面已能生产48英寸大屏幕彩电塑壳注射模具、6.5 kg大容量洗衣机全套塑料模具，以及汽车保险杠和整体仪表板等模具。在精密塑料模具方面，已能生产照相机塑件模具、多型腔小模数齿轮模具及塑封模具，还能生产厚度仅为0.08 mm的一模两腔的航空杯模具和难度较高的塑料门窗挤出模等。注射模型腔制造精度可达0.02～0.05 mm，表面粗糙度 Ra 的值为0.2 μm，模具质量与寿命明显提高了，非淬火钢模具寿命可达10～30万次，淬火钢模具达50～1 000万次，交货期较以前缩短，但和国外相比仍有较大差距。

在模具设计与制造技术方面，计算机辅助设计（CAD）/计算机辅助工程（CAE）/计算机辅助制造（CAM）技术的应用水平上了一个新台阶，以生产家用电器的企业为代表，陆续引进了相当数量的CAD/CAM系统，如UG、Pro/E、C-Mold、Catia、Cimatron及Mold-flow等。这些系统和软件的引进，虽花费了大量资金，但在我国模具行业中实现了CAD/CAM的集成，并能支持CAE技术对成型过程（如充模和冷却等）进行计算机模拟，取得了一定的技术经济效益，促进和推动了我国模具 CAD/CAM 技术的发展。近年来，我国自主开发的塑料模 CAD/CAM 系统也有了很大发展，主要有北京航空航天大学海尔华正开发的 CAXA 系统、华中理工大学开发的注塑模 HSC5.0 系统及 CAE 软件等，这些软件具有适应国内模具的具体情况、能在计算机上应用且价格低等特点，为进一步普及模具 CAD/CAM 技术创造了良好条件。

在模具材料及标准件应用方面，近年来，国内已较广泛地采用了一些新的塑料模具钢，如 P20、3Cr2Mo、PMS、SMI、SMII 等，对模具的质量和使用寿命有着直接的重大影响，但总体使用量仍较少。塑料模具标准模架、标准推杆和弹簧等越来越得到广泛应用，并且出现了一些国产的商品化的热流道系统元件。但目前我国模具标准件商品化程度一般在 30% 以下，与国外先进工业国家已达到 70% ～ 80% 相比，仍有差距。

根据上述现状，我国塑料成型及模具技术今后的主要发展方向：

（1）在塑料模具设计与制造中全面推广应用 CAD/CAM/CAE 技术。CAD/CAM 技术已发展成为一项比较成熟的共性技术。近年来，模具 CAD/CAM 技术的硬件与软件价格已降低到中小企业普遍可以接受的程度，为其进一步普及创造了良好的条件。基于网络的 CAD/CAM/CAE 一体化系统结构初见端倪，将可以解决传统混合型 CAD/CAM 系统无法满足实际生产过程分工协作要求的问题。CAD/CAM 软件的智能化程度将逐步提高。塑件及模具的 3D 设计与成型过程的 3D 分析将在我国塑料模具技术中发挥越来越重要的作用。模具的 CAD/CAM/CAE 技术正向拟人化、集成化、智能化和网络化方向发展。

（2）提高大型、精密、复杂、长寿命模具的设计水平及比例。由于塑件在各领域的应用范围和规模不断扩大，其精度要求也越来越高，且塑件日趋大型化和复杂化，因生产率要求而发展的一模多腔模具也在增多，这就要求提高大型、精密、复杂、长寿命塑料模具的设计水平比例。

（3）推广应用热流道技术、气辅注射成型技术和高压注射成型技术。采用热流道技术的模具可提高塑件的生产率和质量，并能大幅度节省塑料原料和能源，所以，广泛应用这项技术是塑料模具的一大变革。制定热流道元器件的国家标准，积极生产价廉、质量高的元器件，是发展热流道模具的关键。气体辅助注射成型可在保证产品质量的前提下，大幅度降低成本，目前，在汽车和家电行业中正逐步推广使用。但气体辅助注射成型比普通注射工艺有更多的工艺参数需要确定和控制，模具设计和制造的难度较大。因此，开发气体辅助成型流动分析软件显得十分重要。此外，为了确保塑件精度，继续研究开发高压注射成型工艺与模具也非常重要。

（4）开发新的成型工艺和快速经济模具。随着市场竞争的进一步加剧，产品的开发和更新换代也必定更加趋于频繁，在产品的试制阶段，必须要有新的成型工艺和快速经济模具技术作支撑，才能适应多品种、少批量的生产方式。

（5）提高塑料模标准化水平和标准件的使用率。我国模具标准件水平和模具标准化程度仍较低，与国外差距甚大，在一定程度上制约着国产模具工业的发展。为了提高模具质量和降低模具制造成本，模具标准件的应用要大力推广。为此，首先要制定统一的国家标准，并严格按标准生产；其次要逐步形成规模生产，提高商品化程度和标准件质量，降低成本；再次是要进一步增加标准件的规格和品种。

（6）应用优质模具材料和先进的热处理、表面处理技术。开发和应用优质模具材料及其先进的热处理与表面处理技术，对于提高模具寿命和质量是十分必要的。

（7）研究和应用模具的高速测量技术与逆向工程。采用三坐标测量仪或三坐标扫描仪实现逆向工程，是塑料模CAD/CAM的关键技术之一。研究和应用多样、廉价的检测设备是实现逆向工程的必要前提。

（8）提高塑料成型设备的质量和性能。在引进先进塑料成型设备的同时，做好对先进技术的吸收和推广工作，努力提高国产塑料成型设备的质量和性能，并扩大品种规格。

1.4　课程任务与要求

塑料成型工艺与模具设计是一门实践性很强的专业课程。本课程要求学生掌握常用塑料成型工艺的编制和模具设计，熟悉模具的结构特点及有关设计计算方法，熟悉几大成型工艺方法的基本原理和工艺参数，培养学生具有编制塑料成型工艺规程、选择塑料成型设备及设计塑料模的基本能力。

由于本课程的实践性很强，所以学习时应注意理论和实践相结合，重视所安排的实训教学环节。同时，要善于总结和交流，要勤于思考，注意理解基本概念、基本理论，应用所学相关知识，发挥空间想象能力。

通过本课程学习，应达到以下能力目标：

（1）了解注射成型、压缩成型、压注成型对塑件的结构设计要求，能根据不同的塑料品种、不同的成型方法，分析塑件设计的优劣，对不合理处提出改进方案，能进行一般塑件的设计。

（2）掌握塑料模常用结构的动作原理、特点及设计计算方法，能独立进行简单结构的塑料模设计。

（3）了解塑料模各组成零件对材料的要求，能合理选择模具材料及热处理方法。

（4）具有初步分析、解决成型现场技术问题的能力，包括具有初步分析成型缺陷产生的原因和提出解决方法的能力。

此外，学习本课程除了重视书本的理论学习外，特别应强调理论联系实际，进行现场教学、实验、实习和课程设计。塑料成型加工技术发展很快，塑料模具的各种结构也在不断地创新，我们在学习成型工艺与模具设计的同时，还应了解塑料成型技术、新工艺和新材料的发展动态，学习和掌握，为振兴我国的塑料成型工业作出贡献。

思考与练习题

1. 何谓塑料成型？常用的塑料成型方法有哪些？
2. 简述塑料成型技术的现状及发展方向。
3. 本课程的学习任务是什么？

第❷章 塑料成型技术基础

知识目标

1. 明确塑料的工艺性能与成型加工方法之间的关系。
2. 掌握塑料的基本组成和常用塑料的基本性能。
3. 熟悉常用塑料代号、性能、用途。

能力目标

1. 能分析塑料的工艺性能与成型加工方法之间的关系。
2. 学会分析并选择塑料原材料。
3. 学会分析给定塑料的基本性能。

塑料是以高分子聚合物（树脂）为主要成分的物质。本章介绍塑料的组成和特性、分类和应用、塑料的工艺性能以及常用塑料的性能和应用。

2.1 塑料概述

2.1.1 塑料的组成

塑料主要由树脂和添加剂组成。

1. 树脂

塑料的主要成分是树脂。树脂是一种高分子有机化合物，其特点是无明显的熔点，受热后逐渐软化，可溶解于有机溶剂，不溶解于水。树脂分天然树脂和合成树脂两种。从松树分泌出的松香、从热带昆虫分泌物中提取的虫胶、石油中的沥青等都属于天然树脂。天然树脂不仅在数量上，而且在性能上都远远不能满足工业产品的生产需要；于是人们根据天然树脂的分子结构和特性，用化学合成的方法制取了各种合成树脂。

合成树脂既保留了天然树脂的优点，同时又改善了成型加工工艺性能和使用性能等，因此在现代工业生产中得到了广泛应用。目前，石油是制取合成树脂的主要原料。常用的合成树脂有聚乙烯、聚丙烯、聚氯乙烯、酚醛树脂、氨基树脂、环氧树脂等。

2. 添加剂

在工业生产和应用上，单纯的聚合物性能往往不能满足加工成型和实际使用的要求，因此，需要加入添加剂来改善其工艺性能、使用性能或降低成本，并由此构成了以聚合物

（树脂）为主体的高分子材料——塑料。在塑料的组成中，树脂也起黏结作用，故也叫黏料。塑料的类型和基本性能（如名称、热塑性或热固性，物理、化学及力学性能等）取决于树脂。塑料中常用的添加剂及作用如下所述。

（1）增塑剂，指能改善树脂成型时的流动性和提高塑件柔顺性的添加剂。其作用是降低聚合物分子之间的作用力。如普通聚氯乙烯只能制成硬聚氯乙烯塑件，加入适量增塑剂后，可以制成软聚氯乙烯薄膜或人造革。

对增塑剂的要求是：与树脂有较好的相溶性，性能稳定，挥发性小；不降低塑件的主要性能，无毒、无害、成本低。常用的增塑剂有甲酸酯类、磷酸酯类和氯化石蜡等。

增塑剂的使用应适量，使用过多会降低塑件的力学性能和耐热性能。

（2）稳定剂，指能阻缓塑料变质的物质。其添加的目的是阻止或抑制树脂受热、光、氧和霉菌等外界因素作用而发生质量变异和性能下降。对稳定剂的要求是：能耐水、耐油、耐化学药品，并与树脂相溶；在成型过程中不分解，挥发小，无色。常用的稳定剂有硬质酸盐、铅的化合物及环氧化合物等。稳定剂可分为光稳定剂、热稳定剂、抗氧剂等。

（3）固化剂，指能促使树脂固化、硬化的添加剂，又称硬化剂。它的作用是使树脂大分子链受热时发生交联，形成硬而稳定的体型网状结构。如在酚醛树脂中加入六亚甲基四胺，在环氧树脂中加入乙二胺、顺丁烯二酸酐等固化剂，均可使塑料成型为坚硬的塑件。

（4）填充剂，又称填料，是塑料中一种重要但并非必要的成分。在塑料中加入填充剂可减少贵重树脂含量，降低产品成本。同时，还可以起到强化作用，改善塑料性能，扩大适用范围。

例如在酚醛树脂中加入木粉后，既克服了它的脆性，又降低了成本；在聚乙烯、聚氯乙烯等树脂中加入钙质填充剂后，可成为刚性强、耐热性好、价格低廉的钙塑料；在尼龙、聚甲醛等树脂中加入二硫化钼、石墨、聚四氟乙烯后，其耐磨性、抗水性、耐热性、硬度及机械强度等都会得到改善。用玻璃纤维作塑料填充剂，能大幅度提高塑料的机械强度。

对填充剂的一般要求是：易被树脂浸润，与树脂有很好的黏附性，本身性质稳定，价格便宜，来源丰富。填充剂按其形态有粉状、纤维状和片状三种。常用的粉状填充剂有木粉、大理石粉、滑石粉、石墨粉、金属粉等；纤维状填充剂有石棉纤维、玻璃纤维、碳纤维、金属须等；片状填充剂有纸张、麻布、石棉布、玻璃布等。填充剂的组分一般不超过塑料组成的40%（质量分数）。

（5）着色剂。在塑料中加入有机颜料、无机颜料或有机染料时，可以使塑件获得美丽的光泽，美观宜人，提高塑件的使用品质。对着色剂的要求是性能稳定，不易变色，不与其他成分（增塑剂、稳定剂等）起化学反应，着色力强；与树脂有很好的相容性。日常生活用的塑料制品应注意选用无毒、无臭、防迁移的着色剂。

有些着色剂兼有其他作用，如本色聚甲醛塑料用炭黑着色后可防止光老化；聚氯乙烯用二盐基性亚磷酸铅等颜料着色后，可避免紫外线的射入，对树脂起着屏蔽作用，因此，它们还可以提高塑料的稳定性。在塑料中加入金属絮片、珠光色料、磷光色料或荧光色料时，可使塑件获得特殊的光学性能。

塑料添加剂除了上述几种外，还有润滑剂、发泡剂、阻燃剂、防静电剂、导电剂和导磁剂等，塑件可根据需要选择适当的添加剂。

2.1.2 塑料的分类

塑料工业发展迅速，到目前为止，塑料品种已近300种，常用的约有30种，为了便于识别和应用，通常对塑料进行分类，主要有以下几种分类方法。

1. 按树脂的受热特性分类

按加热时树脂呈现的特性，塑料分为热塑性塑料和热固性塑料两大类。

（1）热塑性塑料。热塑性塑料的特性是在特定温度范围内可反复加热软化和冷却硬化。常用的热塑性塑料有聚乙烯（PE）、聚丙烯（PP）、聚苯乙烯（PS）、聚氯乙烯（PVC）、聚甲醛（POM）、聚酰胺（PA）、聚碳酸酯（PC）、丙烯腈－丁二烯－苯乙烯共聚物（ABS）、聚甲基丙烯酸甲酯（PMMA）、聚对苯二甲酸乙二醇脂（PETP）等。

（2）热固性塑料。热固性塑料受热后即成为不熔不溶的物质，再次受热不再具有可塑性。常用的热固性塑料有酚醛树脂（PF）、环氧树脂（EP）和不饱和聚酯（UP）等。

塑料品种繁多，而每一品种又有不同的牌号，常用塑料名称及英文缩写代号如表2-1所示。

表2-1 常用塑料名称及英文缩写代号

塑料种类	塑料名称	代号
热塑性塑料	聚乙烯（高密度、低密度）	PE（HDPE，LDPE）
	聚丙烯	PP
	聚苯乙烯	PS
	聚氯乙烯	PVC
	丙烯腈－丁二烯－苯乙烯共聚物	ABS
	聚甲基丙烯酸甲酯（有机玻璃）	PMMA
	聚苯醚	PPO
	聚酰胺（尼龙）	PA
	聚砜	PSF（PSU）
	聚甲醛	POM
	聚碳酸酯	PC
	聚四氟乙烯	PTFE
热固性塑料	酚醛树脂	PF
	三聚氰胺甲醛	MF
	脲醛树脂	UF
	不饱和聚酯	UP
	环氧树脂	EP

2. 按塑料的应用范围分类

按照应用的范围，塑料分为通用塑料、工程塑料和特种塑料三大类。

（1）通用塑料。通用塑料是指产量大、用途广、价格低廉的一类塑料。目前公认的通用塑料为聚乙烯（PE）、聚氯乙烯（PVC）、聚苯乙烯（PS）、聚丙烯（PP）、酚醛塑料

(PF)、氨基塑料六大类。其产量占塑料总产量的80%以上，构成了塑料工业的主体。

（2）工程塑料。工程塑料是指用于工程技术中的结构材料的塑料，具有较高的机械强度、良好的耐磨性、耐蚀性、自润滑性及尺寸稳定性等，因而可以代替金属制作某些机械零件。常用的工程塑料主要有聚酰胺（PA）、聚甲醛（POM）、聚碳酸酯（PC）、丙烯腈-丁二烯-苯乙烯共聚物（ABS）、聚砜（PSF）、聚苯醚（PPO）、聚四氟乙烯（PTFE）以及各种增强塑料。

（3）特种塑料。特种塑料是指具有某些特殊性能的材料。这些特殊性能包括：高的耐热性、高的电绝缘性、高的耐蚀性等。常见特种塑料包括氟塑料、聚酰亚胺塑料（PI）、环氧树脂（EP）、有机硅树脂（SI）以及为某些专门用途而改性制得的材料，如导磁塑料、热导塑料等。另外还有用于特殊场合的医用塑料、光敏塑料、珠光塑料、导磁塑料、等离子塑料等。

2.2　塑料的工艺性能

塑料的工艺特性表现在许多方面，有些特性只与操作有关，有些特性直接影响成型方法和工艺参数的选择。下面分别讨论热塑性塑料与固性塑料的工艺特性要求。

2.2.1　热塑性塑料的工艺性能

热塑性塑料的成型工艺特性包括收缩性、流动性、相容性、吸湿性、取向性、降解和热敏性等。

1. 收缩性

塑料从熔融状态冷却到室温发生体积收缩的性质称为收缩性。收缩性的大小用收缩率表示，即单位长度塑件收缩量的百分数。

一般塑料收缩性常用计算收缩率S_s和实际收缩率S_j来表征：

$$S_s = \frac{a-b}{b} \times 100\% \tag{2-1}$$

$$S_j = \frac{c-b}{c} \times 100\% \tag{2-2}$$

式中：a——模具型腔在成型温度时的尺寸；

b——塑料制品在常温时的尺寸；

c——模具型腔在常温时的尺寸。

实际收缩率表示模具在成型温度时的尺寸a与塑件在常温时的尺寸b之间的差别，实际收缩率表示塑料实际所发生的收缩，在大型、精密模具成型零件尺寸计算时常采用。计算收缩率表示常温时模具型腔尺寸c与塑件尺寸b的差别。在普通中、小型模具成型零件尺寸计算时，计算收缩率与实际收缩率相差很小，常采用计算收缩率。

不同种类的塑料收缩率不同，同一种塑料批号不同，收缩率也不同。塑料的收缩率数值越大，越会给塑件的尺寸控制带来困难。影响塑件成型收缩的因素主要有：

（1）塑料品种。不同塑料的收缩率不同；同种塑料由于分子量、填料及配方比等不同，收缩率也不同。表 2-2 列出了常用塑料的收缩率。

表 2-2　常用塑料的收缩率

塑料名称	收缩率/%	塑料名称	收缩率/%
聚乙烯（低密度）	1.5～3.5	尼龙 9	1.5～2.5
聚乙烯（高密度）	1.5～3.0	尼龙 11	1.2～1.5
聚丙烯	1.0～2.5	尼龙 66	1.5～2.2
聚丙烯（玻璃纤维增强）	0.4～0.8	尼龙 66（30% 玻璃纤维）	0.4～0.55
聚氯乙烯（硬质）	0.6～1.5	尼龙 610	1.2～2.0
聚氯乙烯（半硬质）	0.6～2.5	尼龙 610（30% 玻璃纤维）	0.35～0.45
聚氯乙烯（软质）	1.5～3.0	尼龙 1010	0.5～4.0
聚苯乙烯（通用）	0.6～0.8	醋酸纤维素	1.0～1.5
聚苯乙烯（耐热）	0.2～0.8	醋酸丁酸纤维素	0.2～0.5
聚苯乙烯（增韧）	0.3～0.6	丙酸纤维素	0.2～0.5
ABS（抗冲）	0.3～0.8	聚丙烯酸酯类塑料（通用）	0.2～0.9
ABS（耐热）	0.3～0.8	聚丙烯酸酯类塑料（改性）	0.5～0.7
ABS（30% 玻璃纤维增强）	0.3～0.6	聚乙烯醋酸乙烯	1.0～3.0
聚甲醛	1.2～3.0	酚醛塑料（木粉填料）	0.5～0.9
聚碳酸酯	0.5～0.8	酚醛塑料（石棉填料）	0.2～0.7
聚砜	0.5～0.7	酚醛塑料（云母填料）	0.1～0.5
聚砜（玻璃纤维增强）	0.4～0.7	酚醛塑料（棉纤维填料）	0.3～0.7
聚苯醚	0.7～1.0	酚醛塑料（玻璃纤维填料）	0.05～0.2
改性聚苯醚	0.5～0.7	脲醛塑料（纸浆填料）	0.6～1.3
氯化聚醚	0.4～0.8	脲醛塑料（木粉填料）	0.7～1.2
氟塑料 F～4	1.0～1.5	三聚氰胺甲醛（纸浆填料）	0.5～0.7
氟塑料 F～3	1.0～2.5	三聚氰胺甲醛（矿物填料）	0.4～0.7
氟塑料 F～2	2	聚邻苯二甲酸二丙烯酯（石棉填料）	0.28
氟塑料 F～46	2.0～5.0	聚邻苯二甲酸二丙烯酯（玻璃纤维填料）	0.42
尼龙 6	0.8～2.5	聚间苯二甲酸二丙烯酯（玻璃纤维填料）	0.3～0.4
尼龙 6（30% 玻璃纤维）	0.35～0.45		

（2）塑件结构。塑件的形状、尺寸、壁厚、有无嵌件、嵌件数量及其分布对收缩率大小也有很大影响。形状复杂、壁薄、有嵌件数量多的塑件的收缩率小。

（3）模具结构。模具的分型面、浇口形式、尺寸及其分布等因素直接影响料流方向、密度分布、保压补缩作用及成型时间，从而影响收缩率。采用直接浇口和大截面的浇口，可减小收缩；反之，当浇口尺寸较小时，浇口部分会过早凝结，型腔内塑料收缩后得不到及时补充，收缩较大。

（4）成型工艺条件。模具温度高，收缩大。注射压力高，脱模后弹性回弹大，收缩会相应减小。

总之，影响材料收缩性的因素很复杂，要想改善塑料的收缩性，不仅选择原材料时就要慎重，而且在模具设计、成型工艺的确定等多方面都需认真考虑，才能使生产出的塑件质量好、性能好。

2. 流动性

塑料的流动性是指聚合物在所处温度高于黏流温度时发生的大分子滑移现象，表现为在成型过程中，在一定的温度与压力作用下塑料熔体充填模具型腔的能力。

流动性主要取决于分子组成、相对分子质量大小及其结构。只有线型分子结构而没有或很少有交联结构的聚合物流动性好，而体形结构的高分子一般不产生流动。聚合物中加入填料会降低树脂的流动性，加入增塑剂、润滑剂可以提高流动性。流动性差的塑料，在注射成型时不易充填模腔，易产生缺料，在塑料熔体的汇合处不能很好地熔合而产生熔接痕。这些缺陷甚至会导致制件报废。反之，若材料流动性太好，注射时容易产生流涎，造成塑件在分型面、活动成型零件、推杆等处的溢料飞边，因此，成型过程中应适当选择与控制材料的流动性，以获得满意的塑料制件。

热塑性塑料用熔融指数来表示流动性的好坏。熔融指数采用熔融指数测定仪进行测定，如图 2-1（a）所示，将待测定的定量热塑性塑料原材料加入熔融指数测定仪中，上面放入压柱，在一定压力和温度下，10 min 内以熔融指数测定仪下面的小孔中挤出塑料的克数表示熔融指数的大小。挤出塑料的克数愈多，流动性愈好。当比较几种材料相对流动性的大小时，也可以采用螺旋线长度法进行测定，如图 2-1（b）所示，即在一定温度下，将定量的塑料以一定的压力注入阿基米德螺旋线模腔中，测其流动的长度，即可判断他们流动性的好坏。

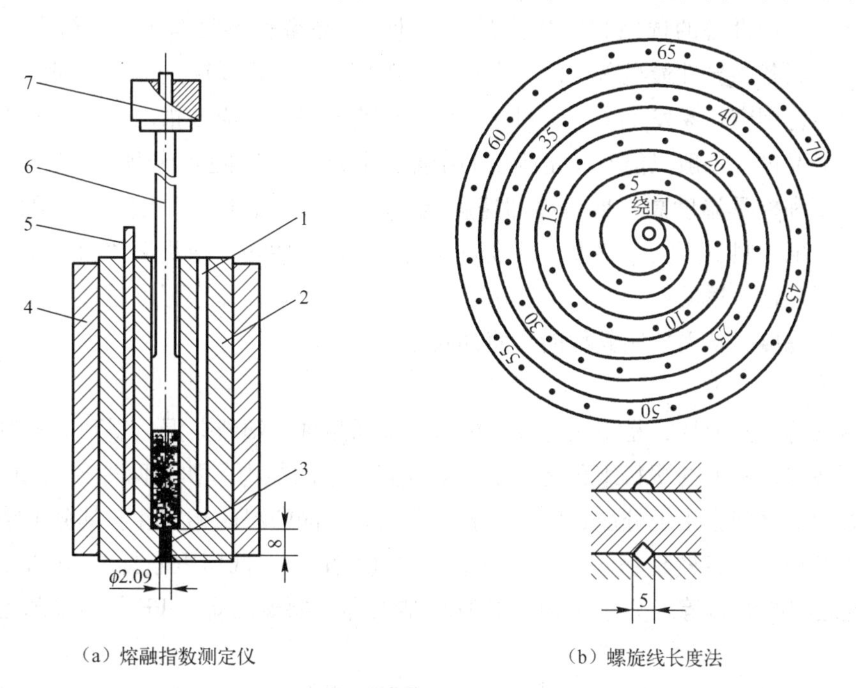

（a）熔融指数测定仪　　（b）螺旋线长度法

图 2-1　热塑性塑料的流动性的测定

1—热电偶测温管；2—料筒；3—出料孔；4—保温层；5—加热棒；6—柱塞；7—重锤

热塑性材料的流动性分为三类：流动性好的，如聚乙烯（PE）、聚丙烯（PP）、聚苯乙烯（PS）、醋酸纤维素（CA）等；流动性中等的，如改性聚苯乙烯（HIPS）、丙烯腈－丁二烯－苯乙烯共聚物（ABS）、丙烯腈－苯乙烯共聚物（AS）、聚甲基丙烯酸甲酯（PMMA）、聚甲醛（POM）等；流动性差的，如聚碳酸酯（PC）、硬聚氯乙烯（HPVC）、聚苯醚（PPO）、聚砜（PSF）、氟塑料等。

料温高，则流动性好。但不同塑料也各有差异，聚苯乙烯（PS）、聚丙烯（PP）、聚酰胺（PA）、有机玻璃（PMMA）、丙烯腈－丁二烯－苯乙烯共聚物（ABS）、丙烯腈－苯乙烯共聚物（AS）、聚碳酸酯（PC）、醋酸纤维（CA）等塑料的流动性随温度变化的影响较大，而聚乙烯（PE）、聚甲醛（POM）的流动性受温度变化的影响较小。

注射压力增大，则熔料受剪切作用大，流动性也增大，聚乙烯（PE）、聚甲醛（POM）等尤为敏感。

浇注系统的形式、尺寸、布置，模具结构（如型腔表面粗糙度、浇道截面厚度、型腔形式、排气系统、冷却系统）的设计及熔料的流动阻力等因素都直接影响塑料熔体的流动性。总之，凡促使熔料温度降低、流动阻力增加的，流动性就会降低。

3. 结晶性

在塑料成型加工中，根据塑料冷凝时是否具有结晶特性，可将塑料分为结晶型塑料和非结晶型塑料两种。属于结晶型塑料的有聚乙烯、聚四氟乙烯、聚甲醛、聚酰胺、氯化聚醚等；属于非结晶型塑料的有聚苯乙烯、聚甲基丙烯酸甲酯、聚碳酸酯、ABS、聚砜等。

结晶型塑料一般使用性能较好，但由于加热熔化需要热量多，冷却凝固放出热量也多，因而必须注意成型设备的选用和冷却装置的设计；结晶型塑料收缩大，容易产生缩孔或气孔；结晶型塑料各向异性最显著，内应力也大，脱模后塑件容易产生变形、翘曲。但由于结晶、熔化温度范围窄，易发生未熔塑料注入模具或堵塞浇口。应该指出，结晶型塑料不大可能形成完全的晶体，一般只能有一定程度的结晶。其结晶程度随着成型条件的变化而变化，如果熔体温度和模具温度高，熔体冷却速度慢，塑件的结晶度大。相反，则塑件的结晶度小。结晶度大的塑料密度大，强度、硬度高，刚度、耐磨性好，耐化学性和电性能好。结晶度小的塑料柔软性、透明性较好，伸展率和冲击韧度较大。因此，可以通过控制成型条件来控制塑件的结晶度，从而控制其性能，使其满足使用要求。

4. 相容性

相容性又称为共混性，是指两种或两种以上不同品种的塑料共混后得到的塑料合金，在熔融状态下各参与共混的塑料组分之间不产生分离现象的能力。如果两种塑料相容性不好，则混熔时各组分之间会出现分层、脱皮等表面缺陷。不同塑料的相容性与其分子结构有一定关系，分子结构相似者较易相容，如高压聚乙烯（LDPE）、低压聚乙烯（HDPE）、聚丙烯（PP）彼此之间的混熔等。分子结构不同时较难相容，如聚乙烯（PE）和聚苯乙烯（PS）之间的混熔。

通过塑料的这一性质，可以得到单一塑料所无法拥有的性质，是改进塑料性能的重要途径之一，例如，聚碳酸酯（PC）和丙烯腈－丁二烯－苯乙烯共聚物（ABS）塑料相容，就能改善工艺性。

5. 吸湿性

吸湿性是指塑料对水分的亲疏程度。具有吸湿或黏附水分的塑料，当水分含量超过一定限度时，由于在成型加工过程中，水分在成型机械的高温料筒中变成气体，促使塑料高温水解，导致塑料降解，使成型后的塑件出现气泡、银纹等缺陷。因此，这类塑料在成型加工前，一般都要经过干燥处理，使水分含量在0.2%以下，并要在加工过程中继续保温，以免重新吸潮。根据吸湿性，塑料大致可以分为两类：一类是具有吸湿或黏附水分倾向的塑料，如聚酰胺（PA）、聚碳酸酯（PC）、丙烯腈－丁二烯－苯乙烯共聚物（ABS）、聚苯醚（PPO）、聚砜（PSF）等；另一类是吸湿或黏附水分极小的材料，如聚乙烯（PE）、聚丙烯（PP）等。

6. 取向性

取向是指聚合物的大分子及其链段在应力作用下有序排列的性质。宏观上取向一般分为拉伸取向和流动取向两种类型。拉伸取向是由拉应力引起的，取向方位与应力作用方向一致；而流动取向是在切应力作用下沿着熔体流动方向形成的。

聚合物取向的结果导致高分子材料的各向异性，即在取向方位的力学性能显著提高，而垂直于取向方位的力学性能明显下降。同时，随着取向度的提高，塑件的玻璃化温度上升，线收缩率增加。线胀系数也随着取向度而发生变化，一般在垂直流动方向上的线胀系数比取向方向上大三倍左右。

由于取向会使塑件产生明显的各向异性，会对塑件带来不利影响，使塑件产生翘曲变形，甚至在垂直于取向方位产生裂纹等，因此对于结构复杂的塑件，一般应尽量使塑件中聚合物分子的取向现象减至最少。

7. 降解和热敏性

（1）降解。降解是指聚合物在某些特定条件下发生的大分子链断裂、分子链结构改变及相对分子质量降低的现象。导致这些变化的条件有：高聚物受热、受力、氧化或水、光及核辐射等的作用。按照聚合物产生降解的不同条件可把降解分为很多种，主要有热降解、水降解、氧化降解、应力降解等。

大多数的降解对制件的质量有负面影响。轻度降解会使聚合物变色；进一步降解会使聚合物分解出低分子物质，使制品出现气泡和流纹等缺陷，会削弱制件的各项物理、化学性能；严重的降解会使聚合物焦化变黑并产生大量分解物质。减少和消除降解的办法是依据降解产生的原因采取相应措施。

（2）热敏性。某些塑料对热较为敏感，在高温下受热时间较长、浇口截面过小或剪切作用较大时，料温增高就易发生变色、降解、分解的特性称为热敏性，如硬聚氯乙烯（HPVC）、聚偏氯乙烯（PVDC）、聚甲醛（POM）、聚三氟氯乙烯（PCTFE）等就具有热敏性。

热敏性塑料在分解时产生单体、气体、固体等副产物，分解产物有时对人体、设备、模具等有刺激、腐蚀作用或毒性，有的分解物往往又是促使塑料分解的催化剂（如聚氯乙烯的分解物氯化氢）。为防止热敏性塑料在成型过程中出现过热分解现象，可采取在塑料中加入稳定剂、合理选择设备、合理控制成型温度和成型周期、及时清理设备中的分解物等措施。此外，还可采取对模具表面进行镀层处理，合理设计模具的浇注系统等措施。

2.2.2 热固性塑料的工艺性能

热固性塑料的工艺性主要有收缩性、流动性、比体积和压缩率、交联、水分与挥发物的含量等。

1. 收缩性

热固性塑料也具有从熔融状态冷却到室温发生体积收缩的性质，即收缩性，收缩性的大小也用收缩率表示，其收缩率的计算与热塑性塑料相同。

产生收缩的主要原因有以下几点。

① 热收缩。热胀冷缩引起塑件尺寸的变化。塑料是以高分子化合物为基础组成的物质，其线胀系数为钢材的几倍至十几倍，制件从成型加工温度冷却到室温时，就会产生较大尺寸的收缩。

② 结构变化引起的收缩。热固性塑料在模腔中进行化学交联反应，分子链间距离缩小，引起体积收缩。这种由结构变化而产生的收缩，在进行到一定程度时，就不再产生。

③ 弹性恢复。塑料制件固化后并非刚性体，脱模时，成型压力降低，产生一定弹性恢复，显然，弹性恢复降低了制件的收缩率。这在成型以玻璃纤维和布质为填料的热固性塑料时尤为明显。

影响收缩的因素有原材料、模具结构、成型方法及成型工艺条件等。塑料中树脂和填料的种类及含量，直接影响收缩率的大小。当在固化反应中树脂放出低分子挥发物较多时，收缩率较大，反之收缩率小。在同类塑料中，填料含量多时收缩率小，无机填料比有机填料所得的塑件收缩小。凡有利于提高成型压力、增大塑料充模流动性、使塑件密实的模具结构，均能减小制件的收缩率，用压缩或压注成型的塑件比注射成型的塑件收缩率小；凡能使塑件密实，成型前使低分子挥发物溢出的工艺因素，都能减小制件收缩率，如成型前对酚醛塑料的预热、加压等可降低制件收缩率。

2. 流动性

热固性塑料流动性的意义与热塑性塑料相同。流动性过大，容易造成溢料过多、填充不密实、塑件组织疏松、树脂与填料分头聚积、易粘模而使脱模困难等。流动性过小，成型时不易充填模腔，容易产生制件缺料。可见，必须根据塑件要求、成型工艺及成型条件选择塑料的流动性。模具设计时应根据流动性来考虑浇注系统、分型面及进料方向等。

影响流动性的因素主要有成型工艺、模具结构以及塑料品种等。

① 成型工艺。采用压锭及预热，提高成型压力，在低于塑料硬化温度的条件下提高成型温度等都能提高塑料的流动性。

② 模具结构。模具成型表面光滑，型腔形状简单，有利于改善流动性。

③ 塑料品种。不同品种的塑料，其流动性各不相同；同一品种塑料，由于其中相对分子质量的大小、填料的形状、水分和挥发物的含量以及配方不同，其流动性也不相同。

热固性塑料采用如图2-2所示的拉西格测定模测定其流动性，将定量的热固性塑料原材料放入拉西格测定模中，在一定压力和一定温度下，测定其从拉西格测定模下面小孔中挤出塑料的长度（mm）值来表示热固性塑料流动性的好坏。挤出塑料愈长，流动性愈好。

3. 比体积和压缩率

比体积是指单位质量的松散塑料所占的体积，压缩率是塑料的体积与塑件的体积之比，其值恒大于1。比体积和压缩率都表示粉状或纤维状塑料的松散性。

在压缩或压注成型前，可用比体积和压缩率来确定模具加料室的大小。比体积和压缩率较大时，模具加料室尺寸较大，使模具体积增大，操作不便，浪费钢材，不利于加热；同时，使塑料内充气增多，排气困难，成型周期变长，生产率降低。比体积和压缩率较小时，使压缩、压注容易，压锭质量比较准确。但是，比体积太小，则影响塑料的松散性，以容积法装料时造成塑件质量不准确。

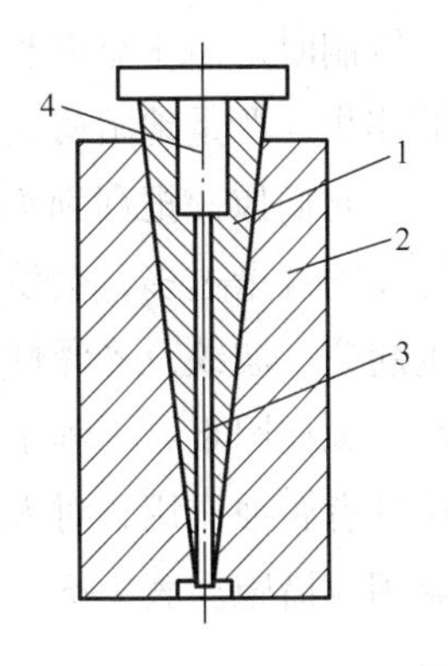

图 2-2 拉西格流动性测定模
1—组合凹模；2—模套；
3—流料槽；4—加料室

4. 交联

交联是针对热固性塑料而言的。热固性塑料在进行成型加工时，大分子与交联剂作用后，其线型分子结构能够向三维体形结构发展，并逐渐形成成型巨网状的三维体形结构，这种化学变化称为交联反应。

在工业生产中，“交联”通常也被“硬化”代替”。但值得注意的是，“硬化”不等于“交联”，在工业上所说的“硬化得好”或“硬化得完全”并不是指交联的程度高，而是指交联达到一种最适合的程度，这时塑件各种力学性能达到了最佳状态。交联的程度称为交联度。通常情况下，聚合物的交联反应是很难完全的，因此交联度不会达到 100% 。但硬化程度可以大于 100% ，产生中一般将硬化程度大于 100% 称为“过熟”，反之称为“欠熟”。

热固性塑料经过合适的交联后，聚合物的强度、耐热性、化学稳定性、尺寸稳定性均能有所提高，一般来讲，不同的热固性塑料，它们的交联反应过程也不同，但交联的速度随温度升高而加快，最终的交联度与交联反应的时间有关。当交联度未达到最适宜的程度时，即产品“欠熟”时，产品质量会大大降低。这将会使产品的强度、耐热性、化学稳定性和绝缘性等指标下降，热膨胀、残余应力增大，塑件的表面光泽度降低，甚至可能导致翘曲变形。但如果交联度太大，超过了最佳的交联程度，产品“过熟”时，塑件的质量也会受到很大的影响，可能会出现强度降低、脆性加大、变色、表面质量降低等现象。因此，工业生产中非常重视“交联度”的控制。为了使产品能够达到最适宜的交联度，常从原材料的配比及成型工艺条件的控制等方面入手，经过反复检测产品的质量，确定最佳原材料配比及最佳生产条件，以使生产的产品能够获得优良性能。

5. 水分与挥发物的含量

塑料中的水分及挥发物来自两个方面：其一是塑料在生产中遗留下来的水分，或在储存、运输过程中，由于包装或运输条件不当而吸收的水分：其二是成型过程中化学反应的副产物。

塑料中水分及挥发物的含量，在很大程度上直接影响塑件的性能。塑料中水分及挥发物的含量大，在成型时产生内压，促使气泡产生或以内应力的形式暂存于塑料中，一旦压力除去后便会使塑件发生变形，降低其机械强度。

压制时，由于温度和压力的作用，大多数水分及挥发物会逸出。在逸出前，其占据着一定的体积，严重地阻碍化学反应的有效进行，造成冷却后塑件的组织疏松；当挥发物气体逸出时，它们像一把利剑割裂塑件，使塑件产生龟裂，机械强度和介电性能降低。塑料中水分及挥发物含量过多，会使塑料流动性过大，容易溢料，成型周期长，收缩率增大，塑件容易发生翘曲、波纹及光泽性差等现象。反之，塑料中水分及挥发物的含量不足，会导致流动性不良，成型困难，不利于压锭。水分及挥发物在成型时变成气体，必须排出模外，有的气体对模具有腐蚀作用，对人体也有刺激作用。为此，在模具设计时应对这种特征有所了解，并采取相应措施。表2-3列出了常见塑料的成型工艺特性。

表2-3　常见塑料的成型工艺特性

塑料名称	成型工艺特性
聚乙烯（PE）	1. 流动性好，溢边值0.02 mm，收缩性大，容易发生歪、翘、斜等变形； 2. 需要冷却时间长，成型效率不太高； 3. 模具温度对收缩率影响很大，缺乏稳定性； 4. 塑件上有浅侧凹时，也能强行脱模
聚丙烯（PP）	1. 流动性好，溢边值0.03 mm； 2. 收缩性大，容易发生翘曲变形，塑件应避免尖角、缺口； 3. 模具温度对收缩率影响很大，冷却时间长； 4. 尺寸稳定性好
聚氯乙烯（PVC）	1. 热稳定性差，应严格控制塑料成型温度； 2. 流动性差，模具流道的阻力应小； 3. 塑料对模具有腐蚀作用，模具型腔表面应进行镀铬处理；
聚苯乙烯（PS）	1. 流动性好，溢边值0.03 mm； 2. 塑件易产生内应力，塑件应避免尖角、缺口，顶出力应均匀，塑件需要后处理； 3. 宜用高温料、高温模、低压注射成型
丙烯腈-丁二烯-苯乙烯共聚物（ABS）	1. 吸湿性强，原料要干燥； 2. 流动性中等，宜用高料温、高模温、较高压力注射成型，溢边值0.04 mm； 3. 尺寸稳定性好； 4. 塑件尽可能采用大的脱模斜度，取2°以上
聚甲基丙烯酸甲酯（PMMA）	1. 流动性中等偏差，宜用高压注射成型； 2. 不要混入影响透明度的异物，防止树脂分解，要控制料温、模温； 3. 模具流道的阻力应小，塑件尽可能有大的脱模斜度
丙烯腈-苯乙烯共聚物（AS）	1. 流动性好，成型效率高； 2. 容易产生裂纹，模具应选择适当的脱模方式，塑件应避免侧凹结构； 3. 不易产生溢料
聚酰胺（PA）	1. 吸湿性强，原料要进行干燥处理； 2. 流动性好，溢边值0.02 mm； 3. 收缩大，方向性明显，要控制料温、模温，要特别注意控制喷嘴温度； 4. 在型腔和主流道上易出现粘模现象
聚甲醛（POM）	1. 热稳定性差，应严格控制塑料成型温度； 2. 流动性中等，对压力敏感，溢边值0.04 mm； 3. 模具要加热，并要控制模温

续表

塑料名称	成型工艺特性
聚碳酸酯（PC）	1. 熔融温度高，需要高料温、高压注射成型； 2. 塑件易产生内应力，原料要干燥，顶出力应均匀，塑件需要后处理； 3. 流动性差，模具流道的阻力应小，模具要加热
聚砜（PSF）	1. 流动性差，对温度变化很敏感，固化速度快，成型收缩小； 2. 成型温度高，宜用高压注射成型； 3. 模具流道的阻力应小，模具要加热，要控制模温
聚苯醚（PPO）	1. 流动性差，对温度变化敏感，冷却固化速度快，成型收缩小； 2. 宜用高速、高压注射成型； 3. 模具流道的阻力应小，模具要加热，要控制模温；
酚醛塑料（PF）	1. 成型性能好，适用于压缩成型，部分适用于压注成型，个别适用于注射成型； 2. 原料应预热、排气； 3. 模温对流动性影响大，160 ℃时流动性迅速下降； 4. 硬化速度慢，硬化时放出大量热
氨基塑料	1. 适用于压缩成型、压注成型； 2. 原料应预热、排气； 3. 模温对流动性影响大，要严格控制温度
环氧树脂（EP）	1. 适用于浇注成型、压注成型、封装电子元件； 2. 流动性好、收缩小； 3. 硬化速度快，装料、合模和加压速度要快； 4. 原料应预热，一般不需排气

2.3 常用塑料的性能及应用

2.3.1 热塑性塑料

1. 聚乙烯（PE）

（1）基本特性。聚乙烯塑料是塑料工业中产量最大的品种。按聚合时采用的压力不同可分为高压、中压和低压聚乙烯三种。低压聚乙烯的分子链上支链较少，相对分子质量、结晶度和密度较高（故又称高密度聚乙烯），所以硬度高、耐磨、耐蚀、耐热及绝缘性较好。高压聚乙烯分子带有许多支链，因而相对分子质量较小，结晶度和密度较低（故称低密度聚乙烯），且具有较好的柔韧性、耐冲击性及透明性。

聚乙烯无毒、无味、呈乳白色。密度为0.91～0.96 g/cm^3，有一定的力学强度，但和其他塑料相比力学强度低，表面硬度差。聚乙烯的绝缘性能优异，常温下聚乙烯不溶于任何一种已知的溶剂，并耐稀硫酸、稀硝酸和任何浓度的其他酸以及各种浓度的碱、盐溶液。聚乙烯有高度的耐水性，长期与水接触其性能可保持不变。其透水气性能较差，而透氧气和二氧化碳以及许多有机物质蒸汽的性能好。在热、光、氧气的作用下会产生老化和变脆。一般高压聚乙烯的使用温度在80 ℃左右，低压聚乙烯为100 ℃左右。聚乙烯能耐寒，在－60 ℃

时仍有较好的力学性能，-70℃时仍有一定的柔软性。

（2）主要用途。低压聚乙烯可用于制造塑料管、塑料板、塑料绳以及承载不高的零件，如齿轮、轴承等；高压聚乙烯常用于制造塑料薄膜、软管、塑料瓶以及电气工业的绝缘零件和包覆电缆等。

（3）成型特点。聚乙烯成型时，在流动方向与垂直方向上的收缩差异较大，注射方向的收缩率大于垂直方向的收缩率，易产生变形，并使塑件浇口周围部位的脆性增加；聚乙烯收缩率的绝对值较大，成型收缩率也较大，易产生缩孔；冷却速度慢，必须充分冷却，且冷却速度要均匀；质软易脱模，塑件有浅的侧凹时可强行脱模。

2. 聚丙烯（PP）

（1）基本特性。聚丙烯无色、无味、无毒。外观似聚乙烯，但比聚乙烯更透明更轻。密度为0.90～0.91 g/cm^3。它不吸水，光泽好，易着色。屈服强度、抗拉、抗压强度和硬度及弹性比聚乙烯好。定向拉伸后聚丙烯可制作铰链，有特别高的抗弯曲疲劳强度。如用聚丙烯注射成型一体铰链（盖和本体合一的各种容器），经过7×10^7次开闭弯折未产生损坏和断裂现象。聚丙烯熔点为164～170℃，耐热性好，能在100℃以上的温度下进行消毒灭菌。其低温使用温度达-15℃，低于-35℃时会脆裂。聚丙烯的高频绝缘性能好。因不吸水，绝缘性能不受湿度的影响。但在氧、热、光的作用下极易解聚、老化，所以必须加入防老化剂。

（2）主要用途。聚丙烯可用作各种机械零件如法兰、接头、泵叶轮、汽车零件和自行车零件。可用作水、蒸汽、各种酸碱等的输送管道，化工容器和其他设备的衬里、表面涂层。制造盖和本体合一的箱壳，各种绝缘零件，并用于医药工业中。

（3）成型特点。成型收缩范围大，易发生缩孔、凹痕及变形；聚丙烯热容量大，注射成型模具必须设计能充分进行冷却的冷却回路；聚丙烯成型的适宜模温为80℃左右，不可低于50℃，否则会造成成型塑件表面光泽差或产生熔接痕等缺陷。温度过高会产生翘曲现象。

3. 聚氯乙烯（PVC）

（1）基本特征。聚氯乙烯是世界上产量最大的塑料品种之一。聚氯乙烯树脂为白色或浅黄色粉末。根据不同的用途可以加入不同的添加剂，使聚氯乙烯塑件呈现不同的物理性能和力学性能。在聚氯乙烯树脂中加入适量的增塑剂，就可制成多种硬质、软质和透明制品。纯聚氯乙烯的密度为1.4 g/cm^3，加入了增塑剂和填料等的聚氯乙烯塑件的密度一般在1.15～2.00 g/cm^{3}范围内。硬聚氯乙烯不含或含有少量的增塑剂，有较好的抗拉、抗弯、抗压和抗冲击性能，可单独用作结构材料。软聚氯乙烯含有较多的增塑剂，它的柔软性、断裂伸长率、耐寒性增加，但脆性、硬度、抗拉强度降低。聚氯乙烯有较好的电气绝缘性能，可以用作低频绝缘材料。其化学稳定性也较好。但聚氯乙烯的热稳定性较差，长时间加热会导致分解，放出氯化氢气体，使聚乙烯变色。其应用温度范围较窄，一般在-15～55℃之间。

（2）主要用途。由于聚氯乙烯的化学稳定性高，所以可用于防腐管道、管件、输油管、离心泵、鼓风机等。聚氯乙烯硬板广泛用于化学工业上制作各种储槽的衬里、建筑物的瓦楞板、门窗结构、墙壁装饰物等建筑用材。由于电气绝缘性能优良而在电气、电子工业中，用于制造插座、插头、开关、电缆。在日常生活中，用于制造凉鞋、雨衣、玩具、人造革等。

（3）成型特点。聚氯乙烯在成型温度下容易分解放出氯化氢，所以必须加入稳定剂和润滑剂，并严格控制温度及熔料的滞留时间。不能用一般的注射成型机成型聚氯乙烯，因为聚氯乙烯耐热性和导热性不好，用一般的注射机需将料筒内的物料温度加热到 166 ～ 193 ℃，会引起分解；应采用带预塑化装置的螺杆式注射机。模具浇注系统应粗短，进料口截面宜大，模具应有冷却装置。

4. 聚苯乙烯（PS）

（1）基本特性。聚苯乙烯是仅次于聚氯乙烯和聚乙烯的第三大塑料制品。聚苯乙烯无色透明、无毒无味，落地时发出清脆的金属声，密度 1. 054 g/cm^3。聚苯乙烯的力学性能与聚合方法、相对分子质量大小、定向度和杂质量有关。相对分子质量越大，力学性能越高。聚苯乙烯有优良的电性能（尤其是高频绝缘性能）和一定的化学稳定性。能耐碱、硫酸、磷酸、10% ～ 30% 的盐酸、稀醋酸及其他有机酸，但不耐硝酸及氧化剂的作用。对水、乙醇、汽油、植物油及各种盐溶液也有足够的抗蚀能力。能溶于苯、甲苯、四氯化碳、氯仿、酮类和脂类等。聚苯乙烯的着色性能优良，能染成各种鲜艳的色彩。但耐热性低，热变形温度一般在 70 ～ 98 ℃，只能在不高的温度下使用。质地硬而脆，有较高的热胀系数，因此，限制了它在工程上的应用。近几十年来，发展了改性聚苯乙烯和以苯乙烯为基体的共聚物，在一定程度上克服了聚苯乙烯的缺点，又保留了它的优点，从而扩大了它的用途。

（2）主要用途。聚苯乙烯在工业上可作仪表外壳、灯罩、化学仪器零件、透明模型等。在电气方面用作良好的绝缘材料、接线盒、电池盒等。在日用品方面广泛用于包装材料、各种容器、玩具等。

（3）成型特点。流动性和成型性优良，成品率高，但易出现裂纹，成型塑件的脱模斜度不宜过小，但顶出要均匀；由于热胀系数高，塑件中不宜有嵌件，否则会因两者的热胀系数相差太大而导致开裂，塑件壁厚应均匀；宜用高料温、高模温、低注射压力成型并延长注射时间，以防止缩孔及变形，降低内应力，但料温过高，容易出现银丝；因流动性好，模具设计中大多采用点浇口形式。

5. 丙烯腈 – 丁二烯 – 苯乙烯共聚物（ABS）

（1）基本特性。ABS 是由丙烯腈、丁二烯、苯乙烯共聚而制成的。这三种组分的各自特性，使 ABS 具有良好的综合力学性能。丙烯腈使 ABS 有良好的耐化学腐蚀性及表面硬度，丁二烯使 ABS 坚韧，苯乙烯使它有良好的加工性和染色性能。

ABS 无毒、无味，呈微黄色，成型的塑料件有较好的光泽。密度为 1. 02 ～ 1. 05 g/cm^3。ABS 有极好的抗冲击强度，且在低温下也不会迅速下降。有良好的力学强度和一定的耐磨性、耐寒性、耐油性、耐水性、化学稳定性和电气性能。水、无机盐、碱、酸类对 ABS 几乎无影响，在酮、醛、酯、氯代烃中会溶解或形成乳浊液，不溶于大部分醇类及烃类溶剂，但与烃长期接触会软化溶胀。ABS 塑料表面受冰醋酸、植物油等化学药品的侵蚀会引起应力开裂。ABS 有一定的硬度和尺寸稳定性，易于成型加工。经过调色可配成任何颜色。其缺点是耐热性不高，连续工作温度为 70 ℃左右，热变形温度为 93 ℃左右，耐气候性差，在紫外线作用下易变硬发脆。

根据 ABS 中三种组分之间的比例不同，其性能也略有差异，从而适应各种不同的应用。根据应用不同可分为超高冲击型、高冲击型、中冲击型、低冲击型和耐热型等。

（2）主要用途。ABS 在机械工业上用来制造齿轮、泵叶轮、轴承、把手、管道、电机外壳、仪表壳、仪表盘、水箱外壳、蓄电池槽、冷藏库和冰箱衬里等。汽车工业上用 ABS 制造汽车挡泥板、扶手、热空气调节导管、加热器等，还有用 ABS 夹层板制小轿车车身。ABS 还可以用来制作水表壳、纺织器材、电器零件、文教体育用品、玩具、电子琴及收录机壳体、食品包装容器、农药喷雾器及家具等。

（3）成型特点。ABS 在升温时黏度增高，所以成型压力较高，塑料上的脱模斜度宜稍大；ABS 易吸水，成型加工前应进行干燥处理；易产生熔接痕，模具设计时应注意尽量减小浇注系统对料流的阻力；在正常的成型条件下，壁厚、熔料温度及收缩率影响极小。要求塑件精度高时，模具温度可控制在 50 ～ 60 ℃，要求塑件光泽和耐热时，应控制在 60 ～ 80 ℃。

6. 聚甲基丙烯酸甲酯（PMMA）

（1）基本特性。聚甲基丙烯酸甲酯俗称有机玻璃，是一种透光性塑料，透光率达 92%，优于普通硅玻璃。

有机玻璃产品有模塑成型料和型材两种。模塑成型料中性能较好的是改性有机玻璃 372#、373#塑料。372#有机玻璃为甲基丙烯酸甲酯与少量苯乙烯的共聚体，其模塑成型性能较好。373#有机玻璃是 372#粉料 100 份加上了腈橡胶 5 份的共混料，有较高的耐冲击韧度。有机玻璃密度为 1.18g/cm^3，比普通硅玻璃轻一半。力学强度为普通硅玻璃的 10 倍以上。它轻而坚韧，容易着色，有较好的电气绝缘性能。化学性能稳定，能抗一般的化学腐蚀，但能溶于芳烃、氯代烃等有机溶剂。在一般条件下尺寸稳定。其最大缺点是表面硬度低，容易被硬物擦伤拉毛。

（2）主要用途。用于制造要求具有一定透明度和强度的防震、防爆和观察等方面的零件，如飞机和汽车的窗玻璃、飞机罩盖、油杯、光学镜片、透明模型、透明管道。车灯灯罩、油标及各种仪器零件，也可用作绝缘材料、广告铭牌等。

（3）成型特点。为了防止塑件产生气泡、浑浊、银丝和发黄等缺陷，影响塑件质量，原料在成型前要很好的干燥；为了得到良好的外观质量，防止塑件表面出现流动痕迹、熔接线痕和气泡等不良现象，一般采用尽可能低的浇注速度；模具浇注系统对料流的阻力应尽可能小，并应制出足够的脱模斜度。

7. 聚酰胺（PA）

（1）基本特性。聚酰胺俗称尼龙，由二元胺和二元酸通过缩聚反应制取或是以一种丙酰胺的分子通过自聚而成。尼龙的命名由二元胺和二元酸中的碳原子数来决定，如己二胺和癸二酸反应得到的缩聚物称尼龙 610，并规定前一个数指二元胺中的碳分子数，而后一个数为二元酸中的碳原子数；若由氨基酸的自聚来制取的，则由氨基酸中的碳原子数来定。如几内酸铵中有 6 个碳原子，故自聚物称尼龙 6 或聚己内酰胺。常见的尼龙品种有尼龙 1010，尼龙 610、尼龙 66、尼龙 6、尼龙 9、尼龙 11 等。

尼龙有优良的力学性能，如抗拉、抗压、耐磨性能等。其抗冲击强度比一般塑料有显著提高，其中尼龙 6 更优。作为机械零件材料，具有良好的消音效果和自润滑性能。尼龙耐碱、弱酸，但强酸和氧化剂能侵蚀尼龙。尼龙本身无毒、无味、不霉烂。其吸水性强，收缩率大，常常因吸水而引起尺寸变化。其稳定性较差，一般只能在 80 ～ 100 ℃之间使用。

为了进一步改善尼龙的性能，常在尼龙中加入减摩剂、稳定剂、润滑剂、玻璃纤维填料等，克服了尼龙存在的一些缺点，提高了机械强度。

（2）主要用途。由于尼龙有较好的力学性能，被广泛地使用在工业上制作各种机械、化学和电器零件，如轴承、齿轮、滚子、辊轴、滑轮、泵叶轮、风扇叶片、蜗轮、高压密封扣圈、垫片、阀座、输油管、储油容器、绳索、传动带、电池箱、电器线圈等零件。

（3）成型特点。熔融黏度低、流动性良好，容易产生飞边。成型加工前必须进行干燥处理；易吸潮，塑件尺寸变化较大；壁厚和浇口厚度对成型收缩率影响很大，所以塑件壁厚要均匀，防止产生缩孔，一模多件时，应注意使浇口厚度均匀化；成型时排除的热量多，模具上应设计冷却均匀的冷却回路；熔融状态的尼龙热稳定性较差，易发生降解使塑件性能下降，因此不允许尼龙在高温料筒内停留时间过长。

8. 聚甲醛（POM）

（1）基本特性。聚甲醛是继尼龙之后发展起来的一种性能优良的热塑性工程塑料。其性能不亚于尼龙，而价格却比尼龙低廉。

聚甲醛表面硬而光滑，呈淡黄色或白色，薄壁部分半透明。有较高的机械强度及抗拉、抗压性能和突出的耐疲劳强度，特别适合用于作长时间反复承受外力的齿轮材料。聚甲醛尺寸稳定、吸水率小，具有良好的减摩、耐磨性能。能耐扭变，有突出的回弹能力，可用于制造塑料弹簧制品。常温下一般不溶于有机溶剂，能耐醛、酯、醚、烃及弱酸、弱碱，但不耐强酸。耐汽油及润滑油性能也很好。有较好的电气绝缘性能。其缺点是成型收缩率大，在成型温度下的热稳定性较差。

（2）主要用途。聚甲醛特别适合于作轴承、凸轮、滚轮、辊子、齿轮等耐磨、传动零件，还可用于制造汽车仪表板、汽化器、各种仪器外壳、罩盖、箱体、化工容器、泵叶轮、鼓风机叶片、配电盘、线圈座、各种输油管、塑料弹簧等。

（3）成型特点。聚甲醛成型收缩率大，熔点明显（约 153 ～ 160 ℃），熔体黏度低，黏度随温度变化不大，在熔点上下聚甲醛的熔融或凝固十分迅速，所以，注射速度要快，注射压力不宜过高；摩擦因数低，弹性高，浅侧凹槽可采用强制脱出，塑件表面可带有皱纹花样；聚甲醛热稳定性差，加工温度范围窄，所以要严格控制成型温度，以免引起温度过高或在允许温度下长时间受热而引起分解；冷却凝固时排除热量多，模具上应设计均匀冷却的冷却回路。

9. 聚碳酸酯（PC）

（1）基本特性。聚碳酸酯是一种性能优良的热塑性工程塑料，密度为 1.20 g/cm^3，本色微黄，而加点淡蓝色后，得到无色透明塑件，可见光的透光率接近 90%。它韧而刚，抗冲击性在热塑性塑料中名列前茅。成型零件可达到很好的尺寸精度并在很宽的温度变化范围内保持其尺寸的稳定性。成型收缩率恒定为 0.5% ～ 0.8%。抗蠕变、耐磨、耐热、耐寒。脆化温度在 -100 ℃以下，长期工作温度达 120 ℃。聚碳酸酯吸水率较低，能在较宽的温度范围内保持较好的电性能。耐室温下的水、稀酸、氧化剂、还原剂、盐、油、脂肪烃，但不耐碱、胺、酮、脂、芳香烃，并有良好的耐气候性。其最大的缺点是塑件易开裂，耐疲劳强度较差。用玻璃纤维增强聚碳酸酯，克服了上述缺点，使聚碳酸酯具有良好的力学性能，更好的尺寸稳定性，更小的成型收缩率，并提高了耐热性和耐药性，降低了成本。

（2）主要用途。在机械上主要用作各种齿轮、蜗轮、蜗杆、齿条、凸轮、芯轴、轴承、滑轮、铰链、螺母、垫圈、泵叶轮、灯罩、节流阀、润滑油输油管、各种外壳、盖板、容器、冷冻和冷却装置零件等。在电气方面，用作电机零件、电话交换器零件、信号用继电器、风扇部件、拨号盘、仪表壳、接线板等。还可制作照明灯、高温透镜、视孔镜、防护玻璃等光学零件。

（3）成型特点。聚碳酸酯虽然吸水性小，但高温时对水分比较敏感，所以加工前必须干燥处理，否则会出现银丝、气泡及强度下降现象；聚碳酸酯熔融温度高，熔融黏度大，流动性差，所以，成型时要求有较高的温度和压力，且其熔融黏度对温度比较敏感，所以一般用提高温度的办法来增加熔融塑料的流动性。

10. 聚砜（PSU）

（1）基本特性。聚砜是20世纪60年代出现的工程塑料，它是在大分子结构中含有砜基（—SO_2—）的高聚物，此外还含有苯环和醚键（—O—），故又称聚苯醚砜；呈透明而微带琥珀色，也有的是象牙色的不透明体。它具有突出的耐热、耐氧化性能，可在 -100 ～ +150 ℃的范围内长期使用，热变形温度为174 ℃，有很高的力学性能，其抗蠕变性能比聚碳酸酯还好，还有很好的刚性。其介电性能优良，即使在水和湿气中或190 ℃的高温下，仍保持高的介电性能。聚砜具有较好的化学稳定性，在无机酸、碱的水溶液、醇、脂肪烃中不受影响，但对酮类、氯化烃不稳定，不宜在沸水中长期使用。其尺寸稳定性较好，还能进行一般机械加工和电镀。但其耐气候性较差。

（2）主要用途。聚砜可用于制造精密公差、热稳定性、刚性及良好电绝缘性的电气和电子零件，如断路元件、恒温容器、开关、绝缘电刷、电视机元件、整流器插座、线圈骨架、仪器仪表零件等；制造具备热性能好、耐化学性、持久性、刚性好的零件，如转向柱轴环、电动机罩、飞机导管、电池箱、汽车零件、齿轮、凸轮等。

（3）成型特点。塑件易发生银丝、云母斑、气泡甚至开裂，因此，加工前原料应充分干燥；聚砜熔融料流动性差，对温度变化敏感，冷却速度快，所以模具浇口的阻力要小，模具需加热；成型性能与聚碳酸酯相似，但热稳定性比聚碳酸酯差，可能发生熔融破裂；聚砜为非结晶型塑料，因而收缩率较小。

11. 聚苯醚（PPO）

（1）基本特性。聚苯醚是由2、6二甲基苯酚聚合而成的，全称为聚二甲基苯醚。这种材料造粒后为琥珀色透明的热塑性工程塑料，硬而韧；硬度较尼龙、聚甲醛、聚碳酸酯高；蠕变小，有较好的耐磨性能；使用温度范围宽，长期使用温度为 -127 ～ 121 ℃，脆化温度低达 -170 ℃，无载荷条件下的间断使用温度达205 ℃；其电绝缘性能优良；耐稀酸、稀碱、盐；耐水及蒸汽性能特别优良；吸水性小，在沸水中煮沸仍具有尺寸稳定性，且耐污染、无毒。缺点是塑件内应力大，易开裂，熔融黏度大，流动性差，疲劳强度较低。

（2）主要用途。聚苯醚可用于制造在较高温度下工作的齿轮、轴承、运输机械零件、泵叶轮、鼓风机叶片、水泵零件、化工用管道及各种紧固件、连接件等。还可用于线圈架、高频印制电路板、电动机转子、机壳及外科手术用具，食具等需要进行反复蒸煮消毒的器件。

（3）成型特点。流动性差，模具上应加粗浇道直径，尽量缩短浇道长度，充分抛光浇口及浇道；为避免塑件出现银丝及气泡，成型加工前应对塑料进行充分的干燥；宜用高料温、高模温、高压、高速注射成型，保压及冷却时间不宜太长；为消除塑件的内应力，防止开裂，应对塑件进行退火处理。

12. 氯化聚醚（CPT）

（1）基本特点。氯化聚醚是一种有突出化学稳定性的热塑性工程塑料，对多种酸、碱和溶剂有良好的抗腐蚀性，化学稳定性仅次于聚四氟乙烯（俗称塑料王），而价格比聚四氟乙烯低廉。其耐热性能好，能在120 ℃下长期使用，抗氧化性能比尼龙好。其耐磨、减摩性比尼龙聚甲醛还好，吸水率只有0.01%，是工程塑料中吸水率最小的一种。它的成型收缩率小而稳定，有很好的尺寸稳定性。具有较好的电气绝缘性能，特别是在潮湿状态下的介电性能优异。但氯化聚醚的刚性较差，抗冲击强度不如聚碳酸酯。

（2）主要用途。机械上可用于制造轴承、轴承保持器、导轨、齿轮、凸轮、轴套等。在化工方面，可作防腐涂层、储槽、容器、化工管道、耐酸泵件、阀、窥镜等。

（3）成型特点。塑件内应力小，成型收缩率小，尺寸稳定性好，适合成型高精度、形状复杂、多嵌件的中小型塑件；吸水性小，加工前必须进行干燥处理；模温对塑件影响显著，模温高，塑件抗拉、抗弯、抗压强度均有一定提高，坚硬而不透明，但冲击强度及伸长率下降；成型时有微量氯化氢等腐蚀气体放出。

13. 氟塑料

氟塑料是各种含氟塑料的总称，主要包括聚四氟乙烯、聚三氟乙烯、聚全氟乙丙烯、聚偏氟乙烯等。

（1）氟塑料的基本特性及主要用途。

① 聚四氟乙烯（PTFE）。聚四氟乙烯树脂为白色粉末，外观呈蜡状，光滑不粘。它平均密度为2.2 g/cm^3，是一种重要的塑料。聚四氟乙烯具有卓越的性能，非一般热塑性塑料所能比拟，因此，有“塑料王”之称。化学稳定性是目前已知塑料中最优越的一种，它对强酸、强碱及各种氧化剂等腐蚀性很强的物质都完全稳定，甚至沸腾的“王水”、原子工业中用的强腐蚀剂无氟化铀对它都不起作用，其化学稳定性超过金、铂、玻璃、陶瓷及特重钢等。在常温下还没有找到一种溶剂能溶解它。它有优良的耐热耐寒性能，可在 -195 ～ +250 ℃范围内长期使用而不发生性能变化。聚四氟乙烯的电气绝缘性能良好，且不受环境湿度、温度和电频率的影响。其摩擦因数是塑料中最低的。

聚四氟乙烯的缺点是热膨胀系数大，而耐磨性、力学强度差，刚性不足且成型困难。一般将粉料冷压成坯件，然后再烧结成型。

聚四氟乙烯在防腐化工机械上用于制造管件、阀门、泵、涂层衬里等；在电绝缘方面广泛应用在要求有良好高频性能并能高度耐热、耐寒、耐腐蚀的场合，如喷气式飞机、雷达等。也可用于制造自润滑减摩轴承、活塞环等零件。由于它具有不黏性，在塑料加工及食品工业中被广泛地作为脱模剂用。在医学上还可用作代血管、人工心脏装置等。

② 聚三氟氯乙烯（PCTFE）。聚三氟氯乙烯呈乳白色。与聚四氟乙烯相比，密度相似，为2.07 ～ 2.18 g/cm^3，硬度较大，摩擦因数大，耐热性及高温下耐蚀性稍差。长期使用温度为 -200 ～ +200 ℃，具有中等的力学强度和弹性，有特别好的透过可见光、紫外线、红外线及阻气的性能。

聚三氟氯乙烯可用来制造各种用于腐蚀性介质中的机械零件，如泵、计量器等；也可用于制作耐腐蚀的透明零件，如密封填料、高压阀的阀座。利用其透明性制作视镜及防潮、防粘等涂层和罐头盒的图层。

③ 聚全氟乙丙烯（PEP）。聚全氟乙丙烯是聚乙烯和六氟丙烯的共聚物。密度为 2.14 ～ 2.17 g/cm^3。其突出的优点是抗冲击性能好。耐热性能优于聚三氟氯乙烯，比聚四氟乙烯稍差。长期使用温度为 -85 ～ +205 ℃，高温下流动性比聚三氟氯乙烯好，易于成型加工。其他性能与聚四氟乙烯相似。

聚全氟乙丙烯通常可用来代替聚四氟乙烯，用于化工、石油、电子机械工业及各种尖端科学技术装备的元件或土层等。

（2）聚三氟氯乙烯、聚全氟乙丙烯的成型特点。吸湿性小，成型加工前可不必干燥；这类塑料对热敏感，易分解产生有毒、有腐蚀性气体。因此，要注意通风排气；熔融温度高，熔融黏度大，流动性差，因此采用高温、高压成型。模具应加热；熔料容易发生熔体破裂现象。

2.3.2 热固性塑料

1. 酚醛塑料（PF）

（1）基本特性。酚醛塑料是热固性塑料的一个品种，它是以酚醛树脂为基础而制得的。酚醛树脂通常由酚类化合物和醛类化合物缩聚而成。酚醛树脂本身很脆，呈琥珀玻璃态。必须加入各种纤维或粉末状填料后才能获得具有一定性能要求的酚醛树脂。酚醛树脂大致可分为四类：层压塑料、压塑料、纤维状压塑料、碎屑状压塑料。

酚醛塑料与一般热塑性塑料相比，刚性好、变形小、耐热耐磨，能在 150 ～ 200 ℃的温度范围内长期使用。在水润滑条件下，有极低的摩擦因数。其电绝缘性能优良。缺点是质脆，冲击强度差。

（2）主要用途。酚醛压层塑料用浸渍过酚醛树脂溶液的片状填料制成，可制成各种型材和板材。根据所用填料不同，有纸质、布质、木质、石棉和玻璃布等各种层压塑料。布质及玻璃布酚醛层压塑料具有优良的力学性能、耐油性能和一定的介电性能，用于制造齿轮、轴瓦、导向轮、无声齿轮等。石棉布层压塑料主要用于高温下工作的零件。

酚醛纤维状压塑料可以加热模压成各种复杂的机械零件和电器零件，具有优良的电气绝缘性能、耐热、耐水、耐磨。可制作各种线圈架、接线板、电动工具外壳、风扇叶子、耐酸泵叶轮、齿轮、凸轮等。

（3）成型特点。成型性能好，特别适用于压缩成型；模温对流动性影响较大，一般当温度超过 160 ℃时流动性迅速下降；硬化时放出大量热，厚壁大型塑件内部温度易过高，发生硬化不匀及过热现象。

2. 氨基塑料

氨基塑料是由氨基化合物与醛类（主要是甲醛）经缩聚反应而制得的塑料，主要包括脲-甲醛、三聚氰胺-甲醛等。

（1）氨基塑料的基本特性及主要用途。

① 脲-甲醛塑料（UF）脲-甲醛塑料是脲-甲醛树脂和漂白纸浆等制成的压塑粉。可染成各种鲜艳的色彩，外观光亮，部分透明，表面硬度高，耐电弧性好，耐矿物油、耐霉菌

的作用。但耐水性较差，在水中长期浸泡后电气绝缘性能下降。

脲－甲醛塑料大量用于压制日用品及电气照明用设备的零件、电话机、收音机、钟表外壳、开关插座及电气绝缘零件。

② 三聚氰胺－甲醛塑料（MF）。由三聚氰胺－甲醛树脂与石棉滑石粉等制成。三聚氰胺－甲醛塑料可制成各种色彩、耐光、耐电弧、无毒的塑件，在－20 ～ 100 ℃的温度范围内性能变化小，能耐沸水而且耐茶、咖啡等污染性强的物质。它能像陶瓷一样方便地去掉茶渍一类污染物，且有重量轻、不易碎的特点。

密胺塑料主要用作餐具、航空茶杯及电器开关、灭弧罩及防爆电器的配件。

（3）氨基塑料的成型特点。

氨基塑料常用于压缩、传递成型。传递成型收缩率大；含水分及挥发物多，使用前需预热干燥，且成型时有弱酸性物质分解及水分析出，模具应镀铬防腐，并注意排气；流动性好，硬化速度快，因此，预热及成型温度要适当，装料、合模及加工速度要快；带嵌件的塑料易产生应力集中，尺寸稳定性差。

3. 环氧树脂（EP）

（1）基本特性。环氧树脂是含有环氧基的高分子化合物。未固化之前，是线型的热塑性树脂。只有在加入固化剂（如胺类和酸酐等）之后，才交联成不熔的体型结构的高聚物，才有作为塑料的实用价值。环氧树脂种类繁多，应用广泛，有许多优良的性能。其最突出的特点是黏结能力很强，是人们熟悉的“万能胶”的主要成分。此外，还耐化学药品、耐热，电气绝缘性能良好，收缩率小。比酚醛树脂有更好的力学性能。其缺点是耐气候性差、耐冲击性低，质地脆。

（2）主要用途。环氧树脂可用作金属和非金属材料的黏合剂，用于封装各种电子元件。用环氧树脂以石英粉等来浇铸各种模具。还可以作为各种产品的防腐涂料。

（3）成型特点。流动性好，硬化速度快；用于浇注时，浇注前应加脱模剂，因为环氧树脂刚性差，硬化收缩小，难于脱模；硬化时不析出任何副产物，成型时不需排气。

小测验

某大批量需求的普通白炽灯灯座，要求其具有足够的强度和耐磨性，外表面美观无瑕疵，性能可靠。请合理选择并分析塑料灯座的原材料。

思考与练习题

1. 塑料一般由哪些成分组成？各自起什么作用？
2. 塑料是如何进行分类的？
3. 什么是塑料的计算收缩率？塑件产生收缩的原因是什么？影响收缩率的因素有哪些？

第3章 塑料制件的设计原则

知识目标

1. 熟悉塑件尺寸公差的使用方法及相关规定。
2. 掌握塑件结构设计原则。
3. 理解塑件局部结构设计的原则。

能力目标

1. 能合理确定塑件精度，并按照国家标准标注塑件尺寸公差。
2. 学会分析塑件结构的工艺性。
3. 学会根据塑件结构工艺性优化塑件结构。

塑料制件主要是根据使用要求进行设计的。塑件本身必须具有良好的结构工艺性，才能顺利成型，获得优质的塑件产品，并能得到最佳的经济效益。塑件的设计视塑料成型方法和塑料品种性能不同而有所差异，本章主要讨论塑件中产量最大的注射、压缩、压注成型塑件的设计。

塑料的设计原则是在保证使用性能、物理性能、力学性能、耐热性能和耐腐蚀性能的前提下，尽量选用价格低廉和成型性能较好的塑料。同时还应力求结构简单、壁厚均匀、成型方便。在设计塑件时，还应该考虑其模具的总体结构，使模具易于加工制造，模具的抽芯结构和推出结构简单；塑件形状有利于模具分型、排气、补缩和冷却。此外，在塑件成型后尽量不再进行机械加工。

3.1 塑料制件的选材

塑料制件的选材应考虑以下几个方面，以判断其是否满足使用要求。

（1）塑料的力学性能，如强度、刚性、韧性、弹性、弯曲性能、冲击性能以及对应力的敏感性。

（2）塑料的物理性能，如塑件对使用环境温度变化的适应性、光学特性、绝热或电气绝缘的程度、精加工和外观的完美程度等。

（3）塑料的化学性能，如塑料对接触物（如水、溶剂、油、药品等）的耐性、卫生程度以及使用上的安全性等。

（4）必要的精度，如塑料缩率大小及各向收缩率的差异。

（5）成型工艺性，如塑料的流动性、结晶性、热敏性等。

对于塑料材料的这些要求往往是通过塑料的特性表进行选择和比较的。表 3–1 给出常用塑料的特性以供参考。选出合格的材料后，再判断所选的材料是否满足制品的使用条件，最好是通过试样做试验。应指出的是，采用标准试样所得到的数据（如力学性能）并不能代替或预测制品在具体使用条件下的实际物理、力学性能，只有当使用条件和测试条件相同时，试验才可靠。因此，最好是按照试验所形成的设想来制作原型模具，再通过原型模具生产的试验制品来确认目标值，这样会使塑料材料的选择更为准确。

表 3–1　常用塑料特性

名称	成型性	机械加工性	耐冲击性	韧性	耐磨性	耐蠕变性	挠性	润滑性	透明性	耐候性	耐溶剂性	耐药性	耐燃性	热稳定性	耐寒性	耐湿性	尺寸稳定性	备注
聚乙烯	好	好	好	—	好	—	较好	较好	—	—	较好	较好	—	—	好	较好	—	价格低
聚丙烯	好	好	较好	—	较好	—	较好	—	—	—	较好	较好	—	—	—	较好	—	价格低
聚氯乙烯	好	较好	—	—	较好	—	较好	—	较好	较好	—	较好	较好	—	—	较好	较好	价格低
聚苯乙烯	好	—	—	—	—	—	—	—	较好	—	—	—	—	—	—	较好	较好	价格低
ABS	好	好	好	较好	—	—	—	—	较好	—	—	—	—	—	—	较好	较好	价格较低
聚碳酸酯	较好	好	好	好	较好	较好	—	—	较好	较好	—	—	较好	较好	较好	—	较好	—
聚酰胺	较好	好	较好	好	好	较好	—	—	—	较好	较好	—	较好	较好	较好	—	—	—
聚甲醛	较好	好	较好	好	好	较好	较好	较好	—	—	较好	较好	—	较好	—	—	—	—
酚醛树脂	好	较好	—	—	较好	好	—	较好	—	—	较好	—	较好	较好	较好	—	—	好
尿素树脂	好	—	—	—	较好	好	—	—	—	较好	较好	—	较好	—	较好	—	—	好
环氧树脂	较好	—	较好	较好	较好	好	较好	—	较好	较好	较好	—	—	较好	较好	—	—	—
聚氨酯	较好	较好	较好	较好	较好	—	较好	—	较好	—	较好	—	—	—	好	较好	—	—

现比较聚丙烯（PP）和高密度聚乙烯（HDPE）的使用特性和选择原则。

聚丙烯比高密度聚乙烯有许多占优势的性能，聚丙烯光泽好，外观亮，由于收缩率较高密度聚乙烯小，制件细小部位的清晰度好，表面可制成皮革图案。而高密度聚乙烯收缩率较大，制品表面的细微处难以模塑成型。PP 的透明性比 HDPE 好，因此，要求透明的制品，如注射器和其他医疗器具、吹塑容器等应可选用 PP。PP 的尺寸稳定性也优于 HDPE，可采用 PP 制造较大平面的薄壁制品。PP 的热变形温度高于 HDPE，因此可用 PP 制造耐热性餐具。

但是，HDPE 的耐冲击性能比 PP 强，即使在低温下韧性也好，因此在寒冷地区使用的货箱及冷藏室中使用的制品应选用 HDPE 制造。HDPE 的耐候能力优于 PP，像啤酒瓶周转箱、室外垃圾箱等塑料制品均应选用 HDPE 制造。

3.2 塑料制件的尺寸和精度

3.2.1 塑件尺寸

这里所说的尺寸指塑件的总体尺寸。影响塑件尺寸的因素有塑料原材料的流动性、成型设备的限制等。

1. 塑料流动性对塑件尺寸的影响

塑件尺寸的大小主要取决于塑料品种的流动性。在一定的设备和工艺条件下，流动性好的塑料可以成型较大尺寸的塑件；反之，成型出的塑件尺寸较小。

2. 成型设备对塑件尺寸的影响

塑件外形尺寸还受成型设备的锁模力、模板尺寸等的限制。从能源、模具制造成本上和成型工艺条件出发，只要能满足塑件的使用要求，应将塑件设计得尽量紧凑、尺寸小巧一些。

3.2.2 塑件的尺寸精度

1. 影响塑件尺寸精度的因素

影响塑件尺寸精度的因素很多，如模具制造精度及其使用后的磨损、塑料收缩率的波动、成型工艺条件的变化、塑件形状、飞边厚度波动、脱模斜度及成型后塑件尺寸变化等。

为降低模具加工难度和模具制造成本，在满足塑件使用要求的前提下应尽量把塑件尺寸精度设计得低一些。

目前国内主要依据工程塑料塑件尺寸公差标准（GB/T14486—2008，见表 3-2）。塑件的尺寸公差的代号是 MT，塑件公差等级共分为七个等级，每一级又可分为 A、B 两个部分，其中 A 为不受模具活动部分影响尺寸的公差，B 为受模具活动部分影响尺寸的公差。

2. 塑件的精度等级

塑件的精度等级分为 7 个等级，其中 1、2 两级属于精密级，一般只有在特殊要求下使用。对于未注公差尺寸，建议采用标准中的 8 级精度。该标准只规定标准公差值，而基本尺寸的上下偏差可根据塑件的性质来分配。对于孔类尺寸可取表中数值冠以“ + ”号；对于轴类尺寸可取表中数值冠以“ - ”号；对于中心距尺寸取表中数值之半在冠以“ ± ”号。

塑件尺寸精度还与塑料品种有关。根据各种塑料收缩率的不同，每种塑料的公差等级又分为高精度、一般精度、低精度三种，如表 3-3 所示。

表3-2　工程塑料塑件尺寸公差(GB/T 14486—2008)

单位:mm

公差等级	公差种类	基本尺寸																										
		>0~3	>3~6	>6~10	>10~14	>14~18	>18~24	>24~30	>30~40	>40~50	>50~65	>65~80	>80~100	>100~120	>120~140	>140~160	>160~180	>180~200	>200~225	>225~250	>250~280	>280~315	>315~355	>355~400	>400~450	>450~500	>500~630	>630~800	>800~1 000
标注公差的尺寸公差值																													
MT1	a	0.07	0.08	0.09	0.10	0.11	0.12	0.14	0.16	0.18	0.20	0.23	0.26	0.29	0.32	0.36	0.40	0.44	0.48	0.52	0.56	0.60	0.64	0.70	0.78	0.86	0.97	1.16	1.39
	b	0.14	0.16	0.18	0.20	0.21	0.22	0.24	0.26	0.28	0.30	0.33	0.36	0.39	0.42	0.46	0.50	0.54	0.58	0.62	0.66	0.70	0.74	0.80	0.88	0.96	1.07	1.26	1.49
MT2	a	0.10	0.12	0.14	0.16	0.18	0.20	0.22	0.24	0.26	0.30	0.34	0.38	0.42	0.46	0.50	0.54	0.60	0.66	0.72	0.76	0.84	0.92	1.00	1.10	1.20	1.40	1.70	2.10
	b	0.20	0.22	0.24	0.26	0.28	0.30	0.32	0.34	0.36	0.40	0.44	0.48	0.52	0.56	0.60	0.64	0.70	0.76	0.82	0.86	0.94	1.02	1.10	1.20	1.30	1.50	1.80	2.20
MT3	a	0.12	0.14	0.16	0.18	0.20	0.24	0.28	0.32	0.36	0.40	0.46	0.52	0.58	0.64	0.70	0.78	0.86	0.92	1.00	1.10	1.20	1.30	1.44	1.60	1.74	2.00	2.40	3.00
	b	0.31	0.34	0.36	0.38	0.40	0.44	0.48	0.52	0.56	0.60	0.66	0.72	0.78	0.84	0.90	0.98	1.06	1.12	1.20	1.30	1.40	1.50	1.64	1.80	1.94	2.20	2.60	3.20
MT4	a	0.16	0.18	0.20	0.24	0.28	0.32	0.36	0.42	0.48	0.56	0.64	0.72	0.82	0.92	1.02	1.12	1.24	1.36	1.48	1.62	1.80	2.00	2.20	2.40	2.60	3.10	3.80	4.60
	b	0.36	0.38	0.40	0.44	0.48	0.52	0.56	0.62	0.68	0.76	0.84	0.92	1.02	0.12	1.22	1.32	1.44	1.56	1.68	1.82	2.00	2.20	2.40	2.60	2.80	3.30	4.00	4.80
MT5	a	0.20	0.24	0.28	0.32	0.38	0.44	0.50	0.56	0.64	0.74	0.86	1.00	1.14	1.28	1.44	1.60	1.76	1.92	2.10	2.30	2.50	2.80	3.10	3.50	3.90	4.50	5.60	6.90
	b	0.40	0.44	0.48	0.52	0.58	0.64	0.70	0.76	0.84	0.94	1.06	1.20	1.34	1.48	1.64	1.80	1.96	2.12	2.30	2.50	2.70	3.00	3.30	3.70	4.10	4.70	5.80	7.10
MT6	a	0.26	0.32	0.38	0.46	0.54	0.62	0.70	0.80	0.94	1.10	1.28	1.48	1.72	2.00	2.20	2.40	2.60	2.90	3.20	3.50	3.80	4.30	4.70	5.30	5.90	6.90	8.50	10.40
	b	0.46	0.52	0.58	0.68	0.74	0.82	0.90	1.00	1.14	1.30	1.48	1.68	1.92	2.20	2.40	2.60	2.80	3.10	3.40	3.70	4.00	4.50	4.90	5.50	6.10	7.10	8.70	10.80
MT7	a	0.38	0.48	0.58	0.68	0.78	0.88	1.00	1.14	1.32	1.54	1.80	2.10	2.40	2.70	3.00	3.30	3.70	4.10	4.50	4.90	5.40	6.00	6.70	7.40	8.20	9.60	11.90	14.80
	b	0.58	0.68	0.78	0.88	0.98	1.08	1.20	1.34	1.52	1.74	2.00	2.30	2.60	3.10	3.20	3.50	3.90	4.30	4.70	5.10	5.60	6.20	6.90	7.60	8.40	9.80	12.10	15.00
未注公差的尺寸允许偏差																													
MT5	a	±0.10	±0.12	±0.14	±0.16	±0.19	±0.22	±0.25	±0.28	±0.32	±0.37	±0.43	±0.50	±0.57	±0.64	±0.72	±0.80	±0.88	±0.96	±1.05	±1.15	±1.25	±1.40	±1.55	±1.75	±1.95	±2.25	±2.80	±3.45
	b	±0.20	±0.22	±0.24	±0.26	±0.29	±0.32	±0.35	±0.38	±0.42	±0.47	±0.53	±0.60	±0.67	±0.74	±0.82	±0.90	±0.98	±1.06	±1.15	±1.25	±1.35	±1.50	±1.65	±1.85	±2.05	±2.35	±2.90	±3.55
MT6	a	±0.13	±0.16	±0.19	±0.23	±0.27	±0.31	±0.35	±0.40	±0.47	±0.55	±0.64	±0.74	±0.86	±1.00	±1.10	±1.20	±1.30	±1.45	±1.60	±1.75	±1.90	±2.15	±2.35	±2.65	±3.00	±3.45	±4.25	±5.30
	b	±0.23	±0.26	±0.29	±0.33	±0.37	±0.41	±0.45	±0.50	±0.57	±0.65	±0.74	±0.84	±0.96	±1.10	±1.20	±1.30	±1.40	±1.55	±1.70	±1.85	±2.00	±2.25	±2.45	±2.75	±3.10	±3.55	±4.35	±5.40
MT7	a	±0.19	±0.24	±0.29	±0.34	±0.39	±0.44	±0.50	±0.57	±0.66	±0.77	±0.90	±1.05	±1.20	±1.35	±1.50	±1.65	±1.85	±2.05	±2.25	±2.45	±2.70	±3.00	±3.35	±3.70	±4.10	±4.80	±5.93	±7.40
	b	±0.29	±0.34	±0.39	±0.44	±0.49	±0.54	±0.60	±0.67	±0.76	±0.87	±1.00	±1.15	±1.30	±1.45	±1.60	±1.75	±1.96	±2.15	±2.35	±2.55	±2.80	±3.10	±3.45	±3.80	±4.20	±4.90	±6.05	±7.50

注1：a为不受模具活动部分影响的尺寸公差值；b为受模具活动部分影响的尺寸公差值。

注2：MT1设为精密级，只有采用严密的工艺控制精密和高精度的模具、设备、原料时才有可能选用。

表 3-3 常用材料模塑件公差等级的选用（GB/T 14486—2008）

材料代号	模塑材料		公差等级		
			标注公差尺寸		未注公差尺寸
			高精度	一般精度	
ABS	（丙烯腈－丁二烯－苯乙烯）共聚物		MT2	MT3	MT5
CA	乙酸纤维素		MT3	MT4	MT6
EP	环氧树脂		MT2	MT3	MT5
PA	聚酰胺	无填料填充	MT3	MT4	MT6
		30% 玻璃纤维填充	MT2	MT3	MT5
PBT	聚对苯二甲酸丁二酯	无填料填充	MT3	MT4	MT6
		30% 玻璃纤维填充	MT2	MT3	MT5
PC	聚碳酸酯		MT2	MT3	MT5
PDAP	聚邻苯二甲酸二烯丙酯		MT2	MT3	MT5
PEEK	聚醚醚酮		MT2	MT3	MT5
PE－HD	高密度聚乙烯		MT4	MT5	MT7
PE－LD	低密度聚乙烯		MT5	MT6	MT7
PESU	聚醚砜		MT2	MT3	MT5
PET	聚对苯二甲酸乙二酯	无填料填充	MT3	MT4	MT6
		30% 玻璃纤维填充	MT2	MT3	MT5
PF	苯酯－甲醛树脂	无机填料填充	MT2	MT3	MT5
		有机填料填充	MT3	MT4	MT6
PMMA	聚甲基丙烯酸甲酯		MT2	MT3	MT5
POM	聚甲醛	≤150 mm	MT3	MT4	MT6
		>150 mm	MT4	MT5	MT7
PP	聚丙烯	无填料填充	MT4	MT5	MT7
		30% 无机填料填充	MT2	MT3	MT5
PPE	聚苯醚，聚亚苯醚		MT2	MT3	MT5
PPS	聚苯硫醚		MT2	MT3	MT5
PS	聚苯乙烯		MT2	MT3	MT5
PSU	聚砜		MT2	MT3	MT5
PUR－P	热塑性聚氨酯		MT4	MT5	MT7
PVC－P	软质聚氯乙烯		MT5	MT6	MT7
PVC－U	未增塑聚氯乙烯		MT2	MT3	MT5
SAN	（丙烯酯－苯乙烯）共聚物		MT2	MT3	MT5
UF	脲－甲醛树脂	无机填料填充	MT2	MT3	MT5
		有机填料填充	MT3	MT4	MT6
UP	不饱和聚酯	30% 玻璃纤维填充	MT2	MT3	MT5

3.3 塑件的表面质量及结构设计

3.3.1 塑料制件的表面质量

塑料制件的表面质量包括表面粗糙度和表观质量。塑件表面粗糙度的高低，主要与模具型腔表面的粗糙度有关。

1. 塑件的表观质量

塑件成型后常见的表观缺陷有：缺料、溢料、飞边、凹陷、气孔、熔接痕、银纹、斑纹、翘曲与收缩、尺寸不稳定等。

2. 塑件表面粗糙度

目前，注射成型塑件的表面粗糙度 Ra 通常为 0.02 ～ 1.25 μm，模腔表壁的表面粗糙度应为塑件的 1/2，即 Ra 值为 0.01 ～ 0.63 μm。

一般是由于塑件成型工艺条件、塑件成型原材料的选择、模具总体设计等多种因素造成的。成型时塑件出现的表面缺陷及其产生的原因可参考附录 C 和附录 D。

3.3.2　塑料制件的结构工艺性

1. 脱模斜度

塑件冷却后产生收缩，会紧紧包在凸模或型芯上，或由于粘附作用，塑件紧贴在凹模型腔内。为便于脱模，防止塑件表面在脱模时被划伤、擦毛等。在设计塑件表面沿脱模方向应具有合理的脱模斜度，如图 3–1 所示。

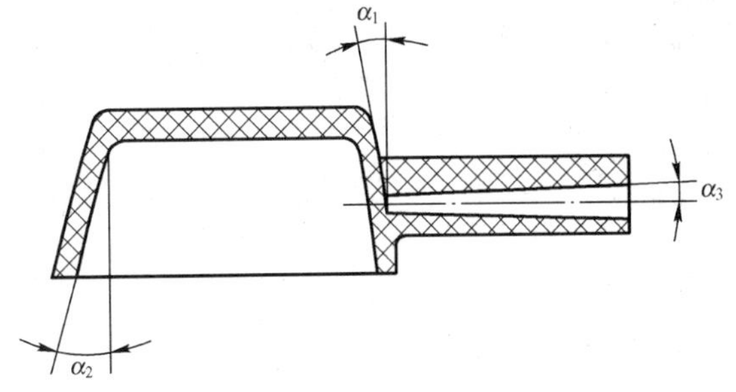

图 3–1　塑件的脱模斜度

塑件脱模斜度的大小，与塑件的性质、收缩率、摩擦因数、塑件壁厚和几何形状有关。硬质塑料比软质塑料脱模斜度大；形状较复杂或成型孔较多的塑件脱模斜度较大；塑件高度较大、孔较深，可取较小的脱模斜度；壁厚增加，塑件收缩越大，内孔对型芯的包夹力越大，脱模斜度也应更大。有时，为了开模时让塑件留在凹模内或型芯上，而有意将该边斜度减小或将斜边放大。

一般情况下，脱模斜度不包括在塑件公差范围内，否则在图上应予说明。在塑件图标注时，内孔以小端为基准，斜度由放大的方向取得；外形大端为基准，斜度由缩小方向取得。表 3–4 列出了若干塑件的脱模斜度，可供设计时参考。

表 3–4　塑件的脱模斜度

制件材料		聚酰胺（通用）	聚酰胺（增强）	聚乙烯	聚甲基丙烯酸甲酯	聚苯乙烯	聚碳酸酯	ABS 塑料
脱模斜度	凹模（型腔）	20′～40′	20′～50′	20′～45′	35′～1°30′	35′～1°30′	35′～1°	40′～1°20′
	凸模（型芯）	25′～40′	20′～40′	25′～45′	30′～1°	30′～1°	30′～50′	35′～1°

2. 壁厚

塑件应有一定的厚度才能满足使用时的强度和刚度要求，而且壁厚在脱模时还需承受脱模推力，应合理设计，壁太薄熔料充满型腔的流动阻力大，出现缺料现象；壁太厚塑件内部会产生气泡，外部易产生凹陷等缺陷，同时增加了成本；壁厚不均将造成收缩不一致，导致塑件变形或翘曲；在可能的条件下应使壁厚尽量均匀一致。

塑件的壁厚一般为 1 ～ 4 mm，大型塑件的壁厚可达 8 mm。表 3–5 和表 3–6 分别为热固性塑件与热塑性塑件壁厚参考值。

表 3–5　热固性塑件的最小壁厚参考值　　单位：mm

压制深度	最小壁厚		
	胶木粉	电玉粉	玻璃纤维压塑粉
<40	0.7～1.5	0.9	1.5
40～80	2～2.5	1.3～1.5	2.5～3.5
>80	5～6.5	3～3.5	6～8

表 3-6　热塑性塑件的推荐壁厚和最小壁厚参考值　　单位：mm

塑料名称	最小壁厚	小型塑件推荐壁厚	一般塑件推荐壁厚	大型塑件推荐壁厚
聚苯乙烯	0.75	1.25	1.6	3.2～5.4
改性聚苯乙烯	0.75	1.25	1.6	3.2～5.4
聚甲基丙烯酸甲酯	0.80	1.50	2.2	4.0～6.5
聚乙烯	0.80	1.25	1.6	2.4～3.2
聚氯乙烯（硬）	1.15	1.60	1.8	3.2～5.8
聚氯乙烯（软）	0.85	1.25	1.5	2.4～3.2
聚丙烯	0.85	1.45	1.8	2.4～3.2
聚甲醛	0.80	1.40	1.6	3.2～5.4
聚碳酸酯	0.95	1.80	2.3	4.0～4.5
聚酰胺	0.45	0.75	1.6	2.4～3.2
聚苯醚	1.20	1.75	2.5	3.5～6.4
氯化聚醚	0.85	1.35	1.8	2.5～3.4

3. 加强筋

加强筋的主要作用是在不增加壁厚的情况下，加强塑件的强度和刚度，避免塑件变形翘曲；此外合理布置加强筋还可以改善冲模流动性，减少内应力，避免气孔、缩孔和凹陷等缺陷。

加强筋的壁厚应小于塑件壁厚，并与壁用圆弧过渡。加强筋的形状尺寸如图 3-2 所示。若塑件壁厚为 t，则加强筋高度 $L=(1\sim3)t$，筋条宽 $A=(1/4\sim1)t$，筋跟过渡圆角 $R=(1/8\sim1/4)t$，收缩率 $\alpha=2^\circ\sim5^\circ$，筋端部圆角 $r=t/8$，当 $t\leqslant2$ mm，取 $A=t$。加强筋端部不应与塑件支撑面平齐，而应缩进 0.5 mm 以上，如图 3-3（b）所示。如果一个制件上需要设置许多加强筋，除应注意加强筋之间的中心距必须大于制件壁厚的两倍以上之外，还要使各条筋的排列互相错开，以防止收缩不均引起制品破裂。此外，各条加强筋的厚度应尽量相同或相近，以防止熔体流动局部集中而引起缩孔和气泡，例如，图 3-4（a）所示的加强筋因排列不合理，在加厚集中的地方容易出现缩孔和气泡，为此，可以改用图 3-4（b）所示的排列形式。

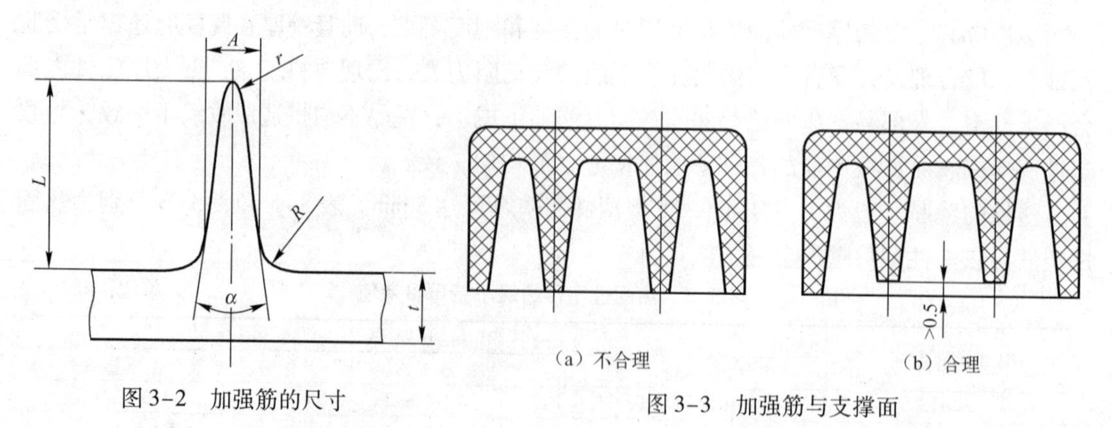

图 3-2　加强筋的尺寸

图 3-3　加强筋与支撑面

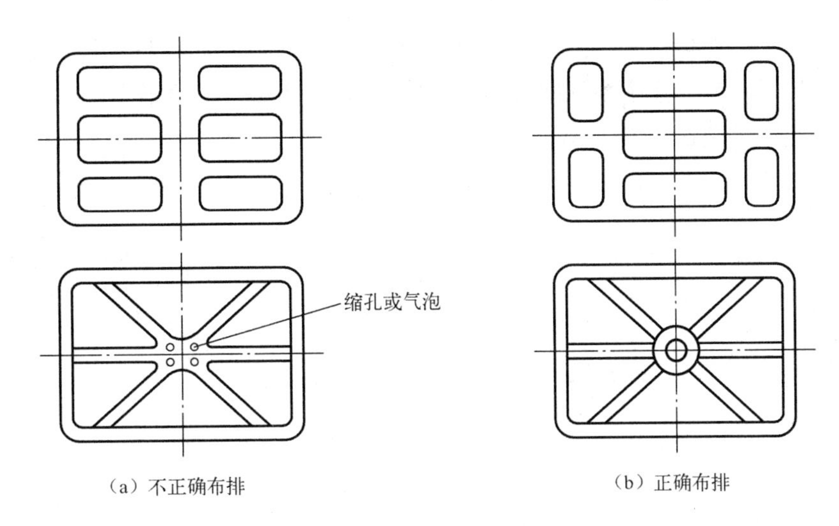

图 3-4　加强筋的布排

图 3-5 所示为采用加强筋改善制品壁厚与刚度的示例，图 3-5（a）所示为不合理设计，图 3-5（b）所示为合理设计。

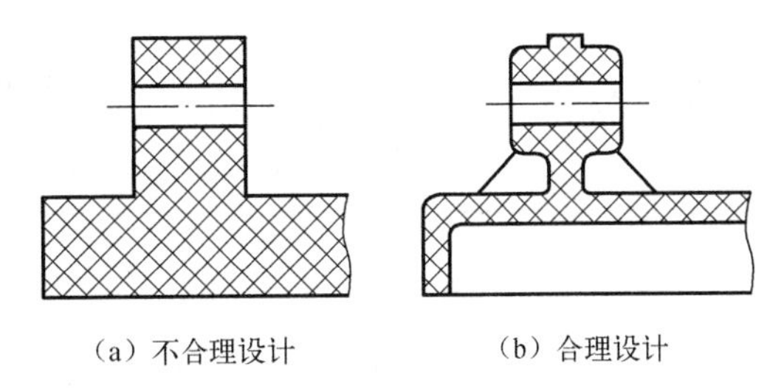

图 3-5　采用加强筋改善壁厚和刚度

4. 支承面

设计塑件的支承面应充分保证其稳定性。不宜以塑件的整个底面作支承面，因为塑件稍有翘曲或变形就会使底面不平。通常采用如图 3-6（b）、（c）所示凸缘或凸台作为支承面，以防塑件翘曲或变形，会使底面不平。

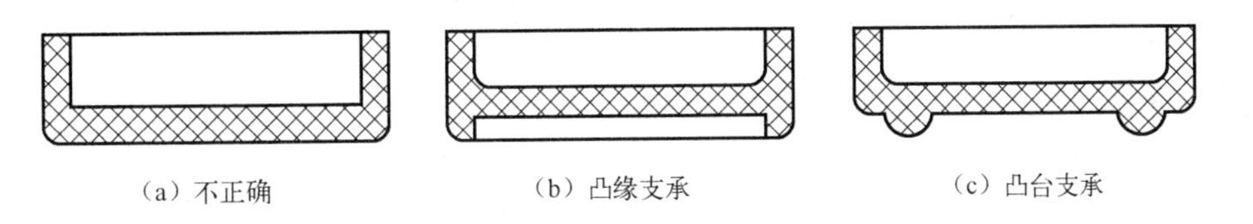

图 3-6　用凸缘或凸台作支承面

5. 圆角半径

对于塑件来说，除使用要求必须采用尖角之外，其余所有内外表面转弯处都应尽可能采用圆角过渡。以减少应力集中。图 3-7（a）所示设计不合理，图 3-7（b）改成了圆角过渡，设计比较合理。这样不但使塑件强度高，外形美观，而且塑料在型腔中流动性好，模具型腔也不易产生内应力和变形。

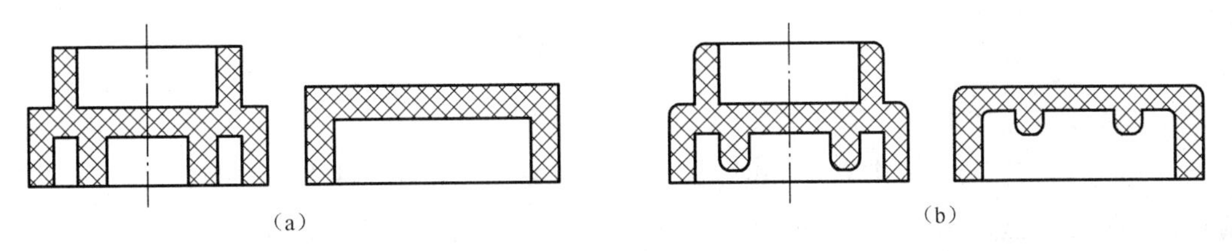

图 3-7　塑件的圆角

圆角半径大小主要取决于塑件壁厚，如图 3-8 所示，其尺寸可供设计时参考。图 3-9 表示内圆角、壁厚与应力集中系数间的关系，图 3-9 中 R 为内圆角半径，t 为壁厚。将 R/t 控制在 1/4 ～ 3/4 的范围内较为合理。

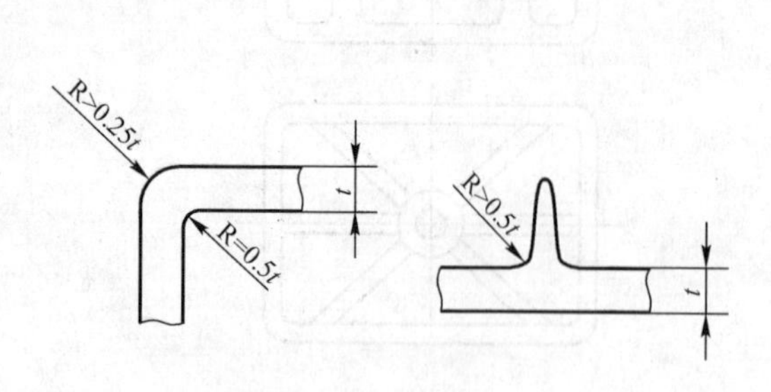

图 3-8　塑件的圆角半径

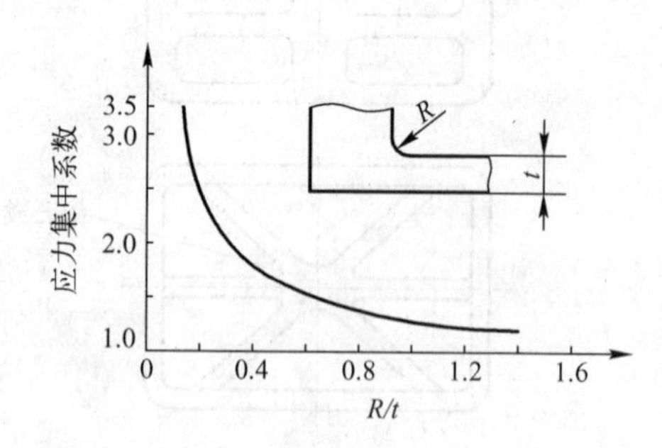

图 3-9　内圆角、壁厚比对应力集中的影响

6. 孔的设计

塑件上常见的孔有通孔、盲孔、异形孔（形状复杂的孔），原则上讲，这些孔均能用一定的型芯成型。但孔与孔之间、孔与壁之间应留有足够的距离，可参考表 3-7 确定。

表 3-7　孔间距、孔边距与孔径的关系　　单位：mm

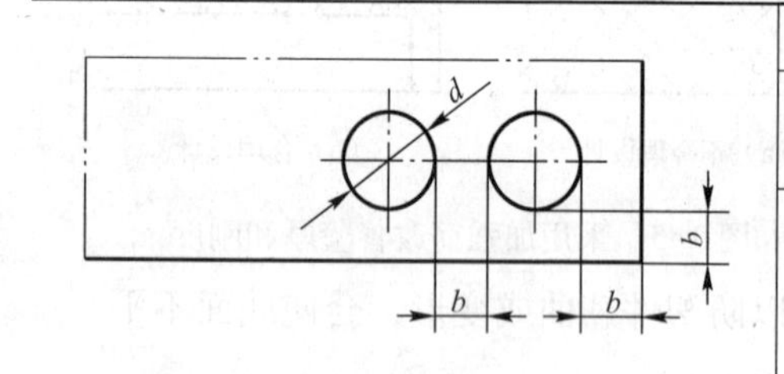

孔径 d	<1.5	1.5～3	3～6	6～10	10～18	18～30
孔间距、孔边距 b	1～1.5	1.5～2	2～3	3～4	4～5	5～7

备注：1. 热塑性塑料按热面性塑料的 75% 取值
2. 增强塑料宜取上限
3. 两孔径不一致时，则以小孔径查表

塑件上孔与孔边缘之间的距离应大于孔径；塑料制件上的固定用孔和其他受力孔周围应设计成凸台来加强，如图 3-10 所示。

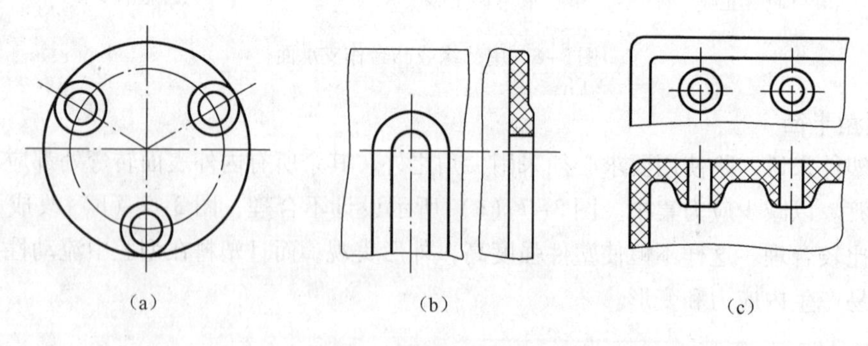

图 3-10　孔的加强

孔的成型方法如下：

(1) 通孔。通孔的成型方法与其形状和大小有关。一般有三种方法，图 3-11（a）为一端固定的型芯成型，用于较浅的孔成型；图 3-11（b）为对接型芯，用于较深孔成型，但容易使上下孔出现偏心；图 3-11（c）为一端固定，一端导向支撑，此法使型芯有较好的强

度和刚度，能保证同轴度，较常用，但导向部分周围由于磨损易产生圆周纵向溢料 B。不论用何种方法固定的型芯成型，孔深均不能太大，否则型芯会弯曲。压缩成型时，通孔深度不得超过孔径的 4 倍。

（2）盲孔。盲孔只能用一端固定的型芯来成型，如果孔径较小深度又很大时，成型时型芯易于弯曲或折断。根据经验：当注射成型或压注成型时，孔深度不得超过孔径的 4 倍；压缩成型时，孔深不应超过孔径的 2. 5 倍；当孔径较小深度太大时，孔只能用成型后再机械加工获得，如图 3–11（d）所示。

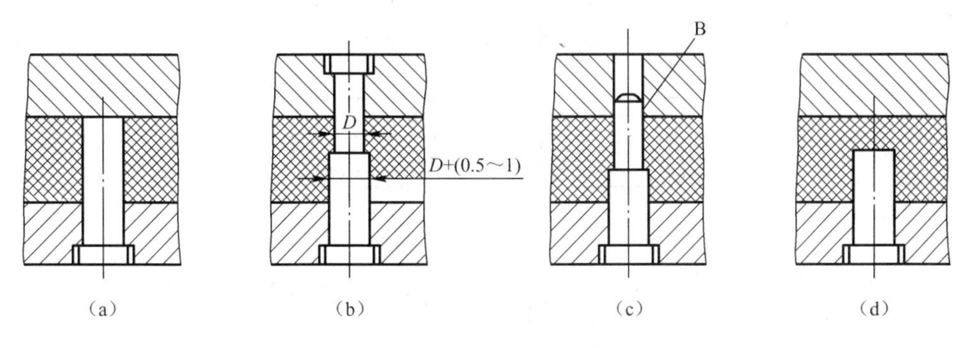

图 3–11　通孔及盲孔的成型方法

（3）异形孔。对于斜孔或复杂形状孔，可采用拼合型芯来成型异形孔（图 3–12）。

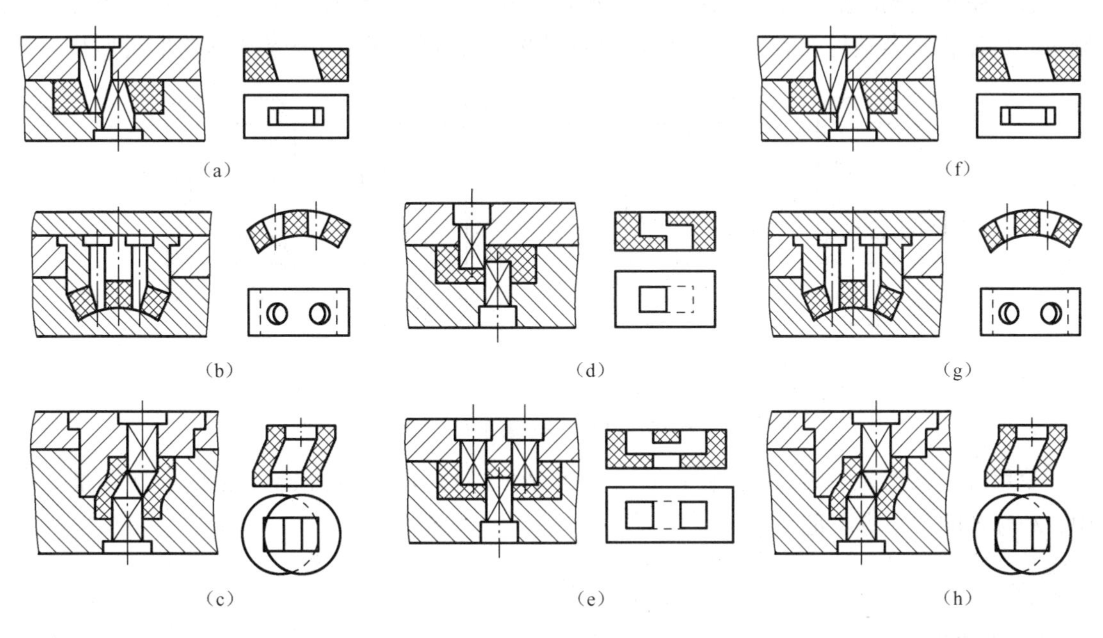

图 3–12　异形孔的成形方法

（4）侧孔或侧凹改进设计。当塑件带有侧孔或侧凹时，成型模具必须采用瓣合式结构或设置侧向分型与抽芯机构，从而使模具结构复杂化。因此，在不影响使用要求的情况下，塑件应尽量避免侧孔或侧凹结构。图 3–13 所示为带有侧孔或侧凹塑件的改进设计示例。

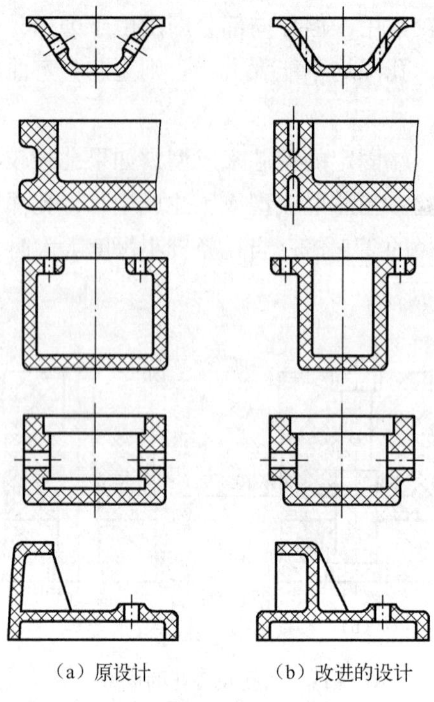

图 3-13　塑件有侧孔或侧凹的设计示例

（5）带浅内侧凹槽塑件的强制脱模，如图 3-14 所示。有较浅内侧凹槽并带有圆角（或倾角）的制件，若塑件在脱模温度下具有足够的弹性，可采用强制脱模方法将制件脱出。

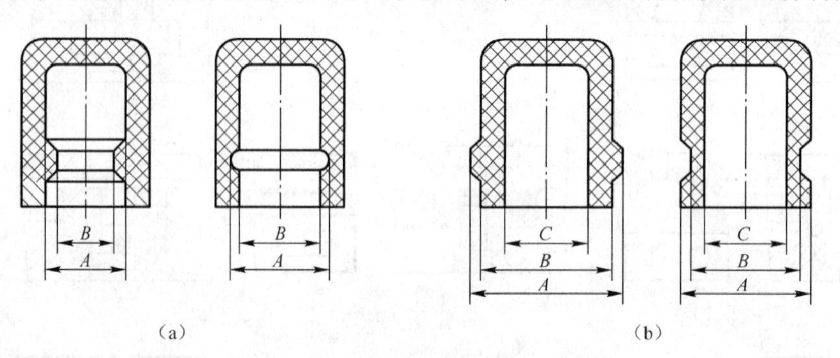

图 3-14　可强制脱模的浅侧凹槽

聚甲醛、聚乙烯、聚丙烯塑件均可以带有如图 3-15 所示的可强制脱模的浅侧凹槽。图中，A 与 B 的关系应满足：

$$\frac{A-B}{B(C)}\times 100\% \leqslant 5\%$$

7. 螺纹设计

塑件上的螺纹即可以直接用模具成型，也可以在成型后用机械加工获得，对于需要经常装拆和受力较大的螺纹，或细牙螺纹，应采用金属螺纹嵌件。

塑件上的螺纹，一般直径要求不小于 2 mm，精度也不能要求太高，一般不超过 3 级。为增加塑件螺纹强度，防止最外圈螺纹崩裂或变形，其始端和末端均不应突然开始和结束，应有一过渡段（见图 3-15）。过渡段长度 l，其数值可按表 3-8 选取。

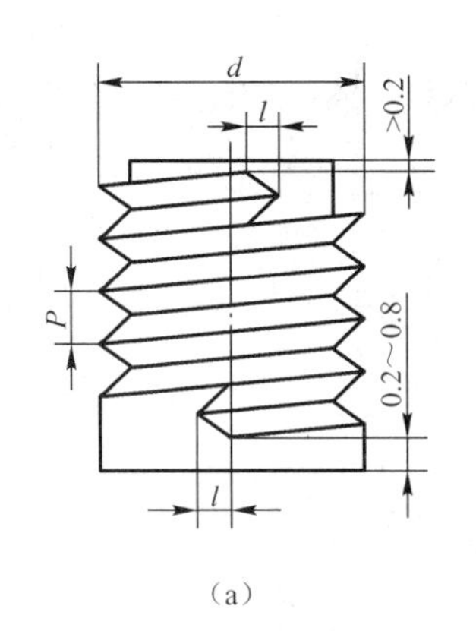

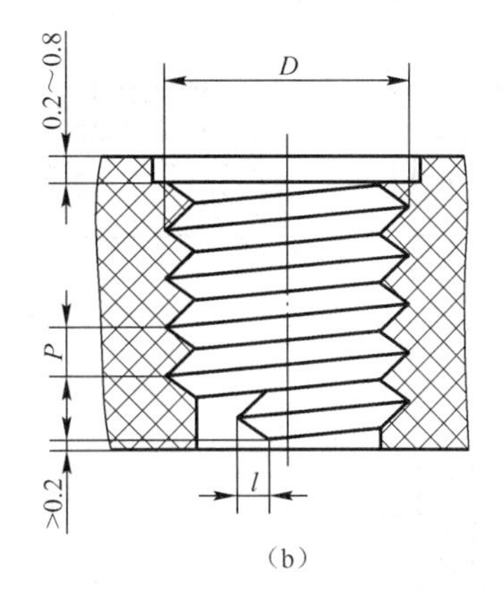

图 3-15　塑件螺纹的结构形状

表 3-8　塑料螺纹始末端的过渡长度　　单位：mm

螺纹直径	螺距 P		
	<0.5	0.5～1.0	>1.0
	始末端过渡长度 l		
≤10	1	2	3
10～20	2	2	4
20～34	2	4	6
34～52	3	6	8
>52	3	8	10

塑料螺纹与金属螺纹的配合长度应不大于螺纹直径的 1.5 倍，一般配合长度为 8 ～ 10 牙（见图 3-16）。

螺纹型芯或螺纹型环上有前后两段螺纹时，应使两段螺纹的旋向和螺距相同，如图 3-16 所示，否则无法使塑件从型芯或型环上拧下来。

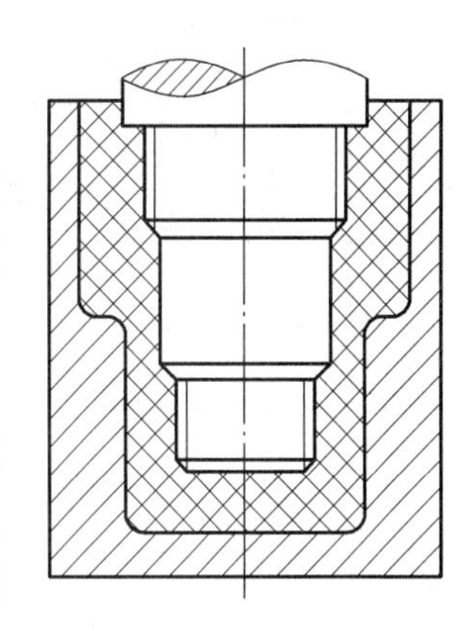

图 3-16　两段同轴螺纹

8. 嵌件设计

塑件内部镶嵌有金属、玻璃、木材、纤维、纸张、橡胶或已成型的塑件等称为嵌件。使用嵌件的目的在于提高塑件的强度和满足塑件某些特殊要求，如导电、导磁、耐磨和装配连接等。但嵌件的设置往往使模具结构复杂化，成型周期延长，制造成本增加，难于实现自动化生产。

金属是常用的嵌件材料，嵌件形式繁多，图 3-17（a）为圆形嵌件；图 3-17（b）为带台阶圆柱形嵌件；图 3-17（c）为片状嵌件；图 3-17（d）为细杆状贯穿嵌件。

对带有嵌件的塑件，一般都是先设计嵌件，然后再设计塑件。设计嵌件时由于金属与塑料冷却收缩值相差较大，致使周围的塑件存在很大的内应力，如设计不当，会造成塑件开裂，所以应选用与塑料收缩率相近的金属作嵌件，或使嵌件周围的塑料层厚度大于许用值。

表 3-9 列出了嵌件周围塑料层的许用厚度，供设计时参考。嵌件的顶部也有足够的塑料层厚度，否则会出现鼓泡或裂纹。同时嵌件不应带有尖角，以减少应力集中。对于大嵌件

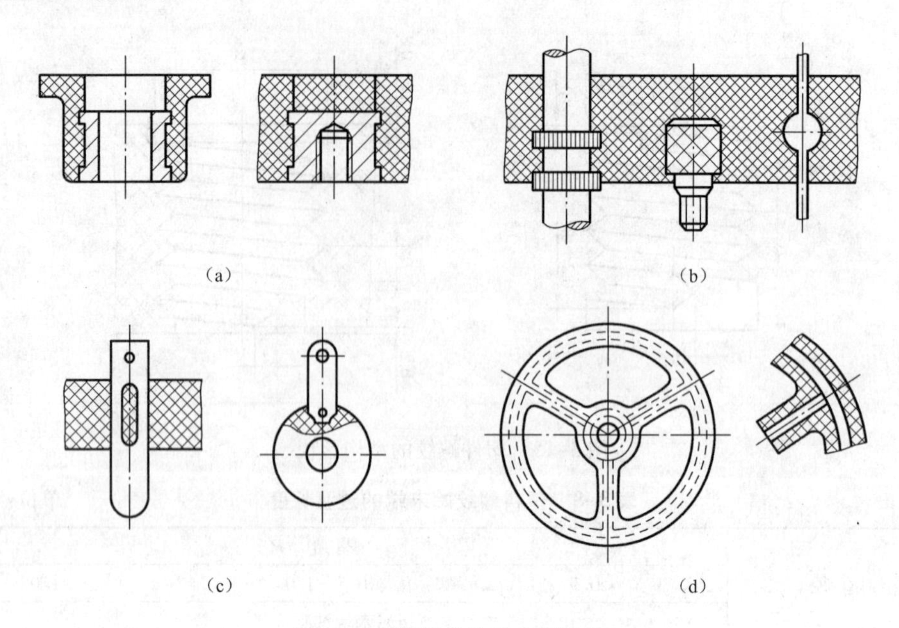

图 3-17　常见的几种金属嵌件

进行预热，使其温度达到接近塑料温度。同时嵌件上尽量不要有穿通的孔（如螺纹孔）以免塑料挤入孔内。

表 3-9　金属嵌件周围的塑料层厚度　　单位：mm

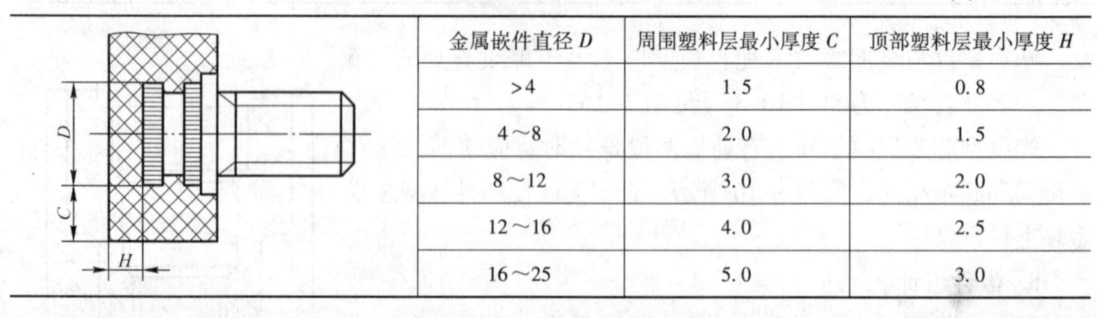

金属嵌件直径 *D*	周围塑料层最小厚度 *C*	顶部塑料层最小厚度 *H*
>4	1.5	0.8
4～8	2.0	1.5
8～12	3.0	2.0
12～16	4.0	2.5
16～25	5.0	3.0

塑件中嵌件的形状应尽量满足成型要求，保证嵌件与塑料之间具有牢固的连接以防受力脱出。图 3-18 中为嵌件外形示例。图 3-19 所示为板片形嵌件与塑件的连接；图 3-20 所示为小型圆柱嵌件与塑件的连接，可供设计时参考。

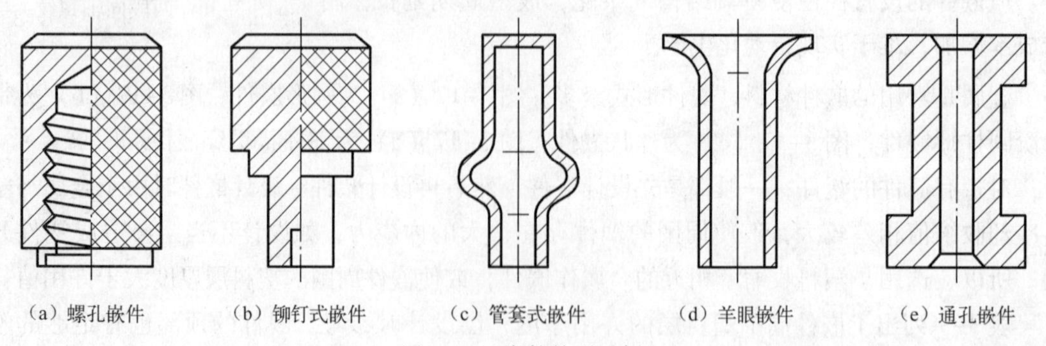

（a）螺孔嵌件　（b）铆钉式嵌件　（c）管套式嵌件　（d）羊眼嵌件　（e）通孔嵌件

图 3-18　嵌件外形示例

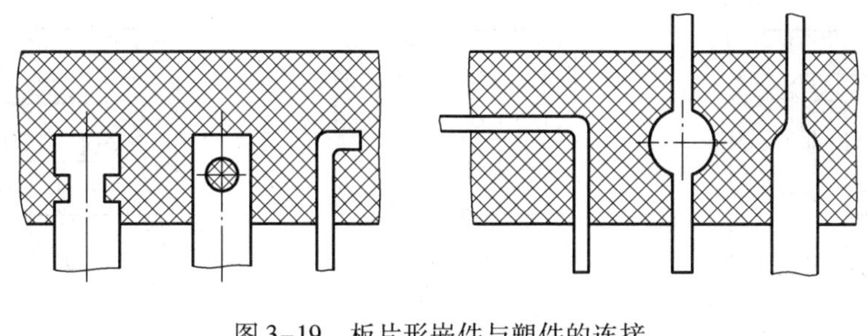

图 3-19　板片形嵌件与塑件的连接

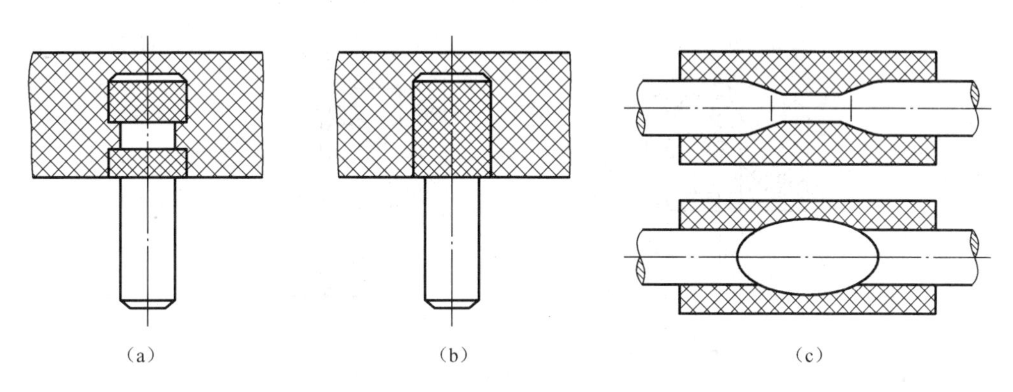

图 3-20　小型圆柱嵌件与塑件的连接

为使嵌件镶嵌在塑件中，成型时可以将嵌件先放在模具中固定，然后注入塑料熔体加以成型。也可以把嵌件在塑料预压时先放在塑料中，然后模塑成型。对于某些特制嵌件（如电气元件）可在塑件成型以后再压入预制的孔槽中。不论用何种办法嵌入，都需要对嵌件进行可靠的定位，以保证尺寸精度。图 3-21 和图 3-22 所示为外螺纹嵌件和内螺纹嵌件在模内的固定方法示例。

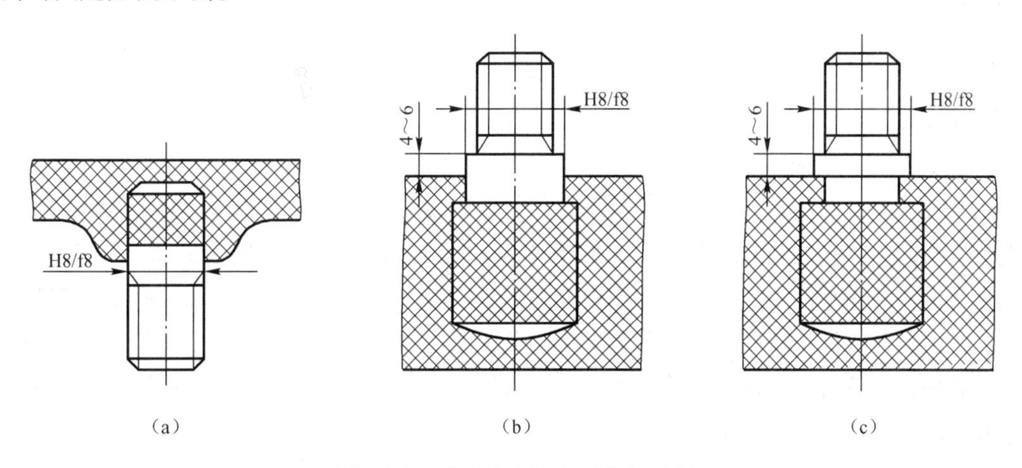

图 3-21　外螺纹嵌件在模内的固定

当嵌件过长或细长杆状时，应在模具内设支柱以免嵌件弯曲，但会在塑件上留下工艺孔，如图 3-23 所示。成型时为使嵌件在塑料内牢固地固定而不被脱出，其嵌件表面可加工成沟槽、滚花，或制成各种特殊形状。

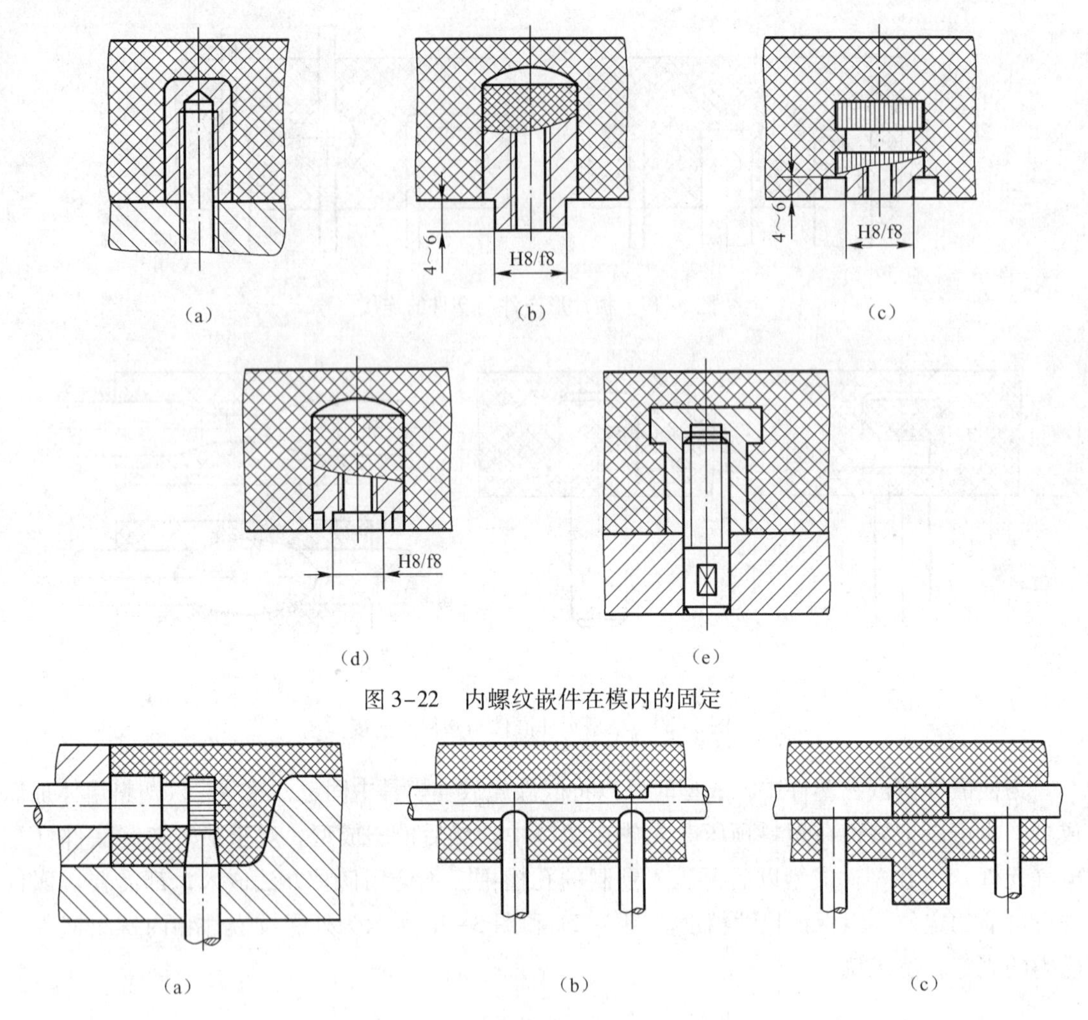

图 3-22　内螺纹嵌件在模内的固定

图 3-23　细长嵌件在模内支撑固定

9. 标记符号

由于装潢或某些特殊要求，塑件上有时要带有文字或图案标记的符号，如图 3-24 所示。符号用放在分型面的平行方向上，并有适合的斜度以便脱模。图 3-24（a）所示为标志符号在塑件上呈凸起状，在模具上即为凹形，加工容易，但凸起的标记符号容易磨损，图 3-24（b）所示为标记符号在塑件中呈凹入状，在模具上即为凸起，用一般机械加工难以满足，需要特殊加工工艺，但凹入标记符号可涂印各种装饰颜色，增添美观性。图 3-24（c）所示为在凹框内设置凸起的标记符号，它可把凹框制成镶块嵌入模具内，这样既易于加工，在使用时标记符号又不易被磨损破坏，最为常用。

10. 表面彩饰

塑件的表面彩饰，可以掩盖塑件表面在成型过程中产生的疵点、银纹等缺陷，同时增加了产品外观的美感，如收音机外壳采用皮革纹装饰。表面彩饰常用凹槽纹、皮革纹、菱形纹、芦饰纹、木纹、水果皮纹等。目前对某些塑件常用彩印、胶印、丝印、喷镀漆等方法进行表面彩饰。

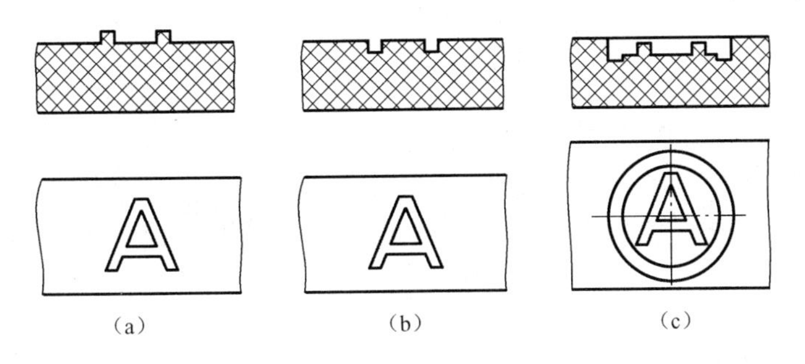

(a)　(b)　(c)

图 3-24　塑件上标记符号的形式

小测验

确定注塑件PC的孔类尺寸85 mm、PA－1010的轴类尺寸50 mm和PP的中心距28 mm的公差。

思考与练习题

1. 设计塑件时，为什么既要满足塑件的使用要求，又要满足塑件的结构工艺性？
2. 影响塑件尺寸精度的因素有哪些？在确定塑件尺寸精度时，为何要将其分为四个类别？
3. 塑件表面质量受哪些因素影响？
4. 塑件上为何要设计拔模斜度？拔模斜度值的大小与哪些因素有关？
5. 塑件的壁厚过薄过厚会使制件产生什么缺陷？
6. 为何要采用加强筋？设计时遵守哪些原则？
7. 塑件转角处为何要圆弧过渡？哪些情况不宜设计为圆角？
8. 为什么要尽量避免塑件上具有侧孔或侧凹？可强制脱模的侧凹的条件是什么？
9. 塑件上带有螺纹，可用哪些方法获得？每种方法的优缺点如何？
10. 为什么有的塑件要设置嵌件？设计塑件的嵌件需要注意哪些问题？

第❹章 注射成型工艺及注射模概述

知识目标

1. 熟悉注射成型原理及注射成型工艺过程，熟悉注塑模结构及组成。

2. 掌握注射成型工艺参数的选择与控制对塑料制品成型的影响，同时需要掌握注射机基本参数的校核。

3. 了解注射模的分类、注射机的分类及注射机的规格型号。

能力目标

1. 能根据塑料制品材料、结构特点及工艺要求等，合理的选择注射成型工艺参数如温度、压力、时间。

2. 学会分析模具的结构与注射机之间的联系，知道模具设计必须参照注射机的类型及相关尺寸进行设计。

3. 学会根据塑件及材料的特点合理的选择注塑机。

注射成型是塑料成型的一种重要方法，它主要适用于热塑性塑料的成型。虽然塑料的品种很多，但其注射成型工艺过程是相似的。塑料注射成型的特点是：成型周期短，能一次成型形状复杂、尺寸精确、带有金属或非金属嵌件的塑料制件；注射成型的生产率高，易实现自动化生产；除氟塑料以外，几乎所有的热塑性塑料都可以用注射成型的方法成型。但注射成型所用的注射设备价格较高，模具的结构较复杂，生产成本高，生产周期长，不适合单件小批量的塑件成型。随着注射成型技术的发展，到目前为止，部分热固性塑料也可以采用该方法成型。

4.1 注射成型原理

除了专用注射设备外，一般的注射设备按注塑原理可以分为柱塞式注射机和螺杆式注射机两种，因此，根据使用注射设备的不同，注射成型原理也略有不同。

4.1.1 柱塞式注射机注射成型原理

柱塞式注射机的结构主要由柱塞式塑化装置、开合模机构和电气液压控制系统三大部分组成。

柱塞式注射机注射成型原理如图4-1所示。首先塑料原材料被加入到注射机的料斗中，经过料筒外的加热器加热，塑料熔融变为黏流态，然后注射机开合模机构带动模具的活动部分（动模）与模具的固定部分（定模）闭合，塑化装置中的柱塞将物料沿着料筒内轴线向前推进，并采用高压把积存在头部的已经熔融成黏流态的塑料通过料筒端部的喷嘴和模具的浇注系统射人模具的型腔中，充满型腔的塑料熔体在受压的情况下经冷却固化而保持模具型腔所赋予的形状。最后，柱塞复位，开合模机构带动模具的动模打开模具，在推出机构的作用下，注射成型的塑料制件被推出模外。如此完成注射的一个成型周期。

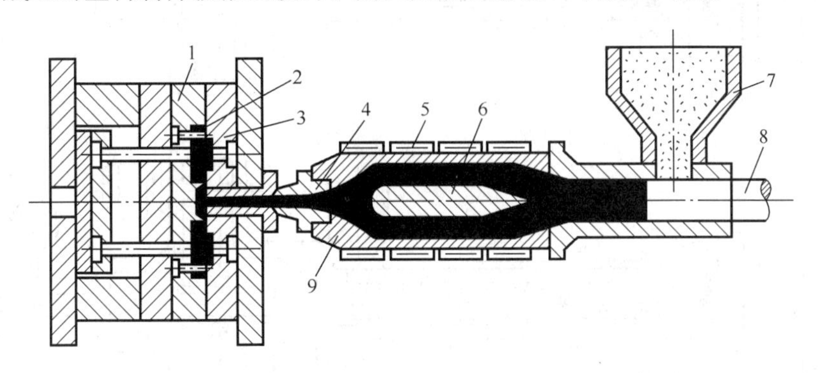

图 4-1　柱塞式注射机注射成型原理

1—动模板；2—塑件；3—定模板；4—喷嘴；5—加热器；6—分流梭；7—料斗；8—注射活塞；9—料筒

4.1.2　螺杆式注射机注射成型原理

塑料原料颗粒受到热力及剪切力的塑化作用，溶化成流动状态，在高温、高压、高速的条件下，通过一个狭小的喷嘴注射入温度较低切具有一定腔体形状的闭合模具内，经过模具的散热冷却，熔融体凝固硬化，当开启模具后得到与模腔形状完全一致的塑料制品。

螺杆式注射机注射成型原理如图 4-2 所示。将颗粒状或粉状塑料加入到外部安装有电加热圈的料筒内，颗粒状或粉状的塑料在螺杆的作用下，边塑化边向前移动，预塑完的塑料在转动着的螺杆作用下通过其螺旋槽输送至料筒前端的喷嘴附近；螺杆的转动使塑料进一步塑化，料温在剪切摩擦热的作用下进一步提高，塑料得以均匀塑化。当料筒前端积聚的熔料对螺杆产生一定的压力时，螺杆就在转动中后退，直至与调整好的行程开关相接触，具有模具一次注射量的塑料预塑和储料（即料筒前部熔融塑料的储量）结束，接着注射液压缸开始工作，与液压缸活塞相连接的螺杆以一定的速度和压力将熔料通过料筒前端的喷嘴注入温度较低的闭合模具型腔中，如图 4-2（a）所示；保压一定时间，经冷却固化后即可保持模具型腔所赋予的形状，如图 4-2（b）所示；然后开模分型，在推出机构的作用下，将注射成型的塑料制件从动模的凸模上推出，如图 4-2（c）所示。

柱塞式注射机与螺杆式注射机注射成型相比较，由于它在预塑过程中不存在螺杆的转动，缺少因螺杆转动产生的与塑料之间的摩擦剪切作用和搅拌作用，仅仅依靠料筒外面加热器的加热作用使固态塑料进行塑化，因此加热效果相对差一些，并且料筒内熔融塑料的温度也不如螺杆式注射机均匀，即塑化不均匀。另外，在注射过程中，柱塞式注射机的压力损失相对于螺杆式注射机要大一些，所以，柱塞式注射机仅用于小型（注射量在 60 g 及其以下）注射设备，大中型的注射设备均为螺杆式注射机。

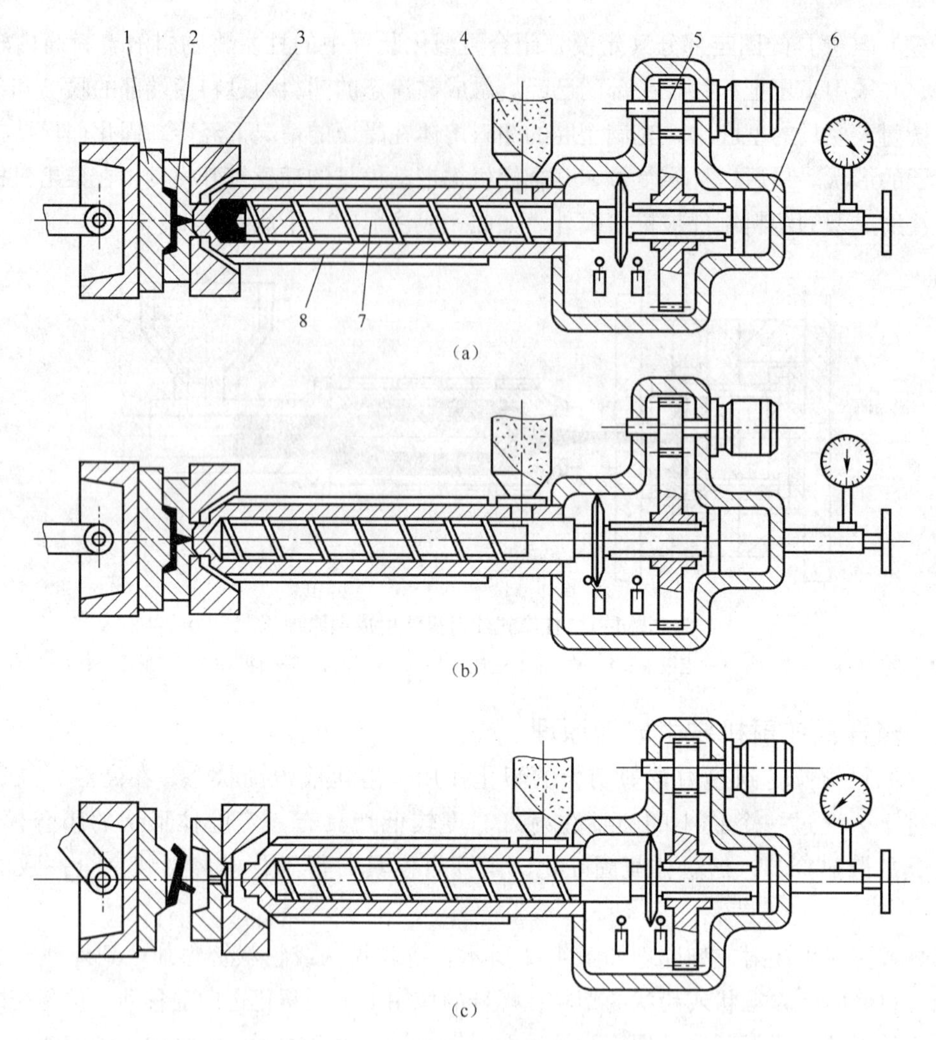

图 4-2　螺杆式注射机注射成型原理

1—动模；2—塑件；3—定模；4—料斗；5—传动装置；6—液压缸；7—螺杆；8—加热器

4.2　注射成型工艺过程

注射成型工艺过程包括成型前的准备、注射过程和塑件的后处理三部分。

4.2.1　生产前的准备工作

为使注射成型过程能顺利进行并保证塑料制件的质量，在成型前需做一些必要的准备工作，包括原料外观（如色泽、颗粒大小及均匀性等）的检验和工艺性能（熔融指数、流动性、热性能及收缩率等）测定；原材料的染色及对粉料的造粒；对易吸湿的塑料进行充分的预热和干燥，防止因塑料中含有水分而使塑件产生斑纹、气泡和降解等缺陷；生产中需要改变产品、更换原料、调换颜色或发现塑料中有分解现象时的料筒清洗；对带有嵌件塑料制件的嵌件进行预热及对脱模困难的塑料制件选择脱模剂等。由于注射原料的种类、形态，塑件的结构，有无嵌件以及使用要求的不同，各种塑件成型前的准备工作也不完全一样。

4.2.2　注射过程

注射过程一般包括加料、塑化、注射、冷却和脱模几个阶段。

1. 加料

由于注射过程是一个间歇过程，因而需要定量加料，以保证操作的稳定和塑料塑化的均匀，获得良好的塑件。一次加料置过多，塑料的受热时间过长，容易引起物料的热降解，同时注射机的功率损耗增多；加料过少，料筒内缺少传压介质，型腔中塑料熔体压力降低，难于补压，容易引起塑件出现收缩、凹陷和充填不足等缺陷。加料过程实际上指的是料筒中一次注射量（塑化量）的确定。

2. 塑化

塑料的塑化过程是塑料在料筒中进行加热、由固体颗粒转变成具有良好的可塑性粘流态的过程。决定塑料塑化性质的主要因素是塑料的受热和所受到的剪切作用的情况。通过料筒对塑料的加热，使聚合物分子松弛，出现由固体状态向液体状态转变，一定的温度是塑料得以形变、熔融和塑化的必要条件。而螺杆旋转的剪切作用则以机械力的方式强化了混合和塑化过程，混合和塑化扩展到聚合物分子的水平，使塑料熔体的温度分布、物料组成和分子形态都发生改变，并更趋于均匀。同时，螺杆的剪切作用能在塑料中产生更多的摩擦热，促进塑料的塑化，因而螺杆式注射机对塑料的塑化比柱塞式注射机要好得多。在注射过程中，塑料熔体进人型腔必须充分塑化，既要达到规定的成型温度又要使塑料各处的温度尽量均匀一致，使热分解物的含量达到最小值，并能提供上述质量的足够的熔融塑料以保证生产连续并顺利进行。这些要求与塑料的特性、工艺条件的控制及注射机塑化装置的结构密切相关。

3. 注射

注射过程可分为充模、保压、倒流、浇口冻结后的冷却和脱模等几个阶段。

（1）充模。塑化好的熔体被柱塞或螺杆推挤至料筒的前端，经喷嘴及模具浇注系统进人并填满型腔，这一阶段称为充模。

（2）保压。熔体在模具中冷却收缩时，继续保持施压状态的柱塞或螺杆迫使浇口附近的熔料不断补充人模具中，使型腔中的塑料能成型出形状完整而致密的塑件，这一阶段称为保压。

（3）倒流。保压结束后，柱塞或螺杆后退，解除对型腔中熔体的施压。这时型腔中的熔体压力将比浇口前方的高，如果浇口尚未冻结，就会发生型腔中熔体通过浇口流向浇注系统的倒流现象，使塑件产生收缩、变形及质地疏松等缺陷。如果保压前浇口已经冻结，就不会出现倒流现象。

（4）浇口冻结后的冷却。浇口内的塑料已经冻结后，继续保压已不起作用，因此可以卸除柱塞或螺杆对料筒内塑料熔体的压力，并为下一次注射重新进行塑化，同时通人冷却水、油或空气等冷却介质，对模具进行进一步的冷却。这一阶段称为浇口冻结后的冷却。实际上，冷却过程从塑料注入型腔就开始了，它包括从充模完成、保压到脱模前的这一段时间。

（5）脱模塑件冷却到一定的温度即可开模，在推出机构的作用下将塑件推出模外。

4.2.3　制件的后处理

为了消除塑件内存在的应力、改善塑件的性能和提高尺寸的稳定性，注射成型的塑件经脱模或机械加工之后，常需要进行适当的后处理。主要的后处理方法有退火和调湿处理。

（1）退火处理。退火处理是将注射塑件在一定温度的液体介质（如热水、热的矿物油、甘 油、乙二醇和液体石蜡等）中或热空气循环烘箱中静置一段时间，然后缓慢冷却的过程。其目的是减小由于塑件在料筒内塑化不均匀或在型腔内冷却速度不同而在塑件内部产生的应力，这在生产厚壁或带有金属嵌件的塑件时更为重要。退火温度应控制在塑件使用温度以上10～20℃，或塑料的热变形温度以下10～20℃。退火处理的时间取决于塑料品种、加热介质温度、塑件的形状和成型条件。退火处理后冷却速度不能太快，以避免重新产生应力。

（2）调湿处理。调湿处理是将刚脱模的塑件放在热水中，以隔绝空气，防止对塑料制件的氧化，加快吸湿平衡速度的一种后处理方法，其目的是使制件颜色、性能以及尺寸得到稳定。通常聚酰胺类塑料制件需进行调湿处理，处理的时间随聚酰胺类塑料的品种、塑件的形状、厚度及结晶度大小而异。

4.3　注射成型工艺条件的选择与控制

正确的注射成型工艺过程可以保证塑料熔体良好塑化，顺利充模、冷却与定型，从而生产出合格的塑料制件，而温度、压力和时间是影响注射成型工艺的重要参数。

4.3.1　温度

在注射成型过程中需要控制的温度有料筒温度、喷嘴温度和模具温度等三种温度。其中料筒温度、喷嘴温度主要影响塑料的塑化和流动，模具温度则影响塑料的流动和冷却定型。

（1）料筒温度。料筒温度的选择与塑料的品种、特性有关。不同的塑料具有特定的粘流态温度或熔点，为了保证塑料熔体的正常流动，不使物料发生过热分解，料筒最适合的温度范围应在粘流温度或熔点温度 θ_f 和热分解温度 θ_d 之间。对于平均相对分子质量偏高、温度分布范围较窄的塑料，应选择较高的料筒温度，如玻璃纤维增强塑料。采用柱塞式塑化装置的塑料和注射压力较低、塑件壁厚较小时，应选选择较高的料筒温度。反之，则选择较低的料筒温度。

但应注意，料筒温度太高时塑料易产生低分子化合物和分解产生气体，使塑料表面变色，产生气泡、银丝及斑纹，导致性能下降。料筒温度太高还会使得模腔中塑料内外冷却不一致，塑件易产生应力和凹痕。同时，熔料的温度高，流动性好，易产生溢料、溢边等缺陷。料筒温度太低时，熔体流动性差，易产生熔接痕、充填不足、波纹等缺陷。同时，由于料筒温度低，塑料冷却时易产生应力，塑件容易产生变形或开裂等现象。

料筒的温度分布一般采用前高后低的原则，即料筒的加料口（后段）处温度最低，喷嘴处的温度最高。料筒后段温度应比中段、前段温度低5～10℃对于吸湿性偏高的塑料，料筒后段温度偏高一些；对于螺杆式注射机，料筒前段温度略低于中段，以防止由于螺杆与熔料、熔料与熔料、熔料与料筒之间的剪切摩擦热而导致塑料产生热降解现象。

螺杆式和柱塞式注射机由于其塑化过程不同，料筒温度的选择也不同。在注射同一种塑料时，螺杆式注射机料筒温度可比柱塞式注射机料筒温度低10～20℃。为了避免熔料在料筒中过热降解，必须控制熔料在料筒内的滞留时间。通常，提高料筒温度以后，都要适当缩短熔体在料筒内的滞留时间。

（2）喷嘴温度。喷嘴温度一般略低于料筒的最高温度。喷嘴温度太高，熔料在喷嘴处产

生 流涎现象，塑料易产生热分解现象。但喷嘴温度也不能太低，否则易产生冷块或僵块，使熔体产生早凝，其结果是凝料堵塞喷嘴，或是将冷料注入模具型腔，导致成品缺陷。

(3) 模具温度。模具温度对熔体的充模流动能力、塑件的冷却速度和成型后的塑件性能等有直接影响。模具温度选择取决于塑料的分子结构特点、塑件的结构及性能要求和其他成型工艺条件（熔体温度、注射速度、注射压力和模塑周期等）。

提高模具温度可以改善熔体在模具型腔内的流动性，增加塑件的密度和结晶度，减小充模压力和塑件中的应力，但塑件的冷却时间会延长，冷却速度慢，易产生粘模现象，收缩率和脱模后塑件的翘曲变形会增加，降低生产率。降低模具温度，能缩短冷却时间，提高生产率，但模具温度过低时，熔体在模具型腔内的流动性能会变差，使塑件产生较大的应力和明显的熔接痕等缺陷。模具温度较低对降低塑件的表面粗糙度值、提高塑件的表面质量有利。

在需要降低模具温度的情况下，模具温度可以采用定温的冷却介质或制冷装置来控制；在需要提高模具温度的情况下，可用加热装置对模具加热来保持模具的温度。对塑料熔体来说，注射过程都是冷却过程。为了使塑料成型和顺利脱模，模具的温度应低于塑料的玻璃化温度 θ_g 或工业上常用的热变形温度。

对于高黏度塑料，由于它们流动性差和充模能力弱，为了获得致密的组织结构，必须采用较高的模具温度；对于黏度较小、流动性好的塑料可采用较低的模具温度，这样可缩短冷却时间，提高生产效率。

对于壁厚大的制件，因充模和冷却时间较长，若温度过低，很容易使塑件内部产生真空泡和较大的应力，所以不宜采用较低的模具温度。在生产过程中，模具温度的确定，需要根据塑料品种和塑件的复杂程度确定。

在满足注射过程要求的温度下，采用尽可能低的模具温度，以加快冷却速度，缩短冷却时间，还可以把模具温度保持在比热变形温度稍低的状态下，使塑件在比较高的温度下脱模，然后自然冷却，可以缩短塑件在模内的冷却时间。

下面以 ABS 塑料为例说明成型中小型塑件过程中温度参数的选择情况。

预热干燥温度：80 ～ 85 ℃；料筒温度：后段 150 ～ 170 ℃，中段 165 ～ 180 ℃，前段 180 ～ 200 ℃；喷嘴温度：170 ～ 180 ℃；模具温度：0 ～ 50 ℃；后处理温度：70 ℃。

4.3.2　压力

注射成型过程中的压力包括塑化压力、注射压力和保压压力三种，它们直接影响塑料的塑化和塑件质量。

(1) 塑化压力。塑化压力又称螺杆背压，它是指采用螺杆式注射机注射时，螺杆头部熔料在螺杆转动时所受到的压力。这种压力的大小可以通过液压系统中的溢流阀调整。

注射中，塑化压力的大小是随螺杆的设计、塑件质量的要求以及塑料的种类等的不同而确定的。如果这些情况和螺杆的转速都不变，则增加塑化压力即会提高熔体的温度，并使熔体的温度均匀、色料混合均匀并排除熔体中的气体。但增加塑化压力则会降低塑化速率，延长成型周期，甚至可能导致塑料的降解。

一般操作中，在保证塑件质量的前提下，塑化压力应越低越好，其具体数值随所用塑料的品种而定，一般为 6 ～ 20 Mpa。注射聚甲醛时，较高的塑化压力会使塑件的表面质量提高，但也可能使塑料变色、塑化速率降低和流动性下降。注射聚酰胺时，塑化压力必须降低，否则塑化速率将很快降低，这是因为螺杆中逆流和漏流增加的缘故。如需增加料温，则应采用提高料筒温度的方法。聚乙烯的热稳定性较高，提高塑化压力不会有降解的危险，这有利于混料和混色，不过塑化速率会随之降低。

（2）注射压力。注射压力是指柱塞或螺杆轴向移动时其头部对塑料熔体所施加的压力。在注射机上 常用压力表指示出注射压力的大小，一般在 40 ～ 130 MPa 之间，压力的大小可通过注射机的控制系统来调整。注射压力的作用是克服塑料熔体从料筒流向型腔的流动阻力，给予熔体一定的充型速率以便充满模具型腔。

注射压力的大小取决于注射机的类型、塑料的品种以及模具浇注系统的结构、尺寸与表面粗 糙度、模具温度、塑件的壁厚及流程的大小等，关系十分复杂，目前难以作出具有定量关系的结论。在其他条件相同的情况下，柱塞式注射机的注射压力应比螺杆式注射机的注射压力大，其原因在于塑料在柱塞式注射机料筒内的压力损耗比螺杆式注射机大。塑料流动阻力的另一决定因素是塑料与模具浇注系统及型腔之间的摩擦系数和塑料自身的熔融黏度。摩擦系数和熔融黏度越大，注射压力应越高。同一种塑料流动时其与模具的摩擦系数和熔融黏度是随料筒温度和模具温度而变动的，此外还与其是否加有润滑剂有关。注射压力太高时，塑料的流动性提高，易产生溢料、溢边，塑料在高压下强迫冷凝，易产生应力，塑件易粘模，脱模困难，塑件容易变形，但不易产生气泡。

注射压力太低时，塑料的流动性下降，成型不足，产生熔接痕迹，不利于气体从熔料中溢出，易产生气泡，冷却中补缩差，会产生凹痕和波纹等缺陷。

（3）保压压力。型腔充满后，继续对模内熔料施加的压力称为保压压力。保压压力的作用是使熔料在压力下固化，并在收缩时进行补缩，从而获得健全的塑件。保压压力等于或小于注射时所用的注射压力。如果注射和压实时的压力相等，则往往可以使塑件的收缩率减小，并且它们的尺寸稳定性较好，这种方法的缺点是会造成脱模时的残余压力过大和成型周期过长。但对结晶性塑料来说，使用这种方法成型周期不一定增长，因为压实压力大时可以提高塑料的熔点，例如聚甲醛，如果压力加大到 50 MPa，则其熔点可提高 90 ℃，脱模可以提前。

保压大小也会对成型过程产生影响，保压压力太高，易产生溢料、溢边，增加塑件的应力；保压压力太低，会造成成型不足。

4.3.3 成型周期（时间）

完成一次注射成塑过程所需的时间称成型周期。它包括合模时间、注射时间、保压时间、模内冷却时间和其他时间等。

（1）合模时间。合模时间是指注射之前模具闭合的时间。合模时间太长，则模具温度过低，熔料在料筒中停留时间过长；合模时间太短，模具温度相对较高。

（2）注射时间。注射时间是指注射开始到塑料熔体充满模具型腔的时间（柱塞或螺杆前进时间）在生产中，小型塑件注射时间一般为 3 ～ 5 s，大型塑件注射时间可达几十秒。注射时间中的充模时间与充模速度成反比；注射时间缩短、充模速度提高，取向下降、剪切速率增加，绝大多数塑料的表观黏度均下降，对剪切速率敏感的塑料尤其这样。

（3）保压时间。保压时间是指型腔充满后继续施加压力的时间（柱塞或螺杆停留在前

进位 置的时间），一般为 20 ～ 25 s，特厚塑件可高达 5 ～ 10 min。保压时间过短，塑件不紧密，易产生凹痕，塑件尺寸不稳定等；保压时间过长，加大塑件的应力，产生变形、开裂，脱模困难。保压时间的长短不仅与塑件的结构尺寸有关，而且与料温、模温以及主流道和浇口的大小有关。

（4）模内冷却时间。模内冷却时间是指塑件保压结束至开模以前所需的时间（柱塞后撤或 螺杆转动后退的时间均在其中）。冷却时间主要取决于塑件的厚度、塑料的热性能、结晶性能以及模具温度等。冷却时间的长短应以脱模时塑件不引起变形为原则，冷却时间一般为 30 ～ 120 s。冷却时间过长，不仅延长生产周期，降低生产效率，对复杂塑件还将造成脱模困难、易变形、结晶度高等；冷却时间过短，塑件易产生变形等缺陷。

（5）其他时间。其他时间是指开模、脱模、喷涂脱模剂、安放嵌件等时间。

此外还有塑化时间，它是指螺杆开始转动至预塑结束所需的时间。不过，塑化是在保压结束后就开始的，已经包含在模内冷却时间内，因此不能重复计算在成型周期内。螺杆转速快，剪切热加大，塑化时间缩短；螺杆转速慢，剪切热减少，塑化时间增长。

模具的成型周期直接影响到生产率和注射机使用率，因此，生产中在保证质量的前提下应尽量缩短成型周期中各个阶段的有关时间。整个成型周期中，以注射时间和冷却时间最重要，他们对塑件的质量均有决定性影响。常用塑料的注射成型工艺参数可参考表 4-1。

表 4-1　常用塑料的注射成型工艺参数

项目		LDPE	HDPE	乙丙共聚PP	PP	玻纤增强PP	软PVC	硬PVC	PS	HIPS	ABS	高抗冲ABS	耐热ABS	电镀级ABS	阻燃ABS	透明ABS	ACS
注射机类型		柱塞式	繆杆式	柱塞式	螺杆式	螺杆式	柱塞式	螺杆式	柱塞式	螺杆式	螺杆式	螺杆式	螺杆式	螺杆式	螺杆式	螺杆式	螺杆式
螺杆转速/(r/min)		—	30～60	—	30～60	30～60	—	20～30	—	10～60	30～60	30～60	30～60	20～60	20～50	30～60	20～30
喷嘴	形式	直通式	直通式	直通式	直通式	直通式	直通式	直通式	直通式	直通式	直通式	直通式	直通式	直通式	直通式	直通式	直通式
	温度/℃	150～170	150～180	170～190	170～190	180～190	140～150	150～170	160～170	160～170	180～190	190～200	190～200	150～210	180～190	190～200	160～170
料筒温度/℃	前段	170～200	180～190	180～200	180～200	190～200	160～190	170～190	170～190	170～190	200～210	200～210	200～220	210～230	190～200	200～220	170～180
	中段	—	180～200	190～220	200～220	210～220	—	165～180	—	170～190	210～230	210～230	220～240	230～250	200～220	220～240	180～190
	后段	140～160	140～160	150～170	160～170	160～170	140～150	160～170	140～160	140～160	180～200	180～200	190～200	200～210	170～190	190～200	160～170
模具温度/℃		30～45	30～60	50～70	40～80	70～90	30～40	30～60	20～60	20～50	50～70	50～80	60～85	40～80	50～70	50～70	50～60
注射压力/MPa		60～100	70～100	70～100	70～120	90～130	40～80	80～130	60～100	60～100	70～90	70～120	85～120	70～120	60～100	70～100	80～120
保压压力/MPa		40～50	40～50	40～50	50～60	40～50	20～30	40～60	30～40	30～40	50～70	50～70	50～80	50～70	30～60	50～60	40～50
注射时间/s		0～5	0～5	0～5	0～5	2～5	0～8	2～5	0～3	0～3	3～5	3～5	3～5	0～4	3～5	0～4	0～5
保压时间/s		15～60	15～60	15～60	20～60	15～40	15～40	15～40	15～40	15～40	15～30	15～30	15～30	20～50	15～30	15～40	15～30

续表

项目	LDPE	HDPE	乙丙共聚PP	PP	玻纤增强PP	软PVC	硬PVC	PS	HIPS	ABS	高抗冲ABS	耐热ABS	电镀级ABS	阻燃ABS	透明ABS	ACS
冷却时间/s	15～60	15～60	15～50	15～50	15～40	15～30	15～40	15～60	10～40	15～30	15～30	15～30	15～30	10～30	10～30	15～30
成型周期/s	40～140	40～140	40～120	40～120	40～100	40～80	40～90	40～90	40～90	40～70	40～70	40～70	40～90	30～70	30～80	40～70

项目		S/AN	PMMA		PMMA/PC	氯化聚醚	均聚POM	共聚POM	PET	PBT	玻纤增强PBT	PA6	玻纤增强PA6	PA11	玻纤增强PA11	PA12	PA66
注射机类型		螺杆式	螺杆式	柱塞式	螺杆式	螺杆式	螺杆式	螺杆式	螺扦式	螺杆式	螺杆式	螺杆式	螺杆式	螺杆式	螺杆式	螺杆式	螺杆式
螺杆转速/(r/min)		20～50	20～30	—	20～30	20～40	20～40	20～40	20～40	20～40	20～40	20～50	20～40	20～50	20～40	20～50	20～50
喷嘴	形式	直通式	直通式	直通式	直通式	直通式	直通式	直通式	直通式	直通式	直通式	直通式	直通式	直通式	直通式	直通式	自锁式
	温度/℃	180～190	180～200	180～200	220～240	170～180	170～180	170～180	250～260	200～220	210～230	200～210	200～210	180～190	190～200	170～180	250～260
料筒温度/℃	前段	200～210	180～210	210～240	230～250	180～200	170～190	170～190	260～270	230～240	230～240	220～230	220～240	185～200	200～220	185～220	255～265
	中段	210～230	190～200	—	240～260	180～200	170～190	180～200	260～280	230～250	240～260	230～240	230～250	190～220	220～250	190～240	260～280
	后段	17～180	200	180～200	210～230	180～190	170～180	170～190	240～260	200～220	210～220	200～210	200～210	170～180	180～190	160～170	240～250
模具温度/℃		50～70	40～80	40～80	60～80	80～110	90～120	90～100	100～140	60～70	65～75	60～100	80～120	60～90	60～90	70～110	60～120
注射压力/MPa		80～120	50～120	80～130	80～130	80～110	80～130	80～120	80～120	60～90	80～100	80～110	90～130	90～120	90～130	90～130	80～130
保压压力/MPa		40～50	40～60	40～60	40～60	30～40	30～50	30～50	30～50	30～40	40～50	30～50	30～50	30～50	40～50	50～60	40～50
注射时间/s		0～5	0～5	0～5	0～5	0～5	2～5	2～5	0～5	0～3	2～5	0～4	2～5	0～4	2～5	2～5	0～5
保压时间/s		15～30	20～40	20～40	20～60	15～50	20～80	20～90	20～50	10～30	10～20	15～50	15～40	15～50	15～40	20～60	20～50
冷却时间/s		15～30	20～40	20～40	20～40	20～50	20～60	20～60	20～30	15～30	15～30	20～40	20～40	20～40	20～40	20～40	20～40
成型周期/s		40～70	50～90	50～90	50～90	40～110	50～150	50～160	50～90	30～70	30～60	40～100	40～90	40～100	40～90	50～110	50～70

项目		玻纤增强PA66	PA610	PA612	PA1010		玻纤增强PA1010		PC		PC/PE		玻纤增强PC	透明PA	PSU	改性PSU	玻纤增强PSU
注射机类型		螺杆式	螺杆式	螺杆式	螺杆式	柱塞式	螺杆式	柱塞式	螺杆式	柱塞式	螺杆式	柱塞式	螺杆式	螺杆式	螺杆式	螺杆式	螺杆式
螺杆转速/(r/min)		20～40	20～50	20～50	20～50	—	20～40	—	20～40	—	20～40	—	20～30	20～50	20～30	20～30	20～30
喷嘴	形式	直通式	自锁式	自锁式	自锁式	自锁式	直通式	直通式	直通式	直通式	直通式	直通式	直通式	直通式	直通式	直通式	直通式
	温度/℃	250～260	200～210	200～210	190～200	190～210	180～190	180～190	230～250	240～250	220～230	230～240	240～260	220～240	280～290	250～260	230～280

续表

项目		玻纤增强PA66	PA610	PA612	PA1010		玻纤增强PA1010		PC		PC/PE		玻纤增强PC	透明PA	PSU	改性PSU	玻纤增强PSU
料筒温度/℃	前段	260～270	220～230	210～220	200～210	230～250	210～230	240～260	240～280	270～300	230～250	250～280	260～290	240～250	290～310	260～280	300～320.
	中段	260～290	230～250	210～230	220～240	—	230～260	—	260～290	—	240～260	—	270～310	250～270	300～330	280～300	310～330
	后段	230～260	200～210	200～205	190～200	180～200	190～200	190～200	240～270	260～290	230～240	240～260	260～280	220～240	280～300	260～270	290～300
模具温度/℃		100～120	60～90	40～70	40～80	40～80	40～80	40～80	90～110	90～110	80～100	80～100	90～110	40～60	130～150	80～100	130～150
注射压力/MPa		80～130	70～110	70～120	70～100	70～120	90～130	100～130	80～130	110～140	80～120	80～130	100～140	80～130	100～140	100～140	100～140
保压压力/MPa		40～50	20～40	30～50	20～40	30～40	40～50	40～50	40～50	40～50	40～50	40～50	40～50	40～50	40～50	40～50	40～50
注射时间/s		3～5	0～5	0～5	0～5	0～5	2～5	2～5	0～5	0～5	0～5	0～5	2～5	0～5	0～5	0～5	2～7
保用时间/s		20～50	20～50	20～50	20～50	20～50	20～40	20～40	20～80	20～80	20～80	20～80	20～60	20～60	20～80	20～70	20～50
冷却时间/s		20～40	20～40	20～50	20～40	20～40	20～40	20～40	20～50	20～50	20～50	20～50	20～50	20～40	20～50	20～50	20～50
成型周期/s		50～100	50～100	50～110	50～100	50～100	50～90	50～90	50～130	50～130	50～140	50～140	50～110	50～110	50～140	50～130	50～110

项目		聚芳砜	聚醚砜	PPO	改性PPO	聚芳酯	聚氨酯	聚苯琉醚	聚酰亚胺	醋酸纤维素	醋酸丁酸纤维素	醋酸丙酸纤维素	乙基纤维素	F46
注射机类型		螺杆式	螺杆式	螺杆式	螺杆式	螺杆式	螺杆式	螺杆式	螺杆式	柱塞式	柱塞式	柱塞式	柱塞式	螺杆式
螺杆转速/(r/min)		20～30	20～30	20～30	20～50	20～50	20～70	20～30	20～30	—	—	—	—	20～30
喷嘴	形式	直通式	直通式	直通式	直通式	直通式	直通式	直通式	直通式	直通式	直通式	直通式	直通式	直通式
	温度/℃	380～410	240～270	250～280	220～240	230～250	170～180	280～300	290～300	150～180	150～170	160～180	160～180	290～300
料筒温度/℃	前段	385～420	260～290	260～250	230～250	240～260	175～185	300～310	290～310	170～200	170～200	180～210	180～220	300～330
	中段	345～385	280～310	260～290	240～270	250～280	180～200	320～340	300～330	—	—	—	—	270～290
	后段	320～370	260～290	230～240	230～240	230～240	150～170	260～280	260～300	150～170	150～170	150～170	150～170	170～200
模具温度/℃		230～260	90～120	110～150	60～80	100～130	20～40	120～150	120～150	40～70	40～70	40～70	40～70	110～130
注射压力/MPa		100～200	100～140	100～140	70～110	100～130	80～100	80～130	100～150	60～130	80～130	80～120	80～130	80～130
保压压力/MPa		50～70	50～70	50～70	40～60	50～60	30～40	40～50	40～50	40～50	40～50	40～50	40～50	50～60
注射时间/s		0～5	0～5	0～5	0～8	2～8	2～6	0～5	0～5	0～3	0～5	0～5	0～5	0～8
保压时间/s		15～40	15～40	30～70	30～70	15～40	30～40	10～30	20～60	15～40	15～40	15～40	15～40	20～60
冷却时间/s		15～20	15～30	20～60	20～50	15～40	30～60	20～50	30～60	15～40	15～40	15～40	15～40	20～60
成型周期/s		40～50	40～80	60～140	60～130	40～90	70～110	40～90	60～130	40～90	40～90	40～90	40～90	50～130

4.4　注射模的分类及基本结构

4.4.1　注射模具的分类

注射模具有很多的分类方法。按注射模具的典型结构特征可分为单分型面注射模具、双分型面注射模具、斜导柱（弯销、斜导槽，斜滑块、齿轮齿条）侧向分型与抽芯注射模具、带有活动镶件的注射模具、定模带有推出装置的注射模具和自动卸螺纹注射模具等；按浇注系统的结构形式分类，可分为普通流道注射模具、热流道注射模具；按注射模具所用注射机的类型可分为卧式注射机用模具、立式注射机用模具和角式注射机用模具；按塑料的性质分类，可分为热塑性塑料注射模具、热固性塑料注射模；按注射成型技术可分为低发泡注射模、精密注射模、气体辅助注射成型注射模、双色注射模、多色注射模等。

4.4.2　注射模具的结构及组成

注射模具的结构由塑件的复杂程度及注射机的结构形式等因素决定。注射模具可分为动模和定模两大部分，定模部分安装在注射机的固定模板上，动模部分安装在注射机的移动模板上，注射时动模与定模闭合构成浇注系统和型腔，开模时动模与定模分离，取出塑件。

根据模具上各个部分所起的作用，注射模具的总体结构组成如图4-3所示。

（1）成型部分。成型部分是指与塑件直接接触、成型塑件内表面和外表面的模具部分，它由凸模（型芯）、凹模（型腔）以及嵌件和镶块等组成。凸模（型芯）形成塑件的内表面形状，凹模形成塑件的外表面形状，合模后凸模和凹模便构成了模具模腔。图4-3所示的模具中，模腔由动模板1、定模板2、凸模7等组成。

（2）浇注系统。浇注系统是熔融塑料在压力作用下充填模具型腔的通道（熔融塑料从注射机喷嘴进入模具型腔所流经的通道）。浇注系统由主流道、分流道、浇口及冷料穴等组成。浇注系统对塑料熔体在模内流动的方向与状态、排气溢流、模具的压力传递等起到重要的作用。

（3）导向机构。为了保证动模、定模在合模时的准确定位，模具必须设计有导向机构。导向机构分为导柱、导套导向机构与内外锥面定位导向机构两种形式。图4-3中的导向机构由导柱8和导套9组成。此外，大中型模具还要采用推出机构导向，图4-3中的推出导向机构由推板导柱16和推板导套17组成。

（4）侧向分型与抽芯机构。塑件上的侧向如有凹凸形状及孔或凸台，就需要有侧向的型芯或成型块来成型。在塑件被推出之前，必须先抽出侧向型芯或侧向成型块，然后才能顶离脱模。带动侧向型芯或侧向成型块移动的机构称为侧向分型与抽芯机构。

（5）推出机构。推出机构是将成型后的塑件从模具中推出的装置。推出机构由推杆、复位杆、推杆固定板、推板、主流道拉料杆、推板导柱和推板导套等组成。图4-3中的推出机构由推板13、推杆固定板14、拉料杆15、推板导柱16、推板导套17、推杆18和复位杆19等零件组成。

（6）温度调节系统。为了满足注射工艺对模具的温度要求，必须对模具的温度进行控制，模具结构中一般都设有对模具进行冷却或加热的温度调节系统。模具的冷却方式是在模具上开设冷却水道（图 4-3 中 3），加热方式是在模具内部或四周安装加热元件。

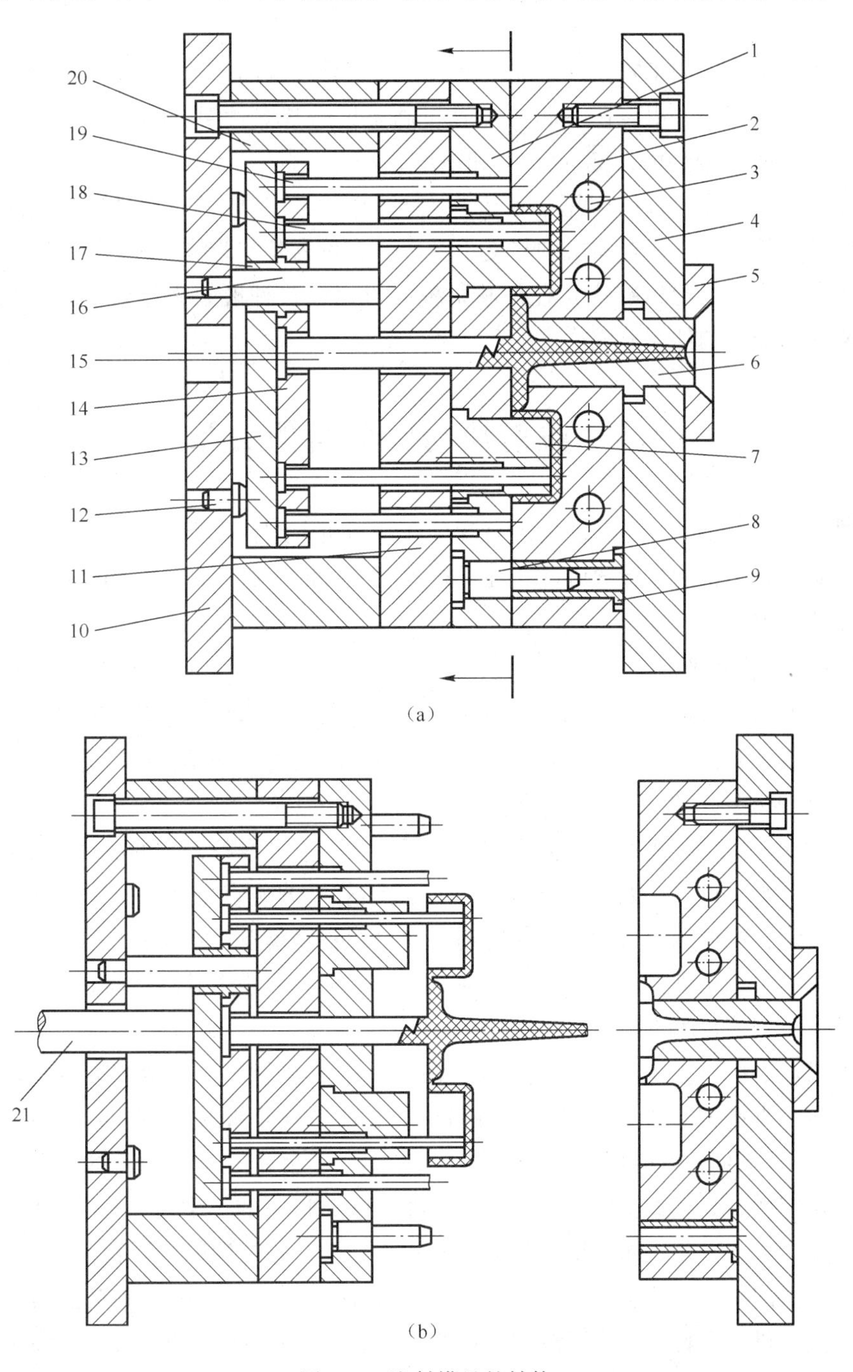

图 4-3　注射模具的结构

1—动模板；2—定模板；3—冷却水道；4—定模座板；5—定位圈；6—浇口套；7—凸模；8—导柱；9—导套；10—动模座板；11—支承板；12—支承柱；13—推板；14—推杆间定板；15—拉料杆；16—推板导柱；17—推板导套；18—推杆；19—复位杆；20—垫块；21—注射机液压顶杆

（7）排气系统。在注射成型过程中，为了将型腔内的气体排出模外，常常需要开设排气系统。排气系统通常是在分型面上有目的地开设几条排气沟槽，另外许多模具的推杆或活动型芯与模板之间的配合间隙可起排气作用。小型塑件的排气量不大，因此可直接利用分型面排气。

（8）支撑零部件。用来安装固定或支承成型零部件以及前述各部分机构的零部件均称为支承零部件。支承零部件组装在一起，构成注射模具的基本骨架。图 4-3 中的支承零部件有定模座板 4、动模座板 10、支承板 11 和垫块 20 等。

根据注射模中各零部件的作用，上述八大部分可以分为成型零部件和结构零部件两大类。在结构零部件中，合模导向机构与支承零部件合称为基本结构零部件，因为二者组装起来可以构成注射模架（已标准化）任何注射模均可以以这种模架为基础再添加成型零部件和其他必要的功能结构件来形成。

4.5 注射模与注射机的关系

注射机是注射成型的设备，注射模是安装在注射机上进行生产的。注射机选用得是否合理，直接影响模具结构的设计，因此，在进行模具设计时，必须对所选用注射机的相关技术参数有全面的了解。

4.5.1 注射机的分类

注射机发展很快，类型不断增加，注射机的分类方法较多，通常按注射机外形特征分类，这种分类法主要根据注射装置和合模装置的排列方式进行分类，可以分为卧式注射成型机、立式注射 成型机、角式注射成型机和多模注射机等几种。

（1）卧式注射机。卧式注射机是使用最广泛的注射成型设备，它的注射装置和合模装置的轴线呈一线并水平排列，如图 4-4 所示。卧式注射机的优点是便于操纵和维修，机器重心低，比较稳定，成型后的塑件推出后可利用其自重自动落下，容易实现全自动操作等。卧式注射机对大、中、小型模具都适用，注射量 60 cm^3 及以上的注射机均为螺杆式注射机。其主要缺点是模具安装较困难。

（2）立式注射机。立式注射机如图 4-5 所示。它的注射装置与合模装置的轴线呈一线并与水平方向垂直排列。立式注射机具有占地面积小、模具拆装方便、安放嵌件便利等优点；缺点是塑件顶出后常须要用手或其他方法取出，不易实现全自动化操作，机身重心较高，机器的稳定性差。立式注射机多为注射量在 60 cm^3 以下的小型柱塞式注射机。

（3）角式注射。机角式注射机一般为柱塞式注射机，它的注射装置和合模装置的轴线相互垂直排列，如图 4-6 所示。其优点介于卧、立两种注射机之间，主要是注射量为 45 cm^3 以下的小型注射机，它特别适合于成型自动脱卸有螺纹的塑件。

角式注射成型模具的特点是熔料沿着模具的分型面进入型腔。由于开合模机构是纯机械传动，所以角式注射机有无法准确可靠地注射和保持压力及锁模力、模具受冲击和振动较大的缺点。

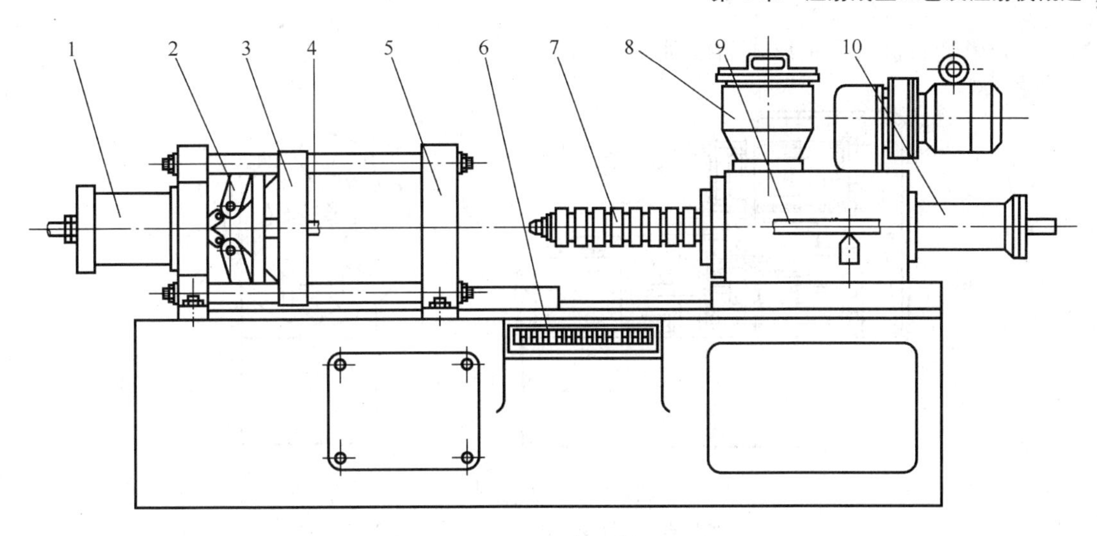

图 4-4　卧式注射机

1—锁模液压缸；2—锁模机构；3—移动模板；4—顶杆；5—固定模板；6—控制台；7—料筒及加热器；8—料斗；9—定量供料装置；10—注射液压缸

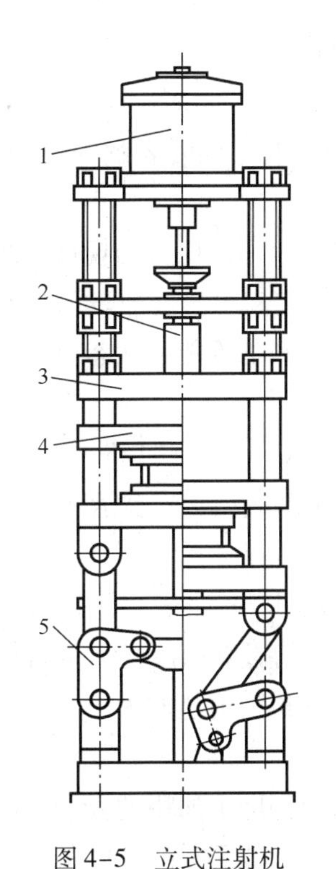

图 4-5　立式注射机

1—注射液压缸；2—料筒及加热器；3—固定板；4—移动模板；5—锁模机构

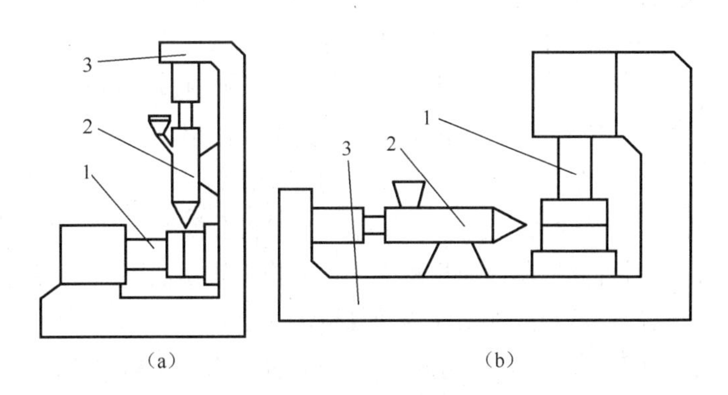

图 4-6　角式注射机

1—锁模机构；2—料筒、加热器及注射液压缸；3—机体

（4）多模注射机。多模注射机是一种多工位操作的特殊注射机，如图 4-7 所示，它是一种专用注射机。在下面工位注射结束后，绕固定轴 3 旋转 180 °后在上面工位上脱模，此时，下面工位上对另一副模具进行注射。根据注射量和机器的用途，多模注射机也可将注射

装置与合模装置进行多种形式的排列。

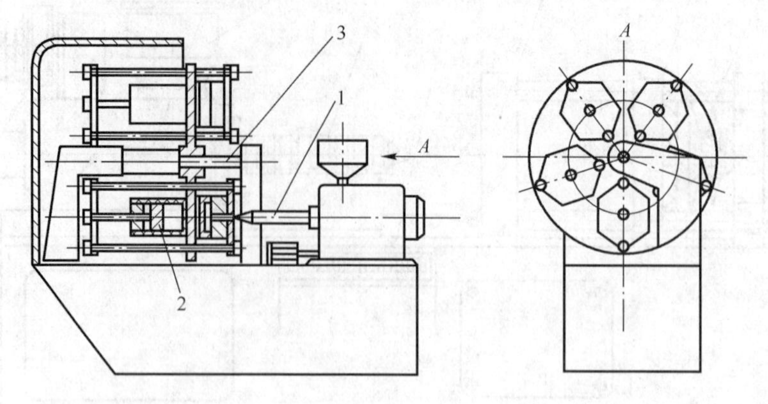

图 4-7　多模注射机

1—料筒、加热器及注射液压缸；2—锁模机构；3—固定轴

根据注射成型工艺和成型技术的不同，专用型注射机还可以分成热固性塑料型注射、发泡注射、排气注射、高速注射、多色注射、精密注射、气体辅助注射等类型注射机。我国生产的注射机主要是热塑性塑料通用型和部分热固性塑料型注射机。

4.5.2　注射机规格型号的表示法

注射机型号标准表示法主要有注射量、合模力、注射量与合模力同时表示等三种方法。具体方法如下：

（1）注射量表示法　注射量表示法是用注射机的注射容量来表示注射机的规格方法，即注射机以标准螺杆（常用普通型螺杆）注射时的 80% 理论注射量表示。这种表示法比较直观，规定了注射机成型制件的体积范围。由于注射容量与加工塑料的性能、状态有着密切的关系，所以注 射量表示法不能直接判断规格的大小。

常用的卧式注射机型号有：XS - ZY - 30、XS - ZY - 60、XS - ZY - 125、XS - ZY - 500、XS - ZY - 1000 等。其中 XS 表示塑料成型机械；Z 表示注射成型；Y 表示螺杆式（预塑式）；125、500 等表示注射机的最大注射量（cm^3或 g）。

（2）合模力表示法　合模力表示法是用注射机最大合模力（kN）来表示注射机规格的方法，这种表示法直观、简单，注射机合模力不会受到其他取值的影响而改变，可直接反映出注射机成型制件面积的大小。合模力表示法不能直接反映注射机注射量的大小，也就不能反映注射机全部加工能力及规格的大小。

（3）合模力与注射量表示法　合模力与注射量表示法是目前国际上通用的表示方法，是用注射量为分子、合模力为分母表示设备的规格。如 XZ - 63/50 型注射机，X 表示塑料机械；Z 表示注射机；63/50 表示注射容量为 63 cm^3，合模力为 50×10 kN。

国家标准采用注射量表示法（XS - ZY - 注射量 - 改进型表示法），如 XS - ZY - 125 型号的注射机，XS 表示塑料成型机械；Z 表示注射成型；Y 表示螺杆式（无 Y 表示柱塞式）；125 表示公称注射量（cm^3或 g）。

部分国产和注射机主要技术规格见表 4-2。

表 4-2　部分国产和注射机主要技术规格

项目＼型号	XS－ZS－22	XS－Z－30	XS－Z－60	XS－ZY－125	G54－S200/400	SZY－300	XS－ZY－500	XS－7Y－1000	SZY－2000	XS－ZY－4000
额定注射量 /cm^3	30、20	30	60	125	200～400	320	500	1 000	2 000	4 000
螺杆直径/mm	25、20	28	38	42	55	60	65	85	110	130
注射压力/MPa	75、115	119	122	120	109	77.5	145	121	90	106
注射行程/mm	130	130	170	115	160	150	200	260	280	370
注射方式	双柱塞式（双色）	柱塞式	柱塞式	螺杆式	螺杆式	螺杆式	螺杆式	螺杆式	螺杆式	螺杆式
锁模力/kN	250	250	500	900	2 540	1 500	3 500	4 500	6 000	10 000
最大成型面积 /cm^2	90	90	130	320	645	—	1 000	1 800	2 600	3 800
最大开合模行程/mm	160	160	180	300	260	340	500	700	750	1 100
模具最大厚度 /mm	180	180	200	300	406	355	450	700	800	1 000
模具最小厚度 /mm	60	60	70	200	165	285	300	300	500	700
喷嘴圆弧半径 /mm	12	12	12	12	18	12	18	18	18	—
喷嘴孔直径 /mm	2	2	4	4	4	—	3、5、6、8	7.5	10	—
顶出形式	四侧设有顶出，机械顶出	四侧设有顶出，机械顶出	中心设有顶出，机械顶出	两侧设有顶出，机械顶出	—	中心及上下两侧设有顶出，机械顶出	中心液压顶出、两侧顶杆机械顶出	中心液压顶出、两侧顶杆机械顶出	中心液压顶出、两侧顶杆机械顶出	中心液压顶出、两侧顶杆机械顶出

续表

项目＼型号		XS－ZS－22	XS－Z－30	XS－Z－60	XS－ZY－125	G54－S200/400	SZY－300	XS－ZY－500	XS－7Y－1000	SZY－2000	XS－ZY－4000
动定模固定板尺寸/mm		250×280	250×280	330×340	428×458	532×634	620×520	700×850	900×1000	1180×1180	—
拉杆空间/mm		235	235	190×300	260×290	200×368	400×300	540×440	650×550	760×700	1050×950
合模方式		液压—机械	液压—机械	液压—机械	液压—机械	液压—机械	液压—机械	液压—机械	两次动作液压式	液压—机械	两次动作液压式
液压泵	流量/(L/min)	50	50	70，12	100，12	170，12	103.9，12.1	200，25	200，18，1.8	175.8×12，14.2	50，50
	压力/MPa	6.5	6.5	6.5	6.5	6.5	7，0	6，5	14	14	20
电动机功率/kW		5.5	5.5	11	11	18.5	17	22	40，5.5，5.5	40，40	17，17
螺杆职动功率/kW		—	—	—	4	5.5	7.8	7.5	13	23.5	30
加热功率/kW		1.75	—	2.7	5	10	6.5	14	16.5	21	37
机器外形尺寸/(mm×mm×mm)		2340×800×1460	2340×850×1460	3160×850×1550	3340×750×1550	4700×1400×1800	5300×940×1815	6500×1300×2000	7670×1740×2380	10908×1900×3430	11500×3000×4500

4.5.3　注射机基本工艺参数的校核

模具设计时，设计者必须根据塑件的结构特点、塑件的技术要求确定模具结构。模具的结构与注射机之间有着必然的联系，模具定位圈尺寸、模板的外围尺寸、注射量的大小、推出机构的设置及锁模力的大小等必须参照注射机的类型及相关尺寸进行设计，否则，模具就无法与注射机合理匹配，注射过程也就无法进行。

1. 型腔数量的确定和校核

型腔数量的确定是模具设计的第一步，型腔数量与注射机的塑化速率、最大注射量及锁模力等参数有关，另外型腔数量还直接影响塑件的精度和生产的经济性。型腔数量的确定方法有很多种，下面介绍根据注射机性能参数确定型腔数量的几种方法。

（1）按注射机的额定塑化速率确定型腔的数量 n

$$nm_1 + m_2 \leqslant KMT/3600 \tag{4-1}$$

式中：n——型腔数量；

m_1——单个塑件的质量或体积，g 或 cm^3；

m_2——浇注系统凝料的塑料质量或体积，g 或 cm^3；

K——注射机最大注射量的利用系数，一般取 0.8 左右，视设备的新旧而取值；

M——注射机的额定塑化量，g/h 或 cm^3/h；

T——成型周期，s。

（2）按注射机的额定锁模力确定型腔的数量 n

$$p(nA + A_j) \leqslant F_n \tag{4-2}$$

式中：F_n——注射机的额定锁模力，N；

A——单个塑件在模具分型面上的投影面积，mm^2；

A_j——浇注系统在模具分型面上的投影面积，mm^2；

P——塑料熔体对型腔的成型压力，其大小一般是注射压力的 80%（注射压力大小见表 4-2），MPa。

上述方法是确定或校核型腔数量的基本方法，具体设计时还需要考虑成型塑件的尺寸精度、生产的经济性及注射机安装模板尺寸的大小。随着型腔数量的增加，塑件的精度会降低（一般每增加一个型腔塑件的尺寸精度便降低 4% ～ 8%），同时模具的制造成本也提高，但生产效率会显著增加。

2. 最大注射量的校核

最大注射量是指注射机对空注射的条件下，注射螺杆或柱塞作一次最大注射行程时，注射装置所能达到的最大注射量。设计模具时，应满足注射成型塑件所需的总注射量小于所选注射机的最大注射，即：

$$nm + m_j \leqslant km_n \tag{4-3}$$

式中：n——型腔数量；

m——单个塑件的体积或质量，cm^3 或 g；

m_j——浇注系统凝量，cm^3 或 g；

m_n——注射机最大注射量，cm³ 或 g；

k——注射机最大注射量利用系数，一般取 0.8。

注塞式注射机的允许最大注射量是以一次注射聚苯乙烯的最大质量（g）为标准的；螺杆式注射机以体积 cm³ 表示最大注射量。

3. 锁模力的校核

注射时塑料熔体进入型腔内仍然存在较大的压力，它会使模具从分型面涨开。为了平衡塑料熔体的压力，锁紧模具保证塑件的质量，注射机必须提供足够的锁模力。它同注射量一样，也反映了注射机的加工能力，是一个重要参数。涨模力等于塑件和浇注系统在分型面上不重合的投影面积之和乘以塑腔的压力。它应小于注射机的额定锁模力 F_n，这样才能使注射时不发生溢料和涨模现象，即满足下式：

$$(nA_1 + A_j)p \leqslant F_n \tag{4-4}$$

式中：F_n——注射机的额定锁模力；

A_1——单个塑件在分型面上的投影面积，mm²。

型腔内的压力一般为注射机注射压力的 80% 左右，常用塑料注射成型时所选用的型腔压力值列于表 4-3。

表 4-3　常用塑料注射成型时所选用的型腔压力　　单位：MPa

塑料品种	高压（PE）	低压聚乙烯（PE）	聚苯乙烯（PS）	AS	ABS	聚甲醛（POM）	聚碳酸酯（PC）
型腔压力	10～15	20	15～20	30	30	35	40

4. 注射压力的校核

塑料成型所需要的注射压力是由塑料品种、注射机类型，喷嘴形式、塑件形状以及浇注系统的压力损失等因素决定的。对于黏度较大的塑料以及形状细薄、流程长的塑件，注射压力应取大一些。由于柱塞式注射机的压力损失比螺杆式大，所以注射压力也应取大些。注射压力的校核是核定注射机的额定注射压力是否大于成型时所需的注射压力。常用塑料注射成型时所需的注射压力见表 4-3。

5. 模具与注射机安装部分相关尺寸的校核

注射模具是安装在注射机上生产的，在设计模具时必须使模具的有关尺寸与注射机相匹配。与模具安装的有关尺寸包括喷嘴尺寸、定位圈尺寸、模具的最大和最小厚度以及模板上的安装螺孔尺寸等。

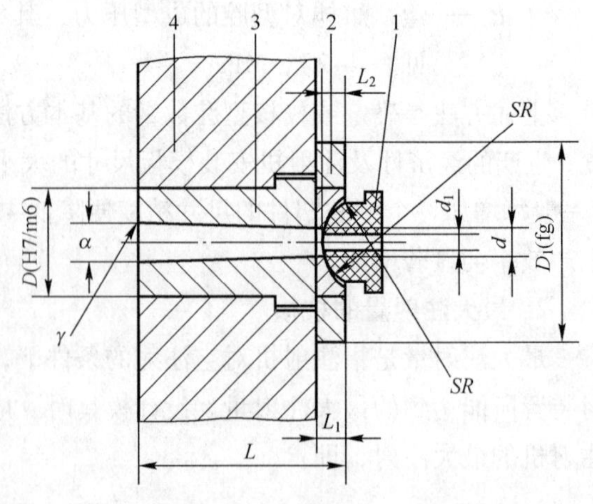

图 4-8　模具浇口套、定位圈形状及其与注射机喷嘴的关系

1—浇口套；2—足模座板；3—定位圈；4—注射机喷嘴

（1）浇口套球面尺寸。设计模具时，浇口套内主流道始端的球面必须比注射机喷嘴头部球面半径略大一些，如图 4-8 所示，即

SR_1 比 SR 大 1 ～ 2 mm；主流道小端直径要比喷嘴直径略大，即 d 比 d_1 大 0. 5 ～ 1 mm。

（2）定位圈尺寸。为了使模具在注射机上的安装准确、可靠，定位圈的设计很关键。模具定位圈如图 4-8 中 3 所示，其外径尺寸必须与注射机的定位孔尺寸相匹配。通常采用间隙配合，以保证模具主流道的中心线与注射机喷嘴的中心线重合，一般模具的定位圈外径尺寸应比注射机固定模板上的定位孔尺寸小 0. 2 mm 以下。

（3）模具的最大、最小厚度。模具的总高度必须位于注射机可安装模具的最大模厚与最小模厚之间，同时应校核模具的外形尺寸，使模具能从注射机的拉杆之间装入。

（4）安装螺孔尺寸。注射模具在注射机上的安装方法有两种，一种是用螺钉直接固定；另一种是用螺钉、压板固定。当用螺钉直接固定时，模具动、定座板与注射机模板上的螺孔应完全吻合；而用压板固定时，只要在模具固定板需安放压板的外侧附近有螺孔就能紧固，因此压板固定具有较大的灵活性。在安装模具时应考虑注塑机的定距拉杆尺寸，保证模具能合理的安装在拉杆内。

6. 开模行程的校核

注射机的开模行程是受合模机构限制的，注射机的最大开模距离必须大于脱模距离，否则塑件无法从模具中取出。由于注射机的合模机构不同，开模行程可按下面三种情况校核：

（1）注射机的最大开模行程与模具厚度无关。当注射机采用液压和机械联合作用的合模机构时，最大开模程度由连杆机构的最大行程所决定，并不受模具厚度的影响。对于图 4-9 所示的单分型面注射模具，其开模行程可按下式校核：

$$S \geqslant H_1 + H_2 + (5 - 10) \tag{4-5}$$

式中：S——注射机最大开模行程，mm；

H_1——推出距离（脱模距离），mm；

H_2——包括浇注系统在内的塑件高度，mm。

图 4-10 所示为双分型面注射模具，需要在开模距离中增加定模板与中间板之间的分开距离 a。a 的大小应保证可以方便地取出浇注系统的凝料，此时开模行程可按下式校核。

$$S \geqslant H_1 + H_2 + a + (5 \sim 10) \tag{4-6}$$

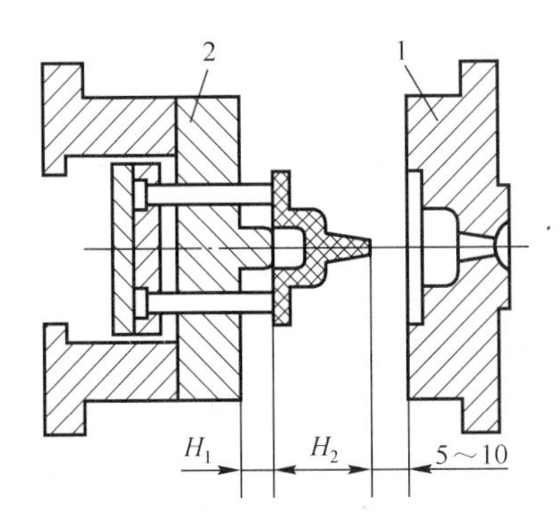

图 4-9　单分型面注射模开模行程

1—定模座板；2—动模

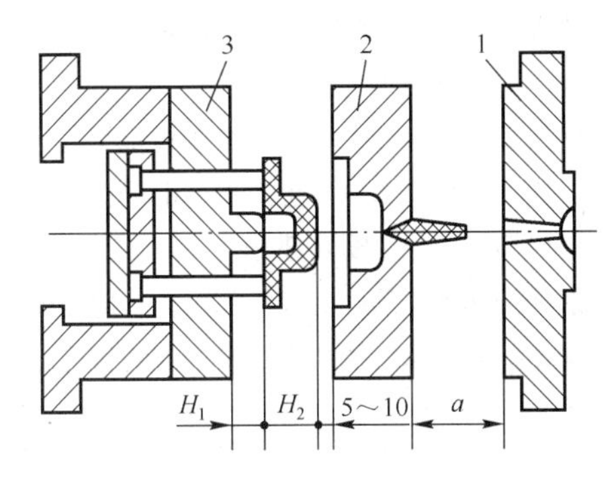

图 4-10　双分型面注射模开模行程

1—定模座板；2—中间板；3—动模板

（2）注射机最大开模行程与模具厚度有关。对于全液压式合模机构的注射机和带布丝杠开模合模机构的直角式注射机，其最大开模行程受模具厚度的影响。此时最大开模行程等于注射机移动模板与固定模板之间的最大距离 S 减去模具厚度对于单分型面注射模具，校核公式为：

$$S - H_m \geqslant H_1 + H_2 + (5 \sim 10) \tag{4-7}$$

对于双分型面注射模具，校核公式为：

$$S - H_m \geqslant H_1 + H_2 + a + (5 \sim 10) \tag{4-8}$$

具有侧向抽芯机构时的校核当模具需要利用开模动作完成侧向柚芯时，开模行程的 校核应考虑侧向抽芯所需的开模行程，如图 4-11 所示。若设完成侧向抽芯所需的开模行程为 H_0，当 $H_0 \leqslant H_1 + H_2$ 时，H_0 对开模行程没有影响，仍用上述各公式进行校核；当 $H_0 > H_1 + H_2$ 时，可用 H_0 代替前述校核公式中的 $H_1 + H_2$ 进行校核。

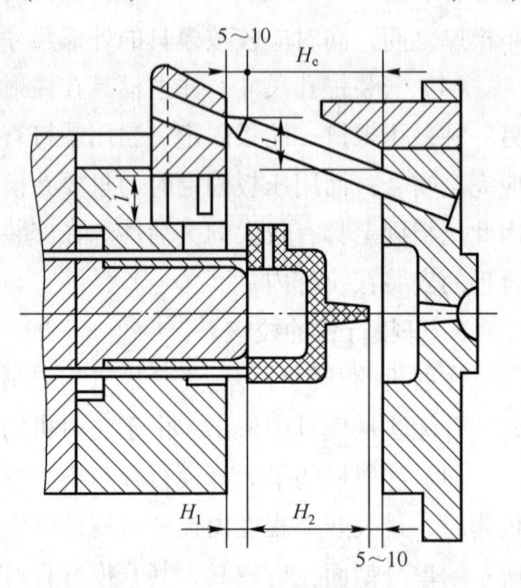

图 4-11　有侧向抽芯时的开模行程

7. 推出装置的校核

各种型号注射机的推出装置和最大推出距离不尽相同，设计时应使模具的推出机构与注射机相适应。通常是根据开合模系统推出装置的推出形式（中心推出还是两侧推出）、注射机的顶杆直径、顶杆间距和顶出距离等校核模具推出机构是否合理、推杆推出距离能否达到使塑件顺利脱模的目的。

小测验

设计注射模时，应对哪些注射机的有关工艺参数进行校核？

思考与练习题

1. 简述螺杆式注射机注射成型的原理。
2. 简述注射成型的工艺过程。
3. 注射成型工艺参数中的温度控制包括哪些内容？如何加以控制温度？
4. 注射成型过程中的压力包括哪两部分？一般选取的范围是什么？
5. 注射成型周期包括哪几部分？
6. 注射模按其各零部件所起的作用，一般由哪几部分结构组成？
7. 根据注射装置和合模装置的排列方式进行分类，注射机可以分成哪几类？各类的特点是什么？

第5章 注射模浇注系统设计

知识目标

1. 熟悉流变学在浇注系统设计中的应用。
2. 掌握普通流道浇注系统设计原则。
3. 理解无流道凝料浇注系统形式及浇注系统平衡进料方式。

能力目标

1. 能合理选择浇注系统平衡进料方式。
2. 能合理设计普通流道浇注系统。
3. 能合理选择普通流道浇口的类型。

所谓浇注系统是指注射模中从主流道的始端到型腔之间的熔体进料通道。浇注系统可分为普通流道浇注系统和无流道凝料浇注系统两类。正确设计浇注系统对获得优质的塑料制品极为重要。

5.1 流变学在浇注系统设计中的应用

流变学是指从应力、应变、温度和时间等方面来研究物质变形和（或）流动的物理力学。注射成型的基本要求是在合适的温度和压力下使足量的塑料熔体尽快充满型腔。影响顺利充模的关键之一是浇注系统的设计，在浇注系统中又以浇口的设计最为重要，了解流变参量与浇口尺寸的相互影响，对正确设计浇注系统有很大帮助。

5.1.1 浇口断面尺寸

1. 对于大浇口

在注射模中浇注系统大都是由圆形通道或矩形通道组成，其流量、流速 v 等可根据以下公式进行判断：

$$q_V = \frac{\pi R^4 \Delta p}{8\eta L} \tag{5-1a}$$

$$q_V = \frac{2WH^3 \Delta p}{3\eta L} \tag{5-1b}$$

式中：R——圆形浇口断面半径，mm；

Δp——流经浇口的压力损失，MPa；

η——表观黏度，MPa·s；

L——浇口长度，mm；

W——浇口宽度，mm；

H——浇口深度，mm；

q_V——熔体在浇口处的流量，mm^3/s。

由式（5-1a）和（5-1b），可以看出：

（1）当 R 上升、W 上升或 H 上升，则流量 q_V 上升，q_V 值与 R^4 或 WH^3 成正比；

（2）随 R 上升、W 上升或 H 上升，则熔体在浇口处的流速 v 下降，其表观黏度 η_a 升高，流量 q_V 降低。

因此，浇口断面尺寸的增大值有个极限值，这就是大浇口尺寸的上限。可见"浇口尺寸越大越容易充模"的观点是错误的。

2. 对于小浇口

（1）小浇口（通常只指点浇口）之所以成功，是因为绝大多数塑料熔体的表观黏度是剪切速率的函数，即

$$\eta_a = K\dot{\gamma}^{n-1} \quad (n<1) \tag{5-2}$$

熔体的流速 v 上升，剪切速率 $\dot{\gamma}$ 增高，表观黏度 η_a 下降，越有利于充模，流量 q_v 上升。

（2）由于熔体高速流过小浇口，部分动能因高速摩擦而转变为热能，浇口处的局部温度升高，使熔体的表观黏度进一步下降，流量 q_v 再次得到增加。

（3）当剪切速率 $\dot{\gamma}$ 达到极限值（一般为 $\dot{\gamma}=10^6 s^{-1}$）时，表观黏度不再随剪切速率的增高而下降。浇口的断面尺寸，并不意味着"浇口越小越好"，也就是小浇口有一个下限。

5.1.2 浇口长度 L

（1）浇口长度 L 越小，熔体流经浇口的阻力降低，熔体在浇口中的流速 v 变快，流量 q_v 降低。同时由于流速 v 变快，剪切速率增高，导致熔体的表观黏度 η_a 下降，有利于成型。

（2）短浇口有利于保压阶段的补缩，因此在确定浇口长度时，总是以选取最小值为宜。

5.1.3 剪切速率的选择

表观黏度 η_a 与剪切速率是指数函数关系，而不是线性关系，观察热塑性塑料熔体的 $\eta_a-\dot{\gamma}$ 曲线可知，在较低的剪切速率范围内，$\dot{\gamma}$ 的微小波动会引起 η_a 的很大变化，这将使注射过程难以控制，制品性能的稳定性得不到保证。一般而言，剪切速率的数值越大，对黏度的影响越小，故注射过程的剪切速率通常较大，在 $10^3\ s^{-1}$～$10^5\ s^{-1}$ 的范围内，基于这种观点，采用小浇口要比采用大浇口有利。

5.1.4 表观黏度的控制

在注射成型时，除了增大熔体体积流量或提高注射速度有利于快速充模外，降低塑料熔体的表观黏度也是行之有效的方法。降低黏度的措施之一是提高熔体的成型温度，但有些塑料对温度不甚敏感，仅靠提高温度来降低黏度作用十分有限，且成型温度又不能高于塑料的分解温度，温度升高后还会增加热量的消耗并增加制件在模具内的冷却时间，故这种方法通常并不提倡采用。降低熔体表观黏度的另一种方法是提高剪切速率，这种方法比提高成型温度更为有效

而适用。如上所述，$\dot{\gamma}$值不能超过临界值（$10^5 s^{-1}$），否则会引起聚合物降解，甚至发生熔体破裂等。提高剪切速率的途径既可借助于增大注射压力，又可缩小浇口尺寸，或者两者兼施。

5.2　普通流道浇注系统

5.2.1　浇注系统组成

普通流道浇注系统由主流道、分流道、浇口和冷料穴四部分组成，如图 5-1 所示。浇注系统的作用是使来自注射模喷嘴的塑料熔体平稳而顺利的充模、压实和保压。

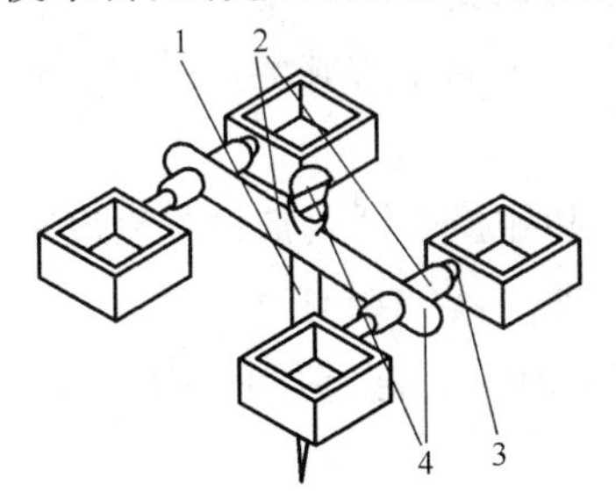

（a）卧式注射机的浇注系统

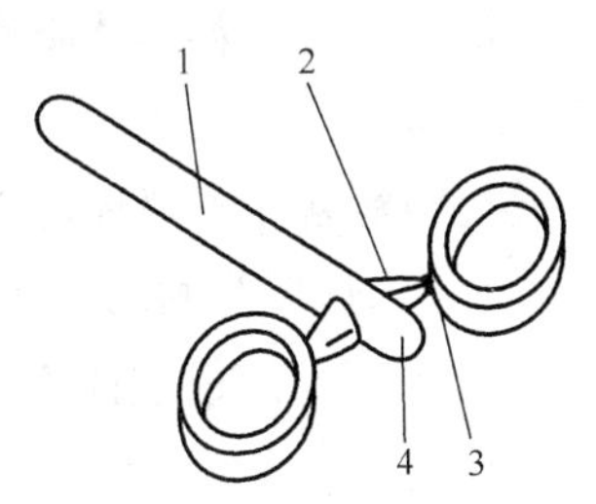

（b）角式注射机的浇注系统

图 5-1　浇注系统的组成

1—主流道；2—分流道；3—浇口；4—冷料穴

1. 主流道

主流道指由注射机喷嘴出口起到分流道入口止的一段流道。它是塑料熔体首先经过的通道，且与注塑机喷嘴在同一轴线。

2. 分流道

分流道指主流道末端至浇口的整个通道。分流道的功能是使熔体过渡和转向型腔模具中分流道是为了缩短流程。多型腔注射模中分流道中为了分配物料，通常由分流道和二级分流道，甚至多级分流道组成。

3. 浇口

浇口指分流道末端和模腔入口之间狭窄且短小的一段通道。其功能是使塑料熔体加快流速注入模腔内，并有序地填满型腔，且对补缩具有控制作用。

4. 冷料穴

冷料穴通常设置在主流道和分流道转弯处的末端。其功用为“捕捉”和贮存熔料前锋的冷料。冷料并也经常起拉勾流道凝料的作用。

5.2.2　主流道设计

在注射机使用的模具中，主流道垂直于分型面，其几何形状如图 5-2 所示。

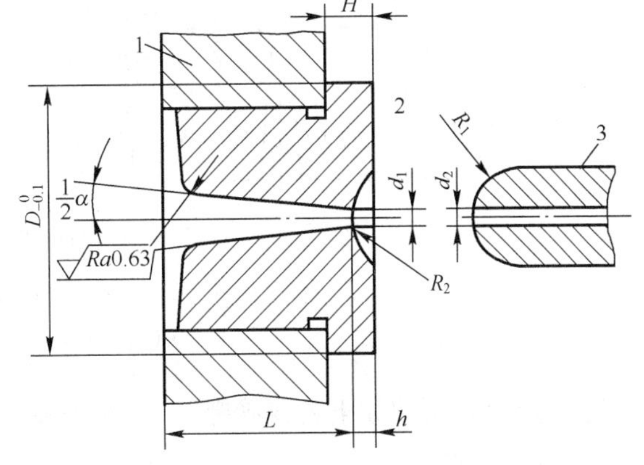

图 5-2　主流道形状及其与注射机喷嘴的配合关系

1—定模板；2—浇口套；3—注射机喷嘴

（1）为便于从主流道中拉出浇注系统

的凝料以及考虑塑料熔体的膨胀，主流道设计成圆锥形. 其锥角为 $\alpha = 2° \sim 4°$，对流动性差的塑料，也可取 $\alpha = 3° \sim 6°$，过大会造成流速降低但易成涡流。内壁粗糙度为 $R_a = 0.63\ \mu m$。

（2）为了使熔融塑料从喷嘴完全进入主流道而不溢出，应使主流道与注射机的喷嘴紧密对接，主流道对接处设计成半球形凹坑，半径 $R_2 = R_1 + (1 \sim 2)\ mm$；小端直径 $d_1 = d_2 + (0.5 \sim 1)\ mm$；凹坑深 $h = 3 \sim 5\ mm$。

（3）主流道大端呈圆角，其半径常取 $r = 1 \sim 3\ mm$，以减小料流转向过渡时的阻力。

（4）在保证塑件成型良好的情况下，主流通的长度 L 应尽量短，否则将会使主流道的凝料增多，且增加压力损失，使塑料熔体降温过多而影响注射成型。通常主流道长度由模板厚度确定，一般取 $L \leqslant 60\ mm$。

（5）由于主流道与塑料熔体及喷嘴反复接触和碰撞，因此常将主流道制成可拆卸的主流道衬套（浇口套），便于用优质钢材加工和热处理。其类型有 A 型和 B 型，如图 5-3（a）所示，其中 A 型衬套大端高出定模端面 $H = 5 \sim 10\ mm$，起定位环作用，与注射机定位孔呈间隙配合，如图 5-2 所示。

（6）当浇口套与塑料接触面很大时，其受到模腔内塑料的反压增大，从而易退出模具，这时可设计成如图 5-3（b）右侧所示结构，将定位环与衬套分开设计。使用时，用固定在定模上的定位环压住衬套大端台阶防止衬套退出模具。

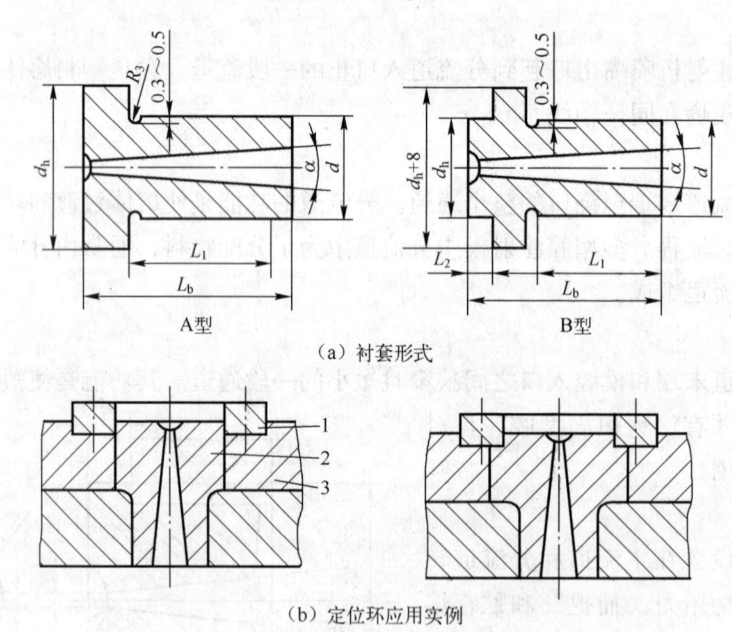

（a）衬套形式

（b）定位环应用实例

图 5-3　浇口套和定位环的应用

1—定位环；2—浇口套；3—定模板

主流道直径可按如下公式确定：

① 经验公式

大端直径计算公式为

$$D = \sqrt{\frac{4V}{\pi \cdot K}} \tag{5-3}$$

式中：V——流经主流道的熔体体积，cm^3；

K——因熔体材料而异的常数。

② 根据主流道内熔体的剪切速率推算

根据经验公式

$$\dot{\gamma} = \frac{3 \cdot 3q_v}{\pi \cdot R_n^3} \tag{5-4}$$

式中：$\dot{\gamma}$——熔体流动时的剪切速率，一般主流道的剪切速率为 $5\times10^2 \sim 5\times10^3 s^{-1}$；

q_v——熔体体积流量，cm^3/s；

R_n——除去表面冷凝层后的有效半径，cm。

5.2.3　冷料穴设计

冷料穴的作用是贮存因两次注射间隔而产生的冷料以及熔体流动的前锋冷料，防止冷料进入型腔。冷料穴一般设计在主流道末端。当分流道较长时，在分流道的末端有时也设冷料穴。冷料穴底部常作成曲折的钩形或下陷的凹槽，使冷料穴在分模时具有将主流道凝料从主流道衬套中拉出并滞留在动模一侧的作用。

常见的冷料穴有以下几种结构。

1. 带 Z 形头拉料杆的冷料穴

这是一种较为常用的冷料穴，其底部作成钩形，尺寸如图 5-4（a）所示。塑件成型后，穴内冷料与拉料杆的钩头搭接在一起，拉料杆固定在推杆固定板上。开模时，拉料杆通过钩头拉住穴内冷料，使主流道凝料脱出定模，并随推出机构运动，将凝料与塑件一起推出动模。此种冷料穴常与模具中的推杆或推管等推出机构同时使用。取塑件时须朝钩头的侧向稍许移动，即可将塑件与凝料一起取下。

图 5-4（b）、（c）为倒锥形和环槽形冷料穴，其凝料推杆也都固定在推出固定板上。开模时靠倒锥或环形凹槽起拉料作用，然后由推杆强制推出。这两种冷料穴用于弹性较好

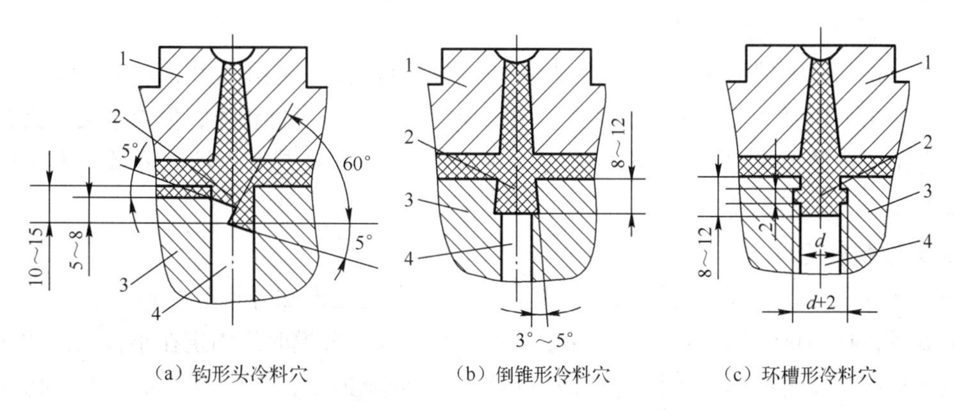

（a）钩形头冷料穴　（b）倒锥形冷料穴　（c）环槽形冷料穴

图 5-4　带拉料杆的冷料穴

1—定模；2—冷料穴；3—动模；4—拉料杆

的塑料品种，由于取凝料不需要侧向移动，容易实现自动化操作。

图 5-5 所示塑件，由于受其形状限制，在脱模时无法侧向移动，不宜采用 Z 形头推料杆，应采用倒锥形或环槽形冷料穴。

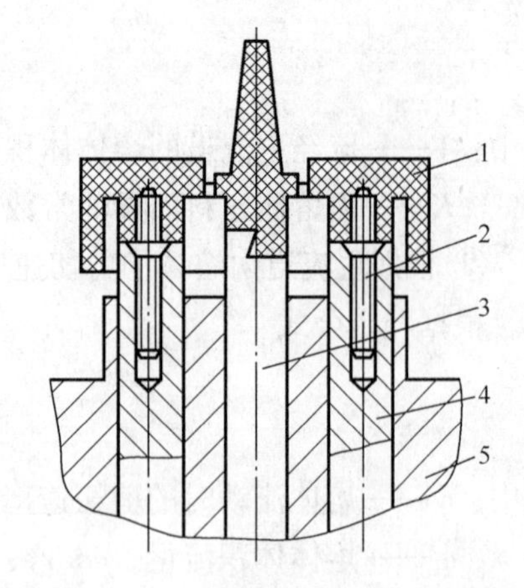

图 5-5　不宜使用 Z 形头拉料杆实例
1—塑件；2—螺纹型芯；3—拉料杆；4—推杆；5—动模

2. 带球形头（或菌形头）的冷料穴

如图 5-6 所示，专用于推板脱模机构中。塑料进入冷料穴后，紧包在拉料杆的球形头或菌形头上，拉料杆的底部固定在动模一侧的型芯固定板上。开模时将主流道凝料拉出定模，然后靠推板推顶塑件时，强行将其从拉料杆上刮下脱模，该两种冷料穴和拉料杆主要用于弹性较好的塑料。

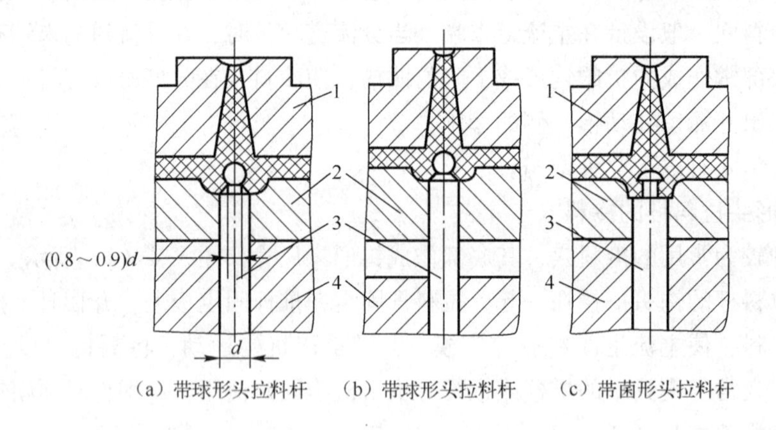

图 5-6　球形或菌形头拉料杆的冷料穴
1—定模；2—推板；3—拉料杆；4—型芯固定板

3. 带尖锥头拉料杆的冷料穴

尖锥头拉料杆为球形头拉料杆的变异形式，这类拉料杆一般不配用冷料穴，而靠塑料收缩时对尖锥头的包紧力，将主流道凝料拉出定模。显然其可靠性稍差，但由于尖锥具有分流作用，常用于单腔模成型带中心孔的塑件（如齿轮）。为提高其可靠性，可增大锥面粗糙度来增大摩擦力，如图 5-7 所示。

4. 无拉料杆冷料穴

图 5-8 所示为无拉料杆的冷料穴，其特点是在主流道末端开设一锥形凹坑，为了拉出主流道凝料，在凹坑锥壁上垂直钻一深度不大的小盲孔，分模时靠固定在小盲孔内的塑料将主流道凝料从定模中拉出。脱模时推杆顶在塑件或分流道上，穴内冷料先沿小盲孔轴线移动，然后全部脱出。为使冷料能沿斜向移动，分流道必须设计成 S 形。

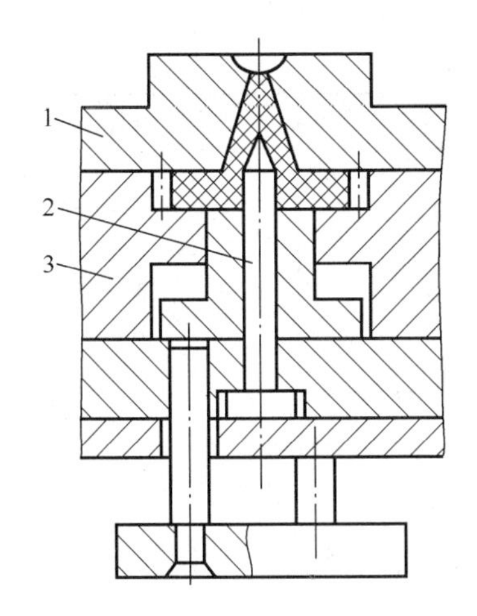

图5-7　尖锥头拉料杆与冷料穴

1—定模板；2—拉料杆；3—动模板

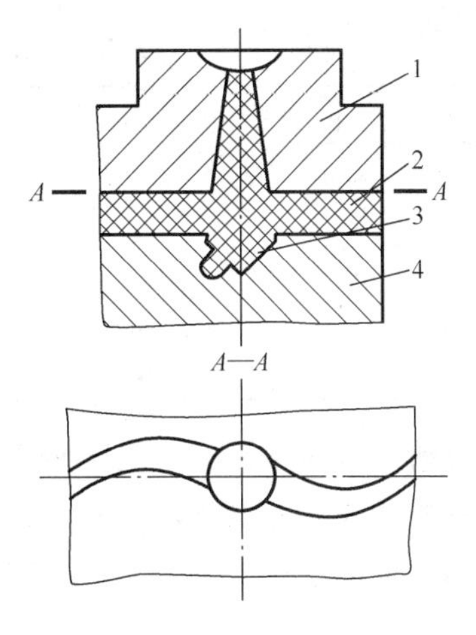

图 5-8　无拉料杆的冷料穴

1—定模；2—分流道；3—冷料穴（锥形凹槽）；4—动模

5.2.4　分流道设计

分流道是主流道与浇口之间的通道，一般开设在分型面上，起分流和转向的作用。一般单型腔模具，可省去分流道。设计时应尽量考虑减小流道内的压力损失和尽可能避免熔体温度降低，同时还要考虑减小流道的容积。

1. 分流道的截面形状

常用的流道截面形状有圆形、梯形、U 形和六角形等。在流道设计中要减少在流道内的压力损失，则希望流道的截面积大；要减少传热损失，又希望流道的表面积小，因此可用流道的截面积与周长的比值来表示流道的效率，该比值大则流道的效率高。各种流道截面的效率如图 5-9 所示。

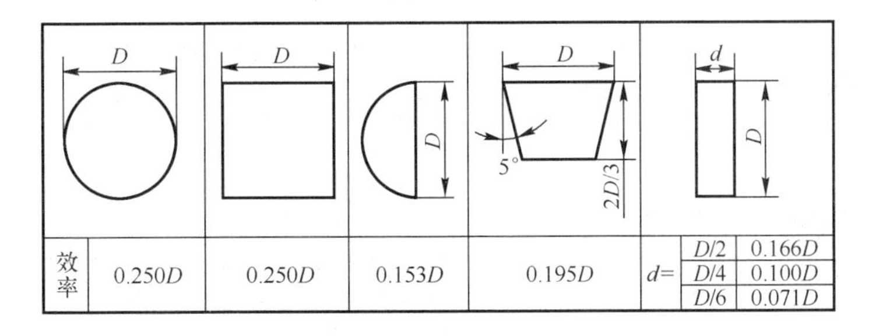

图 5-9　流道的截面形状与效率

从图中可见，圆形和正方形流道效率最高。但正方形截面的流道不易顶出，因此常采用梯形截面流道。一般当分型面为平面时：常采用圆形截面流道；当分型面不为平面时：考虑到加工的困难，常采用梯形或半圆形截面的流道。

2. 分流道的尺寸

因为各种塑料的流动性有差异，所以根据塑料不同品种的流动性，可以粗略估计分流道的直径，常用塑料的分流道直径如表 5-1 所示。

（1）对于流动性很好的塑料（聚乙烯和尼龙）当分流道很短时：其直径可小到 2 mm 左右。

表 5-1 常用塑料的分流道直径

塑料品种	分流道直径/mm	塑料品种	分流道直径/mm
ABS、AS	4.8～9.5	聚丙烯	4.8～9.5
聚甲醛	3.2～9.5	聚乙烯	1.6～9.5
丙烯酸酯	8.0～9.5	聚苯醚	6.4～9.5
耐冲击丙烯酸酯	8.0～12.7	聚苯乙烯	3.2～9.5
尼龙-6	1.6～9.5	聚氯乙烯	3.2～9.5
聚碳酸酯	4.8～9.5		

（2）对于流动性差的塑料（如丙烯酸类）：分流道直径接近 10 mm。

（3）多数塑料的分流道直径在 4.8 ～ 8 mm 左右。

对于壁厚小于 3 mm，质量在 200 g 以下的塑料制品，可采用经验公式确定：（该式计算适用于分流道直径在 3.2 ～ 9.5 mm 以内）

$$D = 0.2654\sqrt{m}\sqrt[4]{L} \tag{5-5}$$

式中 D——分流道的直径，mm；

m——塑料制品质量，g；

L——分流道的长度，mm。

3. 分流道表面粗糙度

分流道表面不要求太光滑，表面粗糙度通常取 $Ra = 1.25 \sim 2.5\ \mu m$，这可增加对外层塑料熔体流动阻力，使外层塑料冷却皮层固定，形成绝热层，有利于保温；但表壁不得凹凸不平，以免影响对分型和脱模。

4. 分流道与浇口连接形式

分流道与浇口通常采用斜面和圆弧连接，如图 5-10（a）、（b）所示，有利于塑料的流动和填充，防止塑料流动时产生反压力，消耗动能。图 5-10（c）、（d）为分流道与浇口在宽度方向连接，图 5-10（d）所示因分流道逐步变窄，补料阶段冷却较快，会产生不必要的压力损失，以图 5-10（c）形式较好。

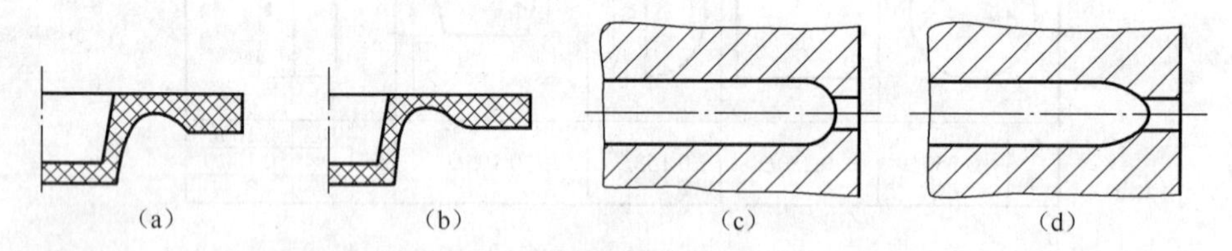

图 5-10 分流道与浇口连接形式

5.2.5 浇口设计原则

1. 浇口的作用

浇口是连接流道与型腔之间的一段细短通道，其作用是：调节控制料流速度、补料时间及防止倒流。

2. 浇口设计的影响因素

浇口形状、尺寸和进料位置等对塑件成型质量影响很大，塑件上的缩孔、缺料、白斑、熔接痕、质脆、分解和翘曲等往往是由于浇口设计不合理而产生的。因此正确设计浇口是提高塑件质量的重要环节。

浇口设计与塑料性能、塑件形状、截面尺寸、模具结构及注射工艺参数等因素有关。总的要求是浇口截面要小，长度要短，以增大料流速度，实现快速冷却封闭，便于塑件与浇口凝料分离，不留明显的浇口痕迹。

3. 浇口尺寸及位置选择

（1）应避免熔体破裂而产生喷射和蠕动（蛇形流）。如浇口截面尺寸较小，且正对宽度和厚度较大的型腔，则高速熔体流经浇口时，会产生喷射和蠕动等熔体破裂现象，在塑件上形成波纹状痕迹，或喷出细丝或断裂物，很快冷却变硬，与后来的塑料不能很好地熔合，造成塑件缺陷或表面疵瘢，如图 5-11 所示。喷射还使型腔内的空气难以顺序排出，形成焦痕和空气泡。

克服上述缺陷的办法是加大浇口截面尺寸，改换浇口位置并采用冲击型浇口，即浇口开设方位正对型腔壁或粗大的型芯。这样，当高速料流进入型腔时，直接冲击在型腔壁或型芯上，从而降低了流速，改变了流向，可均匀地填充型腔，使熔体破裂现象消失。

图 5-12 中 A 为浇口位置，图 5-12（a）、（c）、（e）为非冲击型浇口，图 5-12（b）、（d）、（f）为冲击型浇口，后者对提高塑件质量、克服表面缺陷较好，但塑料流动能量损失较大。

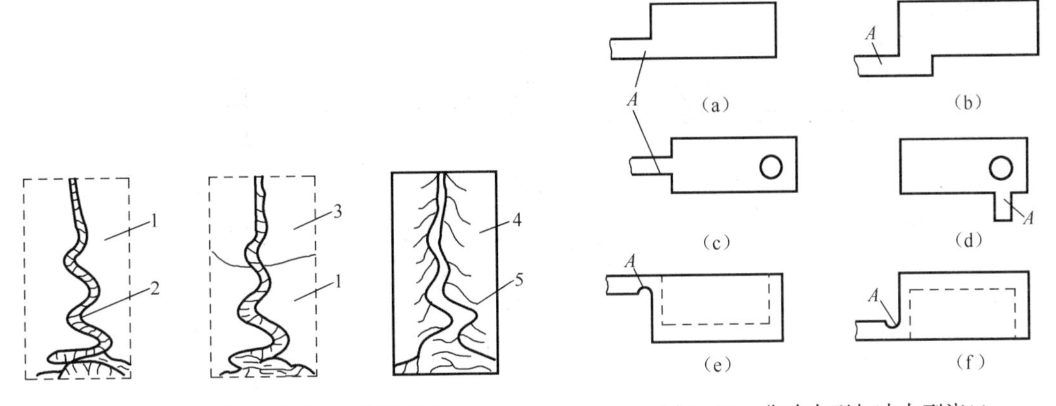

图 5-11　喷射流动造成的制品缺陷

1—未充填部分；2—喷射流；3—充填部分；4—已充填完；5—表面疵瘢

图 5-12　非冲击型与冲击型浇口

（2）应有利于流动、排气和补料。

① 有利于填充流动。当塑件壁厚相差较大时，在避免喷射的前提下，为减少流动阻力，保证压力有效地传递到塑件厚壁部位以减少缩孔，应把浇口开设在塑件截面最厚处，这样还有利于填充补料。如塑件上有加强筋，则可利用加强筋作为流动通道以改善流动条件。

图 5-13 中所示塑件，选择图 5-13（a）所示的浇口位置，塑件因严重收缩而出现凹痕；图 5-13（b）浇口位置选在塑件厚壁处，可克服上述缺陷；图 5-13（c）选用直接浇口则大大改善了填充条件，提高了塑件质量。

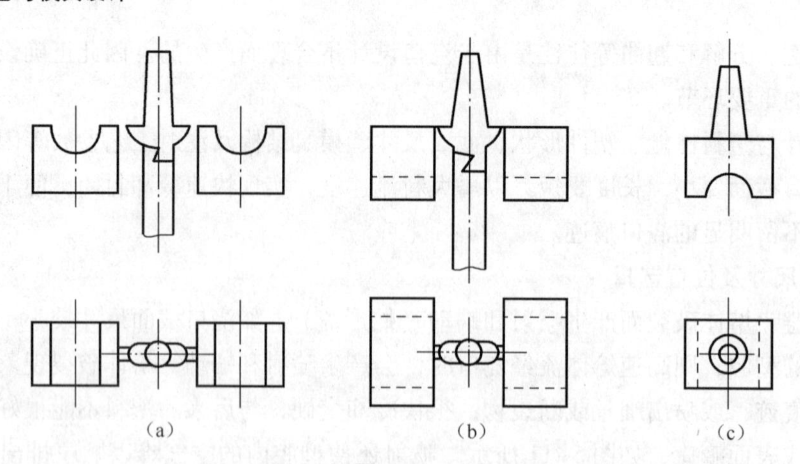

图5-13　浇口位置对收缩的影响

② 有利于排气。浇口位置应有利于排气，通常浇口位置应远离排气部位，否则进入型腔的塑料熔体会过早封闭排气系统，致使型腔内气体不能顺利排出，影响塑件成型质量。

如图5-14（a）四壁较厚，顶部壁薄，熔体沿厚壁流速大于薄壁处，则顶部最后填满，并形成封闭气囊，气体不能顺利排出，使顶部留下明显的熔痕。

图5-14（b）经改进，增加了顶部壁厚，图5-14（c）壁厚不变，但改为中心点浇口。型腔内的气体就能顺利排出。

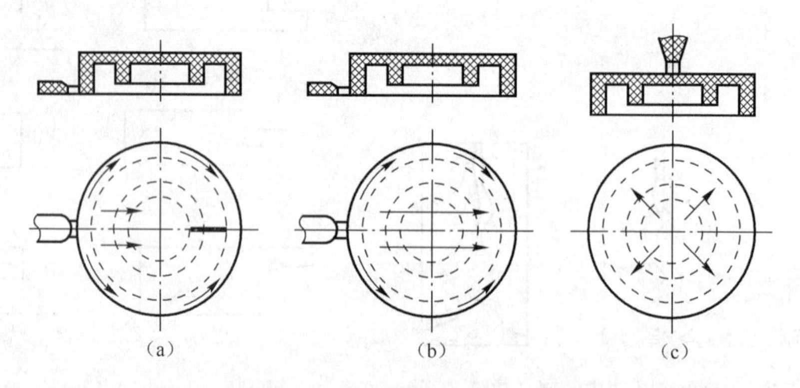

图5-14　浇口位置对排气的影响

图5-15（a）所示浇口的位置，充模时，熔体立即封闭模具分型面处的排气空隙，使型腔内气体无法排出，而在塑件顶部形成气泡，改用图5-15（b）所示位置，则克服了上述缺陷。

（3）应使塑料流程最短。

① 料流变向少、能量损失小。在保证良好充填条件的前提下，应使流程最短，料流变向最少，以减少流动能量的损失。图5-15（a）浇口位置塑料流程长、流道曲折、能量损失大、填充条件差。改用图5-15（b)的形式和位置则可克服上述缺陷。

② 防止型芯变形。图5-16（b）、（c）所示为防止型芯变形的进料位置。对有细长型芯的塑件，浇口位置应避免偏心进料，防止料流冲击而使型芯变形、错位和折断。图5-16（a)所示为单侧进料，易产生此缺陷。

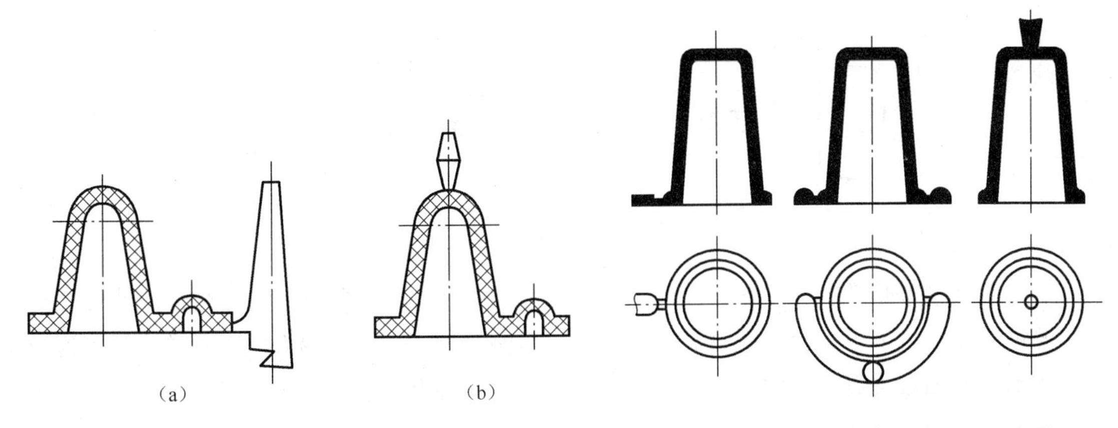

图 5-15　浇口位置对填充的影响

图 5-16　改变进料位置防止型芯变形

(4) 应有利于减少熔接痕和增加熔接强度。熔接痕是熔体在型腔中汇合时产生的接缝。其强度直接影响塑件的使用性能，在流程不太长且无特殊需要时，最好不设多个浇口，否则将增加熔接痕的数量，如图 5-17（a）所示（*A* 处为熔接痕）。但对于底面积大而浅的壳体塑件，为兼顾减小内应力和翘曲变形，可采用多点进料。如图 5-17（b）所示。

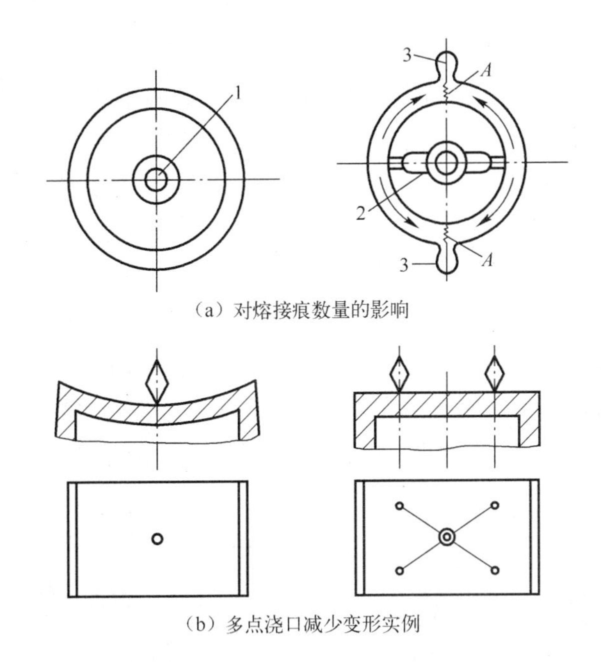

图 5-17　浇口数量与熔接痕的关系

1—单点浇口（圆环式）；2—双点浇口（轮辐式）；3—冷料穴

① 当采用轮辐式浇口时，可在熔接处外侧开冷料穴，使前锋料溢出，增加熔接强度，且消除熔接痕，如图 5-17（a）所示。

② 熔接痕位置应合理选择。如图 5-18 所示为带圆孔的平板塑件，左侧选择较合理，熔接痕（图中 *A* 处）短且在边上，右侧的熔接痕与小孔连成一线，使塑件强度大大削弱。

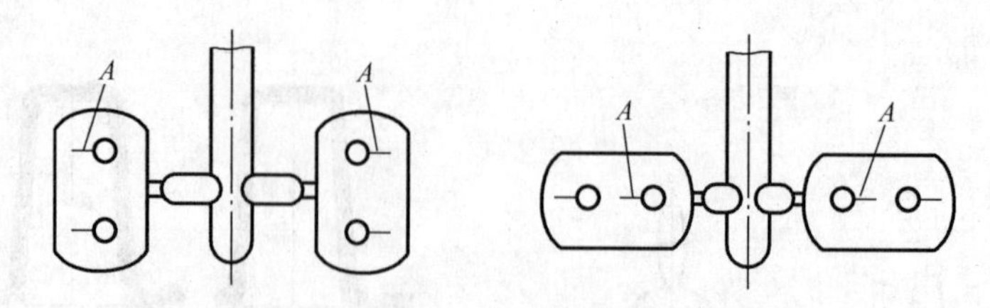

图 5-18　熔接痕位置

对于大型框架塑件，如图 5-19 所示，左侧所示进浇点设在中心，流程过长，使熔接处的料温过低而熔接不牢，会形成明显的熔接痕；右侧增加了“过渡浇口”，虽然熔接痕数量有所增加，但缩短了流程，增加了熔接强度，且易于充满型腔。

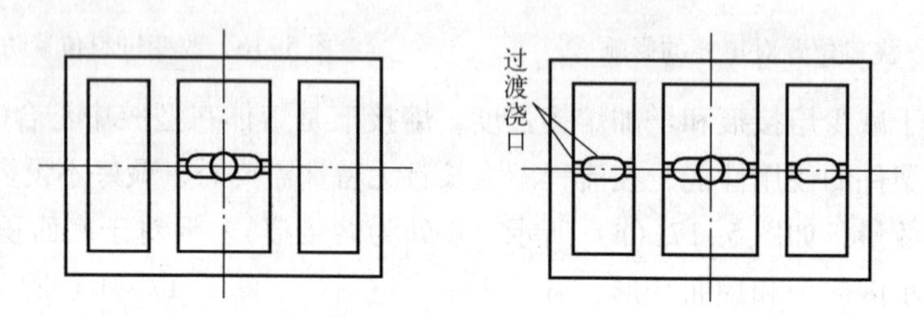

图 5-19　熔接痕位置与过渡浇口

（5）浇口位置应考虑定位作用对塑件性能的影响。如图 5-20 所示为金属嵌件的聚苯乙烯塑件，由于塑件收缩使嵌件周围塑料层有很大周向应力，当浇口开在 *A* 处时，其定向方位与周向应力方向垂直，塑件几个月后即开裂；浇口开在 *B* 处，定向作用顺着周向应力方向，使应力开裂现象大为减少，如图 5-20（a）所示。在某些情况下，可利用分子高度定向作用改善塑件的某些性能。例如，为使聚丙烯铰链几千万次弯折而不断裂，要求在铰链处高度定向。因此，将两点浇口开设在 *A* 的位置上，如图 5-20（b）所示，浇口设在 *A* 处，塑料通过很薄的铰链（厚约 0.25 mm）充满盖部的型腔，在铰链处产生高度定向（脱模时立即弯曲，以获得拉伸定向）。又如成型杯状塑件时，在注射适当阶段转动型芯，由于型芯和型腔壁相对运动而使其间塑料受到剪切作用而沿圆周定向，提高了塑件的周向强度。

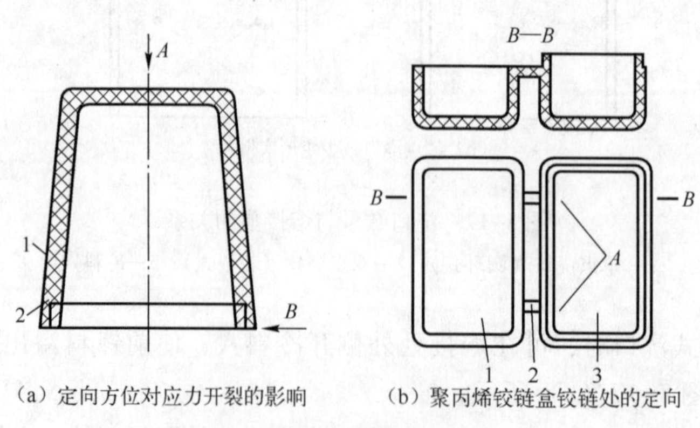

（a）定向方位对应力开裂的影响　　（b）聚丙烯铰链盒铰链处的定向

图 5-20　浇口位置与塑件取向

1—盖；2—铰链；3—盒

(6) 浇口应尽量开设在不影响塑件外观的部位。如浇口开设在塑件的边缘、底部和内侧。

(7) 应使熔体获得最大流动比（最大长度与相应型腔厚度之比）。在确定大型塑料制件的浇口位置时，还应考虑塑料所允许的最大流动距离比（简称流动比）。最大流动距离比是指熔体在型腔内流动的最大长度与相应的型腔厚度之比，随着型腔厚度的增大，熔体在型腔内所能够达到的最大流动距离也应增长。

5.2.6 浇口的类型

在注射模设计中常用的浇口形式有如下几种。

1. 直接浇口（见图5-21）

(1) 直接浇口的优缺点。由主流道直接进料，熔体流动性良好，压力损失小，成型容易。由于浇口大固化慢，容易延长成型周期，残余应力较大；超压填充，浇口处易产生裂纹；浇口凝料切除后塑件上疤痕较大。

(2) 直接浇口的尺寸。直接浇口的尺寸与塑料种类和重量有关，常用塑料的经验数据见表5-2。

(3) 直接浇口的应用。适用于成形大型或深度较深的塑料制件。适用于任何塑料：HPVC、PE、PP、PC、PS、PA、POM、丙烯腈-苯乙烯共聚合物（AS）、ABS、PMMA 。

2. 矩形侧浇口（见图5-22）

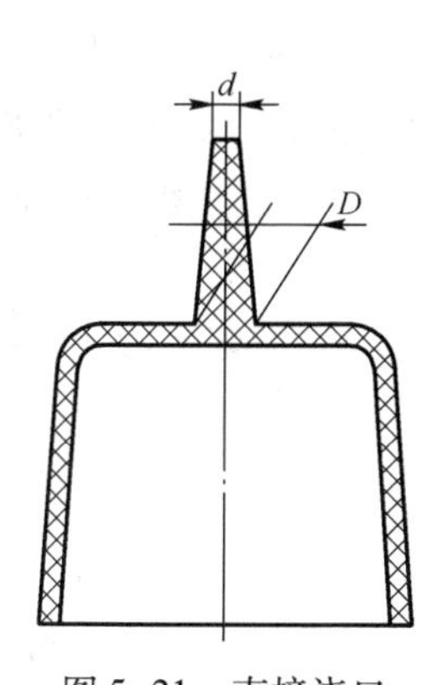

图5-21 直接浇口

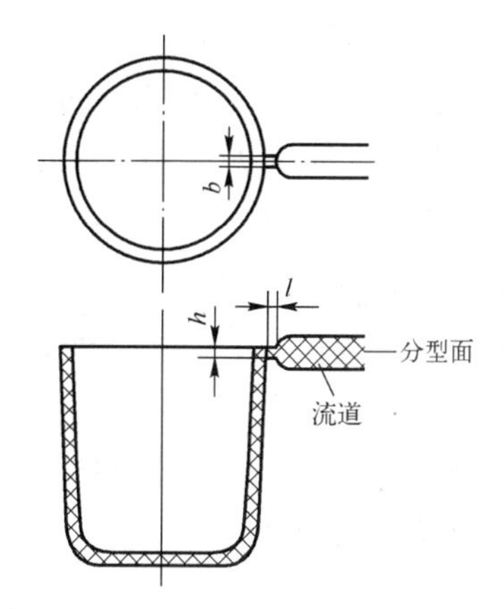

图5-22 矩形侧浇口

浇口一般开设在模具的分型面上，从制品的边缘进料。

侧浇口厚度 h 决定浇口的固化时间。生产中，一般先将侧浇口加工薄一些，在试模时再进行修正，以调节浇口的固化时间。

表5-2 常用塑料的直接浇口尺寸 单位：mm

塑料种类	$m<85$ g		85 g $<m<$ 340 g		$m\geqslant340$ g	
	d	D	d	D	d	D
聚苯乙烯	2.5	4.0	3.0	6.0	3.0	8.0
聚乙烯	2.5	4.0	3.0	6.0	3.0	7.0
ABS	2.5	5.0	3.0	7.0	4.0	8.0
聚碳酸酯	3.0	5.0	3.0	8.0	5.0	10.0

注：1. d 为小端直径；D 为大端直径。
2. m 为制品质量。

(1) 矩形侧浇口的优缺点。

优点：截面形状简单、易于加工、便于试模后修正。

缺点：制品外表面留有浇口痕迹。

(2) 矩形侧浇口的尺寸。矩形侧浇口的大小由其厚度、宽度和长度决定。确定侧浇口厚度 h（mm）和宽度b（mm)的经验公式如下

$$h = nt \tag{5-6}$$

$$b = \frac{n\sqrt{A}}{30} \tag{5-7}$$

式中：t——塑件壁厚，mm；

n——系数，与塑料品种有关，见表5-3；

A——为塑件外表面面积，mm^2。

根据式（5-5）计算所得的 b 若大于分流道的直径时，可采用扇形浇口。

表5-3　系数 *n* 值

塑料品种	n	塑料品种	n
聚乙烯、聚苯乙烯	0.6	尼龙、有机玻璃	0.8
聚甲醛、聚碳酸酯、聚丙烯	0.7	聚氯乙烯	0.9

矩形侧浇口尺寸可按下式确定：

① 一般制件：厚度 h =0.5 ～ 1.5 mm；宽度 b =1.5 ～ 5.0 mm；长度 l =1.5 ～ 2.5 mm。

② 大型复杂制件：厚度 h = 2.0 ～ 2.5 mm（约为塑件厚度的 0.7 ～ 0.8）；宽度 b = 7.0 ～ 10.0 mm；长度 l =2.0 ～ 3.0 mm。一般侧浇口宽度与厚度的比例大致是 3:1。

(3) 矩形侧浇口的应用。

① 适用塑料：HPVC、PE、PP、PC、PA、POM、丙烯腈 - 苯乙烯共聚合物（AS）、ABS、PMMA。

② 适用场合：中小制品多模腔模具。

3. 扇形浇口（见图 5-23）

扇形浇口是矩形侧浇口的变异形式，适宜成型大型平板状及薄壁塑件。在扇形浇口的整个长度上，为保持断面积处处相等，浇口的厚度应逐渐减小 。

优点：熔体流动性良好，可均匀充填型腔。

缺点：浇口加工费时。

(1) 扇形浇口尺寸。

① 宽度。扇形浇口的宽度按式（5-5）计算，为了能够充分发挥扇形浇口在横向均匀分配料流的优点，其宽度可大于计算结果。

② 厚度。如图 5-23 所示，浇口出口厚度 h_1 的计算与矩形侧浇口的计算公式相同，用式（5-4）计算。浇口入口厚度 h_2 按下式计算

$$h_2 = \frac{bh_1}{D} \tag{5-8}$$

式中：h_1——浇口出口厚度，mm；

D——分流道直径，mm。

应注意，浇口的截面积不能大于分流道的截面积，即

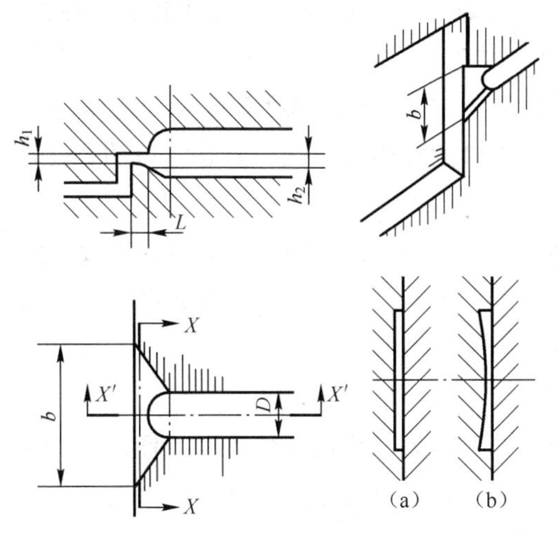

图 5-23　扇形浇口

$$bh_1 < \frac{\pi D^2}{4} \tag{5-9}$$

因为扇形浇口中心与浇口边缘的流动长度不同，塑料熔体在中心部位和两侧的压力降也不相同。为了达到一致，在图 5-23（b）中增加了扇形浇口两侧的厚度，有助于熔体均匀地流过扇形浇口，但浇口加工困难。

③ 扇形浇口的长度 l。可比矩形侧浇口的长度长一些，常为 1.3 ～ 6.0 mm。

（2）扇形浇口的应用。适用于薄而大的平板、圆盘状或面积较大之成形品。适用塑料：PP、POM、ABS。

4. 膜状浇口（见图 5-24）

膜状浇口用于成型管状塑件及平板状制品，特点是将浇口厚度减薄，而浇口宽度同塑件宽度一致，故这种浇口又称为平面浇口或缝隙浇口。

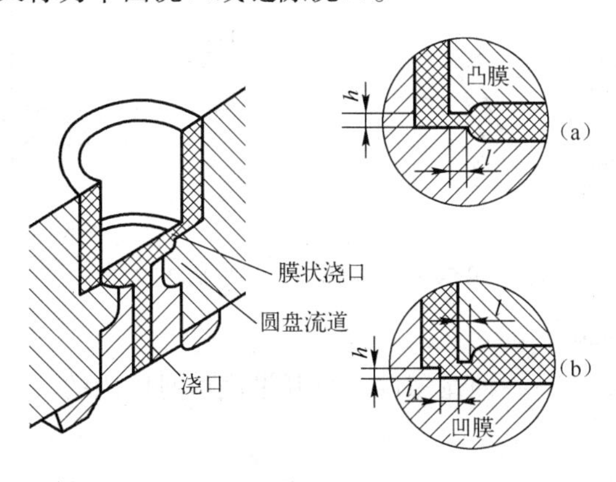

图 5-24　膜状浇口

优点是流动性好；圆形制件成型精度高；可均匀填充型腔；防止成形品变形。若按图 5-24（a)那样设置浇口，则成型后在制品内径处会留有浇口残迹。当制品内径精度要求较高时，可按图 5-24（b）那样，将膜状浇口设置在制品的端面处，其浇口重叠长度应不小于浇口厚度 h。

膜状浇口的长度 l 取 0.75 ～ 1.0 mm；厚度 h 取 $0.7nt$，t 为塑件壁厚，n 值如表 5-3 所示。其厚度值略低于矩形侧浇口的经验值，因为膜状浇口的宽度较大。

膜状浇口的应用

(1）适用成型的制品：适合圆盘、圆筒形（齿轮等）或大型薄板塑件的成型。

(2）适用塑料：PP、POM、ABS，尤其适合于流动定向性强的结晶型塑料；以玻璃纤维为强化的填充材料；以及热固性塑料等。

5. 轮辐浇口［见图 5-25（a)］

轮辐浇口是将整个圆周进料改为几小段圆弧进料，使浇口料减少，去除浇口方便，且型芯上部得以定位而增加了稳定性。缺点是增加了熔接缝，对塑件强度有一定影响。适用于圆筒形塑件的成型。

6. 爪形浇口［见图 5-25（b)］

爪形浇口在型芯头部开设流道，分流道与浇口不在同一平面内。其加工较困难，通常采用电火花成型加工。型芯可用作分流锥，其头部与主流道有自动定心的作用（型芯头部有一段与主流道大端大小一致)，从而避免了塑件弯曲变形或同轴度差等成型缺陷。爪形浇口的缺点与轮辐式浇口类似，主要适用于成型内孔较小且同轴度要求较高的细长管状塑件。

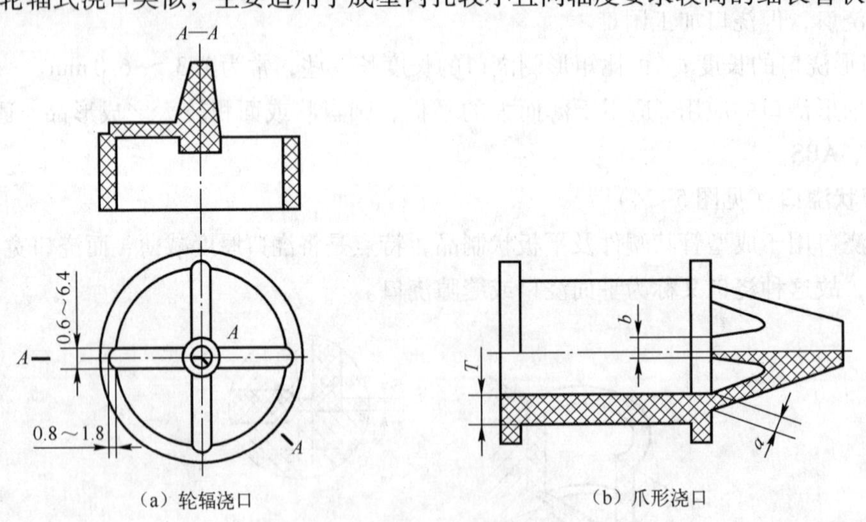

图 5-25　轮辐浇口与爪形浇口

7. 点浇口（见图 5-26）

点浇口又称针点浇口，是一种在塑件中央开设浇口时使用的圆形限制浇口，常用于成形各种壳类、盒类塑件。

(1) 点浇口的优缺点。

优点：浇口位置确定灵活，浇口附近变形小；多型腔成形时采用点浇口容易平衡浇注系统；适用于投影面积大或易变形塑件的注射成形。

缺点：由于浇口的截面积小，流动阻力大，须提高注射压力，模具费用较高。适用于成型流动性能好的热塑性塑料。采用点浇口时，为了能取出流道凝料，必须使用三板式双分型面模具或二板式热流道模具，费用较高。

（2）点浇口尺寸的确定。一般，点浇口的截面积与矩形侧浇口的截面积相等，设点浇口直径为 d(mm)，则

$$\frac{\pi d^2}{4} = nt\frac{n\sqrt{A}}{30}$$

即

$$d = 0.206n\sqrt[4]{t^2 A} \tag{5-10}$$

式中：n——与塑料品种有关的系数，见表 5-3；

t——塑件壁厚，mm；

A——塑件外表面积，mm^2。

如图 5-26（a）所示，点浇口直径 d 为 0.5 ～ 1.8 mm；浇口长度 l 为 0.5 ～ 2.0 mm。为防止在切除浇口时损坏制品表面，可采用如图 5-26（b）所示的结构，其中 R_1 是为了有利于熔体流动而设置的圆弧半径，R_1 为 1.5 ～ 3.0 mm；H 为 0.7 ～ 3.0 mm。

在成型薄壁塑件时若采用点浇口，则塑件易在点浇口附近产生变形甚至开裂。为了改善这一情况，在不影响使用的前提下，可将浇口对面的壁厚适当增加并以圆弧 R 过渡，如图 5-27所示，此处圆弧还有贮存冷料的作用。

（3）点浇口的应用。

① 适用塑料：PE、PP、PC、PS、PA、POM、ABS、AS。

② 适用成型的制品：可成型大制品多浇口、单件成形、一次多件成形。

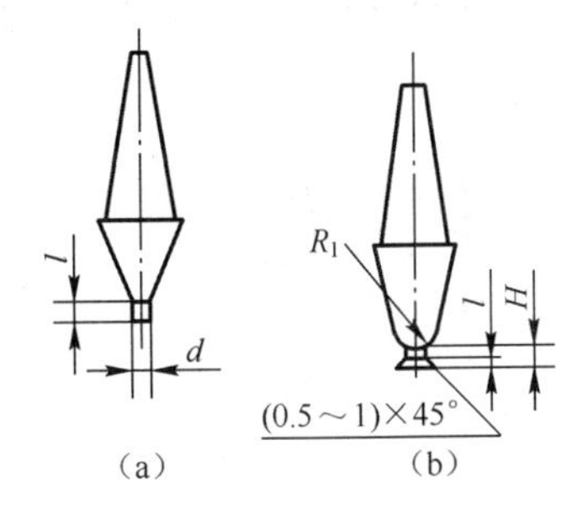

图 5-26　点浇口

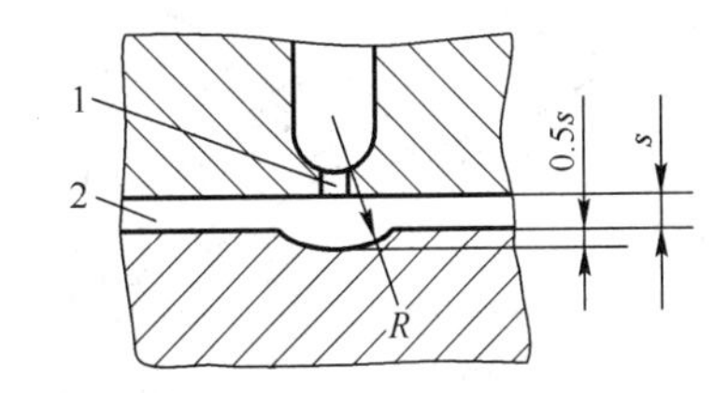

图 5-27　薄壁制品浇口处壁厚局部增厚

1—浇口；2—型腔

8. 潜伏浇口（见图 5-28）

潜伏浇口与点浇口类似，所不同的是潜伏浇口采用二板式单分型面模具，而点浇口一般需要三板式双分型面模具。

（1）潜伏浇口特点。

① 浇口位置一般选在制件侧面较隐蔽处，可以不影响塑件的美观。

② 浇口像隧道一样潜入到分型面下的定模板上或动模板上，使熔体沿斜向注入型腔。

③ 浇口在模具开模时自动切断，不需要进行浇口处理，但在塑件侧面留有浇口痕迹。

④ 若要避免浇口痕迹，可在推杆上开设二次浇口，如图5-29所示，使二次浇口的末端与塑件内壁相通，这种浇口的压力损失大，必须提高注射压力。

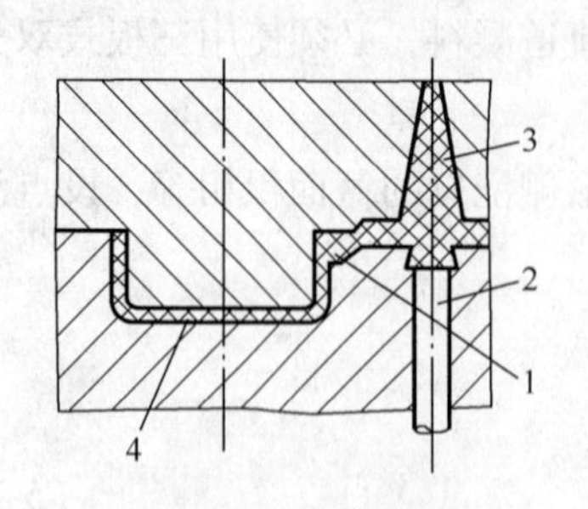

图5-28　潜伏浇口

1—浇口；2—型腔；3—主流道；4—制品

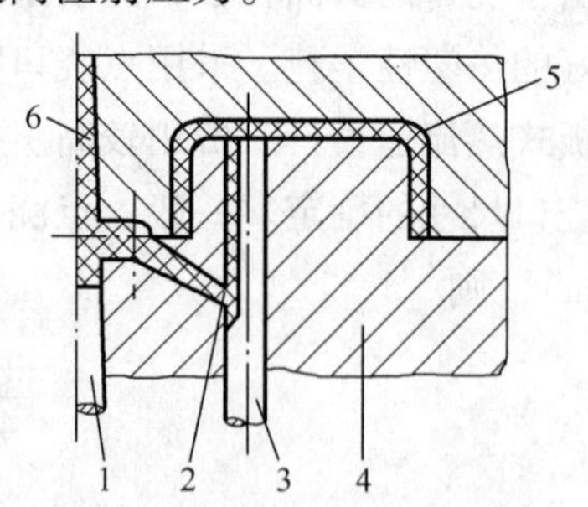

图5-29　具有二次浇口的潜伏浇口

1—推杆；2—浇口；3—推杆；4—动模；5—制品；6—主流道

（2）潜伏浇口尺寸确定。

潜伏浇口与分流道中心线的夹角一般在30°～45°左右，如图5-30所示，常采用圆形或椭圆形截面，浇口尺寸可根据点浇口或矩形侧浇口的经验公式计算。

9. 护耳式浇口（见图5-31）

护耳式浇口，又叫分解式浇口或调整式浇口。它在型腔侧面开设耳槽，熔体通过浇口冲击在耳槽侧面上，经调整方向和速度后进入型腔，因此，可以防止小浇口对型腔注料时产生喷射现象，是一种典型的冲击式浇口，其结构如图5-31所示。护耳式浇口可以看做是由侧浇口演变而来，这种浇口一般应开设在塑件厚壁处。浇口常为正方形或矩形，耳槽最好是矩形，也可是半圆形，流道最好采用圆形。

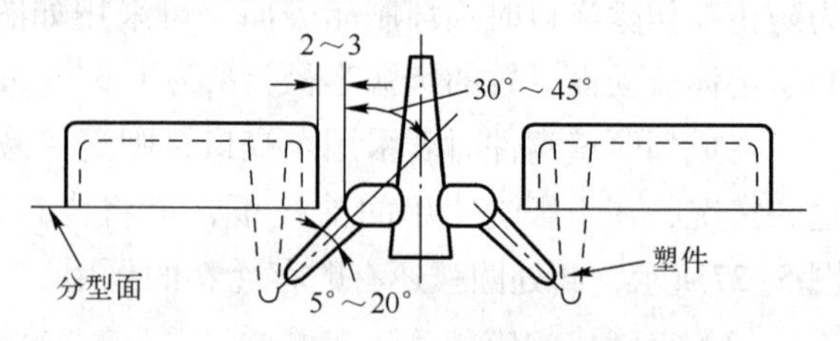

图5-30　潜伏浇口的尺寸

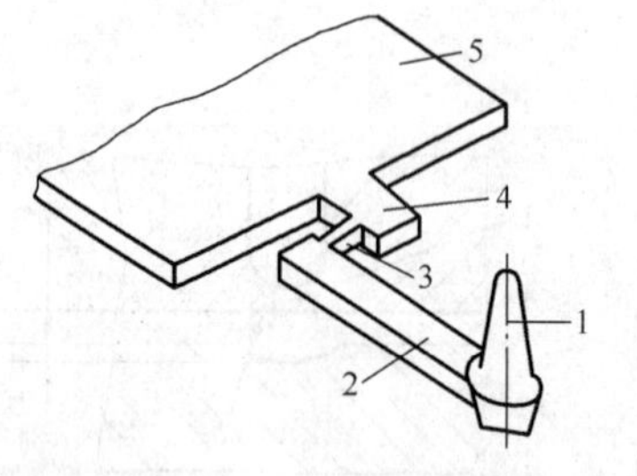

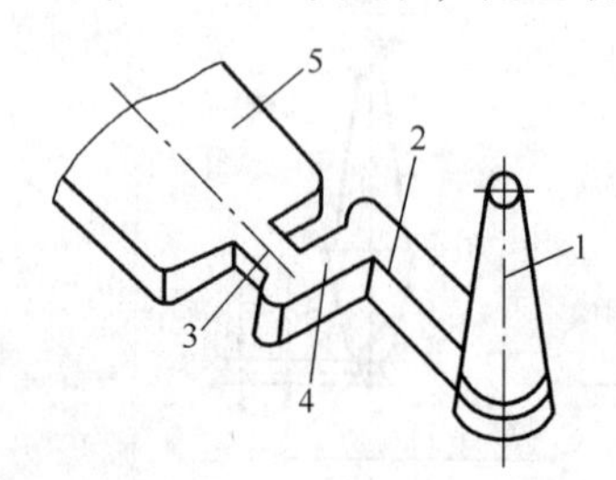

图5-31　护耳式浇口

1—进料口；2—流道；3—浇口；4—耳槽；5—塑件

（1）护耳式浇口的优点。

① 熔体通过一个窄浇口进入耳槽，使温度升高，从而提高熔体的流动性。

② 由于浇口与耳槽呈直角，当熔体冲击护耳的对面壁时，方向改变，流速降低，使熔体平稳而均匀地进入型腔。

③ 浇口离型腔较远，故浇口处的残余应力不会影响塑件质量。

④ 熔体进入型腔时，流动平稳，不产生涡流，所以塑料中的内应力很小。

（2）护耳式浇口的缺点。

① 由于浇口截面积较大，去除困难，且留下痕迹较大，有损外观。

② 流道较长而复杂，因此凝料较多，废料量大，使制品成本提高。

(3) 护耳式浇口的应用。

护耳式浇口主要用于浇注透明、流动性较差、无内应力的塑件，如 PC、PMMA、HPVC 等的产品。

5.3　无流道凝料浇注系统

无流道凝料浇注系统可分为绝热流道浇注系统和热流道浇注系统。

5.3.1　热流道浇注系统类型

1. 井坑式喷嘴

井坑式喷嘴又称为井式喷嘴、绝热主流道，它是最简单的绝热式流道，如图 5-32 所示。它适用于单型腔模具。它在注射机喷嘴和模具入口之间装置主流道杯，由于杯内的物料层较厚，而且被注射机喷嘴和每次通过的塑料不断地加热，所以其中心部分保持流动状态，允许物料通过。

(1) 优点：结构简单。

(2) 缺点：由于浇口离热源喷嘴较远，易凝固，因此仅适用于成型操作周期短（每分钟注射 3 次或 3 次以上）的模具。

2. 延伸式喷嘴

如图 5-33 所示为塑料层绝热的延伸式喷嘴。注射机喷嘴伸入模具直到浇口附近，喷嘴与模具之间有一圆环形接触面，图中 A 所示起承压作用，此面积宜小，以减少两者间的热传递。喷嘴端面与模具间有间隙，在第一次注射时，此间隙被塑料熔体所充满起绝热作用。

延伸式喷嘴热流道与井式喷嘴绝热流道相比，前者浇口不易堵塞，对成型时间的长短无限制，因此应用广泛。

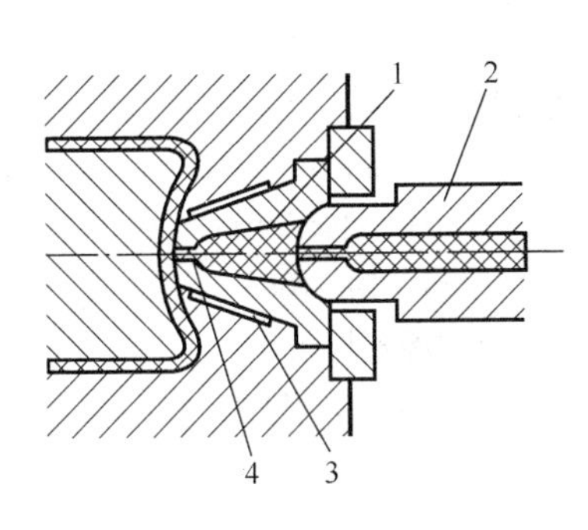

图 5-32　井坑式喷嘴模具

1—蓄料井；2—注射机喷嘴；3—空气隙；4—点状进料口

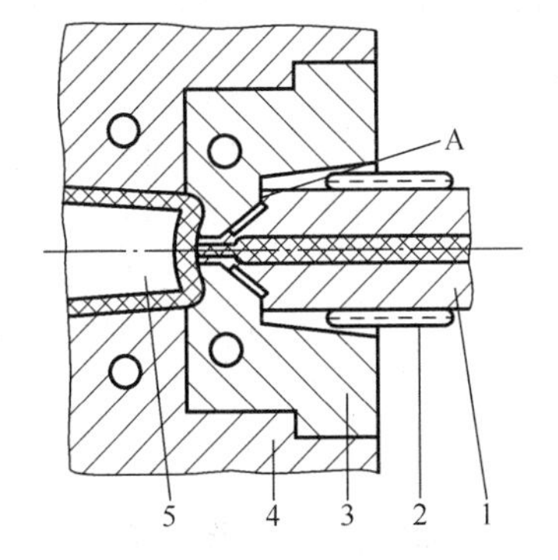

图 5-33　单型腔延伸式喷嘴热流道模具

1—延伸式喷嘴；2—加热圈；3—浇口套；4—定模板；5—型芯

5.3.2　热流道模具

1. 热主流道的热流道模具

热主流道的热流道模具也称为中央喷嘴热流道模具。当模具结构较复杂，主流道的距离较长时，不宜采用延伸式喷嘴，而在模具中采用热流道中央喷嘴，如图 5-34 所示，通过对中央喷嘴的加热使主流道中物料一直保持熔融状态。图中中央喷嘴长度达 190 mm，喷嘴与模具之间也采用塑料隔热。在喷嘴与型腔之间设计了镶件，镶件上单独设计了冷却回路，以独立于型芯单独控制浇口周围的温度，该温度既要保证喷嘴能正常工作，浇口周边塑件能冷却凝固，塑件上不出现变形、翘曲等缺陷，开模取件时浇口处能合理断裂，且不出现拉丝、流涎现象等等。该模具成型加工时，没有流道凝料取出，原材料消耗减少了 7%，模具结构也大大简化。

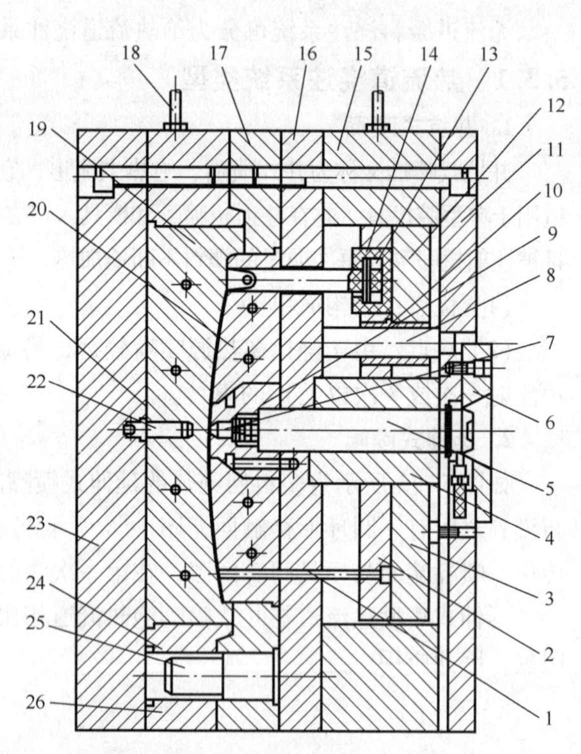

图 5-34　热主流道的热流道模具

1、12—推杆；2—推杆固定板；3—推板；4—加热圈；5—中央喷嘴；6—定位圈；
7—喷浇口（喷嘴）；8、25—导柱；9—镶件；10—导套；11—定模座板；
13—复位杆；14—弹性元件；15、16—垫块；17、24—型腔固定板；
18—冷却水嘴；19—型腔板；20—型芯；21、23—动模座板；
22—导向销；26—固定板

2. 热分流道的热流道模具

热分流道的热流道模具，如图 5-35 所示，可用于单型腔多浇口和多型腔的模具，结构形式较多，但它们的共同特点是在模具内设有加热流道板。主流道、分流道，均设在流道板内，经流道板传输熔体到各型腔。

流道板用加热器加热，保持流道内塑料完全处于熔融状态。流道板利用绝热材料或利用空气间隙与模具其余部分隔热。

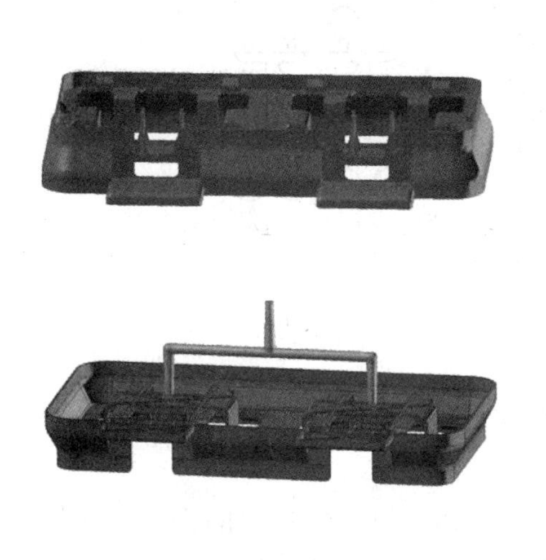

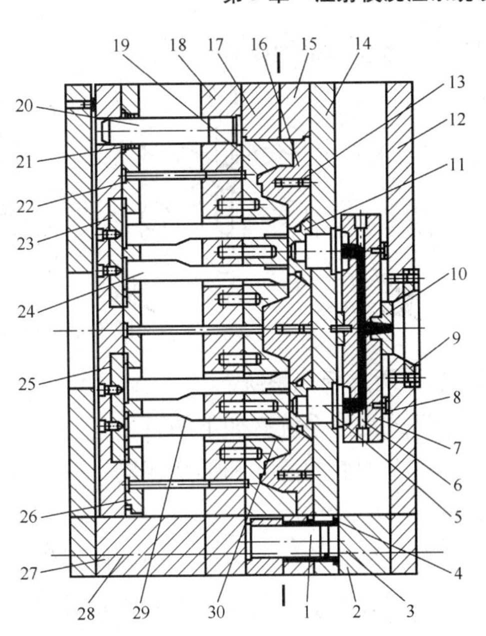

图5-35　热分流道的热流道模具

1、20—导柱；2、14、18、26、27—垫板；3、28—螺钉；4、21—导套；5—喷嘴；6—拉料杆；7—加热流道板；8—限位钉；9—定位圈；10—浇口套；11—镶块；12—定模座板；13—销；15—型芯固定板；16—型芯；17、30—型腔固定板；19—型腔；22—推杆固定板；23、25—推板；24—推杆；29—成型推杆

5.4　浇注系统的平衡进料

5.4.1　一模多腔浇注系统的平衡

当采用一模多腔的模具成型时，如果各个型腔不是同时被充满，那么最先充满的型腔内的熔体就会停止流动，浇口处的熔体便开始冷凝，此时型腔内的注射压力并不高，在一模多腔的模具成型时，只有当所有的型腔全部充满后，注射压力才会急剧升高，若此时最先充满的型腔浇口已经封闭，该型腔内的塑件就无法进行压实和保压，因而也就得不到尺寸正确和物理性能良好的塑件，所以必须对浇注系统进行平衡，即在相同的温度和压力下使所有的型腔在同一时刻被充满。

1. 平衡式浇注系统

平衡式的浇注系统，是对于多型腔模具，从分流道到浇口及型腔，其形状、长宽厚尺寸、圆角、模壁的冷却条件等都完全相同的浇注系统。

(1) 优点：熔体能以相同的成型压力和温度同时充满所有的型腔，同时进行保压和冷却，从而可以获得尺寸相同、物理性能良好的塑件。

(2) 缺点：与非平衡浇注系统相比，平衡式浇注系统的流道总长度要长一些，模板尺寸要大一些，因此增加了塑料在流道中的消耗量和模具的成本。

这种自然形式的平衡系统中，型腔采用圆周式布置［见图5-36 (a)］比横列式布置［见图5-36 (b)］好。因为圆周式布置不仅缩短了流程，而且还减少了流动时的转折和压力损失，但这种布置除圆形塑件外，加工比较困难。所以除了精密的塑件外，对于一般的矩形塑件，大多还是采用横列式布置。

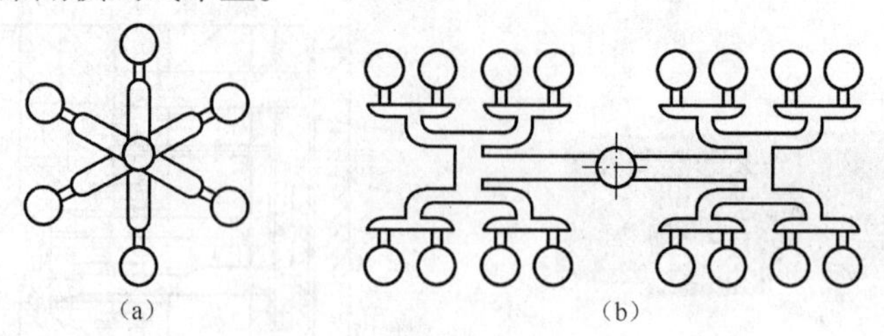

图5-36　平衡式浇注系统

2. 非平衡式浇注系统

非平衡式浇注系统有如下两种。

(1) 各个型腔的尺寸和形状相同，只是各型腔距主流道的距离不同而使得浇注系统不平衡，如图5-37 (a) 所示。

(2) 型腔和流道长度均不相同而使得浇注系统不平衡，如图5-37 (b) 所示。由于主流道到各型腔的分流道长度各不相同或者各型腔形状和尺寸不同，因此为了使各个型腔能同时均衡地充满，必须将浇口做成不同的截面形状或不同的长度，实行人工平衡。

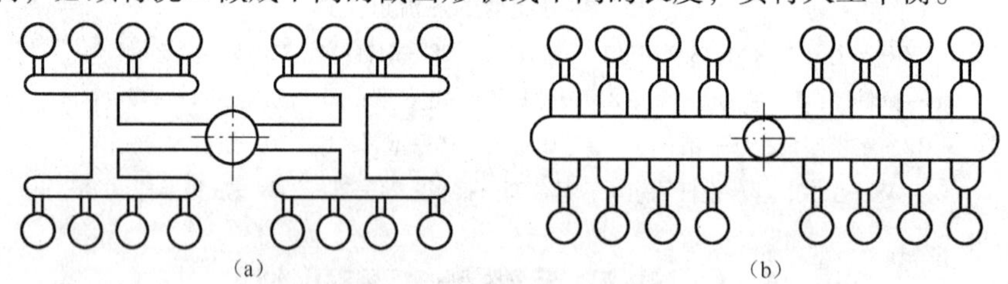

图5-37　非平衡式浇注系统

一般可采用平衡系数法即近似平衡计算方法，进行人工平衡。

其原理是使各个型腔的平衡系数相等或成比例，以确定各个浇口的尺寸，其公式为

$$K=\frac{S}{L\sqrt{a}} \tag{5-11}$$

式中：K——浇口平衡系数，它与通过浇口的熔体质量成比例；

S——浇口截面积；

L——浇口长度，mm；

a——主流道到型腔浇口的距离，mm。

当型腔的大小不相同时，应采用如下近似公式来平衡浇口

$$\frac{k_1}{k_2}=\frac{M_1}{M_2}=\frac{S_1L_2\sqrt{a_2}}{S_2L_1\sqrt{a_1}} \tag{5-12}$$

式中：M_1、M_2——分别为型腔1和型腔2的塑料熔体填充量，g。

注意：式 (5-10) 没有考虑浇口处熔体凝结的因素，并不总是浇口离主流道越远尺寸越大。

当分流道截面尺寸较大、流程又不太长时，分流道内熔体的温度和压力都无较大的变化，此时分流道内熔体的流动阻力很小，充模时熔体首先到达离主流道最近的浇口处，开始进入型腔，但由于这时分流道尚未充满，分流道内的流动阻力比浇口处熔体所遇到的流动阻

力小得多，故熔体在浇口处凝结而不再继续进入型腔。当整个分流道全被充满，分流道内熔体的压力升高后，熔体首先充满离主流道最远的型腔，然后再返回来，顺序冲开凝结时间较短的浇口，分别将各型腔充满。

5.4.2　一模一腔多浇口浇注系统的平衡

单型腔多浇口浇注系统的平衡主要应用在如下场合。

1. 平衡浇口以减少制品的变形

对于薄壁矩形塑件或其他形状的平板塑件（见图 5-38），当采用中心浇口时，由于聚合物大分子的取向效应，沿熔体流动方向的收缩量大于垂直于熔体流动方向的收缩量，故塑件产生各向不均匀的收缩，导致制品冷却后翘曲变形，改进的方法是采用多个点浇口。

2. 平衡浇口有利于均匀进料

如图 5-39 所示，在深腔筒形或深腔矩形塑件成型时，若 A、B 两个点浇口尺寸及位置设计不当，就不能平衡熔体的流动，易使型芯因各个侧壁受力不均匀而产生偏斜。若在 A、B 两浇口处均匀进料，则熔体流动的不平衡性可得到很大的改善。

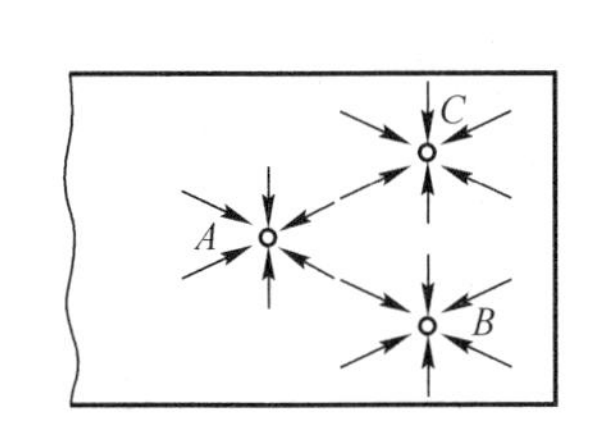

图 5-38　平板制品的多点浇口

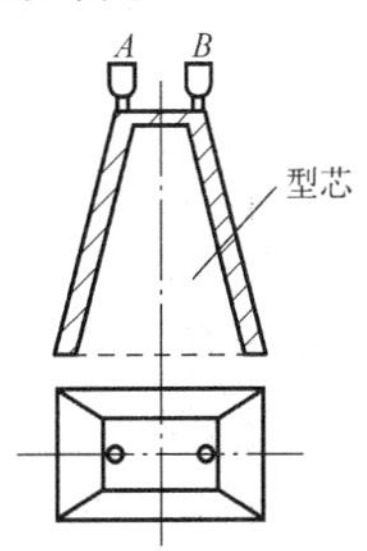

图 5-39　深腔制品的多个点浇口

3. 平衡浇口以控制熔接痕的位置

当采用多浇口时，在型腔内熔体的汇合处将产生熔接痕，熔接痕不仅降低了制品的强度，而且有碍美观，因此可以通过调整各个浇口的进料量来控制熔接痕形成的位置，以避免在制品的某些部位或者受力部位产生熔接痕。

对于单型腔多浇口浇注系统的平衡，由于影响因素太多，情况又十分复杂，故目前尚无准确的计算公式，主要依靠模具设计人员的实践经验和流动模拟分析。

小测验

采用矩形侧浇口成型一个长 120 mm、宽 80 mm、高 50 mm、壁厚 1.5 mm 的聚乙烯盒子，试确定该矩形侧浇口的长度、宽度和厚度。

思考与练习题

1. 为什么说“浇口尺寸越大越容易充模”和“浇口尺寸越小越好”都是错误的？
2. 为什么点浇口能获得非常广泛的应用？何种情况不宜采用点浇口？
3. 普通浇注系统由哪几部分组成？各部分的作用和设计要求是什么？
4. 常用的浇口形式有哪些？各有何特点？
5. 试比较平衡式与非平衡式布置的优缺点？

第6章 注射模成型零部件设计

知识目标

1. 熟悉模具成型部件强度的计算。
2. 掌握分型面的选择原则。
3. 掌握模具成型部件的结构设计及要求。
4. 掌握模具成型部件尺寸的计算。
5. 掌握模具排气槽的设计及要求。

能力目标

1. 能合理选择分型面及确定型腔数目。
2. 能合理设计成型零部件的结构及尺寸。
3. 能合理设计排气槽的结构及尺寸。

模具闭合时用来填充塑料成型制品的空间称为型腔。构成模具型腔的零部件称成型零部件。成型零部件工作时，直接与塑料熔体接触，承受熔体料流的高压冲刷和脱模摩擦。在设计成型零部件时，根据成型塑件的塑料性能、使用要求、几何结构，并结合分型面和浇口位置的选择、脱模方式和排气位置等确定型腔的组合方式、总体结构；根据塑件的尺寸计算成型零部件型腔的尺寸；对关键零部件进行强度和刚度的校核；另外成型零件的设计要满足机械加工、热处理、装配等工艺要求。

6.1 型腔总体布置与分型面选择

型腔总体设计包括分型面的选择、型腔数目的确定及其配置、进浇点与排气位置的选择、脱模方式等。

6.1.1 型腔数目的确定

为了提高生产率和经济效益，保证塑件精度，模具设计时应合理确定型腔数目。下面介绍常用的几种确定型腔数目的方法。

1. 按注射机的最大注射量确定型腔数量 *n*

一般注射量不应超过注射机最大注射量的80%，即：

$$n \leqslant \frac{0.8V_g - V_j}{V_n} \tag{6-1a}$$

$$n \leqslant \frac{0.8m_g - m_j}{m_n} \tag{6-1b}$$

式中：$V_g(m_g)$——注射机最大注射量，cm^3或 g；

$V_j(m_j)$——浇注系统凝料量，cm^3或 g；

$V_n(m_n)$——单个塑件容积或质量，cm^3或 g。

2. 按注射机的额定锁模力确定型腔数

根据注射机的额定锁模力大于将模具分型面胀开的力，得

$$F \geqslant p(nA_n + A_j)$$

则型腔数

$$n \leqslant \frac{F - pA_j}{pA_n} \tag{6-2}$$

式中：F——注射机的额定锁模力，N；

p——塑料熔体对型腔的平均压力，Mpa；

A_n——单个塑件在分型面上的投影面积，mm^2；

A_j——浇注系统在分型面上的投影面积，mm^2。

3. 根据制品的精度要求确定型腔数量

生产经验认为，增加一个型腔，塑件尺寸精度将降低 4%。为了满足塑件尺寸精度需使

$$L\Delta s + (n-1)L\Delta s 4\% \leqslant \delta \tag{6-3}$$

式中：L——塑件基本尺寸，mm；

δ——塑件的尺寸公差，mm，为双向对称偏差标注；

Δs——单腔模注射时塑件可能产生的尺寸误差的百分比。其数值对聚甲醛为 ±0.2%，聚酰胺 -66 为 ±0.3%，而对 PE、PP、PC、ABS 和 PVC 等塑料为 ±0.05%。

上式化简可得型腔数目为

$$n \leqslant 25\frac{\delta}{L\Delta s} - 24$$

成型高精度制品时，型腔数不宜过多，通常推荐不超过四腔，因为多型腔难于使各型腔的成型条件均匀一致。

4. 按经济性确定型腔数

根据总成型加工费用最小的原则，并忽略准备时间和试生产原材料费用，仅考虑模具费和成型加工费。模具费为

$$X_m = nC_1 + C_2 \tag{6-4}$$

式中：C_1——每一型腔所需承担的与型腔数有关的模具费用；

C_2——与型腔数无关的费用。

成型加工费为

$$X_j = N\left(\frac{yt}{60n}\right) \tag{6-5}$$

式中：N——制品总件数；

y——每小时注射成型加工费，元/h

t——成型周期。

总成型加工费为 $X = X_m + X_j$

为使总成型加工费最小，令$\frac{dx}{dn}=0$，则得

$$n = \sqrt{\frac{Nyt}{60C_1}} \tag{6-6}$$

6.1.2 多型腔的排列

多型腔在模具上通常采用圆形（辐射）排列、H形排列、直线形排列、X形排列，以及复合排列等。在设计时应注意如下几点。

（1）尽可能采用平衡式排列，以便构成平衡式浇注系统，确保塑件质量均匀一致和稳定。

（2）型腔布置和浇口开设部位应力求对称，以便防止模具承受偏载而产生溢料现象，如图6-1（b）比图6-1（a）布局合理。

（3）尽量使型腔排列紧凑，以便减小模具的外形尺寸。如图6-2（b）布局优于图6-2（a），因为图6-2（b）的模板总面积小，可节省钢材，减轻模具质量。

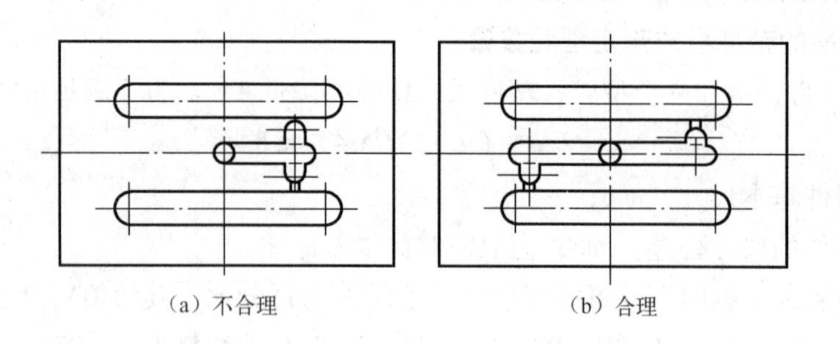

（a）不合理　　（b）合理

图6-1　型腔的布置力求对称

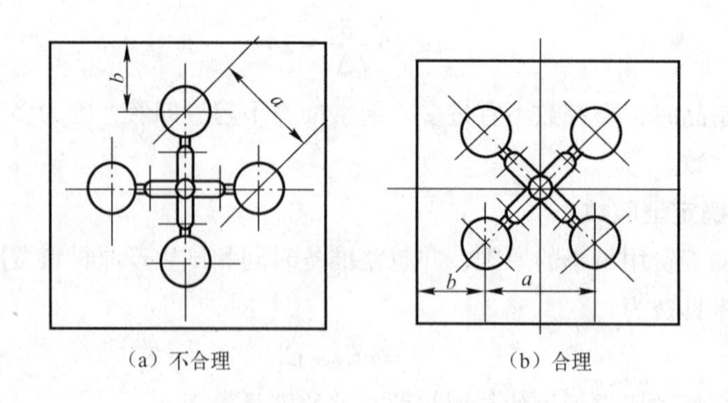

（a）不合理　　（b）合理

图6-2　型腔的布置力求紧凑

（4）各型腔采用圆形排列所占的模板尺寸大，虽有利于浇注系统的平衡，但加工较麻烦，除圆形制品和一些高精度制品外，一般情况下常用直线排列和H形排列。从平衡的角度来看应尽量选择H形排列，如图6-3（b）、（c）布局比图6-3（a）好。

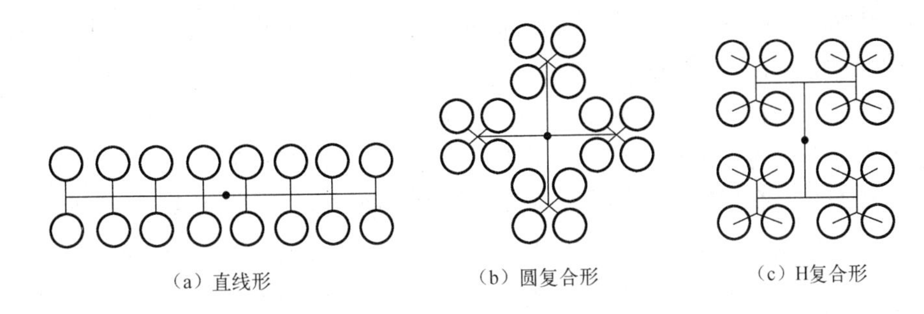

图6-3　一模十六腔的几种排列方案

6.1.3　分型面的设计

模具上用于取出塑件和浇注系统凝料的可分离的接触表面通称为分型面。

1. 分型面的形式

（1）按分型面的位置分为以下几种。

① 分型面垂直于注射机开模运动方向［见图6-4（a）、（b）、（c）、（f）］；

② 分型面平行于开模方向［见图6-4（e）］；

③ 分型面倾斜于开模方向［见图6-4（d）］。

（2）按分型面的形状分为以下三种。

① 平面分型面［见图6-4（a）］；② 曲面分型面［见图6-4（b）］；③ 阶梯形分型面［见图6-4（c）］。

（3）按分型面数目分为以下两种。

① 单分型面。一副模具可以有一个或一个以上的分型面。常见单分型面模具只有一个与开模运动方向垂直的分型面［见图6-4（a）、（b）、（c）］。

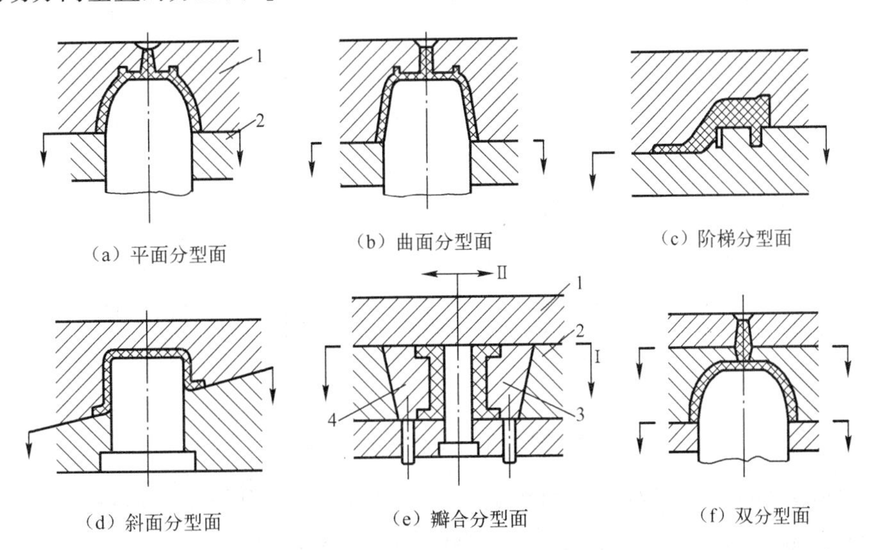

图6-4　分型面的形式

1—定模；2—动模；3、4—瓣合模块

② 双分型面。有时为了取出浇注系统凝料，当采用针点浇口时，需增设一个取出浇注系统凝料的辅助分型面［见图6-4（f）］。

对于有侧凹或侧孔的（线圈骨架）制品［见图6-4（e）］，可采用平行于开模方向的瓣合模式分型面，开模时先使动模与定模从Ⅰ－Ⅰ面分开，然后再使瓣合模从Ⅱ－Ⅱ面分开。

分型面选择是否合理对于塑件质量、模具制造与使用性能均有很大影响，它决定了模具的结构类型，是模具设计工作中的重要环节。模具设计时应根据制品的结构形状、尺寸精度、浇注系统形式、推出方式、排气方式及制造工艺等多种因素，全面考虑，合理选择。

2. 分型面选择原则

分型面选择是否合理，对于塑件质量、模具制造与使用性能均有很大影响，是模具设计工作中的重要环节。选择分型面总的原则是保证塑件质量；便于制品脱模；简化模具结构。

（1）便于塑件脱模和简化模具结构。

① 尽可能使塑件开模时留在动模。开模时使塑件留在动模，便于塑件顶出。若把塑件留在定模，将增加脱模机构的复杂程度，使模具结构复杂化。

如图6-5（a）所示，由于凸模固定在定模，开模后塑件收缩包紧凸模使塑件留于定模，增加了脱模难度，使模具结构复杂。若采用图6-5（b）的形式就较为合理。

然而当塑件带有金属嵌件时，因嵌件不会因收缩而包紧型芯，若仍把型腔设在定模上，将使塑件留在定模，使脱模困难如图6-5（c）所示，故应将型腔设在动模，如图6-5（d）所示。

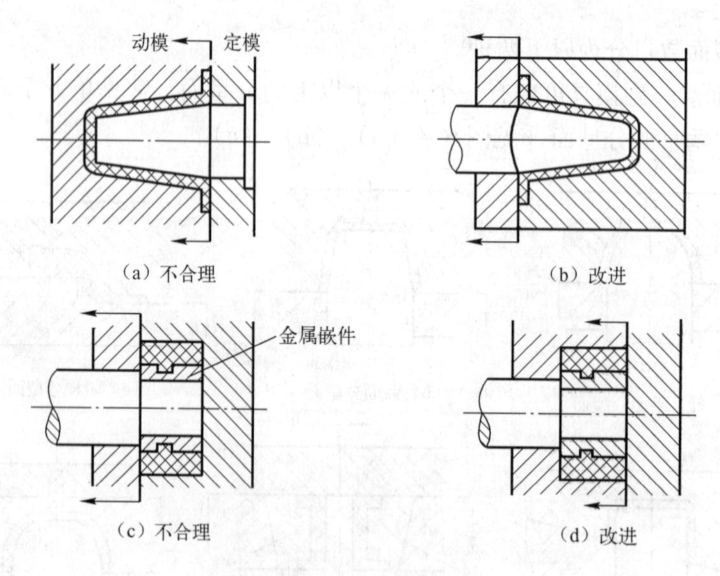

图6-5　塑件尽可能留于动模

② 便于推出塑件。当塑件外形较简单，而内形带有较多的孔或复杂的孔时，如图6-6所示。塑件成型收缩将包紧在型芯上，型腔设于动模不如设于定模脱模方便［见图6-6（b）］，后者只需采用简单的推板脱模机构便可使塑件脱模。

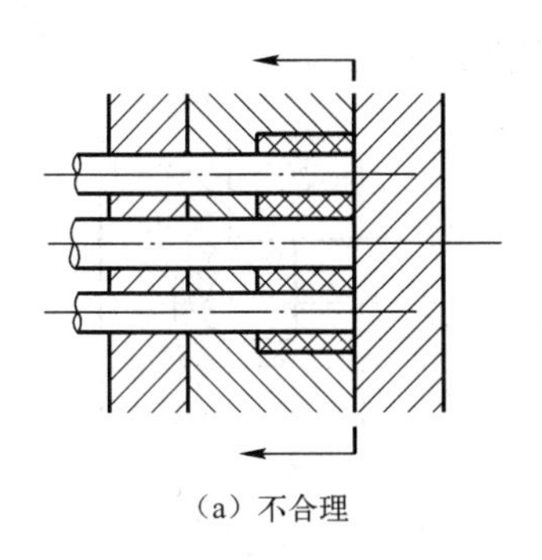

（a）不合理

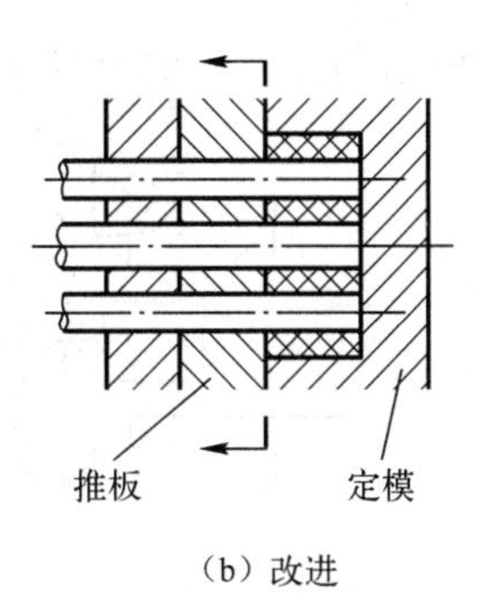

（b）改进

图6-6 分型面便于推出塑件

③ 侧凹或侧孔优先设置在动模上。带有侧凹或侧孔的塑件，选择分型面应尽可能将侧型芯设置在动模部分上，如图6-7（b）所示，以避免在定模内抽芯，如图6-7（a）所示。

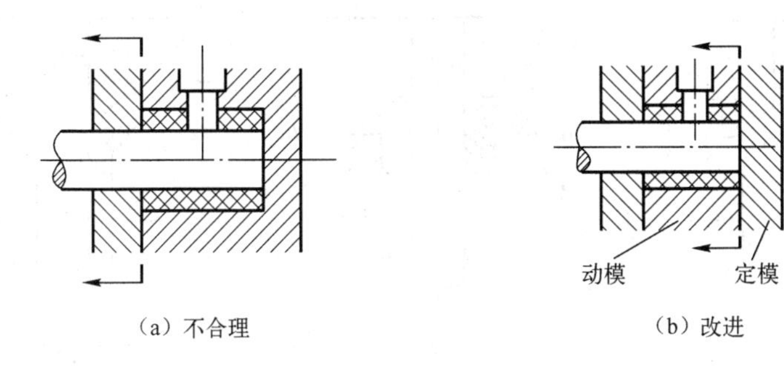

（a）不合理 （b）改进

图6-7 侧孔侧凹优先置于动模

④ 应使侧抽芯距离尽量短，如图6-8所示。

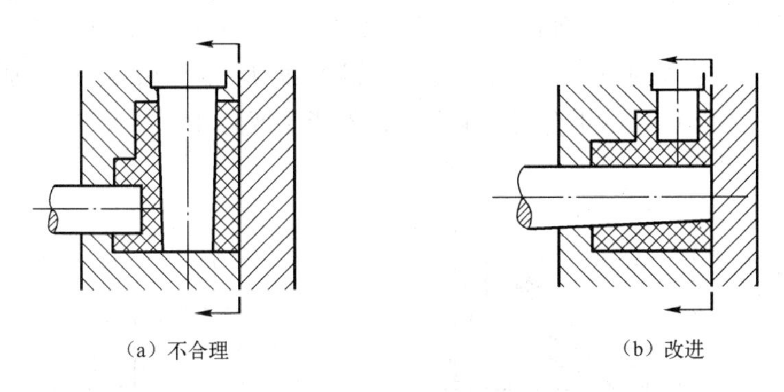

（a）不合理 （b）改进

图6-8 侧抽芯距离尽量短

（2）保证塑件外形美观。一般塑件在分型面处都会留下溢料痕迹或拼合缝痕迹，因此分型面最好不要设在塑件光亮平滑的外表面或带圆弧的转角处。例如球面塑件，若采用如图6-9（a）所示形式有损塑件外观，改用图6-9（b）所示形式较为合理。

（3）避免塑件产生飞边，如图6-10所示。

① 当分型面设在A处［见图6-10（a）］，在A面产生径向飞边；

② 当分型面设在B处［见图6-10（b）］，在B面产生径向飞边；

③ 若改在C处设阶梯分型面［见图6-10（c）］，则无径向飞边产生。

设计时应根据塑件使用要求和塑料性能，合理选择分型面。

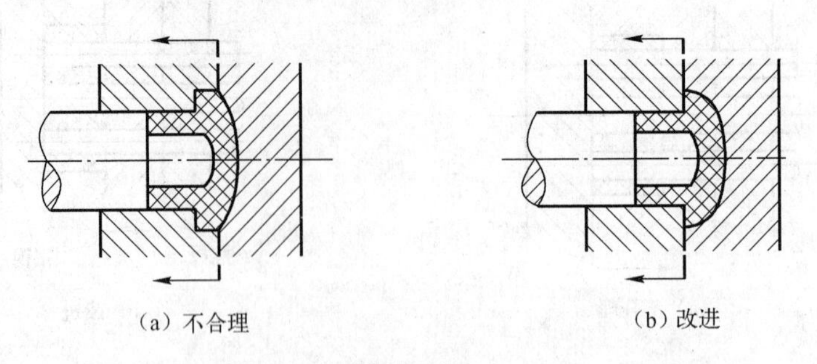

图 6-9　分型面位置应利于塑件外观

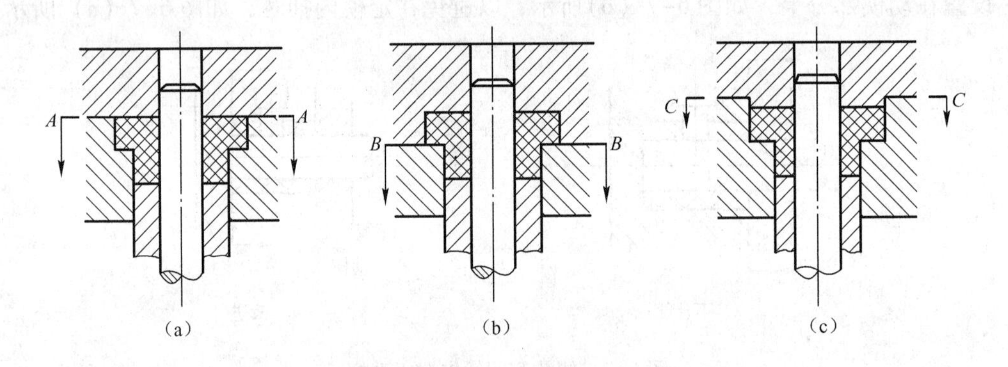

图 6-10　分型面对制品飞边的影响

（4）应保证塑件尺寸精度。如图 6-11 所示塑件，D 和 d 两表面有同轴度要求。分型面应尽可能使 D 与 d 同置于动模成型，如图 6-11（b）所示。若把 D 与 d 分别在动模与定模内成型［见图 6-11（a）］，由于合模产生误差，不能保证同轴度要求。

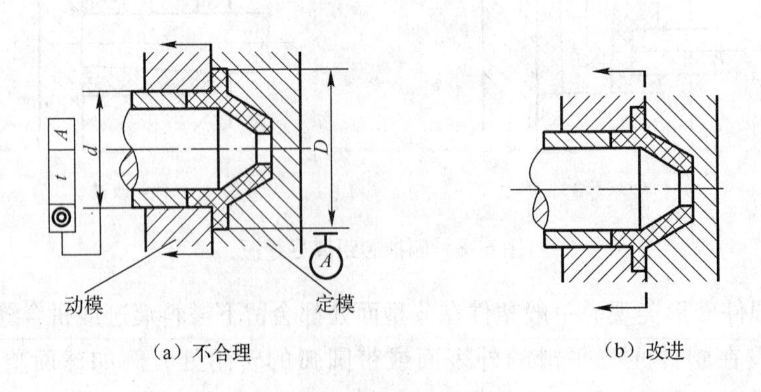

图 6-11　分型面位置应保证塑件精度

（5）应有利于排气。当分型面作为主要排气面时，应将分型面选择在料流末端，这样才有利于排气，如图 6-12（b）所示。

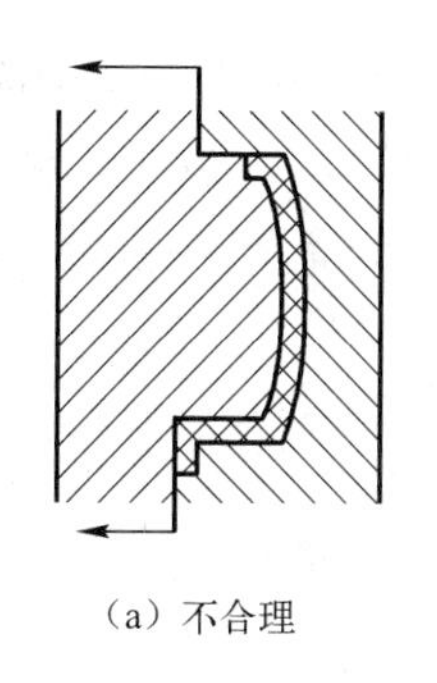

（a）不合理

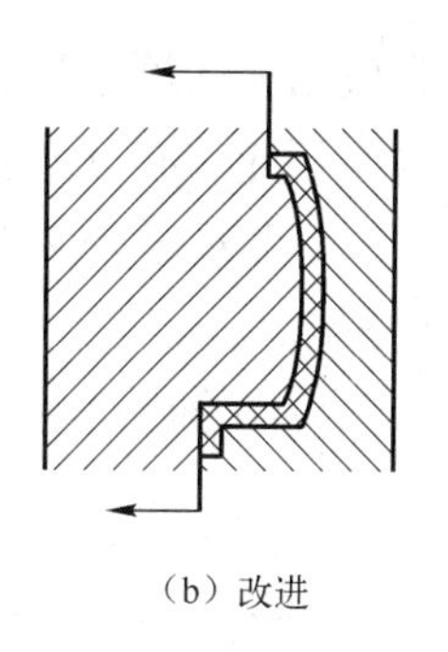

（b）改进

图6-12　分型面位置应有利于排气

（6）便于模具零件的加工。如图6-13（a）所示，采用一垂直于开模运动方向的平面作为分型面，凸模零件加工不便，改用倾斜分型面，如图6-13（b）所示，便于凸模加工。

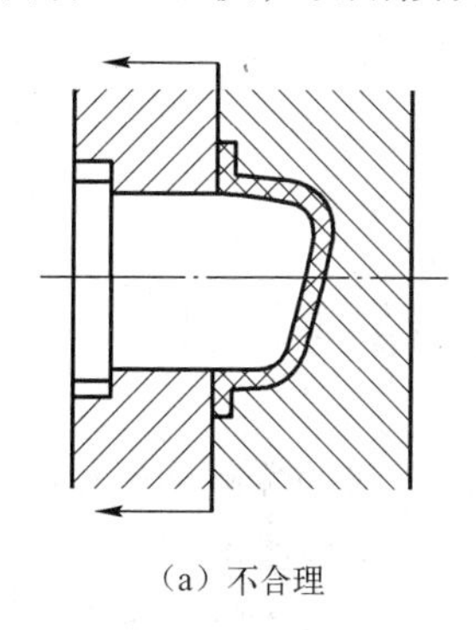

（a）不合理

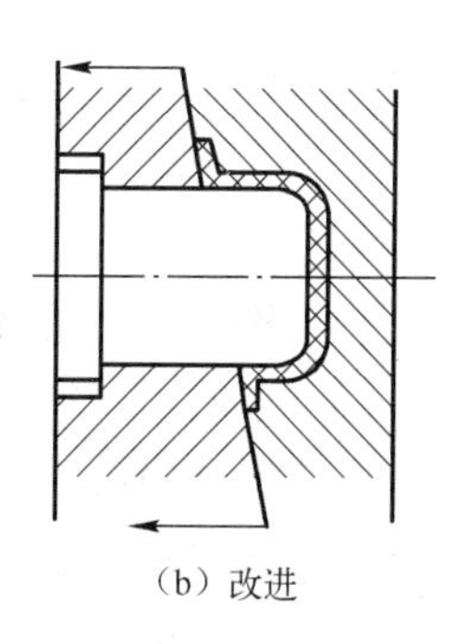

（b）改进

图6-13　分型面位置应便于零件加工

（7）应考虑注射机的技术规格。如图6-14所示的弯板塑件，若采用图6-14（a）的形式成型，当塑件在分型面上的投影面积接近注射机最大成型面积时，将可能产生溢料，若采用图6-14（b）的形式成型，则可克服溢料现象。又如图6-15所示杯形塑件，其高度较大，若采用图6-15（a）所示的垂直于开模运动方向的分型面，取出塑件所需开模行程超过注射机的最大开模行程，当塑件外观无严格要求时，可改用图6-15（b）所示平行于开模方向的瓣合模分型面，但这将使塑件上留下分型面痕迹，影响塑件外观。

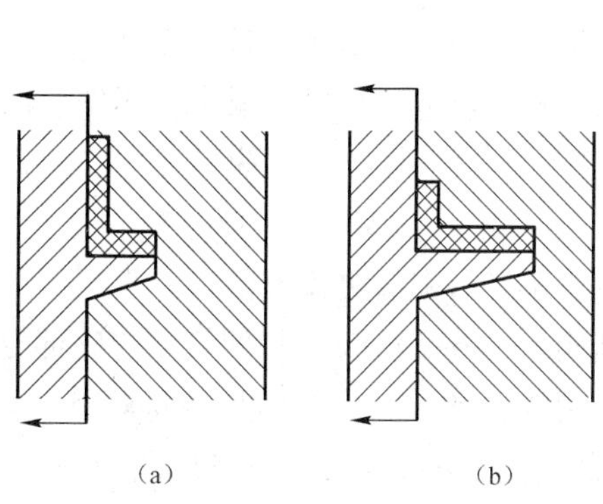

（a）　　（b）

图6-14　注射剂最大成型面积对分型面的影响

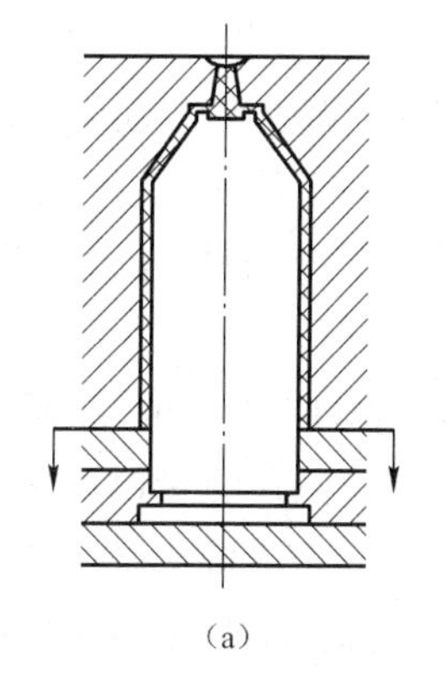

（a）

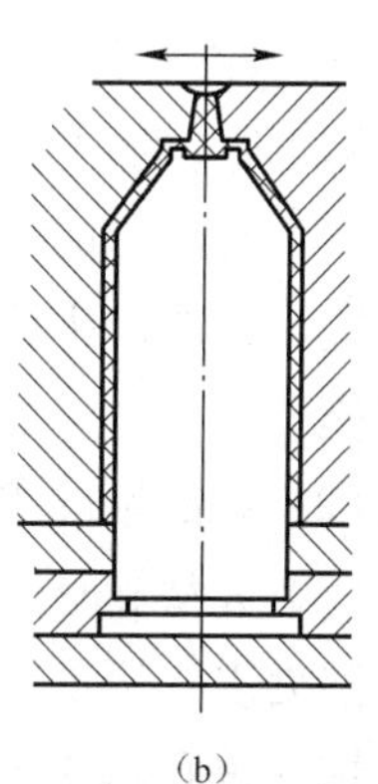

（b）

图6-15　注射剂最大开模行程对分型面的影响

由此例可见，在应用上述原则选择分型面时，有时会出现相悖，如图6-16所示塑件，当对制品外观要求高，不允许有分型痕迹时宜采用图6-16（a）成型，但当塑件较高时将使制品脱模困难或两端尺寸差异较大，因此在对制品外观无严格要求的情况下，可采用图6-16（b）的形式分型。

总之，选择分型面应综合考虑各种因素的影响，权衡利弊，以取得最佳效果。

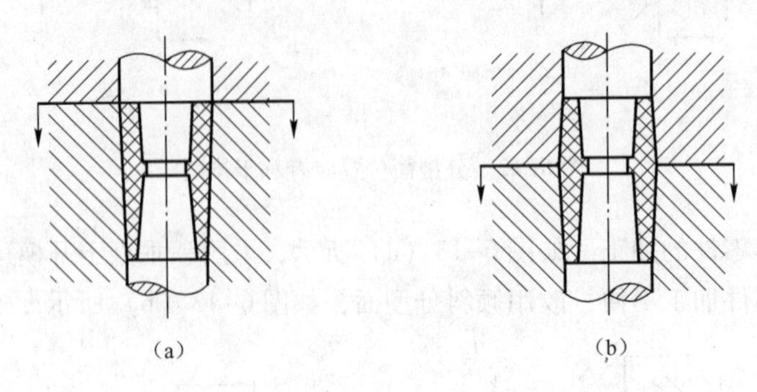

图6-16　分型面选择

6.2　成型零部件的结构设计

在进行塑料成型零件的结构设计时，首先应根据塑料的性能和塑件的形状、尺寸及其他使用要求，确定型腔的总体结构、压缩模的加压方向或注射模的浇注系统及浇口位置、分型面、脱模方式、排气等，然后根据塑件的形状、尺寸和成型零件的加工及装配工艺要求进行成型零件的结构设计和尺寸计算。

6.2.1　凹模

凹模是成型塑件外表面的零部件，按其结构类型可分为整体式和组合式两大类。

1. 整体式

凹模由一整块金属加工而成，如图6-17（a）所示。其特点是结构简单、牢固，不易变形，塑件无拼缝痕迹，适用于形状较简单的塑件。

2. 组合式

当塑件外形较复杂时，采用整体式凹模［见图6-17（a）］加工工艺性差，若采用组合式凹模可改善加工工艺性，减少热处理变形，节省优质钢材。组合式凹模类型如下：

（1）底部与侧壁分别加工后用螺钉连接或镶嵌结构。图6-17（b）成型时塑件易产生径向飞边，并渗入拼接缝中，造成脱件困难；图6-17（c）拼接缝与塑件脱模方向一致，有利于脱模。

（2）局部镶嵌结构。图6-17（d）除便于加工外还使磨损后更换方便。

（3）大型和复杂模具，采用侧壁镶拼嵌入式结构。图6-17（e）将四侧壁与底部分别加工、热处理、研磨、抛光后压入模套中，四壁相互用锁扣连接，为使内侧接缝紧密，其连接处外侧应留有0.3～0.4 mm间隙，在四角嵌入件的圆角半径 R 应大于模套圆角半径。

（4）整体嵌入式结构。图6-17（f）、（g）所示为整体嵌入式，常用于多腔模或外形较复杂的塑件，如齿轮等。常用冷挤、电铸或机械加工等方法制出整体镶块，然后嵌入，它不仅便于加工，且可节省优质钢材。

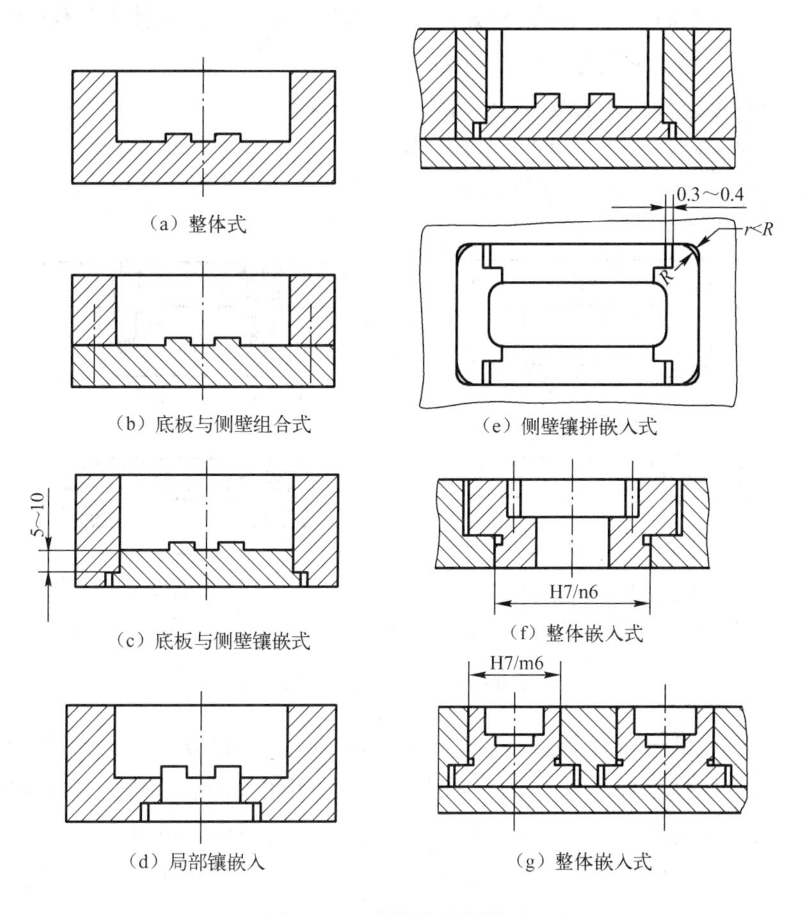

图 6–17　凹模的结构类型

（5）凹模采用瓣合式结构。对于采用垂直分型面的模具，凹模常采用瓣合式结构。如图 6–18 所示为线圈骨架凹模，采用组合式凹模容易在塑件上留下拼接缝痕迹，因此设计组合凹模时应合理组合，使拼块数量少，以减少塑件上的拼接缝痕迹，同时还应合理选择拼接缝的部位和拼接结构以及配合性质，使拼接紧密。此外，还应尽可能使拼接缝的方向与苏家脱模方向一致，以免影响塑件脱模。

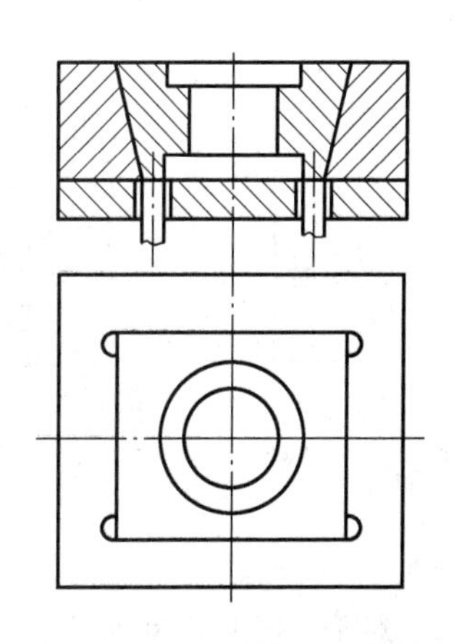

图 6–18　瓣合式凹模

6.2.2　凸模（型芯）

凸模是用于成型塑件内表面的零部件，又称型芯或成型杆。与凹模相似，凸模也可分为整体式和组合式两类。

1. 整体式凸模［见图 6–19（a）］

整体式凸模与模板做成整体，结构牢固，成型质量好，但钢材消耗量大，适用于内表面形状简单的小型凸模。

2. 组合式凸模

当塑件内表面形状复杂而不便于机械加工的较大凸模，或形状虽不复杂，但为节省优质钢材、减少切削加工量时，可采用组合式凸模。将凸模及固定板分别采用不同材料制造和热处理，然后连接在一起，常用连接方式有如下几种。

采用轴肩和底板连接，销钉定位见［图6–19（d）］。

采用螺钉连接，销钉定位［见图6–19（b）］；

采用螺钉连接，止口定位［见图6–19（c）］。

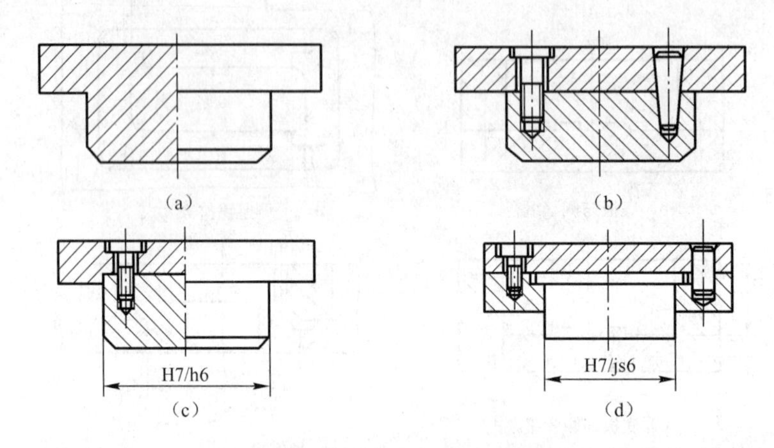

图6–19　凸模的结构形式

小凸模（型芯）可单独制造，再镶嵌入固定板中，其连接方式如图6–20所示。可采用过盈配合，从模板上压入［见图6–20（a）］；也可采用间隙配合，为防脱模时型芯被拔出，型芯尾部采用铆接［见图6–20（b）］与模板固定；对细长型芯可将下部加粗或做得较短，由底部嵌入，然后用垫板固定［见图6–20（c）］；或分别用垫块或螺钉压紧［见图6–20（d）、（e）］，不仅增加型芯的刚性，便于更换，且可调整型芯高度。

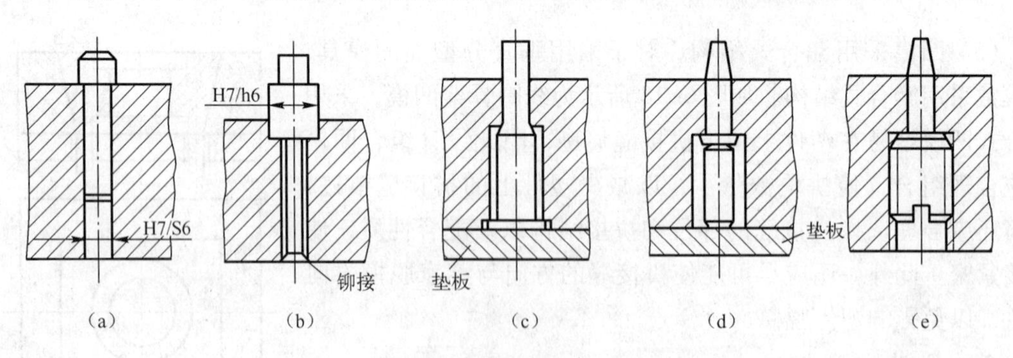

图6–20　小型芯组合方式

对于异形型芯为便于加工，异形型芯可做成如图6–21所示结构，将下部做成圆柱形，靠垫板压紧［见图6–20（a）］；或将成型部分做成异形，下部采用螺纹连接固定［见图6–20（b）］。

对于形状复杂的凸模为了便于机械加工和热处理，可采用镶拼组合式，如图6–22所示。

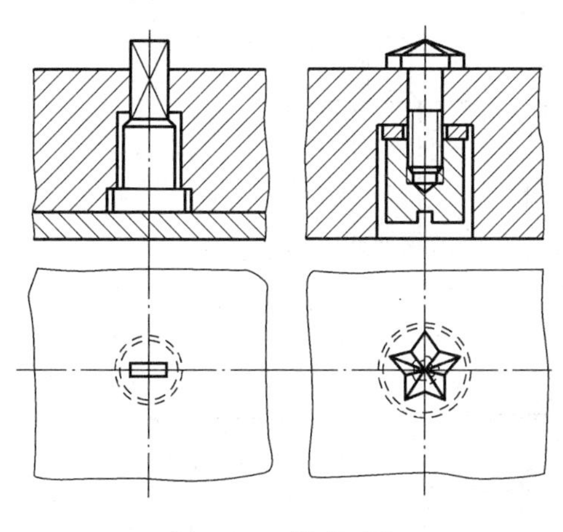
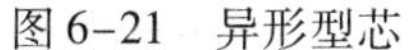

图 6–21　异形型芯

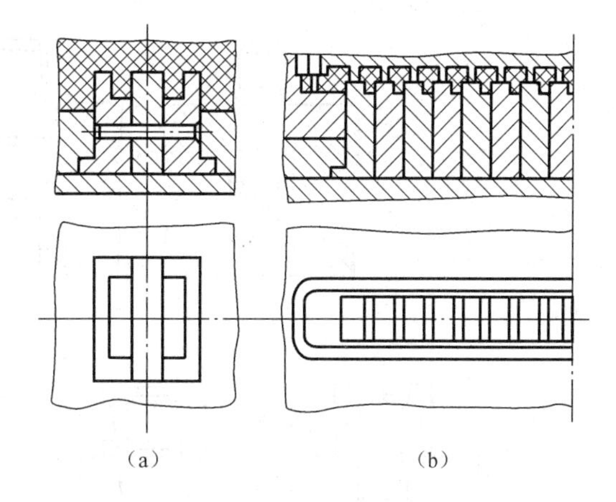

图 6–22　镶拼组合式凸模示例

6.2.3　螺纹型芯与螺纹型环

螺纹型芯与螺纹型环分别用于成型塑件的内螺纹和外螺纹，此外它们还可用来固定塑件内的金属螺纹嵌件。

成型后塑件从螺纹型芯或螺纹型环上脱卸的方式有强制脱卸、机动脱卸和模外手动脱卸三种。

采用手动脱卸螺纹，要求在成型之前使螺纹型芯或型环在模具内准确定位和可靠固定，使其不因外界振动和料流冲击而位移；同时在开模后又要求型芯或型环能同塑件一起方便地从模内取出，在模外用手动的方法将其从塑件上顺利地脱卸。

1. 螺纹型芯

螺纹型芯分为用于成型塑件上的螺纹孔和安装金属螺母嵌件两类，其基本结构相似，差别在于工作部分前者除了必须考虑塑件螺纹的设计特点及其收缩外，还要求有较小的表面粗糙度（*Ra* 值为 0.08 ～ 0.16 μm）；而后者仅需按普通螺纹设计且表面粗糙度只要求达到 *Ra* 值为 0.63 ～ 1.25 μm）。

螺纹型芯在模具内的安装方式，如图 6–23 所示。

（1）在立式注射机的下模或卧式注射机的定模上安装，螺纹型芯在模具内的安装方式均采用间隙配合，并采用不同的定位支承方式。

（2）用于成型塑件上螺纹孔，分别采用锥面、圆柱台阶面和垫板定位支承（图 6–23（a）、（b）、（c））。

（3）用于固定金属螺纹嵌件的定位方式，采用如图 6–23（d）所示结构。

嵌件定位不可靠，在成型压力作用下塑料熔体容易挤入嵌件与模具之间和固定孔内，并使嵌件上浮，影响嵌件轴向位置和型芯的脱卸。若将型芯改成阶梯状，如图 6–23（e）所示，嵌件拧至台阶为止，可防止塑料挤入嵌件的螺纹孔中。

（4）对于细小的螺纹型芯（小于 M3），为增加其刚性，可将嵌件下部嵌入模板止口，如图 6–23（f）所示，以阻止塑料熔体挤入嵌件螺纹孔。

（5）当螺纹嵌件为盲孔，且受料流冲击不大时；或螺纹为通孔，孔径小于 3 mm 时，可利用普通光杆型芯代替螺纹型芯固定螺纹嵌件，如图 6–23（g）所示，可省掉模外卸螺纹的操作。

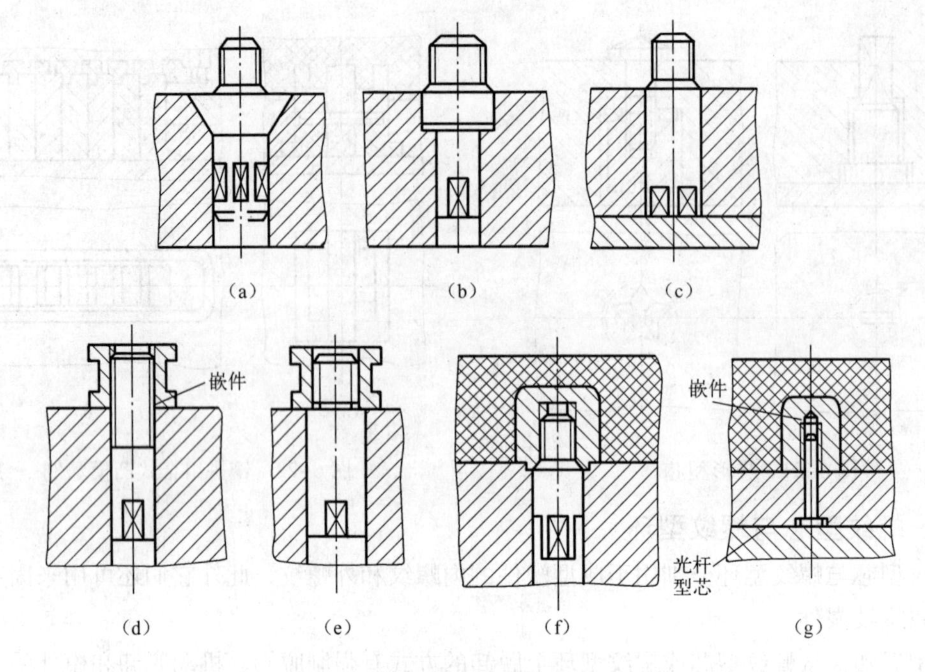

图 6-23　螺纹型芯的安装方式

上述七种安装方式主要用于立式注射剂的下模或卧式注射机的定模，而对于上模或合模时冲击振动较大的卧式注射机模具的动模，则应设置防止型芯自动脱落的结构。图 6-24（a）～（g）

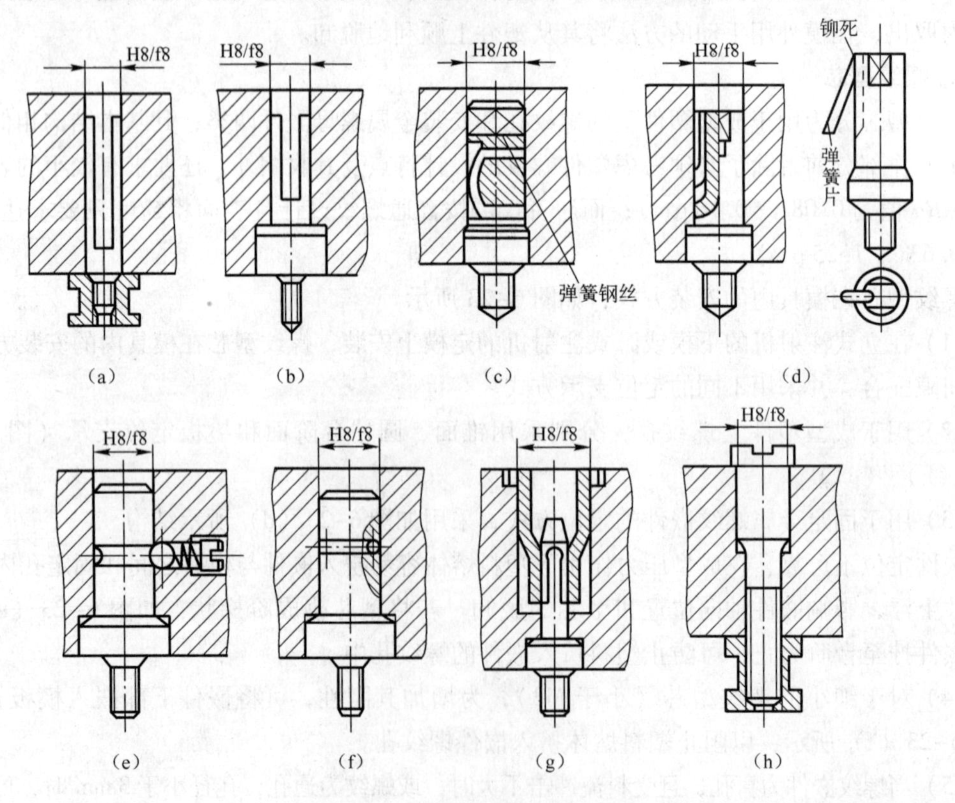

图 6-24　防止螺纹型芯脱落的结构

为螺纹型芯弹性连接形式。图6–24（a）和图6–24（b）为在型芯柄部开豁口槽，借助豁口槽弹力将型芯固定，它适用于直径小于8 mm 的螺纹型芯。图6–24（c）、(d）采用弹簧钢丝卡入型芯柄部的槽内以张紧型芯，适用于直径8 ～ 16 mm 的螺纹型芯。对于直径大于16 mm 的螺纹型芯可采用弹簧钢球［见图6–24（e)］或弹簧卡圈［见图6–24（f)］固定，也可采用弹簧夹头夹紧［见图6–24（e)］。图6–24（h）所示则为刚性连接的螺纹型芯，使用不便。

2. 螺纹型环

螺纹型环用于成型塑件外螺纹或固定带有外螺纹的金属嵌件。它实际上即为一个活动的螺母镶件，在模具闭合前装入凹模套内，成型后随塑件一起脱模，在模外卸下。因此，与普通凹模一样，其结构也有整体式和组合式两类，如图6–25 所示。

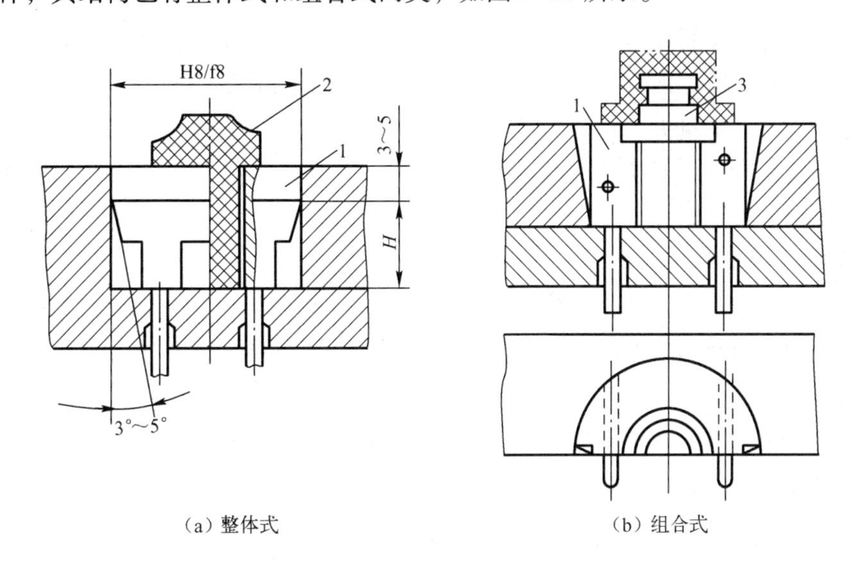

（a）整体式　　（b）组合式

图6–25　螺纹型环

1—螺纹型环；2—带外螺纹塑件；3—螺纹嵌件

（1）整体式螺纹型环［见图6–25（a)］。

整体式螺纹型环与模孔为间隙配合（H8/f8），配合段不宜过长，常为3 ～ 5 mm，其余加工成锥状，再在其尾部铣出平面，便于模外利用扳手从塑件上取下。

（2）组合式螺纹型环［见图6–25（b)］。

在卧式机动模上安装组合式螺纹型环时，型芯为带螺纹的金属嵌件，螺纹型环采用两瓣拼合，由销钉定位。在两瓣结合面的外侧开有楔形槽，以便于脱模后用尖劈状卸模工具取出塑件。

6.3　成型零部件的工作尺寸计算

所谓工作尺寸是指成型零件上直接用以成型塑件部分的尺寸，主要有型腔和型芯的径向尺寸（包括矩形或异形的长和宽）、型腔的深度或型芯的高度尺寸、中心距尺寸等。任何塑件都有一定的尺寸要求，在安装和使用中有配合要求的塑件，常要求其尺寸公差较小。在设计模具时，必须根据塑件的尺寸和公差要求来确定相应的成型零件的尺寸和公差。

6.3.1 塑件尺寸精度的影响因素

塑件尺寸的影响因素很多，很复杂，但主要的有以下几个因素。

1. 成型零部件的制造误差（δ_z）

成型零部件的制造误差包括成型零部件的加工误差和安装、配合误差两个方面，设计时一般应将成型零件的制造公差控制在塑件相应公差的1/3左右，通常取IT6～9级。

2. 成型零部件的磨损（δ_c）

造成成型零部件磨损主要原因是塑料熔体在型腔中的流动以及脱模时塑件与型腔的摩擦，而以后者造成的磨损为主。因此，为简化计算，一般只考虑与塑件脱模方向平行的表面的磨损，而对于垂直于脱模方向的表面的磨损则予以忽略。磨损量值的大小与成型塑件的材料、成型零部件的抗磨性能等有关。对含有玻璃纤维和石英粉等填料的塑件、型腔表面耐磨性差的零部件，其磨损量大。设计时应根据塑件材料、成型零部件材料、热处理及型腔表面状态和模具的使用期限来确定最大磨损量，中、小型塑件，磨损量一般取1/6塑件公差；大型塑件则取小于1/6塑件公差。

3. 塑料的成型收缩（δ_s）

塑料的成型收缩与制件结构、成型工艺条件、模具结构等有关，如原料的预热与干燥程度、成型温度和压力波动、模具结构、塑件结构尺寸、不同的生产厂家、生产批号的变化都将造成收缩率的波动。

生产中由于设计时选取的计算收缩率与实际收缩率的差异、塑件成型时工艺条件的波动、材料批号的变化，会造成的塑件收缩率的波动，导致塑件尺寸的变化值δ_s为

$$\delta_s = (S_{max} - S_{min})L_s \tag{6-7}$$

式中：S_{max}——塑料的最大收缩率；

S_{min}——塑料的最小收缩率；

L_s——塑件的名义尺寸。

由式（6-7）可见，塑件尺寸的变化值δ_s与塑件尺寸成正比，因此对于大型塑件，收缩率波动对塑件尺寸精度影响较大，靠提高成型零件制造精度来减小塑件尺寸误差是困难和不经济的，应采用稳定的工艺条件和选用收缩率波动小的塑料来提高塑件精度。反之，对于小型塑件，收缩率波动值的影响小，应通过控制成型零件的制造公差及其磨损量来提高塑件精度。

4. 配合间隙引起的误差（δ_j）

当采用活动型芯时，由于型芯配合间隙，将引起塑件孔的位置误差或中心距误差。又如，当凹模与凸模分别安装于动模和定模时，由于合模导向机构中导柱和导套的配合间隙，将引起塑件的壁厚误差。

为保证塑件精度，上述各因素所造成的误差总和必须小于塑件的公差值，即

$$\delta_z + \delta_c + \delta_s + \delta_j \leqslant \Delta \tag{6-8}$$

式中：δ_z——成型零部件制造误差；

δ_c——成型零部件的磨损量；

δ_s——塑料的收缩率波动引起的塑件尺寸变化值；

δ_j——由于配合间隙引起塑件尺寸误差；

Δ——塑件的公差。

6.3.2　成型零部件工作尺寸计算

成型零部件工作尺寸计算方法有平均值法和公差带法两种，常用平均值法。

在讨论计算方法之前，对塑件尺寸和成型零部件的尺寸偏差统一规定按“入体”原则标注，即对包容面（型腔和塑件内表面）尺寸采用单向正偏差标注，基本尺寸为最小。如图 6-26 所示，设 Δ 为塑件公差，δ_z 为成型零件制造公差，则塑件内径为 $l_{s0}^{+\Delta}$，型腔尺寸为 $L_{m0}^{+\delta_z}$。而对被包容面（型芯和塑件外表面）尺寸采用单向负偏差标注，基本尺寸为最大，如型芯尺寸为 $L_{m-\delta_z}^{\ 0}$，塑件外形尺寸为 $l_{s-\Delta}^{\ 0}$。而对于中心距尺寸则采用双向对称偏差标注，例如，塑件间中心距为 $C\pm\dfrac{\Delta}{2}$，而型芯间的中心距为 $C\pm\dfrac{\delta_z}{2}$。当塑件原有偏差的标注方法与此不符合时，应按此规定换算。

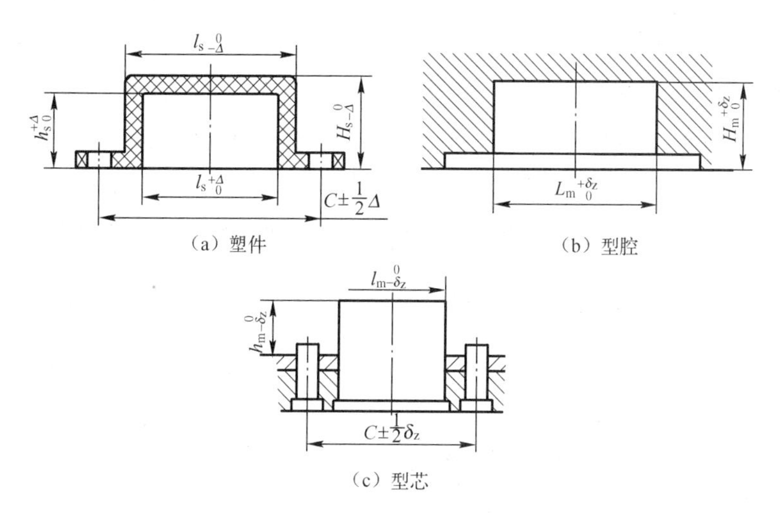

图 6-26　塑件与成型零件尺寸标注

1. 平均值法

平均值法是按塑料收缩率、成型零件制造公差和磨损量均为平均值时，制品获得的平均尺寸来计算的。

（1）型腔与型芯径向尺寸。

① 型腔。设塑料平均收缩率为 S_{cp}；塑件外形基本尺寸为 l_s，其公差值为 Δ，则塑件平均尺寸（单向负偏差）为 $l_s-\dfrac{\Delta}{2}$；型腔基本尺寸为 L_m，其制造公差为 δ_z，则型腔平均尺寸为 $L_m+\dfrac{\delta_z}{2}$。考虑平均收缩率及型腔磨损为最大值的一半$\left(\dfrac{\delta_c}{2}\right)$，则有

$$\left(L_m+\frac{\delta_z}{2}\right)+\frac{\delta_c}{2}-\left(l_s-\frac{\Delta}{2}\right)S_{cp}=l_s-\frac{\Delta}{2}$$

整理并忽略二阶无穷小量$\frac{\Delta}{2}S_{cp}$，可得型腔基本尺寸

$$L_m = l_s(1+S_{cp}) - \frac{1}{2}(\Delta+\delta_z+\delta_c)$$

δ_z 和 δ_c 是影响塑件尺寸偏差的主要因素，应根据塑件公差来确定，成型零件制造公差 δ_z 一般取$\left(\frac{1}{3}\sim\frac{1}{6}\right)\Delta$；磨损量 δ_c 一般取小于$\frac{1}{6}\Delta$，故上式写为

$$L_m = L_s + L_sS_{cp} - x\Delta$$

标注制造公差后得

$$L_m = [L_s + L_sS_{cp} - x\Delta]_0^{+\delta_z} \tag{6-9}$$

式中：x——修正系数。

对于中、小型塑件，$\delta_z=\Delta/3$，$\delta_c=\Delta/6$，则得

$$L_m = \left[L_s + L_sS_{cp} - \frac{3}{4}\Delta\right]_0^{+\delta_z} \tag{6-10}$$

对于大尺寸和精度较低的塑件，$\delta_z<\Delta/3$，$\delta_c<\Delta/6$，于是式（6-10）中 Δ 前面的系数 x 将减小，一般该系数 x 值在 1/2 ～ 3/4 之间变化，可视具体情况而定。

② 型芯径向尺寸。设塑件内形尺寸为 l_s，其公差值为 Δ，则其平均尺寸为 $l_s+\frac{\Delta}{2}$；型芯基本尺寸为 l_m，制造公差为 δ_z，其平均尺寸为 $l_m-\frac{\delta_z}{2}$。同上面推导型腔径向尺寸类似，可得

$$l_m = [l_s + l_sS_{cp} + x\Delta]_{-\delta_z}^{0} \tag{6-11}$$

式中：系数 $x=\frac{1}{2}\sim\frac{3}{4}$。

对于中小型塑件

$$l_m = \left[l_s + l_sS_{cp} + \frac{3}{4}\Delta\right]_{-\delta_z}^{0} \tag{6-12}$$

（2）型腔深度与型芯高度尺寸。按上述公差带标注原则，塑件高度尺寸为 $H_s{}_{-\Delta}^{+0}$，型腔深度尺寸为 $H_m{}_{-0}^{+\delta_z}$。型腔底面和型芯端面均与塑件脱模方向垂直，磨损很小，因此计算时磨损量 δ_c 不予考虑，则有

$$H_m + \frac{\delta_z}{2} - (H_s - \frac{\Delta}{2})S_{cp} = H_s - \frac{\Delta}{2}$$

略去$\frac{\Delta}{2}S_{cp}$，得

$$H_m = H_s + H_sS_{cp} - \left(\frac{\Delta}{2}+\frac{\delta_z}{2}\right)$$

标注公差后得

$$H_m = [H_s + H_sS_{cp} - x'\Delta]_0^{+\delta_z} \tag{6-13}$$

对于中、小型塑件，$\delta_z=\frac{1}{3}\Delta$，故得

$$H_m = \left[H_s + H_s S_{cp} - \frac{2}{3}\Delta \right]_{0}^{+\delta_z} \tag{6-14}$$

对于大型塑件 x' 可取较小值，故公式中 x'，可在 $\frac{1}{2} \sim \frac{1}{3}$ 范围选取。

同理可得型芯高度尺寸计算公式

$$h_m = [h_s + h_s S_{cp} + x'\Delta]_{-\delta_z}^{0} \tag{6-15}$$

对中、小型塑件则为

$$h_m = \left[h_s + h_s S_{cp} + \frac{2}{3}\Delta \right]_{-\delta_z}^{0} \tag{6-16}$$

（3）中心距尺寸。影响模具中心距误差的因素有制造误差 δ_z，对于活动型芯尚有与其配合孔的配合间隙 δ_j，由于塑件的中心距和模具上的中心距均以双向公差表示，如图6-26（c）所示，塑件上中心距为 $C_s \pm (\Delta/2)$，模具成型零件的中心距为 $C_m \pm (\delta_z/2)$，其平均值即为基本尺寸，同时由于型芯与成型孔的磨损可认为是沿圆周均匀磨损，不会影响中心距，因此计算时仅考虑塑料收缩，而不考虑磨损余量，于是得

$$C_m = C_s + C_s S_{cp}$$

标注制造偏差后则得

$$C_m = [C_s + C_s S_{cp}] \pm \frac{\delta_z}{2} \tag{6-17}$$

模具中心距制造公差应根据塑件孔中心距尺寸精度要求、加工方法和加工设备等确定，可参考表6-1选取或按塑件公差的1/4选取，若采用坐标镗床加工，一般为 ±0.015 ～ 0.02 mm。

表6-1　孔间距的制造偏差　　单位：mm

孔间距	制造偏差
<80	±0.01
80～220	±0.02
220～360	±0.03

必须指出，对带有嵌件或孔的塑件，在成型时由于嵌件和型芯等影响了自由收缩，故其收缩率较实体塑件为小。计算带有嵌件的塑件收缩值时，上述各式中收缩值项的塑件尺寸应扣除嵌件部分尺寸。S_{cp} 可根据实测数据或选用类似塑件的实测数据。如果把握不大，在模具设计和制造时，应留有一定的修模余量。

由于平均收缩率比较容易查得，平均值法计算又比较简便，故常被采用。但对于精度较高的塑件将造成较大误差，这时可采用公差带法。

2. 公差带法

公差带法是使成型后的塑件尺寸均在规定的公差带范围内，具体求法是先以在最大塑料收缩率时满足塑件最小尺寸要求，计算出成型零件的工作尺寸；然后校核塑件可能出现的最大尺寸是否在其规定的公差带范围内。或者反之，按最小塑料收缩率时满足塑件最大尺寸要求，计算成型零件工作尺寸，然后校核塑件可能出现的最小尺寸是否在其公差带范围内。

确定先满足塑件最小尺寸，然后验算是否满足最大尺寸，还是先满足塑件最大尺寸再验算是否满足最小尺寸的原则有利于试模和修模，有利于延长模具使用寿命。例如，对于型腔

径向尺寸，修大容易，而修小则是困难的，因此应先按满足塑件最小尺寸来计算，而型芯径向尺寸则修小容易，因此应先按满足塑件最大尺寸来计算工作尺寸。对于型腔深度和型芯高度计算也先要分析是修浅（小）容易还是修深（大）容易，依次来确定先满足塑件最大尺寸还是最小尺寸。

(1) 型腔与型芯径向尺寸。

① 型腔径向尺寸。如图 6–27 所示，塑件径向尺寸为 $L_{s\ -\Delta}^{\ 0}$，型腔径向尺寸为 $L_{m\ 0}^{+\delta_z}$，为了便于修模，先按型腔径向尺寸为最小，塑件收缩率为最大时，恰好满足塑件的最小尺寸，来计算型腔的径向尺寸，则有

$$L_m - S_{max}(L_s - \Delta) = L_s - \Delta$$

整理并略去二阶微小量 ΔS_{max}，得

$$L_m = (1 + S_{max})L_s - \Delta \qquad (6\text{–}18)$$

接着校核塑件可能出现的最大尺寸是否在规定的公差范围内。塑件最大尺寸出现在型腔尺寸为最大($L_m + \delta_z$)，且塑件收缩率为最小时，并考虑型腔的磨损达最大值，则有

$$L_m + \delta_z + \delta_c - S_{min}(L_s - \Delta + \delta) \leqslant L_s \qquad (6\text{–}19)$$

式中：δ——塑件实际尺寸分布范围。

略去二阶微小量 ΔS_{min}、δS_{min} 得验算公式或由式（6–18）和式（6–19）也可得验算合格的必要条件

$$(S_{max} - S_{min})L_s + \delta_z + \delta_c \leqslant \Delta \qquad (6\text{–}20)$$

若验算合格，型腔径向尺寸则可表示为

$$L_m = [L_s + L_s S_{max} - \Delta]_{\ 0}^{+\delta_z} \qquad (6\text{–}21)$$

若验算不合格，则应提高模具制造精度以减小 δ_z，或降低许用磨损量 δ_c，必要时改用收缩率波动较小的塑料材料。

② 型芯径向尺寸。如图 6–28 所示，塑件尺寸为 $l_{s\ 0}^{+\Delta}$，型芯径向尺寸为 $l_{m\ -\delta_z}^{\ 0}$，与型腔径向尺寸的计算相反，修模时型芯径向尺寸修小方便，且磨损也使型芯变小，因此计算型芯径向尺寸应按最小收缩率时满足塑件最大尺寸，则有

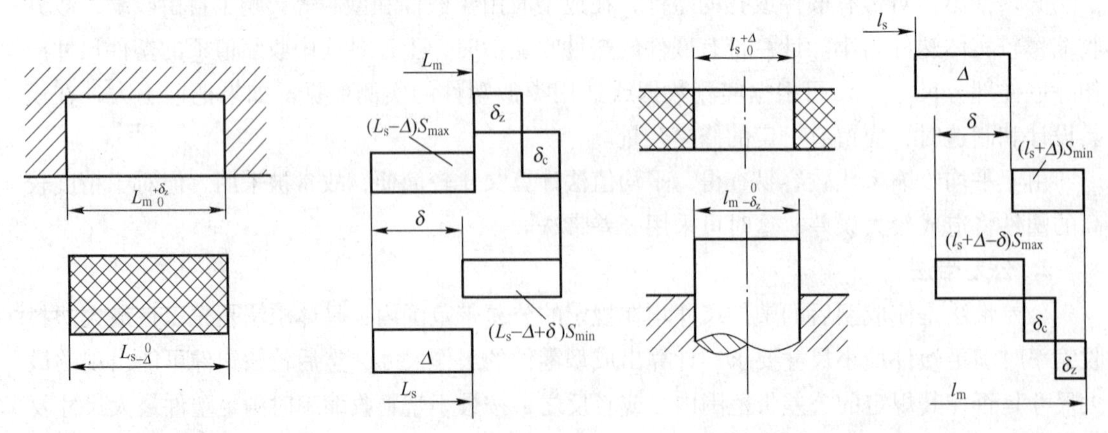

图 6–27　型腔与塑件径向尺寸关系　　　　图 6–28　型芯与塑件径向尺寸关系

$$l_m - S_{min}(l_s + \Delta) = l_s + \Delta$$

略去二阶微小量 ΔS_{min}，并标注制造偏差，得

$$l_m = [l_s + l_s S_{min} + \Delta]_{-\delta_z}^{0} \tag{6-22}$$

验算当型芯按最小尺寸制造且磨损到许用磨损余量，而塑件按最大收缩率收缩时，产生出的塑件是否合格，则有

$$l_m - \delta_z - \delta_c - S_{max} l_s \geqslant L_s \tag{6-23}$$

此外也可按下面公式验算

$$(S_{max} - S_{min}) l_s + \delta_z + \delta_c \leqslant \Delta \tag{6-24}$$

为了便于塑件脱模，型芯和型腔沿脱模方向有斜度。从便于加工测量的角度出发，通常型腔径向尺寸以大端为基准斜向小端方向，而型芯径向尺寸则以小端为准斜向大端。

脱模斜度的大小按塑件精度和脱模难易程度而定，一般在保证塑件精度和使用要求的情况下宜尽量取大值，对于有配合要求的孔和轴，当配合精度要求不高时，应保证在配合面的 2/3 高度范围内径向尺寸满足塑件公差要求。当塑件精度要求很高，其结构不允许有较大的脱模斜度时，则应使成型零件在配合段内的径向尺寸均满足塑件配合公差的要求。为此，可利用公差带法计算型腔与型芯大小端尺寸。型腔小端径向尺寸按式（5-18）计算，大端尺寸可按下式求得

$$L_m = [(1 + S_{min}) L_s - (\delta_z + \delta_c)]_{0}^{+\delta_z} \tag{6-25}$$

型芯大端尺寸按式（5-22）计算，其小端尺寸可按下式计算

$$l_m = [(1 + S_{min}) l_s + \delta_z + \delta_c]_{+\delta_z}^{0} \tag{6-26}$$

（2）型腔深度与型芯高度。采用公差带法计算型腔深度与型芯高度时，首先碰到的问题是按满足塑件最大尺寸进行计算，然后验算塑件尺寸是否全落在公差带范围内；还是先按满足塑件最小尺寸进行初算，再验算是否全部合格。对此，主要从便于修模的角度来考虑，即修模是使型腔深度或型芯高度增大方便还是缩小方便，这就与成型零件的结构有关。

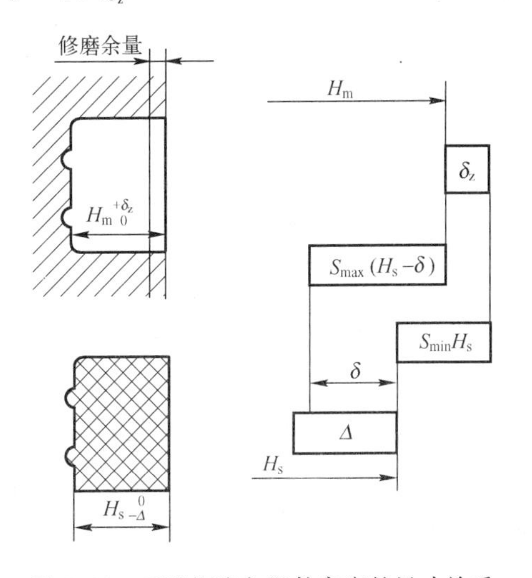

图 6-29　型腔深度与塑件高度的尺寸关系

① 型腔深度。对于型腔，其底面一般有圆角或凸凹，或刻有花纹、文字等，修磨型腔底部不方便，若将修磨余量放在分型面处，如图 6-29 所示，则修模较方便，这样修模将使型腔变浅。因此，设计型腔深度尺寸时，首先应满足塑件高度最大尺寸进行初算，再验算塑件高度最小尺寸是否在公差范围内。

当型腔深度最大，塑件收缩率最小时，塑件出现最大高度尺寸 H_s，按此初算型腔尺寸，则有

$$H_m + \delta_z - S_{min} H_s = H_s$$

整理并标注偏差得

$$H_m = [(1+S_{min})H_s - \delta_z]^{+\delta_z}_{0} \tag{6-27}$$

接着验算当型腔深度为最小，且收缩率为最大时，所得到的塑件最小高度$(H_s-\Delta)$是否在公差范围内，则

$$H_m - S_{max}(H_s-\delta) \geqslant H_s - \Delta$$

略去二阶微小量$S_{max}\delta$，得验算公式

$$H_m - S_{max}H_s + \Delta \geqslant H_s \tag{6-28}$$

② 型芯高度。型芯有组合式和整体式两类，对于整体式型芯，如图 6-30（a）所示，修磨型芯根部较困难，故以修磨型芯端部为宜；而对于常见的采用轴肩连接的组合式型芯，如图 6-30（b）所示，则一般修磨型芯固定板较为方便。有时型芯端部形状较简单，也可能修磨端部较为方便。下面分别讨论这两种情况下的型芯高度计算公式。

对于修磨型芯端部的情况［见图 6-30（a）］，修磨将使型芯高度减小，故设计时宜按满足塑件孔最大深度进行初算，则得

$$h_m - S_{min}(h_s+\Delta) = h_s + \Delta$$

忽略二阶微小量$S_{min}\Delta$，并标注制造偏差，得初算公式

$$h_m = [(1+S_{min})h_s + \Delta]^{0}_{-\delta_z} \tag{6-29}$$

验算塑件可能出现的最小尺寸是否在公差内

$$h_m - \delta_z - \delta_{max}(h_s + \Delta - \delta) \geqslant h_s$$

忽略二阶微小量，得初算公式

$$h_m - \delta_z - h_s S_{max} \geqslant h_s \tag{6-30}$$

对于修磨型芯固定板的情况［见图 6-30（b）］，修磨将使型芯高度增大，故初算时应按满足塑件孔深度最小尺寸计算，则

$$h_m - \delta_z - h_s S_{max} = h_s$$

得初算公式

$$h_m = [(1+S_{max})h_s + \delta_z]^{0}_{-\delta_z} \tag{6-31}$$

验算塑件可能出现的最大尺寸是否在公差范围内，则

$$h_m - S_{min}(h_s+\Delta) \leqslant h_s + \Delta$$

整理并略去二阶微小量，得验算公式

$$h_m - S_{min}h_s - \Delta \leqslant h_s \tag{6-32}$$

和前述一样，型芯高度也可采用下式校核

$$(S_{max} - S_{min})h_s + \delta_z \leqslant \Delta \tag{6-33}$$

（3）中心距尺寸。如图 6-31 所示，设塑件上两孔中心距为$C_s \pm \Delta/2$，模具上型芯中心距为$C_m \pm \delta_z/2$，活动型芯与安装孔的配合间隙为δ_j。

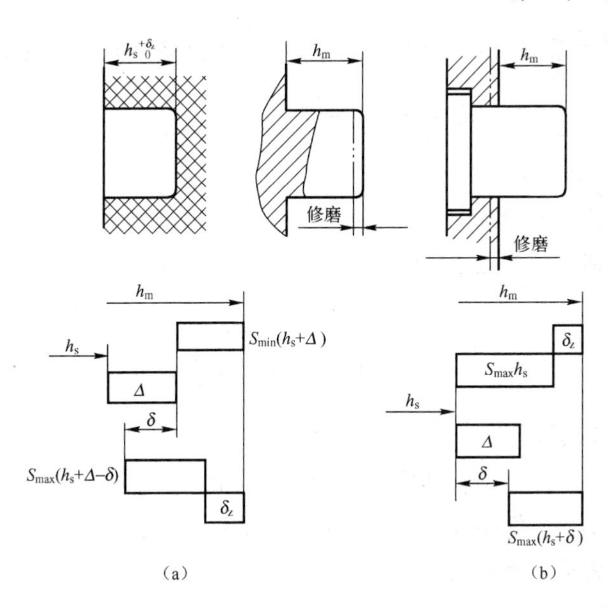

图 6-30　型芯高度与塑件孔深度尺寸关系

当两型芯中心距最小，且收缩率最大时，所得塑件中心距最小，即

$$C_m - \frac{\delta_z}{2} - \delta_j - S_{max}\left(C_s - \frac{\Delta}{2}\right) = C_s + \frac{\Delta}{2} \quad (6-34)$$

当两型芯中心距为最大，且塑料收缩率为最小时，所得塑件中心距为最大，即

$$C_m + \frac{\delta_z}{2} + \delta_j - S_{min}\left(C_s + \frac{\Delta}{2}\right) = C_s + \frac{\Delta}{2} \quad (6-35)$$

将式（6-34）和式（6-35）相加，整理并忽略去二阶微小量 $S_{min}\frac{\Delta}{2}$和 $S_{max}\frac{\Delta}{2}$，得中心距基本尺寸

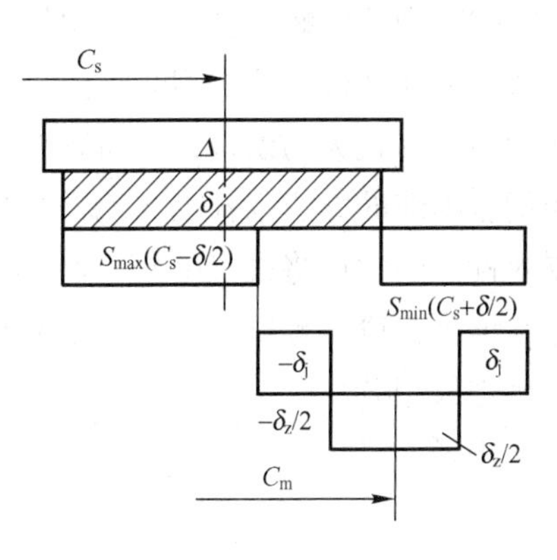

图 6-31　公差带法计算中心距尺寸

$$C_m = \frac{S_{max} + S_{min}}{2}C_s + C_s$$

即

$$C_m = (1 + S_{cp})C_s \quad (6-36)$$

此式和按平均值计算中心距尺寸的式（6-17）相同。

接着验算塑件可能出现的最大中心距和最小中心距是否在公差范围内。由图 6-31 可得塑件实际可能出现的最大中心距尺寸在公差范围内的条件是

$$C_m + \frac{\delta_z}{2} + \delta_j - S_{min}\left(C_s + \frac{\Delta}{2}\right) \leqslant C_s + \frac{\Delta}{2}$$

式中：δ——根据初算确定的模具中心距基本尺寸及预定的加工偏差和间隙值计算所得塑件中心距实际误差分布范围。

此式整理并忽略二阶微小量 δS_{min}，得

$$C_m - S_{min}C_s - \frac{\delta_z}{2} + \delta_j - \frac{\Delta}{2} \leqslant C_s \quad (6-37)$$

同理，由图6-31可得塑件可能出现的最小中心距公差在公差带范围内的条件是

$$C_m - S_{max} C_s - \frac{\delta_z}{2} - \delta_j + \frac{\Delta}{2} \geqslant C_s \tag{6-38}$$

当型芯为过盈配合时，$\delta_j = 0$。

由于中心距尺寸偏差为对称分布，因此只需验算塑件最大或最小中心距中的任何一个不超出规定的公差范围则可，即以上两式只需校核其中任一式。当验算合格后，模具中心距尺寸可表示为

$$C_m = [(1 + S_{cp}) C_s] \pm \frac{1}{2}\delta_z \tag{6-39}$$

6.3.3 螺纹型芯与螺纹型环

塑件螺纹连接种类很多，配合性质各不相同。普通紧固连接用螺纹型芯和型环的主要参数包括大径、中径、小径、螺距和牙尖角。由于塑件螺纹成型时受收缩不均匀等因素影响，目前型芯与型环计算多采用平均值法确定。

1. 螺纹型芯与型环径向尺寸

螺纹型芯与螺纹型环的径向尺寸计算方法与普通型芯和型腔的径向尺寸的计算方法基本相似。但在塑件螺纹成型时，由于各处收缩不均匀和收缩率的波动等影响因素，使其螺距和牙尖角都有较大的误差，从而影响其旋入性能。因此在计算径向尺寸时，可采用改变螺纹中径配合间隙的办法来补偿，即增加塑件螺纹孔的中径和减小塑件外螺纹的中径的办法来改善旋入性能。故可将式（6-9）和式（6-11）一般型腔和型芯径向尺寸计算公式中的系数 x 适当增大，可得螺纹型芯与螺纹型环径向尺寸相应的计算公式。

螺纹型芯

中径 $$d_{m中} = [(1 + S_{cp}) D_{s中} + \Delta_中]_{-\delta_中}^{0} \tag{6-40}$$

大径 $$d_{m大} = [(1 + S_{cp}) D_{s大} + \Delta_中]_{-\delta_大}^{0} \tag{6-41}$$

小径 $$d_{m小} = [(1 + S_{cp}) D_{s小} + \Delta_中]_{-\delta_小}^{0} \tag{6-42}$$

螺纹型环

中径 $$D_{m中} = [(1 + S_{cp}) d_{s中} - \Delta_中]_{0}^{+\delta_中} \tag{6-43}$$

大径 $$D_{m大} = [(1 + S_{cp}) d_{s大} - \Delta_中]_{0}^{+\delta_大} \tag{6-44}$$

小径 $$D_{m小} = [(1 + S_{cp}) d_{s小} - \Delta_中]_{0}^{+\delta_小} \tag{6-45}$$

式中：$d_{m中}$、$d_{m大}$、$d_{m小}$——分别为螺纹型芯的中径、大径和小径；

$D_{s中}$、$D_{s大}$、$D_{s小}$——分别为塑件内螺纹的中径、大径和小径的尺寸；

$D_{m中}$、$D_{m大}$、$D_{m小}$——分别为螺纹型环的中径、大径和小径；

$d_{m中}$、$d_{m大}$、$d_{m小}$——分别为塑件外螺纹的中径、大径和小径的尺寸；

$\Delta_中$——塑件螺纹中径公差，目前国内尚无标准，可参考金属螺纹公差标准选用精度较低者；

$\delta_中$、$\delta_大$、$\delta_小$——分别为螺纹型芯或型环中径、大径和小径的制造公差，一般按塑料螺纹中径公差的1/5～1/4选取或参考表6-2。

表 6-2　普通螺纹型芯和型环直径的制造公差

螺纹类型	螺纹直径 d 或 D/mm	制造公差 δ_2/mm		
		大径	中径	小径
粗牙	3～12 14～33 36～45 48～68	0. 03 0. 04 0. 05 0. 06	0. 02 0. 03 0. 04 0. 5	0. 03 0. 04 0. 05 0. 06
细牙	4～22 24～52 56～68	0. 03 0. 04 0. 05	0. 02 0. 03 0. 4	0. 03 0. 04 0. 05

将上列各式与相应的普通型芯和型腔径向尺寸计算公式相比较，可见公式第三项系数 x 值增大了，普通型芯或型腔为 3/4，而螺纹型芯或型环为 1，从而不仅扩大了螺纹中径的配合间隙，而且使螺纹牙尖变短，增加了牙尖的厚度和强度。

2. 螺距

螺纹型芯与型环的螺距尺寸计算公式与前述中心距尺寸计算公式相同

$$P_m = [(1+S_{cp})P_s] \pm \frac{\delta_z}{2} \tag{6-46}$$

式中：P_m——螺纹型芯或型环的螺距；

P_s——塑件螺纹螺距基本尺寸；

δ_z——螺纹型芯与型环的螺距制造公差，其值可参照表 6-3 选取。

表 6-3　螺纹型芯或型环螺距制造公差

螺纹直径 d 或 D/mm	螺纹配合长度/mm	螺距制造公差/mm
3～10	～12	0. 01～0. 03
12～22	12～20	0. 02～0. 04
24～68	～20	0. 03～0. 05

根据式（6-46）计算出的螺距常有不规则小数，会造成机械加工困难，应采取如下措施圆整。对相互连接的塑件内外螺纹，收缩率相同或相近似时，两者均不考虑收缩率；对于塑件螺纹与金属螺纹相互连接时，配合长度小于极限长度或不超过 7 ～ 8 牙的情况，也可在径向尺寸计算时，按式（6-40）和式（6-45）加放径向配合间隙进行补偿，螺距计算可不考虑收缩率（见表 6-4）。

【例 6-1】 图 6-32 所示为硬聚氯乙烯制件，收缩率为 0. 6% ～ 1%，试确定凹模直径与深度、凸模直径与高度、4 - ϕ5 型芯间中心距及螺纹型环尺寸。

解：（1）凹模（型腔）直径。按平均值法，塑件平均收缩率为 0. 8%，根据式（5-10），并取凹模制造公差 $\delta_z = \frac{1}{3}\Delta = 0.087$ mm，此值介于 IT9 ～ IT10 之间。

$$L_m = \left[L_s + L_s S_{cp} - \frac{3}{4}\Delta\right]_{0}^{+\delta_z}$$

$$= \left[34 + 34 \times \frac{0.8}{100} - \frac{3}{4} \times 0.26\right]_{0}^{+0.087}$$

$$= 34.08_{0}^{+0.087}\ (\mathrm{mm})$$

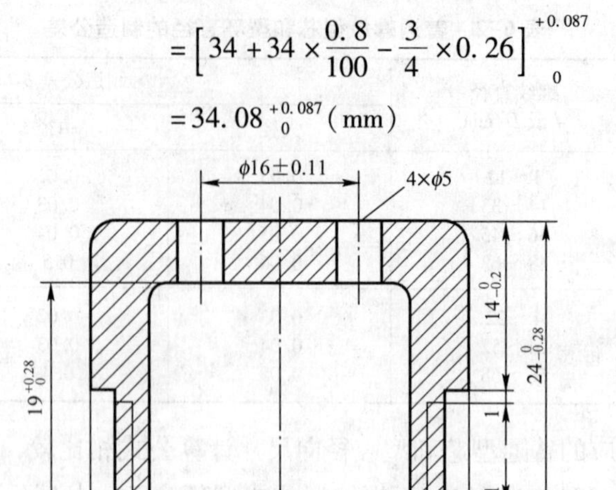

图 6-32　硬聚氯乙烯制件

表 6-4　不考虑收缩率的螺纹极限配合长度

螺纹直径	螺距/mm	中径公差/mm	收缩率 S/%							
			0.2	0.5	0.8	1.0	1.2	1.5	1.8	2.0
			可以使用的螺纹极限配合长度/mm							
M3	0.5	0.12	26	10.4	6.5	5.2	4.3	3.5	2.9	2.6
M4	0.7	0.14	32.5	13	8.1	6.5	5.4	4.3	3.6	3.3
M5	0.8	0.15	34.5	13.8	8.6	6.9	5.8	4.6	3.8	3.5
M6	1.0	0.17	38	15	9.4	7.5	6.3	5	4.2	3.8
M8	1.25	0.19	43.5	17.4	10.9	8.7	7.3	5.8	4.8	4.4
M10	1.5	0.21	46	18.4	11.5	9.2	7.7	6.1	5.1	4.6
M12	1.75	0.22	49	19.6	12.3	9.8	8.2	6.5	5.4	4.9
M14	2.0	0.24	52	20.8	13	10.4	8.7	6.9	5.8	5.2
M16	2.0	0.24	52	20.8	13	10.4	8.7	6.9	5.8	5.2
M20	2.5	0.27	57.5	23	14.4	11.5	9.6	7.1	6.4	5.8
M24	3.0	0.29	64	25.4	15.9	12.7	10.6	8.5	7.1	6.4
M30	3.5	0.31	66.5	26.6	16.6	13.3	11	8.9	7.4	6.7

按公差带法，根据式（6-18）初算

$$L_m = [(1 + S_{max})L_s - \Delta]_{0}^{+\delta_z}$$

$$= \left[\left(1 + \frac{1}{100}\right) \times 34 - 0.26\right]_{0}^{+0.087}$$

$$= 34.08_{0}^{+0.087}\ (\mathrm{mm})$$

再根据式（6-19）校核塑件最大尺寸

$$L_m + \delta_z + \delta_c - L_s\delta_{min} \leqslant L_s$$

设磨损余量　$\delta_c = \frac{1}{6}\Delta = 0.043\ \mathrm{mm}$，则

$$34.08+0.087+0.043-34\times\frac{0.6}{100}=34.006>34$$

不满足要求，因此必须对凹模制造公差 δ_z 和磨损余量 δ_c 加以修正。从寿命的角度考虑，在一般情况下，只要制造精度不是很高，不希望缩小 δ_c。此处仅需将凹模制造精度按 IT9，即 $\delta_z=0.062$ mm，则可满足要求

$$34.08+0.062+0.043-34\times\frac{0.6}{100}=33.98<34$$

因此，凹模直径为 $\phi 34.08^{+0.062}_{0}$。与平均值法计算结果比较，公差带法要求的制造精度略高，但可保证所有塑件合格。

（2）凹模深度。设 $\delta_z=\frac{1}{3}\Delta=0.073$ mm，按 IT10 制造，$\delta_z=0.073$ mm，$\delta_c=\frac{1}{6}\Delta=$ 0.037 mm

按平均值法

$$\begin{aligned}H_m&=\left[(1+S_{cp})H_s-\frac{2}{3}\Delta\right]^{+\delta_s}_{0}\\&=\left[\left(1+\frac{0.8}{100}\right)\times 14-\frac{2}{3}\times 0.22\right]^{+0.070}_{0}\\&=13.97^{+0.070}_{0}\ (\text{mm})\end{aligned}$$

按公差带法，初算

$$\begin{aligned}H_m&=[(1+S_{min})H_s-\delta_z]^{+\delta_z}_{0}\\&=\left[\left(1+\frac{0.6}{100}\right)\times 14-0.070\right]^{+0.070}_{0}\\&=14.01^{+0.070}_{0}\ (\text{mm})\end{aligned}$$

校核

$$H_m-H_sS_{max}+\Delta\geqslant H_s$$

$$14.01-14\times\frac{1}{100}+0.22=14.09>14$$

满足要求。此结果比按平均值法计算结果大，有利于修模，故取凹模深度

$$H_m=14.01^{+0.070}_{0}\ \text{mm}。$$

（3）凸模直径。设凸模按 IT9 级制造，$\delta_z=0.52$ mm，约$\frac{1}{5}\Delta$。

按平均值法计算

$$\begin{aligned}l_m&=\left[(1+S_{cp})+\frac{3}{4}\Delta\right]^{0}_{-\delta_z}\\&=\left[\left(1+\frac{0.8}{100}\right)\times 24+\frac{3}{4}\times 0.28\right]^{0}_{-0.052}\\&=24.4^{0}_{-0.052}\ (\text{mm})\end{aligned}$$

按公差带法计算

$$\begin{aligned}l_m&=[(1+S_{min})l_s+\Delta]^{0}_{-\delta_z}\\&=\left[\left(1+\frac{0.8}{100}\right)\times 24+0.28\right]^{0}_{-0.052}\\&=24.42^{0}_{-0.052}\ (\text{mm})\end{aligned}$$

校核可能出现的最小尺寸，设磨损余量 $\delta_c=\frac{1}{6}\Delta=0.047$ mm

$$l_m-(\delta_z+\delta_c)-S_{max}l_s \geqslant l_s$$

$$24.42-(0.052+0.047)-\frac{1}{100}\times 24=24.08>24$$

满足要求。故取凸模直径为$24.42_{-0.052}^{\ 0}$ mm。

（4）凸模高度。设 $\delta_z=\frac{1}{3}\Delta=0.093$ mm，此值在 IT10 ～ IT11 之间，按 IT10 级制造，$\delta_z=0.084$ mm，磨损余量取 $\delta_c=0.05$ mm，约$\frac{1}{6}\Delta$。

按平均值法
$$h_m=\left[h_s(1+S_{cp})+\frac{2}{3}\Delta\right]_{-\delta_z}^{\ 0}$$
$$=\left[19\left(1+\frac{0.8}{100}\right)+\frac{2}{3}\times 0.28\right]_{-0.084}^{\ 0}$$
$$=19.34_{-0.084}^{\ 0}(\text{mm})$$

按公差带法，假定凸模为轴肩连接的组合式结构，如图 6-30 所示，试模与修模时修磨凸模固定板上平面，按式（6-28）初算

按平均值法
$$h_m=[(1+S_{max})h_s+\delta_z]_{-\delta_z}^{\ 0}$$
$$=\left[\left(1+\frac{1}{100}\right)\times 19+0.084\right]_{-0.084}^{\ 0}$$
$$=19.27_{-0.084}^{\ 0}(\text{mm})$$

验算
$$h_m=h_sS_{min}-\Delta \leqslant h_s$$
$$19.27-19\times\frac{0.6}{100}-0.28=18.88<19$$

满足要求。故取凸模高度为$19.27_{-0.084}^{\ 0}$ mm。

与按平均值法计算结果比较，可见按公差带法计算结果有较大的修模余地。

（5）两型芯中心距。平均值法与公差带法计算公式相同，均为 $C_m=[C_s(1+S_{cp})]\pm\frac{\delta_z}{2}$，若按 $\delta_z=\frac{1}{4}\Delta=\frac{0.22}{4}$ mm $=0.055$ mm，现按 IT9 级精度，取 $\delta_z=0.048$ mm，则型芯中心距为

$$C_m=\left[16\times\left(1+\frac{0.8}{100}\right)\right]\text{mm}\pm\frac{0.048}{2}\text{mm}$$
$$=16.13\text{ mm}\pm 0.024\text{ mm}$$

（6）螺纹型环。M30 粗牙螺纹由有关手册查得 $d_{s小}=26.21$ mm，$d_{s中}=27.73$ mm，螺距 $P_s=3.5$ mm，由表 6-4 查得螺纹中径公差 $\Delta_{中}=0.31$ mm，由表 6-2 查得螺纹型环制造公差 $\delta_{大}=0.04$ mm，$\delta_{中}=0.03$ mm，$\delta_{小}=0.04$ mm，将上述各式代入式（6-40）、式（6-41）和式（6-42）得

螺纹型环中径
$$D_{m中}=[(1+S_{cp})d_{s中}-\Delta_{中}]_{0}^{+\delta_{中}}$$
$$=\left[\left(1+\frac{0.8}{100}\right)\times 27.73-0.31\right]_{0}^{+0.03}$$
$$=27.64_{0}^{+0.03}(\text{mm})$$

螺纹型环小径 $D_{m小} = [(1+S_{cp})d_{s小} - \Delta_{中}]^{+\delta_{小}}_{0}$

$$= \left[\left(1+\frac{0.8}{100}\right)\times 26.21 - 0.31\right]^{+0.04}_{0}$$

$$= 26.11^{+0.04}_{0}\ (\mathrm{mm})$$

螺纹型环大径 $D_{m大} = [(1+S_{cp})d_{s大} - \Delta_{中}]^{+\delta_{大}}_{0}$

$$= \left[\left(1+\frac{0.8}{100}\right)\times 30 - 0.31\right]^{+0.04}_{0}$$

$$= 29.93^{+0.04}_{0}\ (\mathrm{mm})$$

由于塑件螺纹长度很短，故不考虑螺距收缩，螺纹型环螺距直接取塑件螺距，制造公差参考表 6-3，$\delta_z = 0.04$ mm，则得螺纹型环螺距为 $P_m = 3.5\ \mathrm{mm} \pm 0.02\ \mathrm{mm}$。

6.4　成型型腔壁厚的计算

注射成型时，为了承受型腔高压熔体的作用，型腔侧壁与底板应该具有足够的强度与刚度，对于小尺寸的型腔常因强度不够而破坏，而对于大尺寸的型腔，刚度不足常为设计失效的主要原因。

6.4.1　成型型腔壁厚刚度计算条件

确定型腔壁厚的方法有计算法、经验法和图表法三种，本书主要讨论计算法。

计算法有传统的力学分析法和有限元法或边界元法等现代数值分析法。现代数值分析法，结果较可靠，特别适用于模具结构复杂，模具精度要求较高的场合，但由于受计算机硬件和软件等条件的限制，目前应用尚不普遍。传统的力学分析法则根据模具结构特点与受力情况，建立力学模型，分析计算其应力和变形量，控制其在型腔材料许用应力和许用弹性变形量（即刚度计算条件）范围内。成型型腔壁厚刚度计算条件有三个。

（1）型腔不发生溢料。在高压塑料熔体作用下，模具型腔壁过大的弹性变形将导致某些结合面出现溢料间隙，从而产生溢料和飞边。因此，必须根据不同塑料的溢料间隙来决定刚度条件。表 6-5 为部分塑料许用的溢料间隙。

表 6-5　塑料的许用溢料间隙

黏 度 特 性	塑料品种举例	允许变形值［δ］/mm
低黏度塑料	尼龙（PA）、聚乙烯（PE）、聚丙烯（PP）、聚甲醛（POM）	0.025～0.04
中黏度塑料	聚苯乙烯（PS）、ABS、聚甲基丙烯酸甲酯（PMMA）	≤0.05
高黏度塑料	聚碳酸酯（PC）、聚枫（PSF）、聚苯醛（PPO）	0.06～0.08

（2）保证塑件精度。当塑件的某些工作尺寸要求精度较高时，成型零件的弹性变形将影响塑件精度，因此应在型腔压力为最大时，使型腔壁的最大弹性变形量小于塑件公差的 1/5。

（3）保证塑件顺利脱模。当型腔壁的最大变形量大于塑件的成型收缩值，则开模之后，型腔侧壁的弹性恢复将使其紧紧包住塑件，使塑件脱模困难或在脱模过程中被划伤甚至破坏，因此型腔壁的最大弹性变形量应小于塑件的成型收缩值。值得指出的是，塑件成型收缩率一般较大，因此当满足前两项刚度条件时，后一项一般就可同时满足。

理论分析和生产实践证明：

① 对于小尺寸的型腔，在发生较大的弹性变形以前，其内应力常已超过许用应力，因此应按强度计算。

② 对于大尺寸的型腔，刚度不足是主要矛盾，应按刚度条件计算。

③ 对于组合式型腔，刚度条件为

$$[\delta]\leqslant \text{塑料的最小溢料间隙}$$

④ 对于整体式型腔，刚度条件为

$$[\delta]=\Delta/5$$

图 6-33 所示为组合圆形型腔分别按强度和刚度计算所需型腔壁厚与型腔半径的关系曲线。图中 A 点为分界尺寸，当半径超过 A 值，按刚度条件计算的壁厚大于按强度条件计算的壁厚，因此应按刚度计算。分界尺寸的值取决于型腔形状、成型压力、模具材料许用应力和型腔允许的弹性变形量。在分界尺寸不明的情况下，应分别按强度条件和刚度条件计算壁厚后，取其较大值。

下面介绍常见的圆形和矩形型腔侧壁和底板厚度的计算方法，对于其他异形型腔可简化为这两种情况进行计算。

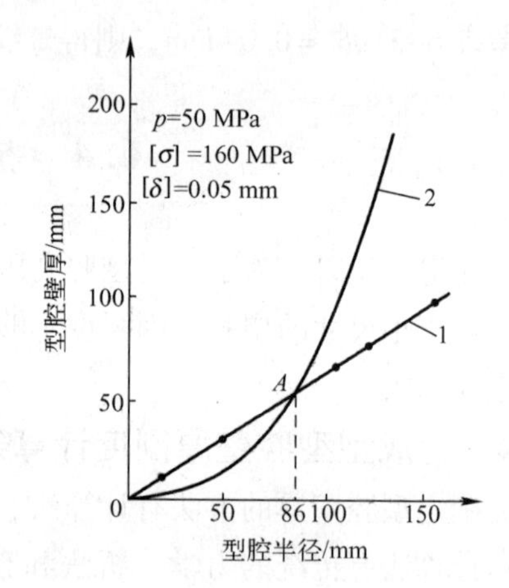

图 6-33　型腔壁厚与型腔半径的关系

1—强度曲线；2—刚度曲线；p—型腔压力；

$[\sigma]$—模具材料许用应力；

$[\delta]$—型腔壁许用变形量

6.4.2　型腔侧壁厚度计算

不论是圆形型腔还是矩形型腔，均有整体式和组合式两种结构形式。组合式型腔常见的为侧壁制成整体再与底板组合。在高压塑料熔体的作用下，侧壁的弹性变形将使侧壁与底板之间出现纵向间隙，当间隙过大则可能导致溢料，下面分别讨论圆形与矩形型腔侧壁厚度的计算方法。

1. 圆形型腔

(1) 组合式圆形型腔［见图 6-34（a）］。组合式圆形型腔其侧壁可视为两端开口、受均匀内压的厚壁圆筒，在塑料熔体的压力 P 作用下，侧壁将产生内半径增长量

$$\delta=\frac{rp}{E}\left(\frac{R^2+r^2}{R^2-r^2}+\mu\right)$$

式中：p——型腔内塑料熔体压力，MPa，一般为 20 ～ 50 MPa；

E——型腔材料的弹性模量，MPa，一般中碳钢 $E=2.1\times10^5$ MPa，预硬化塑料模具钢 $E=2.2\times10^5$ MPa；

r——型腔内半径，mm；

R——型腔外半径，mm；

μ——泊松比，碳钢取 0.25。

当已知刚度条件（即许用变形量$[\delta]$—塑料最小溢料间隙），可得按刚度条件计算的侧壁厚度

$$S=r\left(\sqrt{\frac{\frac{E[\delta]}{rp}-(\mu-1)}{\frac{E[\delta]}{rp}-(\mu+1)}}-1\right) \tag{6-47}$$

按第三强度理论推算得强度计算公式

$$S=r\left(\sqrt{\frac{[\sigma]}{[\sigma]-2p}}-1\right) \tag{6-48}$$

式中：$[\sigma]$——型腔材料的许用应力，MPa；一般中碳钢$[\sigma]$ = 160 MPa，预硬化钢$[\sigma]$ = 300 MPa。

（2）整体式圆形型腔［见图 6-34（b）］。刚度计算时，整体式圆形型腔与组合式圆形型腔的区别在于当受高压熔体作用时，其侧壁下部受底部约束，沿高度方向向上约束减小。超过一定高度极限 h_0 后，便不再受约束，视为自由膨胀，即与组合式型腔计算相同。

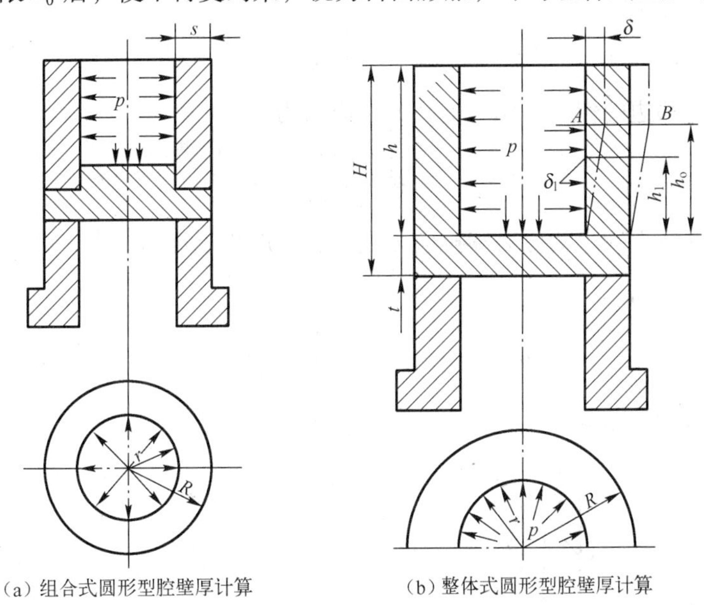

（a）组合式圆形型腔壁厚计算　　（b）整体式圆形型腔壁厚计算

图 6-34　壁厚计算

根据工程力学知识，约束膨胀与自由膨胀的分界点 A 的高度为

$$h_0=\sqrt[4]{\frac{2}{3}r(R-r)^3} \tag{6-49}$$

AB 线以上部分为自由膨胀，按式（6-47）和式（6-48）计算。AB 线以下按下式计算

$$\delta_1=\delta\frac{h_1^4}{h_0^4} \tag{6-50}$$

式中：h_1——约束膨胀部分距底部的高度，mm。

将整体式圆形凹模视为厚壁圆筒，其壁厚可按下列近似公式计算

$$S=\frac{prh}{[\sigma]H} \tag{6-51}$$

式中：h——型腔深度，mm；

H——型腔外壁高度，mm。

2. 矩形型腔

(1) 组合式矩形型腔（见图6-35）。刚度计算时，将每一侧壁视为均布载荷的两端固定梁，其最大挠度发生在中点，由此得侧壁厚度的计算公式

$$S=\sqrt{\frac{phl_1^4}{32EH[\delta]}} \tag{6-52}$$

式中：h——型腔内壁受压部分的高度，mm；

H——型腔外壁高度，mm；

l_1——型腔内壁长度，mm。

当按强度进行校核时，在高压塑料熔体压力 P 作用下，每一边侧壁受到弯曲应力和拉应力的联合作用，如图6-36所示。对两端固定受均布载荷的梁，其最大弯曲应力在梁的两端，其值为

$$\sigma_w=\frac{phl_1^2}{2HS^2}$$

同时由于两相邻边的作用，侧壁受到的拉应力为

$$\sigma_1=\frac{phl_2}{2HS}$$

侧壁所受的总应力为弯曲应力和拉应力之和，且应小于许用应力，即

$$\sigma=\sigma_w+\sigma_1$$

$$\sigma=\sigma_w+\sigma_1=\frac{phl_1^4}{2HS}+\frac{phl_2}{2HS}\leqslant[\sigma] \tag{6-53}$$

由此式可求得侧壁厚度 S。

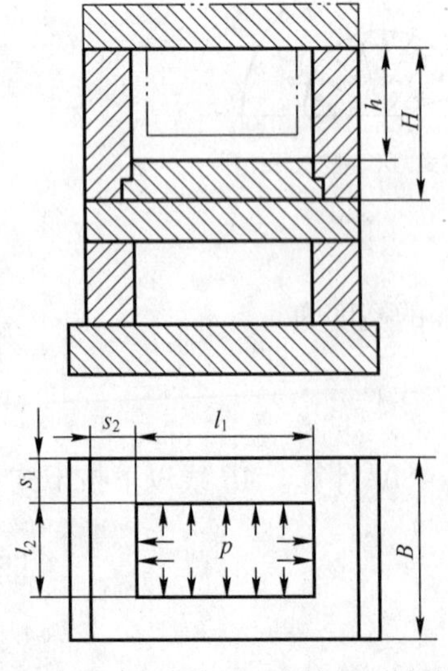

图6-35　组合式矩形型腔壁厚计算

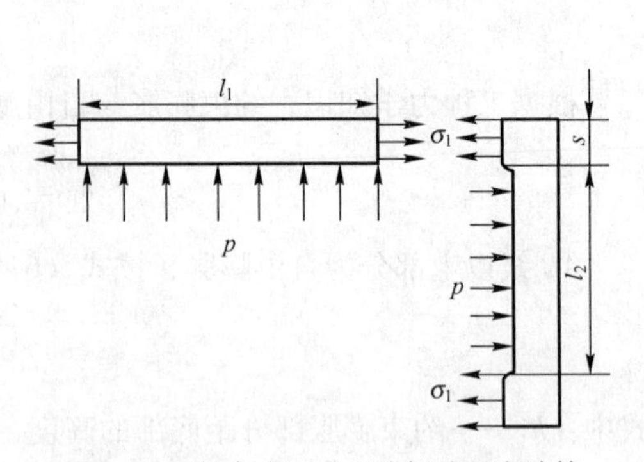

图6-36　组合式矩形型腔侧壁强度计算

（2）整体式矩形型腔（见图 6-37）。整体式矩形型腔任一侧壁均可简化为三边固定，一边自由的矩形板，在塑料熔体压力下，其最大变形发生在自由边的中点，变形量为

$$\delta = \frac{Cph^4}{ES^3} \tag{6-54}$$

式中：C——常数，随 l/h 而变化，见表 6-6。

C 值也可按近似公式计算。

$$C = \frac{3l^4/h^4}{2l^4/h^4 + 96} \tag{6-55}$$

表 6-6　常数 C 和 C'

l/h 和 l/b	C	C'	l/h 和 l/b	C	C'	l/h 和 l/b	C	C'	l/h 和 l/b	C	C'
1.0	0.044	0.013 8	1.4	0.078	0.022 6	1.8	0.102	0.026 7	4.0	0.140	
1.1	0.053	0.016 4	1.5	0.084	0.024 0	1.9	0.106	0.027 2	5.0	0.142	
1.2	0.062	0.018 8	1.6	0.09	0.025 1	2.0	0.111	0.027 7			
1.3	0.070	0.020 9	1.7	0.096	0.026 0	3.0	0.134				

按刚度计算，侧壁厚度为

$$S = \sqrt[3]{\frac{Cph^4}{E[\delta]}} \tag{6-56}$$

整体式矩形型腔侧壁的强度计算较麻烦，因此转化为自由变形来计算。根据应力与应变的关系，当塑料熔体压力 $p = 50$ MPa，变形量 $\delta = 1/6\ 000$ 时，板的最大应力接近于 45 钢的许用应力 200 MPa，变形量再大，则会超过许用应力。当许用变形量 $[\delta] = 1/5\Delta = 0.05$ mm 时，强度计算与刚度计算的型腔长度分界尺寸为 $l = 300$ mm。如 $l > 300$ mm 时，按允许变形量（例如 $\delta = 0.05$ mm）计算壁厚；$l < 300$ mm，则按允许变形量 $\delta = l/6\ 000$ 计算壁厚。

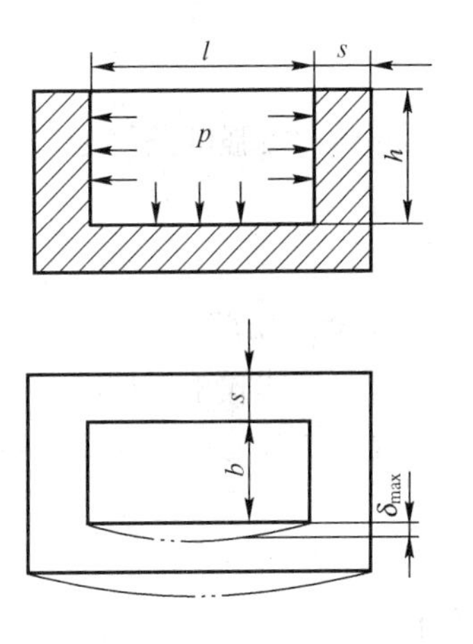

图 6-37　整体式矩形型腔壁厚计算

6.4.3　型腔底板厚度计算

底板厚度计算均指底板平面不与动模板或定模板紧贴而用模脚支撑的情况，对于底板的底平面直接与定模板或动模板紧贴的情况，其厚度仅需由经验决定即可。

1. 圆形型腔底部厚度

对于组合式圆形型腔［见图 6-34（a）］的底板，可视为周边简支的圆板，最大挠度发生在中心，且

$$\delta = 0.74\frac{pr^4}{Et^3} \leqslant [\delta]$$

由此按刚度条件计算的底板厚度为

$$t = \sqrt[3]{\frac{0.74pr^4}{E[\delta]}} \tag{6-57}$$

按强度条件计算，其最大切应力也发生在底板中心，其值为

$$\sigma_{\max}=\frac{3(3+\mu)pr^2}{8t^2}\leqslant[\sigma]$$

由此得底板厚度为

$$t=\sqrt{\frac{3(3+\mu)pr^2}{8[\sigma]}} \tag{6-58}$$

对于钢材，$\mu=0.25$，故得

$$t=\sqrt{\frac{1.22pr^2}{[\sigma]}}$$

对于整体式圆形型腔［见图 6-34（b）］底板，可视为周边固定的圆板，其最大变形位于板中心，其值为

$$\delta=0.175\frac{pr^4}{Et^3}\leqslant[\delta]$$

由此按刚度条件，底板厚度应为

$$t=\sqrt[3]{0.175\frac{pr^4}{E\delta}} \tag{6-59}$$

同样，按强度条件分析，由于其最大应力发生在周边，所需底板厚度为

$$t=\sqrt{\frac{3pr^2}{4[\sigma]}} \tag{6-60}$$

2. 矩形型腔

（1）整体式矩形型腔（见图 6-37）的底板。整体式矩形型腔的底板可视为周边固定受均布载荷的矩形板，在塑料熔体压力 p 的作用下，板的中心产生最大变形，其值为

$$\delta=C'\frac{pb^4}{Et^3}\leqslant[\delta] \tag{6-61}$$

式中：C'——常数，随底板内壁两边长之比 l/b 而异，见表 6-6 所示。

C'的值也可按近似公式计算

$$C'=\frac{l^4/b^4}{32(l^4/b^4+1)} \tag{6-62}$$

如果已知允许的变形量，则按刚度条件计算的底板厚度为

$$t=\sqrt[3]{\frac{C'pb^4}{E[\delta]}} \tag{6-63}$$

同矩形型腔侧壁的厚度计算一样，矩形型腔底板强度计算也较复杂，通过计算分析得知，在 $p=50$ MPa时，以 $\delta\leqslant l/6\,000$ 作为强度条件的依据。

（2）组合式矩形型腔（见图 6-38）底板。常见的是双支脚支撑底板，可视为均布载荷简支梁。设支脚间距 L 与型腔长度 l 相等。刚度计算时，最大

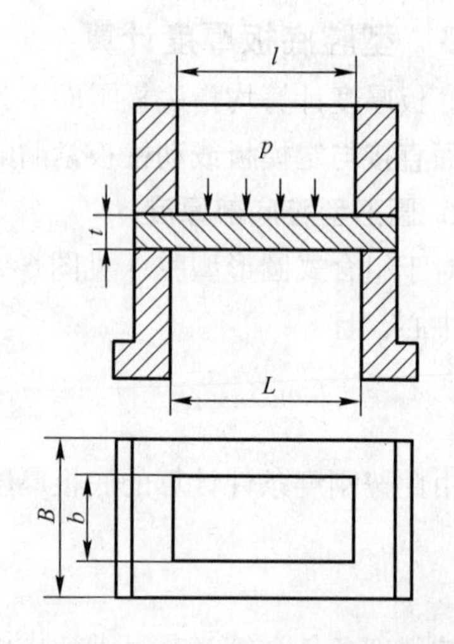

图 6-38　组合式矩形型腔底板厚度计算

变形量为

$$\delta = \frac{5pbL^4}{32EBt^3} \leqslant [\delta]$$

则底板厚度为

$$t = \sqrt[3]{\frac{5pbL^4}{32EB[\delta]}} \tag{6-64}$$

式中：L——支脚间距，mm；

B——底板总宽度，mm。

按强度条件计算时，简支梁最大弯曲应力也出现在中部；其值为

$$\sigma = \frac{3pbL^2}{4Bt^2}$$

故按强度计算所得的底板厚度为

$$t = \sqrt{\frac{3pbL^2}{4B[\sigma]}} \tag{6-65}$$

大型模具型腔支脚跨度较大，计算出的底板厚度很大，但若改变支撑方式，如增加一中间支撑时，如图 6-39（a）所示，则

$$t = \sqrt[3]{\frac{5pb\,(L/2)^4}{32EB[\delta]}} \tag{6-66}$$

由此所得的底板厚度值为由式（6-64）所得值的 1/2. 5。

当增加两根中间支撑时［见图 6-39（b）］，则有

$$t = \sqrt[3]{\frac{5pb\,(L/3)^4}{32EB[\delta]}} \tag{6-67}$$

由此式计算所得的底板厚度为双脚支撑情况下的厚度的 1/4. 3。

由此可见，合理增加中间支撑可使底板厚度大大减小。

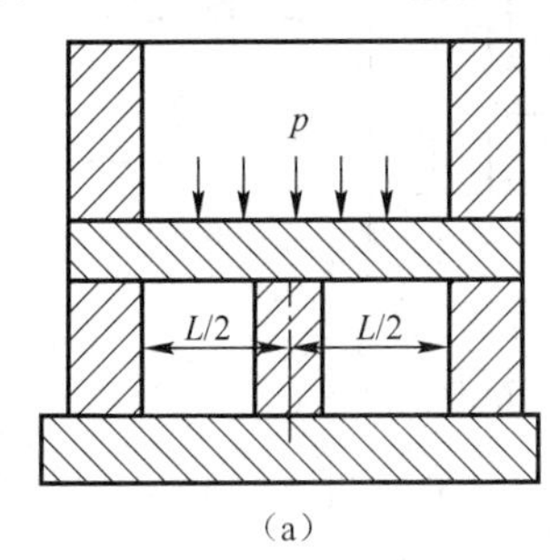

（a）

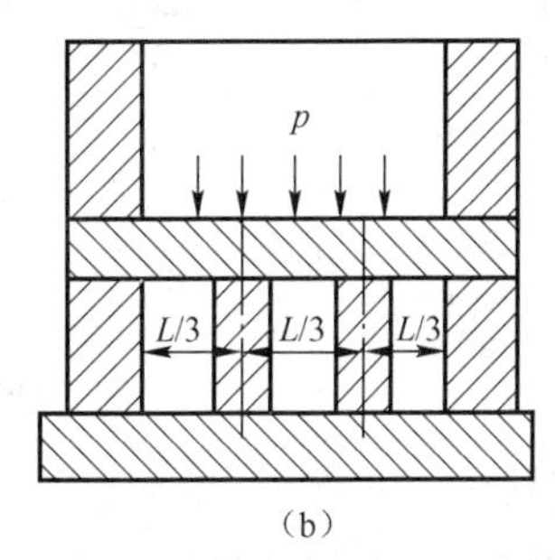

（b）

图 6-39　底板增设中间支撑

6. 5　排气结构设计

排气是注射模设计中不可忽视的一个问题。在注射成型中，若模具排气不良，型腔内的气体受压缩将产生很大的背压，阻止塑料熔体正常快速充模；同时气体压缩所产生的热量可能使塑料烧焦。在充模速度大、温度高、物料黏度低、注射压力大和塑件过厚的情况下，气

体在一定的压缩程度下会渗入塑料制件内部，造成气孔、组织疏松等缺陷。特别是快速注射成型工艺的发展，对注射模的排气系统 要求就更加严格。

注射成型时，模内气体主要有以下四个来源：

① 型腔和浇注系统中存在空气。

② 塑料原料中含有水分，在注射温度下蒸发而成为水蒸气。

③ 由于注射温度高，塑料分解所产生的气体。

④ 塑料中某些添加剂挥发或化学反应所生成的气体。例如，热固性塑料成型时，交联反应常产生气体。

模具型腔和浇注系统积存空气所产生的气泡，常分布在与浇口相对的部位上；塑料内含有水分蒸发产生的气泡不规则地分布在整个塑件上；分解气体产生的气泡则沿塑件的厚度分布。从塑件上气泡的分布，可以判断气体的来源，从而选择合理的排气部位。

1. 排气方式

注射模排气方式可以有多种，常见排气方式如图 6-40 所示。

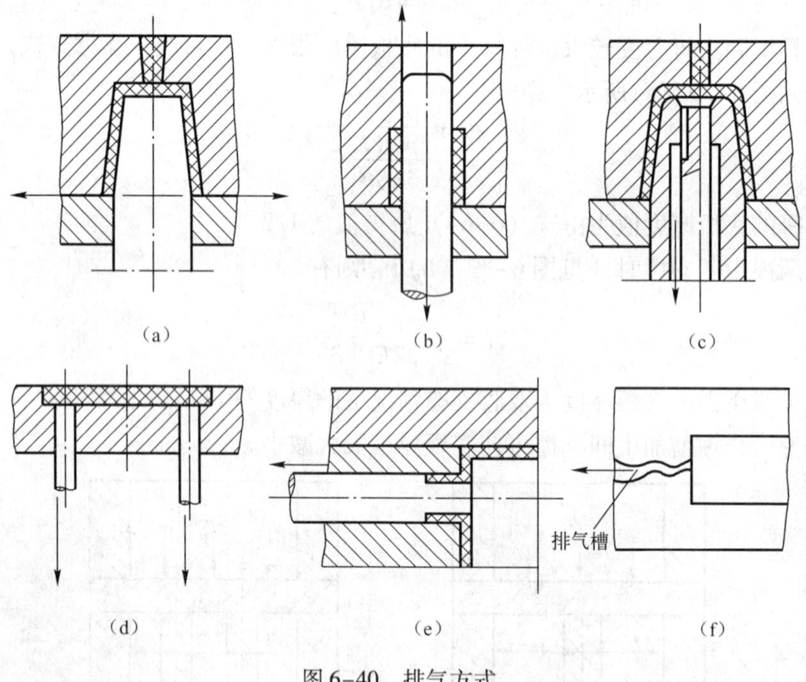

图 6-40 排气方式

（1）用分型面排气［见图 6-40（a）］。

（2）用型芯与模板配合间隙排气［见图 6-40（b）］。

（3）利用顶杆运动间隙排气［见图 6-40（c）、(d)］。

（4）用侧型芯运动间隙排气［见图 6-40（e）］。

（5）开设排气槽。当以上措施仍不足以满足快速、完全排气时，应在模具适当部位开设排气槽或排气孔［见图 6-40（f）］。

2. 排气槽设计要点

排气槽的位置和大小的选定主要依靠经验。其设计要点如下：

(1) 排气槽应尽量设在分型面上，并尽量设在凹模一边。

(2) 排气槽尽量设在料流末端和塑件较厚处。

(3) 排气槽排气方向不应朝向操作工人，并最好呈曲线状，以防注射时喷溅烫伤工人。

(4) 排气槽尺寸根据经验常取槽宽 1.5 ～ 1.6 mm，槽深 0.02 ～ 0.05 mm，以塑料不进入排气槽为宜，即应小于塑料的不溢料间隙。各种塑料许用的溢料间隙见表 6-5。

3. 引气系统

在成型大型深壳形塑件时，塑料熔体充满整个型腔，模腔内的气体被排除，这时塑件的包容面和型芯的被包容面间基本上形成真空，脱模时由于大气压力将造成脱模困难，若采用强行脱模将导致塑件变形，影响塑件质量。为此，必须设置引气系统。

热固性塑料注射模在操作过程中塑件黏附在型腔壁的情况较之热塑性塑料更为严重，其主要原因是塑料在型腔内收缩极微，特别是对于不加镶拼结构的深型腔，开模时空气无法进入型腔与塑料之间而形成真空，使脱模困难。

引气方式有镶拼式间隙引气［见图 6-41（a）］和气阀式引气［见图 6-41（b）、（c）］两种。

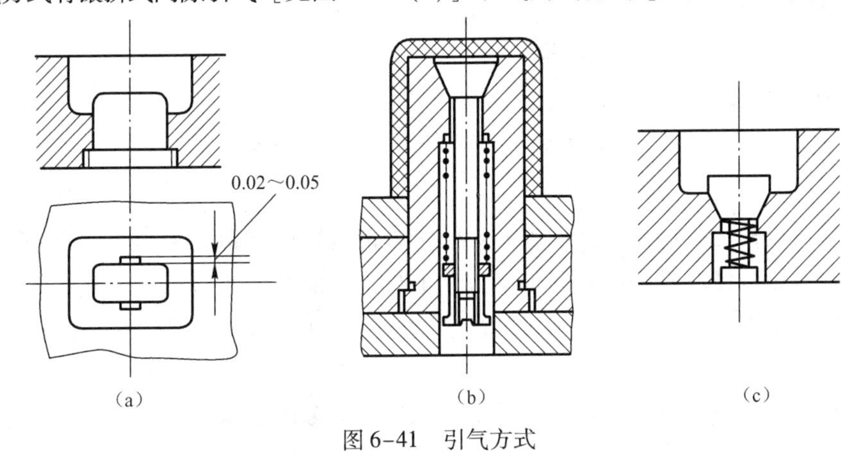

图 6-41　引气方式

小测验

确定型腔总体布置和选择分型面时应考虑哪些方面的问题？试举例说明。

思考与练习题

1. 分型面有哪些基本形式？选择分型面的基本原则是什么？

2. 注射模为什么需要设计排气系统？排气有哪几种形式？

3. 一模多腔注射模的最佳型腔数应如何确定？

4. 凸模、凹模以及螺纹型芯和螺纹型环有哪些结构设计方法？简述其特征。

5. 如图 6-42 所示的塑件材料为 PA6，选用 5 级精度，最大收缩率为 1.6%，最小收缩率 0.8%。已知径向系数 $X = 0.75$，高度方向系数 $x = 2/3$。$\delta_z = \Delta/3$，试确定型芯的直径高度，型腔内径，深度及两孔中心距尺寸。

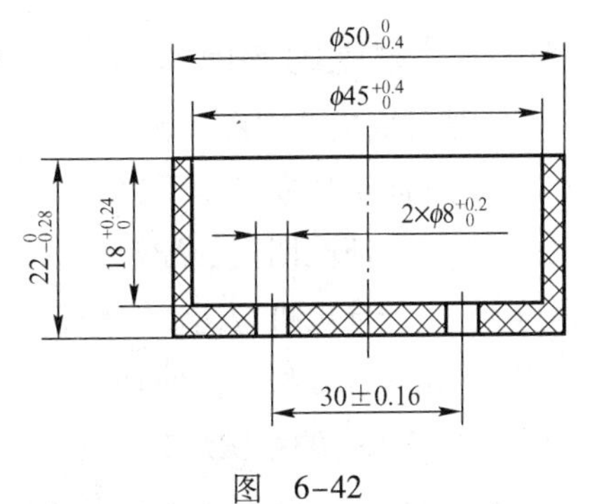

图　6-42

第7章 注射模导向及脱模机构设计

知识目标

1. 掌握注射模推出机构的组成与分类。
2. 设计与计算注射模简单推出机构。
3. 了解注射模其他形式的推出机构类型。

能力目标

1. 能够正确选择注射模导向机构。
2. 分析注射模推出机构的结构组成与工作原理。
3. 运用脱模力计算公式，能够设计出简单零件的推出机构。

注射模导向机构主要用于保证动模和定模两大部分或模内其他零部件之间的准确对合，起定位和定向作用。使凸模的运行与加压方向平行，保证凸凹模的配合间隙；在推出机构中保证推出机构运动方向，并承受推出时的部分侧压力；在垂直分型时，使垂直分型拼块在闭合时准确定位。

塑料在从模具上取下之前，还有一个从模具的成型零件上脱出的过程，使塑件从成型零件上脱出的机构称为推出机构，推出机构的动作是通过装在注射机合模机构上的顶杆或液压缸来完成的。

7.1 注射模的导向机构设计

7.1.1 注射模的导向机构

1. 导向机构的作用

(1) 导向机构主要用于保证动模和定模两大部分或模内其他零部件之间的准确对合。

(2) 可保证凸凹模的配合间隙。

(3) 保证推出机构运动定向，并承受推出时的部分侧压力。

(4) 在垂直分型时，使垂直分型拼块在闭合时准确定位等。

2. 导向机构的结构形式

导向机构主要有导柱导向和锥面定位两种形式。导向机构设计的基本要求是：导向精确，定位准确，并具有足够的强度、刚度和耐磨性。

3. 导柱导向机构设计

导柱导向机构是利用导柱和导向孔之间的配合来保证模具的对合精度。导柱导向机构设计的内容主要有：

导柱和导套的典型结构；导柱与导向孔的配合；导柱的数量和布置等。

1）导柱

（1）导柱结构类型。

① A 型导柱［见图 7-1（a）］。适用于简单模具和小批量生产，一般不要求配置导套。

② B 型导柱［见图 7-1（b）］。适用于塑件精度要求高及生产批量大的模具，通常与导套配用，以便在磨损后，通过更换导套继续保持导向精度。

导套的安装孔应和导柱安装孔以同一尺寸配对加工，以保证其同轴度。

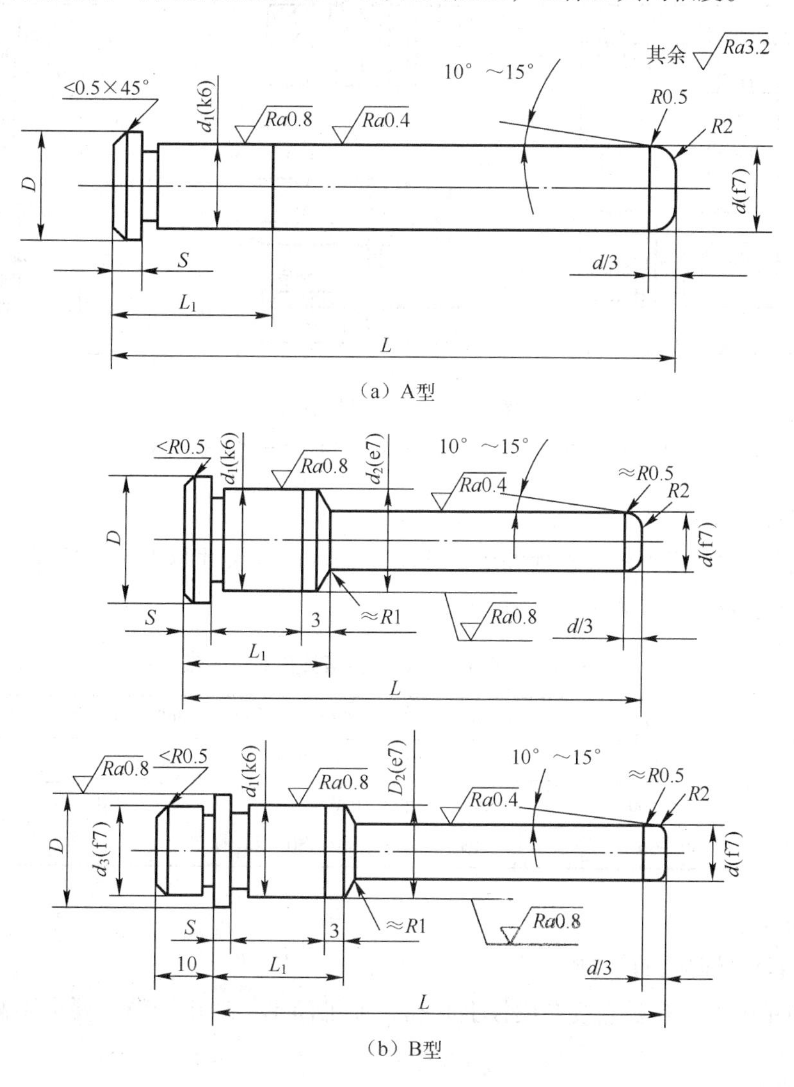

图 7-1　导柱结构

（2）导柱设计要点。

① 导柱应有足够的抗弯强度；表面要耐磨；芯部具有足够的韧性。导柱的材料多采用低碳钢（20）渗碳淬火，或用碳素工具钢（T8、T10）淬火处理，硬度为 50 ～ 55HRC。

② 导柱的长度通常应高出凸模端面 6 ～ 8 mm，以免在导柱未导正时凸模先进入型腔与其碰撞而损坏。

③ 导柱的端部常设计成锥形或半球形，便于导柱顺利地进入导向孔。

④ 导柱的配合精度。

如图 7-2 所示，导柱与导向孔通常采用间隙配合：H7/f6 或 H8/f8；而与安装孔则采用过渡配合 H7/m6 或 H7/k6。配合部分表面粗糙度为 *Ra*0. 8 μm。并采用适当的固定方法防止导柱从安装孔中脱出。

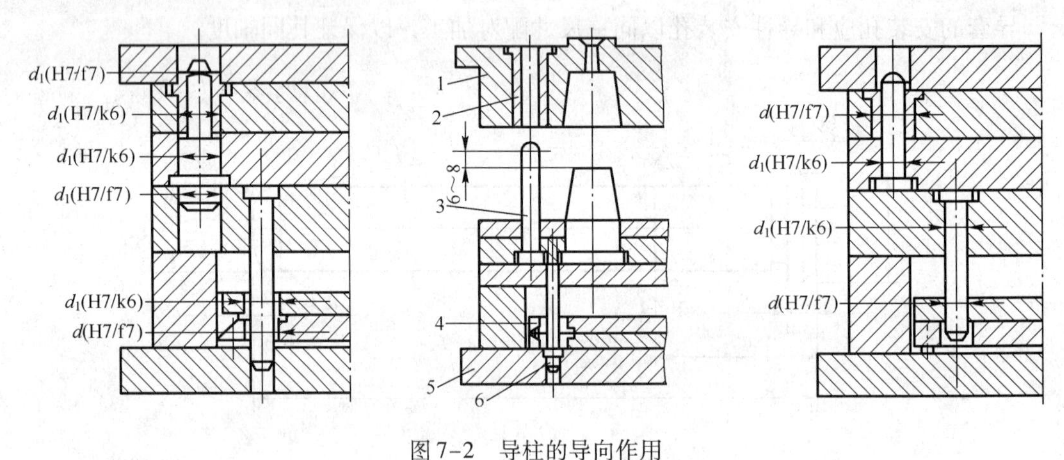

图 7-2　导柱的导向作用

1—定模；2—导套；3—导柱；4—双联导套；5—动模座板；6—导柱

⑤ 导柱直径尺寸。

导柱直径尺寸应根据模具模板外形尺寸确定，当模板尺寸越大，导柱间中心距应越大，所选导柱直径也越大，如表 7-1 所示。

表 7-1　导柱直径 *d* 与模板外形尺寸关系　　单位：mm

模板外形尺寸	≤150	150～200	200～250	200～250	300～400
导柱直径 *d*	≤16	16～18	18～20	20～25	25～30
模板外形尺寸	400～500	500～600	600～800	800～1000	>1000
导柱直径 *d*	30～35	35～40	40～50	60	≥60

2）导向孔

（1）导套和导向孔的结构。

① 最简单的导向孔是直接在模板上开孔，加工简单，适用于精度要求不高且小批量生产的模具。

② 为保证导向精度和检修方便，导向孔常采用镶入导套的形式，导套和导向孔的结构如图 7-3 所示。图 7-3（a）为台阶式导套，主要用于精度要求高的大型模具。

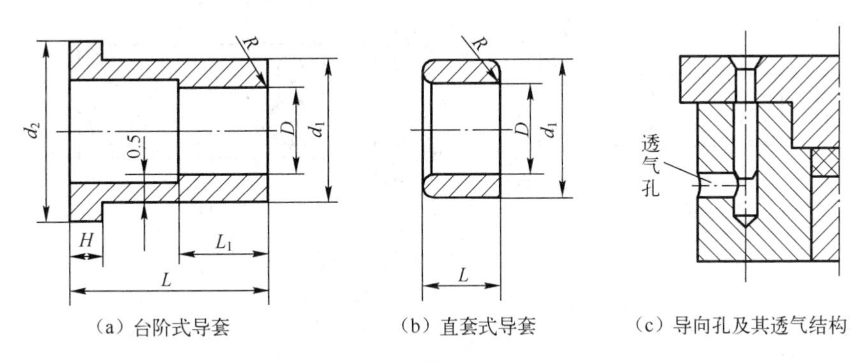

图 7-3　导套和导向孔的结构

(2) 导向孔（包括导套）的设计要点。

① 导向孔最好为通孔，否则导柱进入未开通的导向孔（盲孔）时，孔内空气无法逸出，产生反压力，给导柱运动造成阻力。若受模具结构限制，导向孔必须做成盲孔时，则应在盲孔侧壁增设透气孔或透气槽，如图 7-3（c）所示。

② 导套前端应倒圆角。为使导柱比较顺利地进入导套，在导套前端应倒有圆角。通常导套采用淬火钢或铜等耐磨材料制造，但其硬度应低于导柱的硬度，以改善摩擦及防止导柱或导套拉毛。

③ 导套孔滑动部分按 H8/f8 间隙配合，导套外径按 H7/m6 过渡配合。

④ 导套的安装固定方式：图 7-4（a）、（b）均采用台阶式导柱，利用轴阶防止开模时拔出导套；图 7-4（c）采用直导套，用螺钉起止动作用。

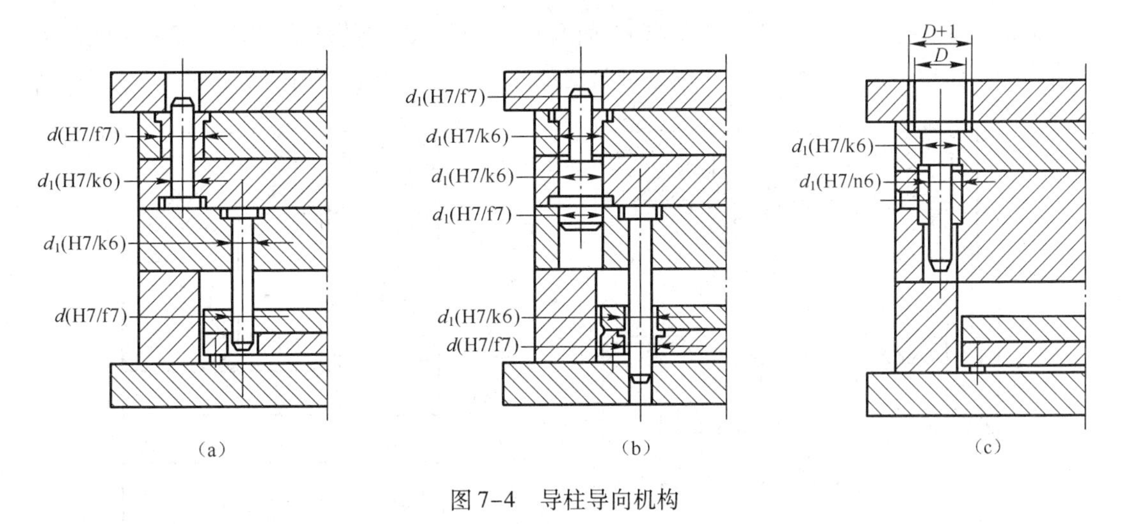

图 7-4　导柱导向机构

3）导柱的数量和布置

注射模的导柱一般取 2 ～ 4 根，其数量和布置形式根据模具的结构形式和尺寸来确定。

图 7-5（a）适用于结构简单、精度要求不高的小型模具；图 7-5（b）、（c）为四根导柱对称布置的形式，其导向精度较高。对于非对称型腔，为了避免安装方位错误，可将导柱做成两大两小如图 7-5（c）所示的结构形式。

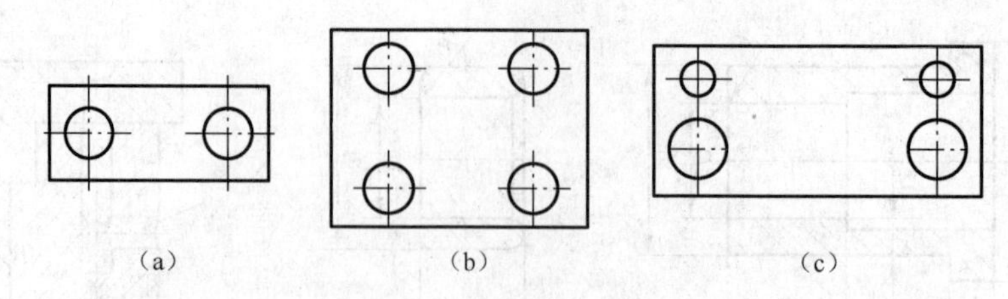

图 7-5　导柱的数量和布置

7.1.2　锥面定位机构

如图 7-6 所示，锥面定位机构多用于大型、深腔和精度要求高的塑件，特别是薄壁偏置不对称的壳体。大型、深腔塑件在注射时，成型压力会使型芯与型腔偏移。侧向压力会使导柱导向过早失去配合精度。当侧压力较大时，为减轻导柱所承受的侧压力，还需要用锥面定位，锥面定位同时也提高了模具的刚性。

1. 圆锥面定位机构

常用于圆筒类塑件。

锥面配合有两种形式：

(1) 在模具的两锥面间隙中安装经淬火零件 *A*，使之与锥面配合，用于限制模具偏移 (如Ⅰ所示)。

(2) 两锥面相互配合 (如Ⅱ所示)，两锥面均需淬火处理，其锥角为 5°～20°，高度大于 15 mm 以上。

2. 斜面镶条定位机构

结构如图 7-7 所示，常用于矩形型腔的模具。用四条淬硬的斜面镶条，安装在模板上。该结构加工简单；通过对镶条斜面调整可改变塑件壁厚；镶条磨损后便于更换。

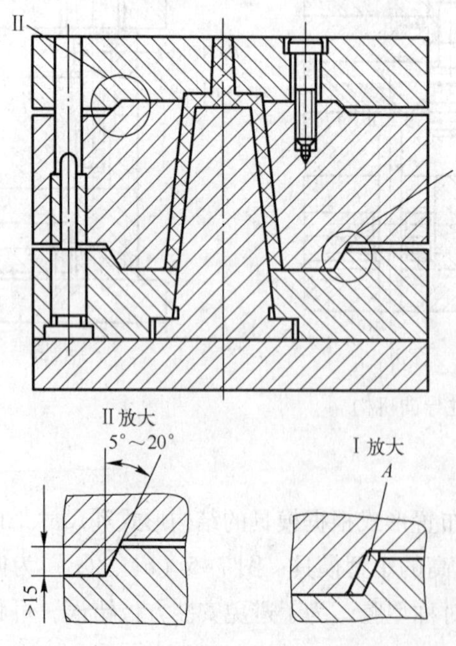

图 7-6　圆锥面定位机构

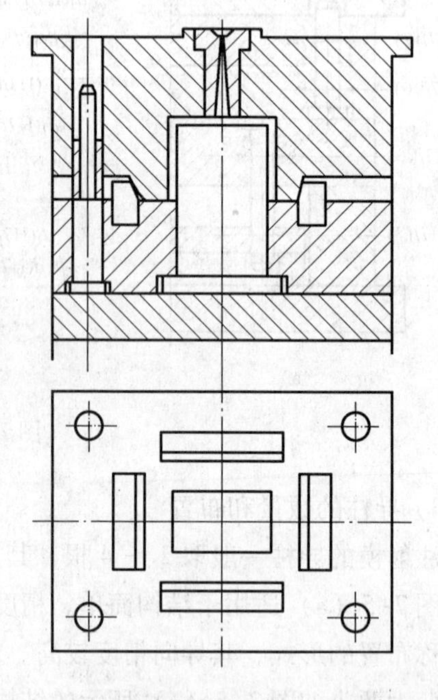

图 7-7　斜面镶条定位机构的注射模

7.2　脱模机构的分类及设计原则

7.2.1　脱模机构分类及设计原则

1. 脱模机构分类

如图 7-8 所示，注射成型后，使塑件从凸模或凹模上脱出的机构称为脱模机构。

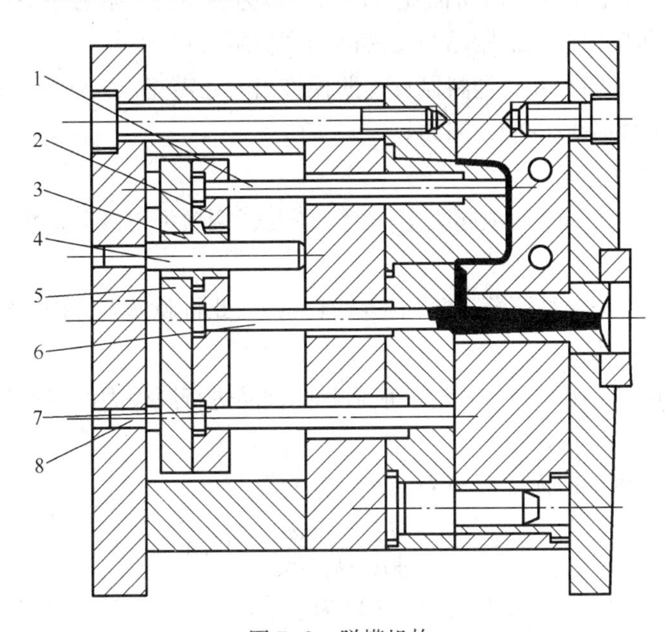

图 7-8　脱模机构

1—顶杆；2—顶出固定板；3—导套；4—导柱；
5—顶出板；6—勾料杆；7—回程杆；8—挡销

脱模机构由推出零件和辅助零件组成，可完成不同的脱模动作。

(1) 按推出动作的动力源分类。

①手动脱模；②机动脱模；③气动和液压脱模等。

(2) 按推出机构动作特点分类。

①一次推出（简单脱模机构）；②二次推出机构；③双分型面分型机构；④点浇口自动脱落机构；⑤带螺纹塑件脱模机构等。

2. 脱模机构的设计原则

(1) 保证塑件平稳脱出，不变形和损坏外观。

① 应选择合适的脱模方式使塑件平稳脱出。

② 应选择恰当的推出位置，尽量选择在塑件内表面或隐蔽处，使塑件外表面不留推出痕迹。

(2) 推出机构简单、可靠。

为使推出机构简单、可靠，开模时应使塑件留于动模，以利用注射机移动部分的顶杆或液压缸的活塞推出塑件。

(3) 推出机构应有足够的刚度、强度和耐磨性。

为保证推出机构运动准确、灵活、可靠，无卡死与干涉现象机构本身应有足够的刚度、强度和耐磨性。

7.2.2 脱模力计算及推出零件尺寸确定

1. 脱模力的计算

将制品从包紧的型芯上脱出时所需克服的阻力称为脱模力。阻力包括：

① 由塑件收缩包紧力造成的制品与型芯间的摩擦阻力；

② 对于不带通孔的筒、壳类塑料制件，脱模推出时还需克服大气压力；

③ 由塑件的黏附力造成的脱模阻力；

④ 推出机构运动摩擦阻力。

上述各项阻力中，①与②两项起决定作用，③与④两项可用修正系数的形式包括在脱模力计算公式之中。

此外，脱模力大小与制品厚薄及几何形状有关，因此将脱模力，按厚壁与薄壁以及圆形和矩形制品分别进行计算。

在注射模设计时，可用下列公式对一般形状的制品进行脱模力的粗略计算。

(1) 壁厚制件（$t/d>0.05$）。

① 制件为圆环形断面时所需脱模力（F）为

$$F=\frac{2\pi ESL(f-\tan\varphi)}{(1+\mu+k_1)k_2}+0.1A \tag{7-1}$$

② 制件为矩环形断面时所需脱模力（F）为

$$F=\frac{2(a+b)ESL(f-\tan\varphi)}{(1+\mu+k_1)k_2}+0.1A \tag{7-2}$$

(2) 薄壁制件（$t/d\leqslant0.05$）。

① 制件为圆环形断面时所需脱模力（F）为

$$F=\frac{2\pi\delta_1 ESL\cos\varphi(f-\tan\varphi)}{(1-\mu)k_2}+0.1A \tag{7-3}$$

② 制件为矩环形断面时所需脱模力（F）为

$$F=\frac{8\delta_2 ESL\cos\varphi(f-\tan\varphi)}{(1-\mu)k_2}+0.1A \tag{7-4}$$

$$K_1=\frac{2\lambda^2}{\cos^2\varphi+2\lambda\cos\varphi} \tag{7-5}$$

$$K_2=1+f\sin\varphi\cos\varphi \tag{7-6}$$

式中：K_1——无量纲系数，其值随 λ 与 φ 而异，$\lambda=r/\delta$ 圆环形断面时，r 为型芯平均半径（mm），$\delta=\delta_1$；矩环形断面时，$r=\dfrac{a+b}{\pi}$，$\delta=\delta_2$；K_1 值除可用上式计算外还可从表 7-2 中选取；

K_2——无量纲系数，随 f 和 φ 而异；K_2 值还可从表 7-3 中选取；

t/d——壁厚与直径之比；

δ_1——圆环形制件的平均壁厚，mm；

δ_2——矩环形制件的平均壁厚，mm；

a、b——矩形型芯的断面尺寸，mm；

S——塑料平均成型收缩率；

E——塑料的弹性模量，MPa；

L——制件对型芯的包容长度，mm；

f——制件与型芯之间的摩擦因数；

φ——模具型芯的脱模斜度，(°)；

μ——塑料的泊松比；

A——盲孔制品型芯在垂直于脱模方向上的投影面积，mm^2，通常制件的 A 等于零。

表 7-2　无量纲系数 K_1 值

λ	φ																	
	15′	30′	1.0°	1.5°	2°	3°	4°	5°	6°	7°	8°	9°	10°	11°	12°	13°	14°	15°
1.0	0.667	0.667	0.667	0.667	0.667	0.668	0.669	0.670	0.672	0.673	0.676	0.678	0.680	0.683	0.687	0.690	0.694	0.698
1.5	1.125	1.125	1.125	1.125	1.126	1.127	1.128	1.130	1.133	1.135	1.139	1.143	1.147	1.151	1.156	1.162	1.169	1.175
2.0	1.600	1.600	1.600	1.601	1.601	1.603	1.605	1.607	1.611	1.614	1.619	1.624	1.147	1.635	1.643	1.651	1.659	1.668
2.5	2.083	2.083	2.084	2.084	2.085	2.087	2.089	2.093	2.097	2.101	2.108	2.114	2.121	2.128	2.138	2.148	2.159	2.169
3.0	2.571	2.571	2.572	2.571	2.573	2.576	2.579	2.583	2.588	2.592	2.601	2.608	2.617	2.625	2.642	2.650	2.668	2.675
3.5	3.063	3.063	3.063	3.064	3.065	3.067	3.071	3.076	3.082	3.087	3.097	3.105	3.116	3.126	3.139	3.154	3.169	3.184
4.0	3.556	3.556	3.556	3.557	3.558	3.516	3.565	3.570	3.577	3.584	3.596	3.605	3.617	3.628	3.644	3.661	3.678	3.695
4.5	4.050	4.050	4.051	4.052	4.053	4.056	4.061	4.067	4.075	4.082	4.095	4.106	4.119	4.132	4.149	4.169	4.188	4.207
5.0	4.545	4.545	4.546	4.547	4.548	4.552	4.557	4.564	4.573	4.584	4.596	4.607	4.622	4.636	4.656	4.678	4.700	4.721
5.5	5.042	5.042	5.042	5.043	5.045	5.049	5.055	5.063	5.072	5.084	5.097	5.110	5.126	5.142	5.163	5.187	5.211	5.235
6.0	5.539	5.539	5.535	5.540	5.542	5.547	5.553	5.561	5.571	5.584	5.599	5.613	5.631	5.648	5.671	5.698	5.723	5.749
6.5	6.036	6.036	6.037	6.038	6.040	6.045	6.057	6.060	6.071	6.082	6.101	6.116	6.136	6.154	6.180	6.208	6.236	6.264
7.0	6.533	6.533	6.534	6.536	6.538	6.543	6.550	6.569	6.572	6.583	6.604	6.620	6.641	6.661	6.689	6.719	6.750	6.779
7.5	7.031	7.031	7.032	7.034	7.036	7.042	7.049	7.060	7.073	7.084	7.107	7.124	7.147	7.168	7.198	7.231	7.262	7.295
8.0	7.530	7.530	7.531	7.532	7.534	7.541	7.549	7.560	7.574	7.586	7.610	7.629	7.652	7.676	7.707	7.742	7.776	7.811
8.5	8.025	8.027	8.029	8.031	8.033	8.040	8.048	8.060	8.075	8.088	8.113	8.133	8.159	8.183	8.217	8.254	8.290	8.327
9.0	8.527	8.527	8.528	8.530	8.532	8.539	8.548	8.560	8.576	8.590	8.617	8.638	8.665	8.691	8.726	8.766	8.804	8.843

表 7-3　无量纲系数 K_2 值

f	φ												K_2的平均值
	1°	2°	3°	4°	5°	6°	7°	8°	9°	10°	11°	12°	
0.10	1.001 7	1.003 5	1.005 2	1.007 0	1.008 7	1.010 4	1.012 1	1.013 3	1.015 5	1.017 1	1.018 7	1.020 3	1.011 2
0.14	1.002 4	1.004 9	1.007 3	1.009 7	1.012 2	1.014 5	1.016 9	1.016 3	1.021 6	1.023 9	1.026 2	1.028 5	1.014 0
0.15	1.002 6	1.005 2	1.007 8	1.010 4	1.013 0	1.015 6	1.018 1	1.020 7	1.023 2	1.025 7	1.028 0	1.030 5	1.016 7
0.18	1.003 1	1.006 4	1.009 4	1.012 5	1.015 6	1.018 7	1.021 8	1.022 1	1.027 8	1.030 8	1.033 7	1.036 6	1.017 9
0.20	1.003 5	1.007 0	1.010 4	1.013 9	1.017 4	1.020 8	1.024 2	1.027 6	1.030 9	1.034 2	1.037 5	1.040 7	1.022 3
0.26	1.005 2	1.010 5	1.015 6	1.020 9	1.026 0	1.031 2	1.036 3	1.041 3	1.046 4	1.051 3	1.056 2	1.060 8	1.033 5
0.33	1.005 8	1.011 5	1.017 2	1.023 0	1.028 7	1.034 1	1.039 9	1.045 4	1.051 0	1.056 4	1.061 8	1.067 1	1.036 8
0.36	1.006 3	1.012 6	1.018 8	1.025 0	1.031 3	1.037 4	1.043 5	1.049 6	1.055 6	1.061 6	1.067 4	1.072 9	1.040 2
0.44	1.007 4	1.015 3	1.022 8	1.030 6	1.038 2	1.045 7	1.053 4	1.060 6	1.068 0	1.075 2	1.082 4	1.089 5	1.049 2

2. 推出零件尺寸的确定

在推出机构中最主要的零件是推件板和推杆，人推件板的厚度和推杆的直径的确定又是设计的关键。

（1）根据刚度计算：圆形或筒形塑料制件，推件板的厚度（mm）公式为

$$t=\left(\frac{C_3FR^2}{E[\delta]}\right)^{\frac{1}{3}} \tag{7-7}$$

式中：C_3——系数，随 R/r 而异，按表 7-4 选取；

R——推杆作用在推件板上所形成的几何半径，mm；

r——推件板环形内孔（或型芯）的半径，mm；

E——钢材的弹性模量，$E=2.1\times10^5$ MPa；

F——脱模力，N；

$[\delta]$——推件板板中心所允许的最大变形量，一般可取制件在被推出方向上的尺寸公差的 1/5 ～ 1/10，mm。

（2）根据强度计算：推件板厚度（mm）公式为

$$t=\left(k_3\frac{F}{[\sigma]}\right)^{\frac{1}{3}} \tag{7-8}$$

式中：K_3——系数，随 R/r 值而异，按表 7-4 选取；

$[\delta]$——推件板材料的许用应力，MPa；

F——脱模力，N。

表 7-4　系数 C_3 与 K_3 的推荐值

R/r	C_3	K_3	R/r	C_3	K_3
1.25	0.005 1	2.27	3.00	0.209 0	12.05
1.50	0.024 9	4.28	4.00	0.293 0	15.14
2.00	0.087 7	7.53	5.00	0.350 0	17.45

（3）横截面为矩形或异形的环状制件时，根据刚度计算：推件板厚度（mm）公式为

$$t=0.54L_0\left(\frac{F}{EB[\delta]}\right)^{\frac{1}{3}} \tag{7-9}$$

式中：L_0——推件板长度上两推杆的最大距离，mm；

B——推件板宽度，mm。

其他符号同上。

（4）推杆直径的确定。根据压杆稳定公式，可得推杆的直径（mm）

$$d=K\left(\frac{L^2F}{nE}\right)^{\frac{1}{4}} \tag{7-10}$$

式中：d——推杆的最小直径，mm；

K——安全系数，可取 $K=1.5$；

L——推杆的长度，mm；

F——脱模力，N；

n——推杆数目；

E——钢材的弹性模量，MPa。

推杆直径强度校核，公式为

$$\sigma = \frac{4F}{n\pi d^2} \leqslant [\sigma] \tag{7-11}$$

式中：$[\sigma]$——推杆材料的许用应力，MPa；

σ——推杆所受的应力，MPa。

其他符号同上。

7.2.3　一次推出脱模机构

用一次动作将塑件推出的机构称为一次推出脱模机构，又称简单脱模机构。

这是最常见的结构类型，包括推杆脱模、推管脱模、推板脱模、气动脱模及利用活动镶件或型腔脱模和多元件联合脱模等机构。

1. 推杆脱模机构

（1）推杆脱模机构组成。最常用的脱模机构主要由推出部件、推出导向部件和复位部件等所组成，如图 7-9 所示。

① 推出部件。推出部件由推杆、推杆固定板、推板和挡销等组成。推杆直接与塑件接触，开模后将塑件推出。推杆固定板和推板起固定推杆及传递注射机顶出力的作用。

② 导向部件。为使推出过程平稳，推出零件不致弯曲和卡死（尤其是细小推杆），推出机构中设有导柱和导套，起推出导向作用。

③ 复位部件。其作用是使完成推出任务的推出零部件回复到初始位置。

可以利用回程杆复位，如图 7-9 所示为利用回程杆（复位杆）复位。

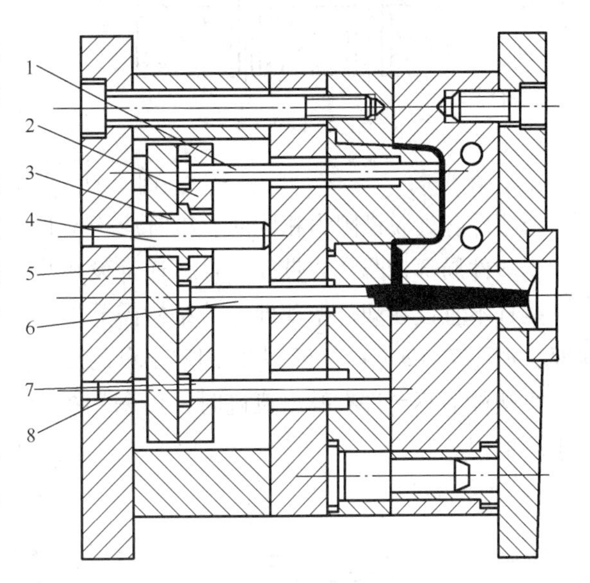

图 7-9　脱模机构

1—推杆；2—推杆固定板；3—导套；4—导柱；5—推板；6—勾料杆；7—回程杆；8—挡销

也可以利用弹簧复位，图 7-10（a）所示的弹簧套在一定位柱上，以免工作时弹簧扭斜，同时定位柱也起限制推出距离的作用，避免弹簧压缩过度；

图 7-10（b）是将弹簧套在推杆上的形式。在推杆多、复位力要求大时，弹簧常与复位杆配合使用，以防止复位过程中发生卡滞或推出机构不能准确复位的情况。

（2）推杆设计要点。

① 推杆应设置在脱模阻力大的地方（见图 7-11）。图 7-11（a）所示的壳或盖类塑件

的侧面阻力最大，推杆应设在端面或靠近侧壁的部位，但也不应和型芯（或嵌件）距离太近，以免影响凸模或凹模的强度。

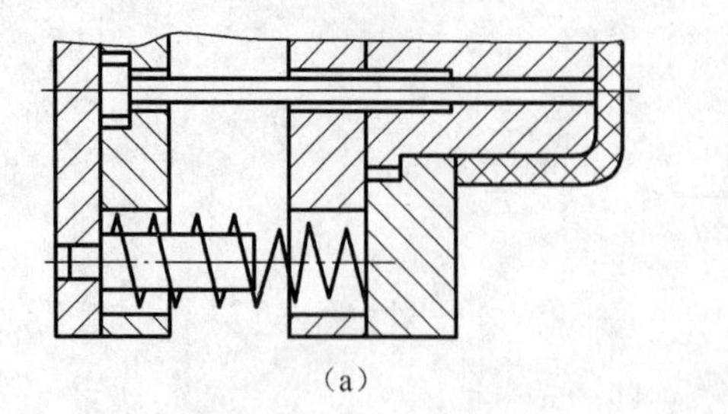
（a）

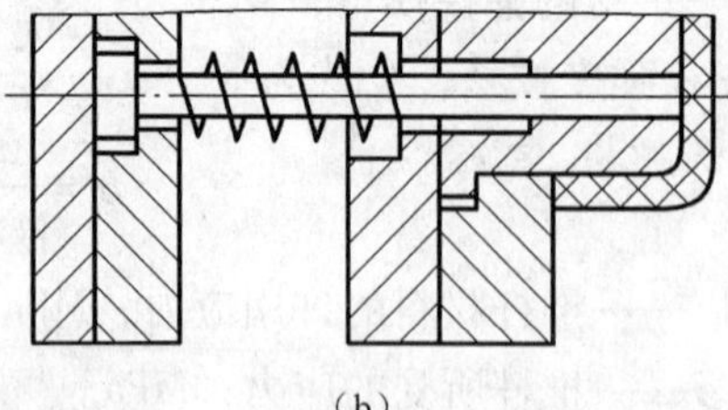
（b）

图 7-10　弹簧复位结构

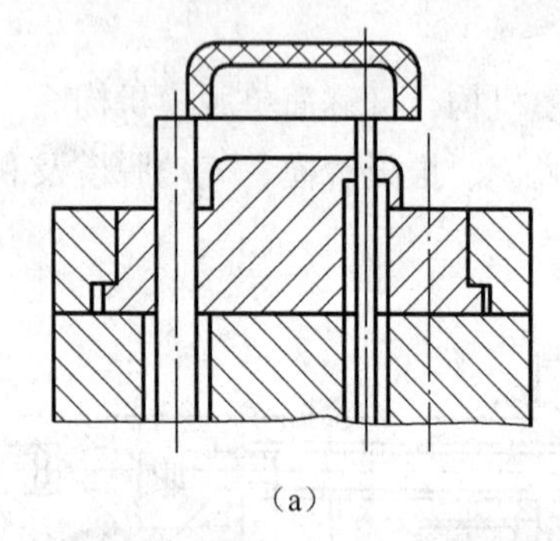
（a）

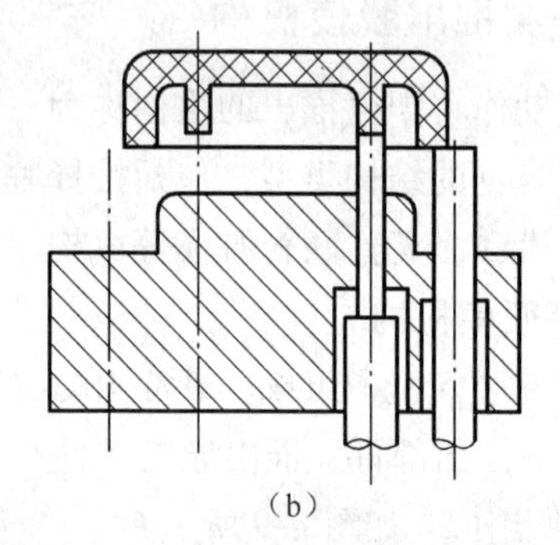
（b）

图 7-11　推杆脱模

当塑件各处脱模阻力相同时，推杆应均衡布置，使塑件脱模时受力均匀，以防止变形。

当塑件局部带凸台或带筋，推杆通常设在凸台或筋的底部。

推杆不宜设在塑件壁薄处，若结构需要顶在薄壁处时，可增大推出面积以改善塑件受力状况，如图 7-12（a）所示为采用推出盘的形式。

当塑件上不允许有推出痕迹时，可采用推出耳形式，如图 7-12（b）所示，脱模后将推出耳剪掉。

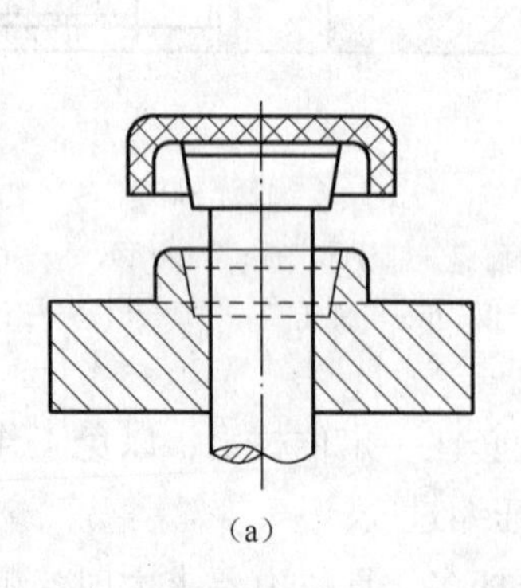
（a）

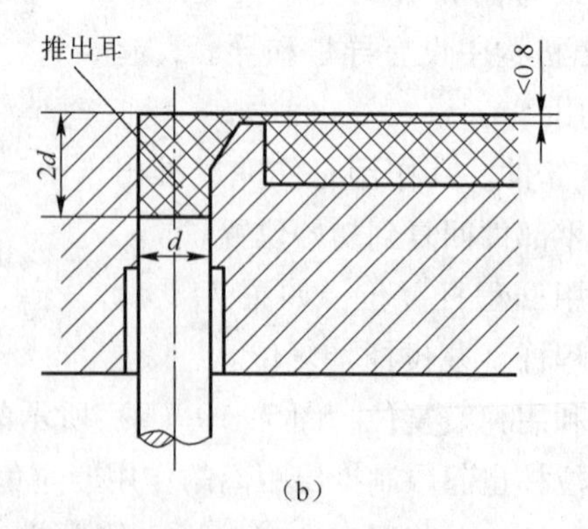

（b）

图 7-12　推杆脱模

② 推杆应有足够的强度和刚度。如图 7-13 所示为标准圆形截面推杆的结构。为避免推出时产生弯曲或折断，推杆应有足够的强度和刚度。推杆直径通常取 2.5 ～ 12 mm；对直径小于 3 mm 的细长推杆应做成下部加粗的阶梯形，如图 7-13（b）所示。

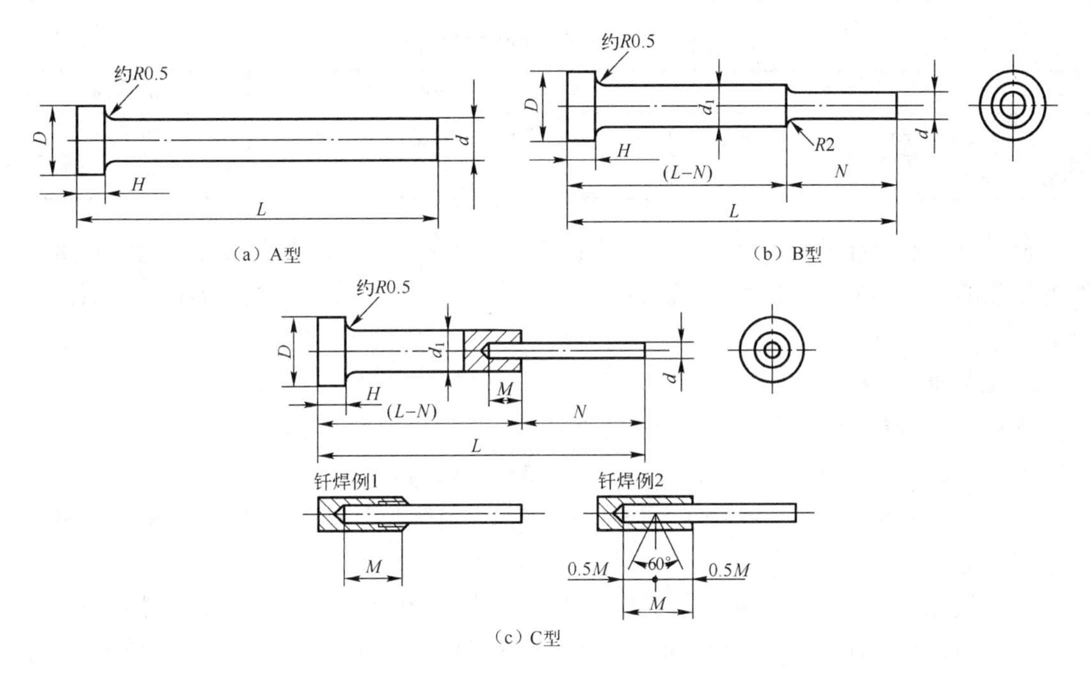

图 7-13　标准圆形截面推杆的结构

推杆的常用截面形状如图 7-14 所示，其中圆形截面为最常用的形式。

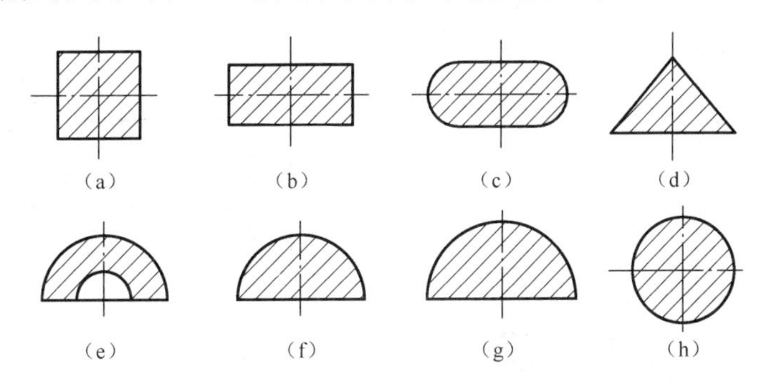

图 7-14　推杆的常用截面形状

③ 推杆端面。应和型腔在同一平面或略高出推杆端面应和型腔在同一平面或比型腔的平面高出 0.05 ～ 0.10 mm，且不应有轴向窜动。推杆与推杆孔配合一般为 H8/f8 或 H9/f9，其配合间隙不大于所用塑料的溢料间隙（见表 7-5），以免产生飞边。如图 7-15 所示为圆形截面推杆的配合形式。

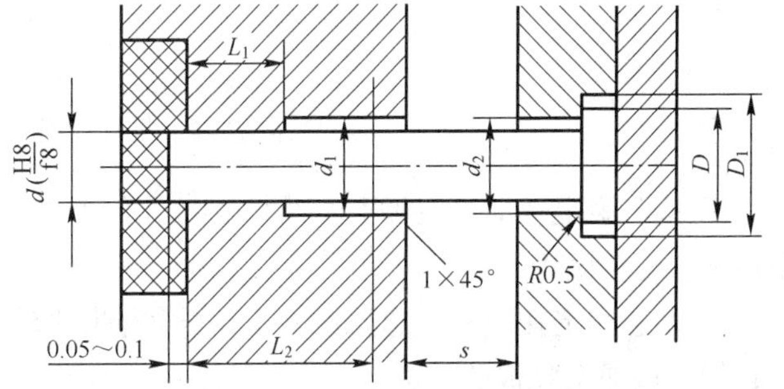

图 7-15　圆形截面推杆的配合形式

④ 推杆位置应尽量避开侧向型芯。对带有侧向抽芯的模具，推杆位置应尽量避开侧向型芯，否则需设置推杆先复位装置，以免与侧抽芯发生干涉。

表 7–5　塑料的许用溢料间隙

塑　　料	[δ] /mm	塑　　料	[δ] /mm
低黏度：PE，PP，PA	0.025～0.04	高黏度：PVC，HPVC，PSU	0.06～0.08
中黏度：PS，ABS	0.04～0.06		

⑤ 推杆应避免穿过冷却水道。对于开有冷却水道的模具，应避免推杆穿过冷却水道，否则会出现漏水现象。设计时应先设计冷却系统，再设计推出机构，并与冷却水道保持一定距离，以保证加工。

2. 推管脱模机构

(1) 应用范围。

① 推管适用于环形、筒形塑件或塑件带孔部分的推出。

② 对于壁过薄的塑件（壁厚<1.5 mm），因其加工困难，且易损坏，不宜采用推管推出。

(2) 优点。

① 采用推管推出时，主型芯和凹模可同时设计在动模一侧，以利于提高塑件同轴度。

② 推管以环形周边接触塑件，顶出塑件力量均匀，塑件不易变形，也不会留下明显的推出痕迹。

(3) 推管的固定形式（见图 7–16）。

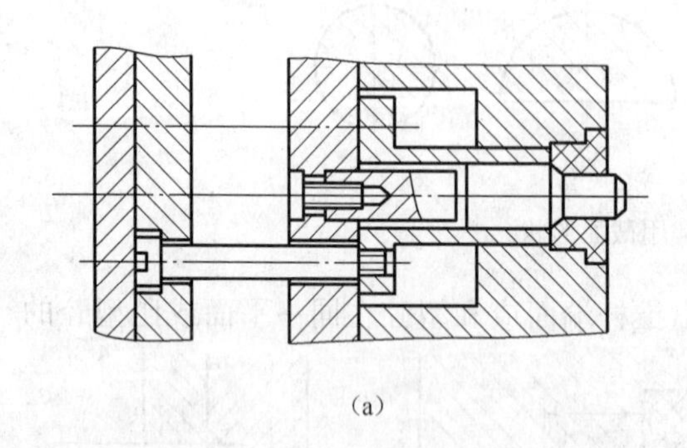
(a)

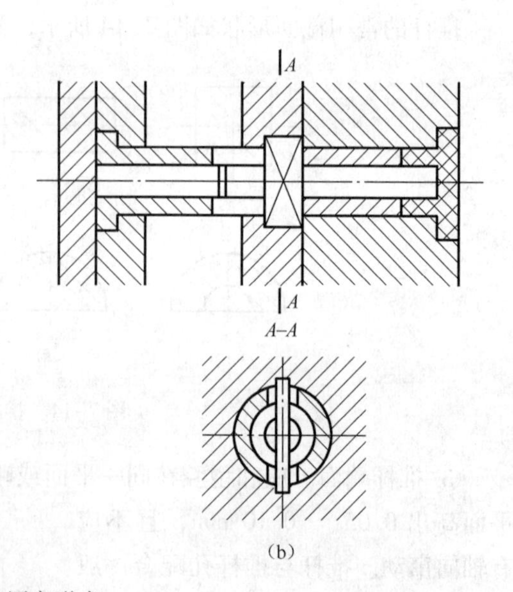

(b)

图 7–16　推管的固定形式

① 型芯固定在动模底板上。结构可靠，但型芯较长，适用于推出行程不大的场合；但制造和装配较困难。

② 型芯固定在动模型芯固定板上。推管在型腔板内滑动，可使推管和型芯长度大为缩短；但会增加型腔板的厚度。

3. 推板脱模机构

(1) 推板脱模机构优点。

① 塑件表面不留推出痕迹；②塑件受力均匀，推出平稳；③推出力大；④结构较推管

脱模机构简单。

（2）推板脱模机构的应用范围。

①薄壁容器；②壳形塑件；③塑件外表面不允许留有推出痕迹。

（3）推板脱模机构的结构形式。

① 推件板与推杆采用螺纹连接，如图 7–17（a）所示，可防止推件板在推出过程中脱落。

② 推件板与推杆无固定连接，如图 7–17（b）所示，要求导柱足够长，并严格控制脱模行程，防止推板脱落；

③ 注射机两侧具有顶出杆，如图 7–17（c）所示，模具结构简单，但推件板要适当加大和加厚。

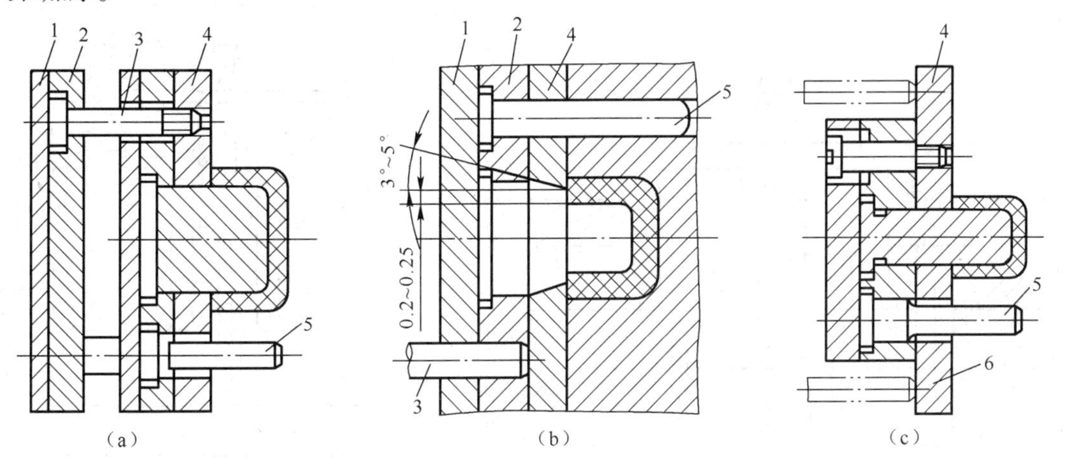

图 7–17　推板脱模机构

1—推板；2—推杆固定板；3—推杆；4—推杆件板；5—导柱；6—注射机顶柱

4. 利用成型零件或活动成型镶件推出的脱模机构

某些塑件因结构和材料原因，不适宜采用上述脱模机构时，可利用成型镶件带出塑件，使之脱模。

图 7–18（a）为利用螺纹型环作推出零件；图 7–18（b）为利用活动成型镶件推出塑件。

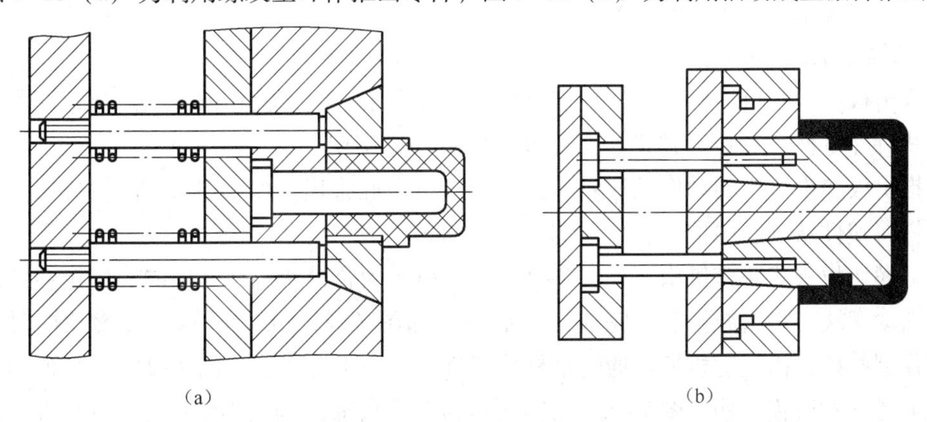

图 7–18　利用成型零件推出的脱模机构

5. 多元件综合脱模机构

对于深腔壳体、薄壁塑件，带有局部环状凸起、凸筋或金属嵌件的复杂塑件，采用单一的脱模方式，不能保证塑件顺利脱出，需采用两种以上的多元件联合推出，如图7-19所示为多元件综合脱模机构。

6. 气压脱模机构

气压脱模机构（见图7-20）是用于深腔塑件及软质塑件的脱模机构。加工简单，但必须设置气路和气门等。

脱模过程：塑件固化后开模，通入0.1～0.4 MPa的压缩空气，将阀门打开，空气进入型芯与塑件之间，使塑件脱模。

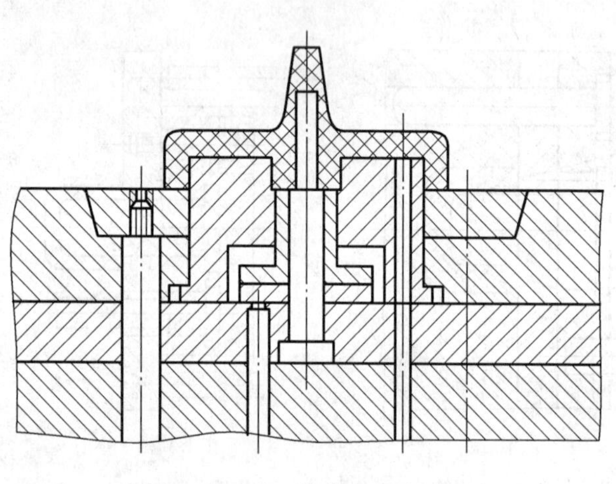

图7-19　多元件综合脱模机构

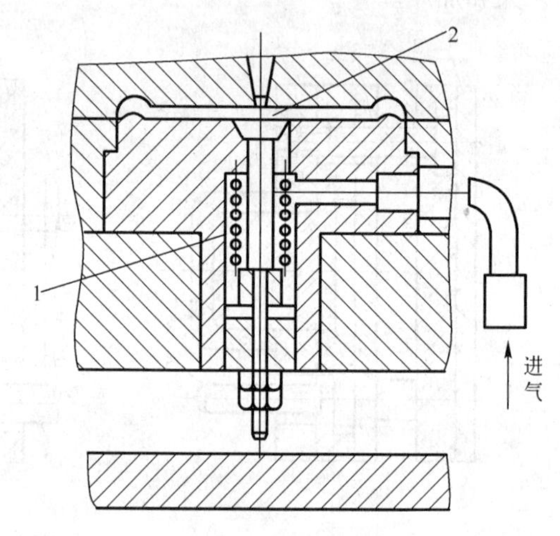

图7-20　气压脱模机构

1—弹簧；2—阀杆

7.2.4　二次推出脱模机构

当塑件形状特殊，在一次脱模动作后，难于从型腔中取出；或自动生产时塑件不能自动脱落，必须增加一次脱模动作，才能使塑件脱模。或当一次脱模时塑件受力过大时，为保证塑件质量，也应采用二次脱模。

1. 单推出板二次脱模机构

单推出板二次脱机构机构是指在推出机构中设置了一组推板和推杆固定板，而另一次推出靠一些特殊零件（如压缩弹簧、摆块等）的运动来实现。

单推出板二次脱模的动作顺序：一次脱模，将型腔推出，使塑件脱离型芯；二次脱模，通过推杆将塑件从型腔中推出。

（1）摆块拉板式脱模机构。如图7-21（a）所示为合模状态，开模时，固定在定模的拉板带动活动摆块，将型腔抬起，完成一次脱模，如图7-21（b）所示。继续开模时，限位螺钉拉住型腔板，由注射机顶杆通过推杆将塑件从型腔中推出，如图7-21（c）所示。

（2）摆杆式脱模机构。图7-22（a）所示为合模状态，U形架固定在动模底板上，摆杆固定在推杆固定板上，被夹在U形架内。

开模时注射机顶杆推动推杆固定板，由于U形架的限制作用，固定在上面的推杆和摆杆

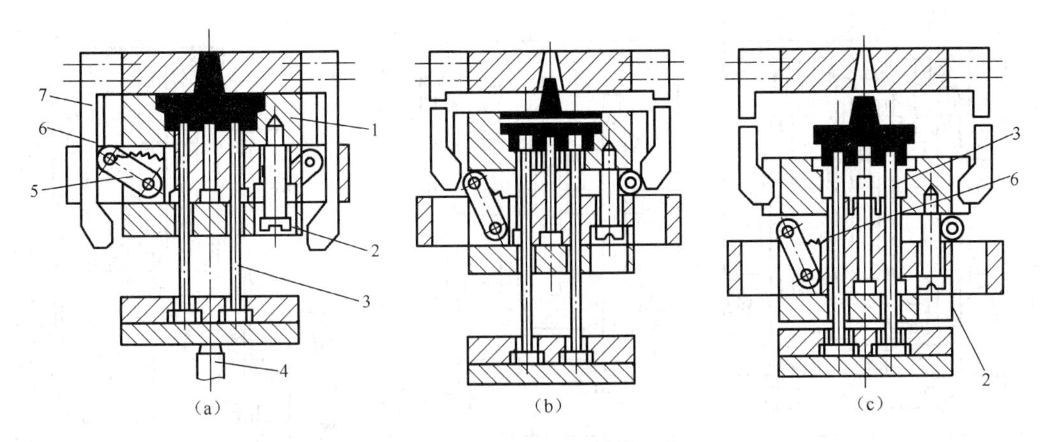

图 7-21　摆块拉板式脱模机构

1—型腔；2—限位螺钉；3—推杆；4—注射机顶杆；5—活动摆块；6—弹簧；7—拉板

只能向上运动，摆杆通过固定在型腔上的圆柱销将型腔顶起，使塑件脱离型芯，完成一次脱模，如图 7-22（b）所示。当顶出到图 7-22（b）位置时，摆杆脱离了 U 形架，限位螺钉阻止型腔继续向上移动，同时圆柱销将两摆杆分开，并由弹簧拉住摆杆紧靠在圆柱销上，当注射机顶杆继续顶出时，推杆推动塑件脱离型腔，如图 7-22（c）所示。

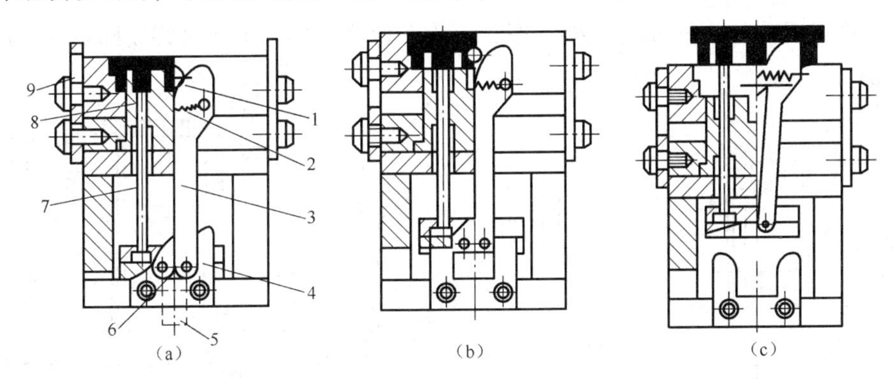

图 7-22　摆杆式脱模机构

1—圆柱梢；2—弹簧；3—摆杆；4—U 形限制架；5—注射机顶杆；
6—转动销；7—推杆；8—型芯；9—限位螺钉

2. 双推出板二次脱模机构

这种类型的脱模机构有两组推出板，利用两组推出板的先后动作完成二次脱模，其动作顺序：一、二次推出板同时推顶塑件，使塑件和型腔脱离动模型芯，完成一次脱模；二次顶板通过二次推杆，使塑件从型腔中脱出，完成二次脱模。

（1）八字摆杆式脱模机构。推杆固定在一次顶出固定板上，用于推顶型腔；推杆固定在二次顶出固定板上，用于顶出塑件。在一次与二次顶出板之间有定距块，它固定在一次顶出板上。

图 7-23（a）所示为合模状态，开模时注射机顶杆推动一次推出板，同时通过定距块使二次推出板以同样速度推顶塑件，使塑件和型腔一起向上移动，脱离动模型芯，完成一次脱模。

当开模至图 7-23（b）所示位置，一次顶板碰到八字摆杆，由于摆杆与一次顶板接触点比与二次顶板接触点距支点的距离小，使二次顶板向上移 动的距离大于一次顶板上移距离，因而使塑件从型腔中脱出，如图 7-23（c）所示。

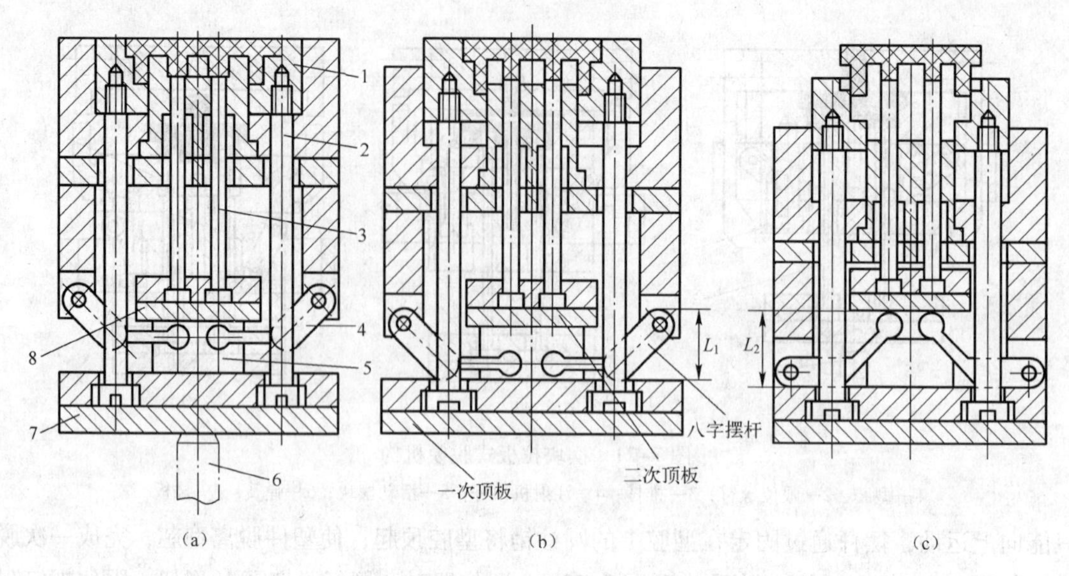

图 7-23 八字摆杆式脱模机构

1—型腔；2、3—推杆；4—八字形摆杆；5—定距块；6—注射机顶杆；7—一次推出杆；8—二次推出杆

（2）拉钩楔块式脱模机构。成型推杆固定在一次推出板上，中心推杆和拉钩固定在二次推出板上。图 7-24（a）所示为闭模状态，拉钩在拉簧的作用下始终钩住固定在一次推出板上的圆柱销。

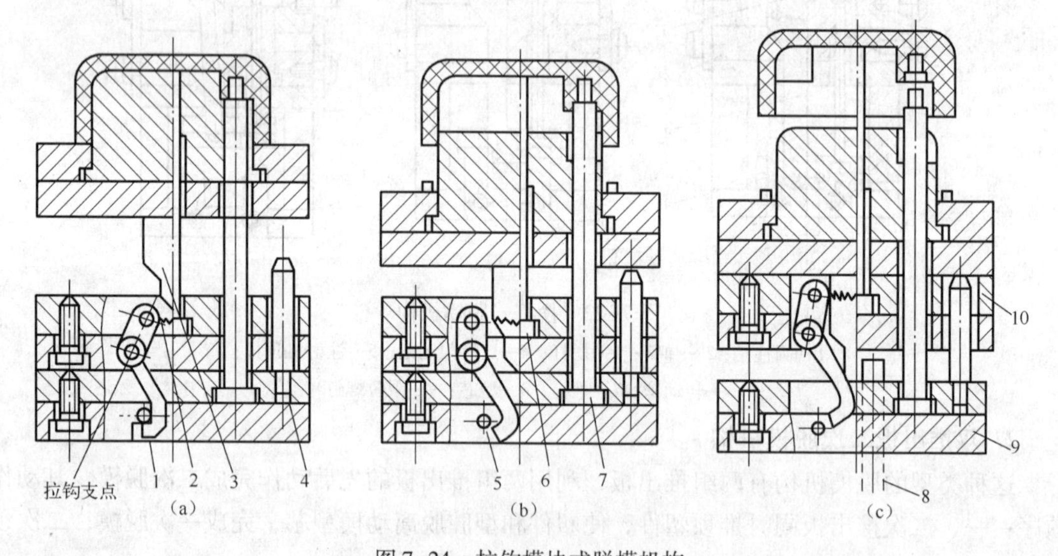

图 7-24 拉钩模块式脱模机构

1—拉钩；2—弹簧；3—斜楔；4—限距柱；5—圆柱销；6—中心推杆；7—成型推杆；
8—注射机顶杆；9—一次推出板；10—二次推出板

开模时注射机顶杆顶动二次推出板，由于拉钩的作用，一、二次推出板同时推顶塑件，使塑件脱离型芯，完成一次脱模。

继续开模时，在斜楔作用下（弹簧被拉长），拉钩绕其支点逆时针转动，使拉钩与圆柱销脱开，限距柱碰到动模固定板，使一次推出板停止运动，如图 7-24（b）所示。注射机顶杆继续前顶，推杆推出塑件，完成二次脱模，如图 7-24（c）所示。

7.2.5 双分型面注射模分型机构

1. 两个分型面的作用

双分型面注射模的两个分型面分别用于取出塑件与浇注系统凝料，为此要控制两个分型面的打开顺序和打开距离，这就需要在模具上增加一些特殊结构，如弹簧、摆钩和滑块等。

2. 双分型面注射模分型机构分类

双分型面注射模分型机构一般分为弹簧式双分型面注射模分型机构，摆钩式双分型面注射模分型机构和滑块式双分型面注射模分型机构等。

（1）弹簧式双分型面分型机构（见图7-25）。

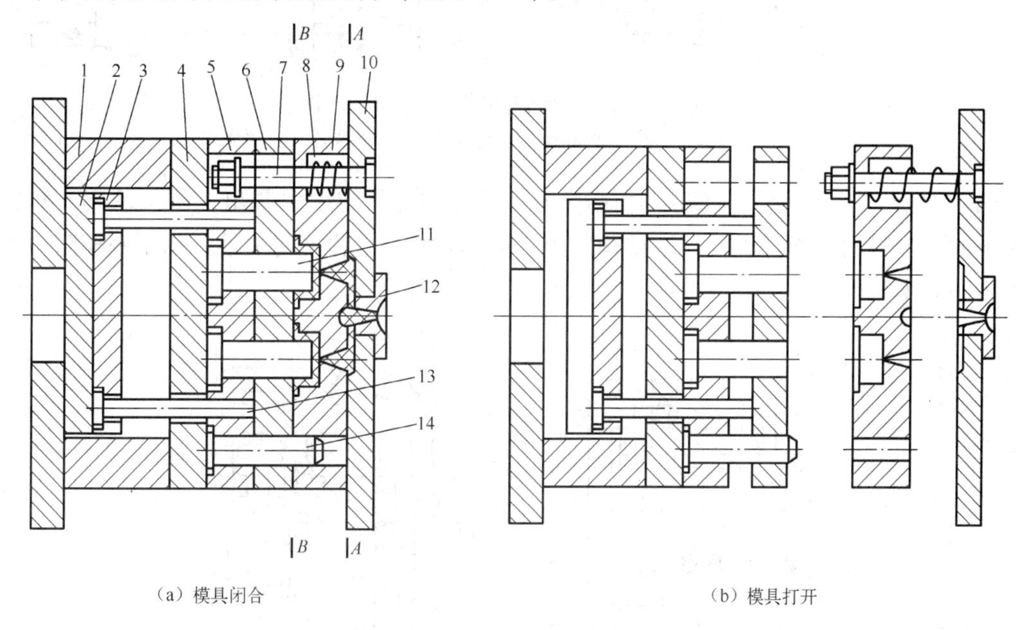

图7-25 弹簧式双分型面分型机构

1—垫块；2—推板；3—推杆固定板；4—支承板；5—型芯固定板；6—推件板；7—限位拉杆；
8—弹簧；9—定模；10—定模座板；11—型芯；12—浇口套；13—复位杆；14—导柱

① 利用弹簧机构控制两个分型面的打开顺序。$A-A$ 分型面用于取出浇注系统凝料；$B-B$分型面用于取出制件。两次分型机构由弹簧和限位拉杆组成。

开模时，弹簧的弹力使 $A-A$ 分型面首先打开，中间板随动模一起后移，主浇道凝料随之被拉出。

当动模移动一定距离后，限位拉杆端部的螺母挡住了中间板，使中间板停止移动。

动模继续后移，$B-B$ 分型面分型。因塑件包紧在型芯上，浇注系统凝料在浇口处自动拉断，在 $A-A$ 分型面之间自动脱落或人工取出。

动模继续后退，当注射机的推杆接触推板时，推出机构开始工作，推件板在复位杆（顶杆）的推动下将塑件从型芯上推出，塑件在 $B-B$ 分型面之间自行落下。

② 弹簧—限位螺钉式二次分型机构（见图7-26）。开模时在弹簧作用下使定模与定模座板首先分型。导柱上开有长槽，限位螺钉的尾部伸进槽中可限制定模的位移，使动模板与定模板分开，完成二次分型。

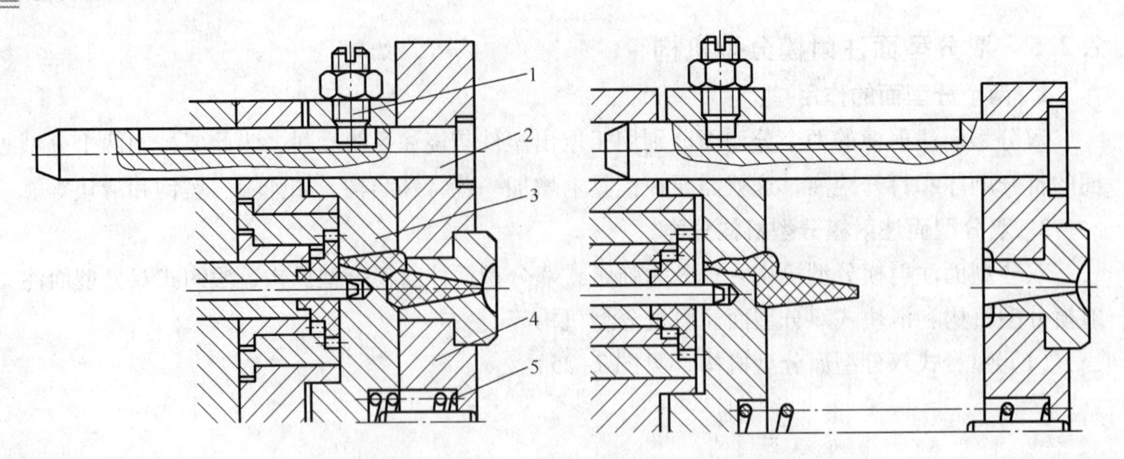

图 7-26　弹簧—限位螺钉式二次分型机构

1——限位螺钉；2—定距导柱；3—定模；4—定模座板；5—弹簧

③ 双脱模机构（见图 7-27）。利用弹簧力使塑件先从定模中脱出，留于动模，然后用动模上的推出机构使塑件脱模。该结构紧凑、简单。缺点是弹簧易失效，用于脱模阻力不大和推出距离不长的场合。

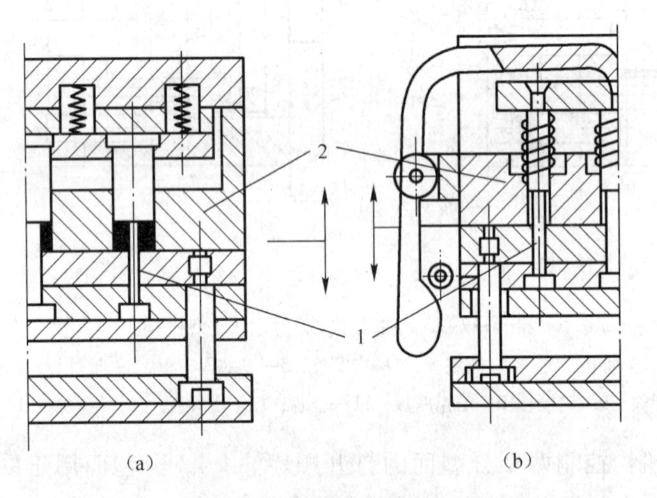

图 7-27　双脱模机构

1—型芯；2—型腔

（2）摆钩式双分型面分型机构（见图 7-28）。利用摆钩来控制 $A-A$、$B-B$ 分型面的打开顺序，利用限位螺钉控制 $B-B$ 分型面打开的距离，使主流道凝料和塑件顺利取出。

两次分型机构由挡块、摆钩、压块、弹簧和限位螺钉组成。模具打开时，由于固定在中间板上的摆钩拉住支承板上的挡块，模具只能从 $B-B$ 分型面分型，这时点浇口被拉断，浇注系统凝料脱出。

模具继续打开到一定距离后，压块与摆钩接触，在压块的作用下摆钩摆动并与挡块脱开，当中间板在限位螺钉的限制下停止移动时，模具开始在 $A-A$ 分型面分型。

（3）滑块式双分型面分型机构。利用滑块的移动控制两个分型面的打开顺序。

模具闭合时滑块在弹簧的作用下伸出模外，被挂钩钩住，分型面 B 被锁紧，如

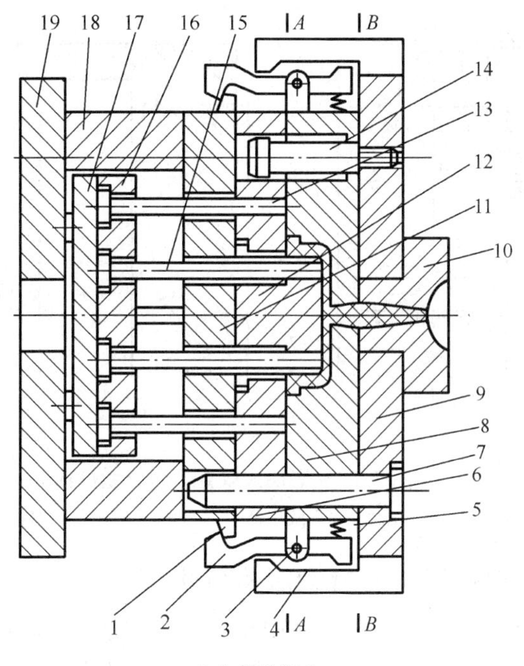

（a）模具闭合

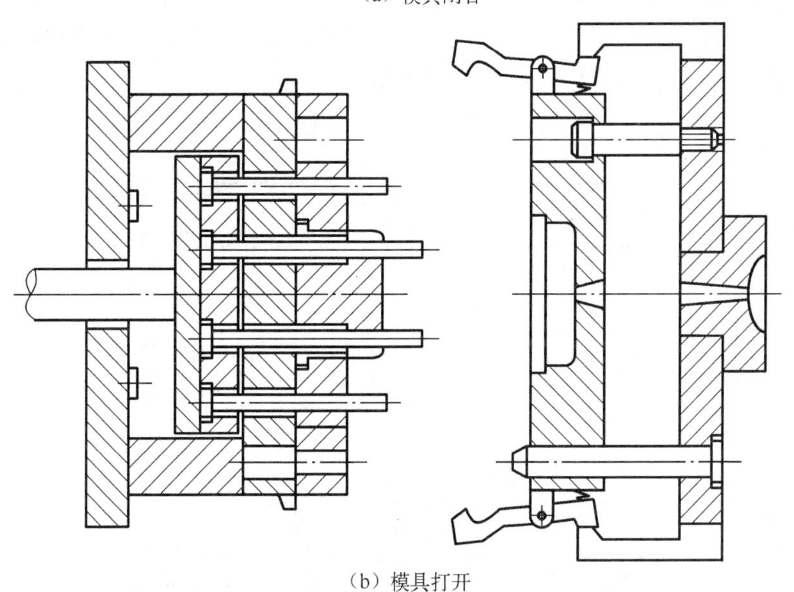

（b）模具打开

图7-28　摆钩式双分型面分型机构

1—挡块；2—摆钩；3—螺母；4—拉钩板；5—弹簧；6—型芯固定板；7—导柱；8—定模；9—定模座板；10—浇口套；11—支承板；12—型芯；13—复位杆；14—限位拉杆；15—推杆；16—推杆固定板；17—推板；18—垫块；19—动模座板

图7-29（a)所示。

开模时：首先从开模力较小的 $A-A$ 分型面打开，当打开到一定距离后，拨杆与滑块接触，通过斜面压迫滑块后退并与挂钩脱开，同时由于限位螺钉的作用，使定模板移动一定距离后，停止运动。模具开始在 $B-B$ 分型面分型，如图7-29（b）所示。

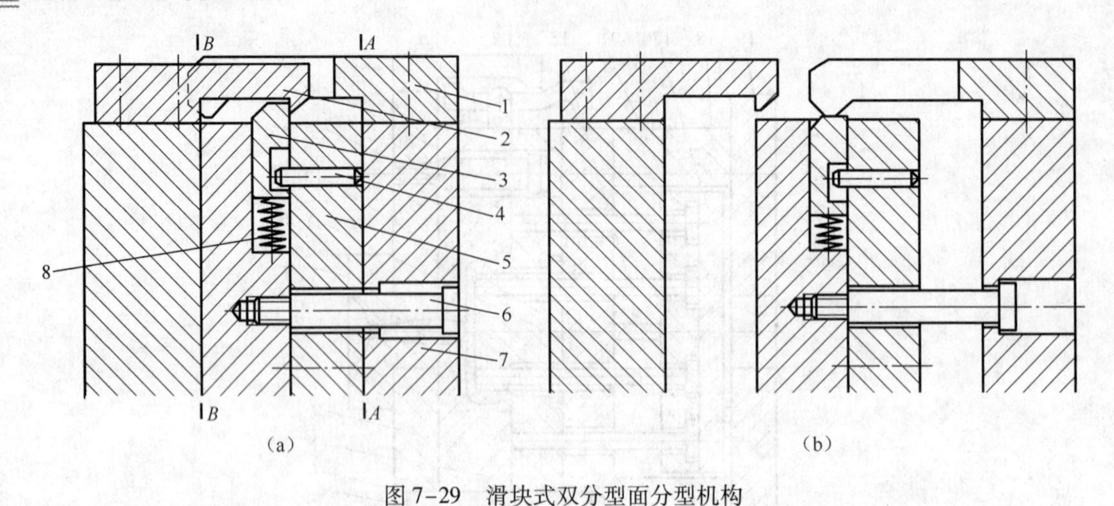

图 7-29　滑块式双分型面分型机构

1—拔板；2—锁紧板；3—滑板；4—限位销；5—动模；6—限位拉杆；7—定模；8—弹簧

7.2.6　浇注系统凝料的脱出和自动脱落机构

为适应自动化生产的需要，希望塑件脱模后，浇注系统凝料能自动脱模。

（1）利用侧凹拉断点浇口凝料。如图 7-30 所示，把模具在分流道末端钻一斜孔，开模时浇注系统凝料受斜孔内凝料的限制，在浇口处与塑件断开，然后由主流道冷料井倒锥钩住浇注系统凝料脱离斜孔，再由中心推杆将其推出。

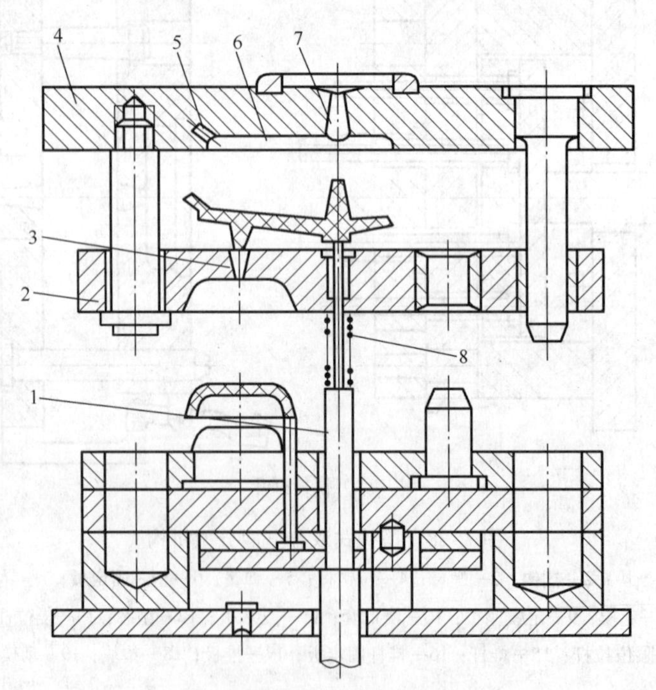

图 7-30　利用侧凹拉断点浇口凝料的结构

1—中心推杆；2—定模型腔板；3—点浇口；4—定模底板；5—分流道斜孔；

6—分流道；7—主流道；8—弹簧

（2）利用定模推板拉断点浇口凝料。如图 7-31 所示，S 模具在定模中加设分流道推板，开模时，动模、定模先分型，点浇口在分型时被拉断，浇注系统凝料留在定模中，动模后退一定距离后，在拉板拉动下，分流道推板与定模型腔板分型，浇注系统凝料脱离分流道。继续开模，由于拉杆和限位螺钉作用，使定模底板与分流道推板分型，在分型过程中，分别将浇注系统凝料从主流道及分流道拉杆上脱出。与此同时，在推杆的作用下，塑件被推出。

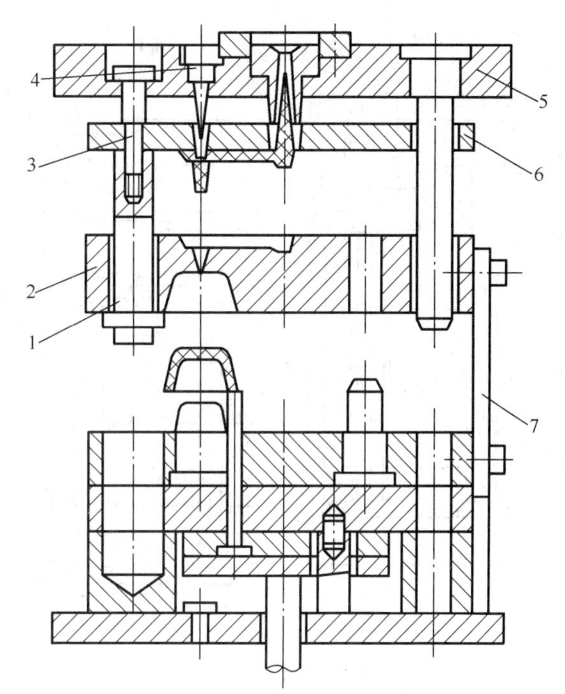

图 7-31　利用分流道推板拉断点浇口

1—拉杆；2—定模型腔板；3—限位螺钉；4—分流道拉杆；5—定模底板；6—分流道推板；7—拉板

（3）利用定模推板的自动推出机构。图 7-32 为利用定模推板推出多型腔浇口浇注系统凝料的结构。

图 7-32（a）为模具闭合、注射状态；图 7-32（b）为模具打开状态。

模具打开时，定模座板首先与定模推板分型（一次分型），浇注系统凝料随动模部分一起移动，从主流道中拉出。当定模推板的运动受到限位钉的限制后停止运动，型腔板继续运动，使点浇口被拉断，凝料由型腔板中脱出，浇注系统凝料靠自重自动落下。

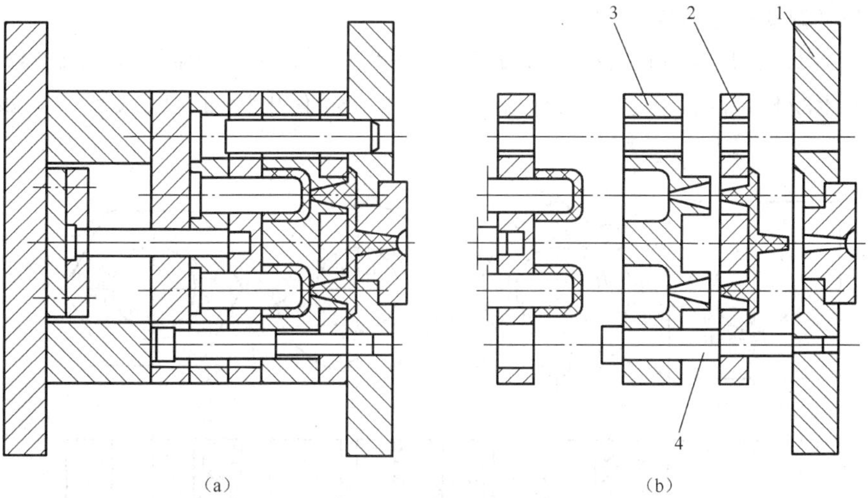

（a）　（b）

图 7-32　定模推板推出机构

1—定模座板；2—定模推板；3—型腔板；4—限位钉

（4）潜伏浇口式浇注系统凝料的脱出机构。

① 外侧潜伏式浇口（见图 7-33）从型腔侧壁注入塑料，成型后在顶出塑件和流道时，浇口自动被切断；

② 内侧潜伏式浇口（见图 7-34）。

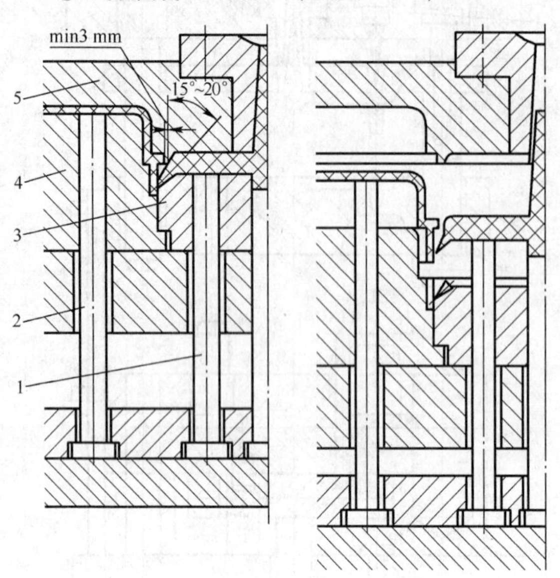

图 7-33　外侧潜伏式浇口

1、2—推杆；3—动模板；4—型芯；5—定模座板

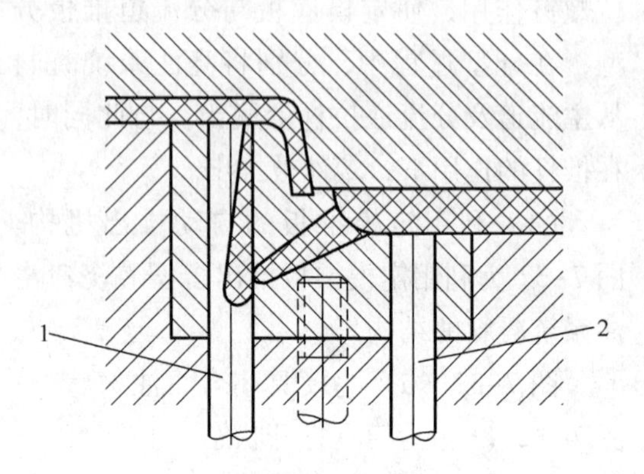

图 7-34　内侧潜伏式浇口

1—内侧推杆；2—推杆

7.2.7　塑件带螺纹塑件的脱模机构

通常，塑件上的内螺纹用螺纹型芯成型，外螺纹用螺纹环成型。由于螺纹的特殊形状，所以带螺纹塑件脱模需设置一些特殊机构，其模具结构也较复杂。

1. 塑件螺纹脱模机构设计

（1）塑件外表面应带有止转结构。带螺纹塑件成型后，必须与螺纹型芯或型环作相对转动和移动才能脱模，因此在塑件的外表面或端面应带有止转的花纹或图案，如图 7-35 所示。

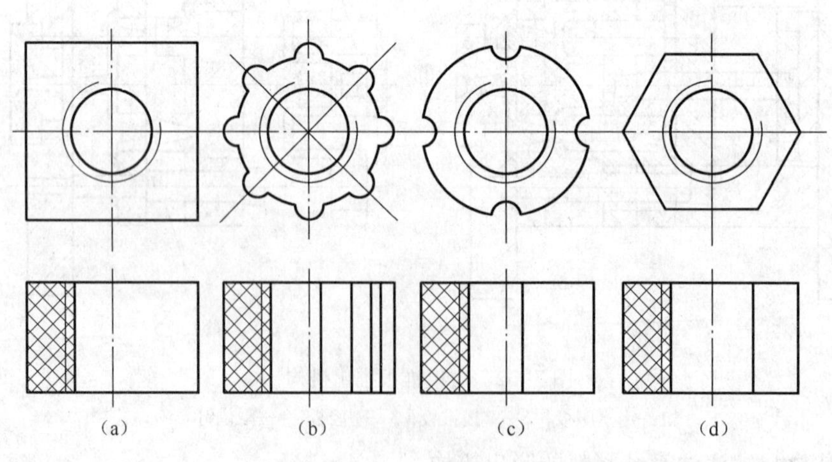

图 7-35　塑件外形止转结构

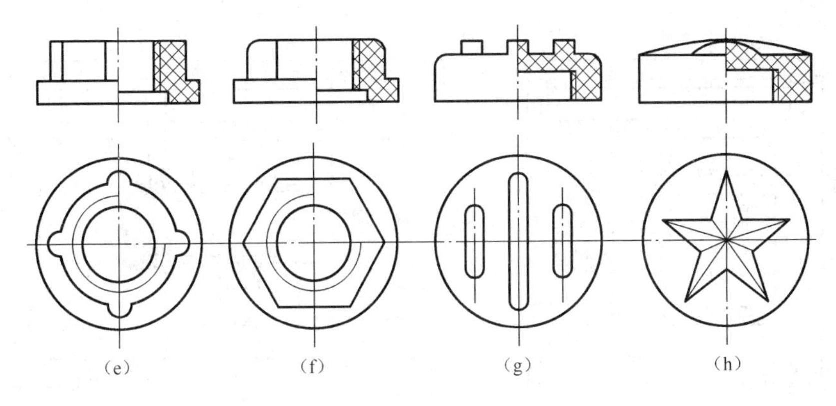

图 7-35　塑件外形止转结构（续）

（2）模具必须设置止转结构。为使塑件在脱模时不跟螺纹型芯或型环一起转动，型腔与塑件端面上必须设置止转结构，如图 7-36 所示。脱模时，通过螺纹型芯的回转，推板推动塑件沿轴向移动，使塑件脱离螺纹型芯，并在推杆的作用下使塑件脱离推板。

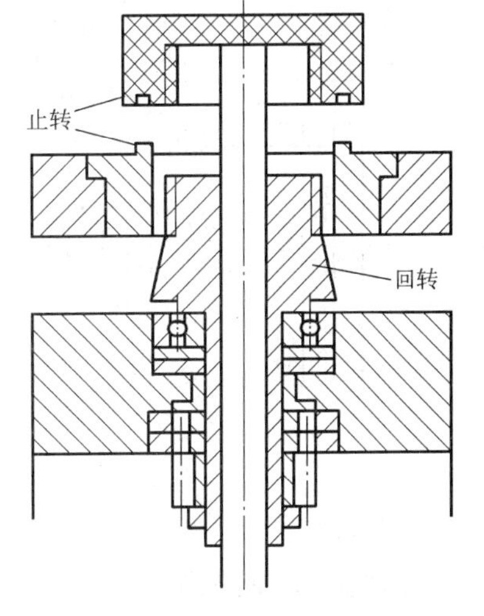

图 7-36　型腔端面止动的结构

2. 塑件螺纹的脱模方式

（1）强制脱螺纹

① 利用塑件弹性强制脱螺纹。对于聚乙烯和聚丙烯等软质塑件，如图 7-37（a）所示，可用推件板 *A* 将塑件从螺纹型芯上强制脱下，如图 7-37（b）所示。其模具结构简单，用于精度要求不高的塑件。但应避免如图 7-37（c）中所示用圆弧端面作为推出面的情况，这样脱模困难。

② 用硅橡胶作螺纹型芯强制脱模。如图 7-38 所示，开模时，在弹簧作用下 *A*－*A* 先分型，芯杆先从硅橡胶螺纹型芯中退出，使硅橡胶收缩，离开塑件，再用推杆将塑件推出。因硅橡胶寿命低，该结构仅用于小批量生产。

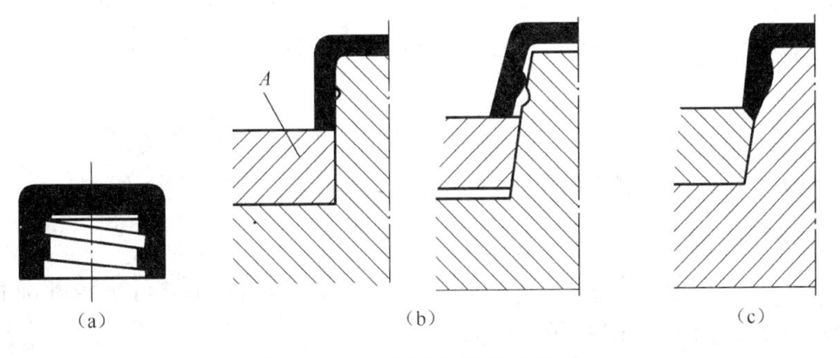

图 7-37　利用塑件弹性脱螺纹

（2）利用活动螺纹型芯或螺纹型环脱螺纹（见图 7-39）。当模具不能设计成瓣合模或回转脱螺纹结构太复杂时，可将螺纹部分做成活动型芯或活动型环随塑件一起脱模，然后在机外将它们分开。

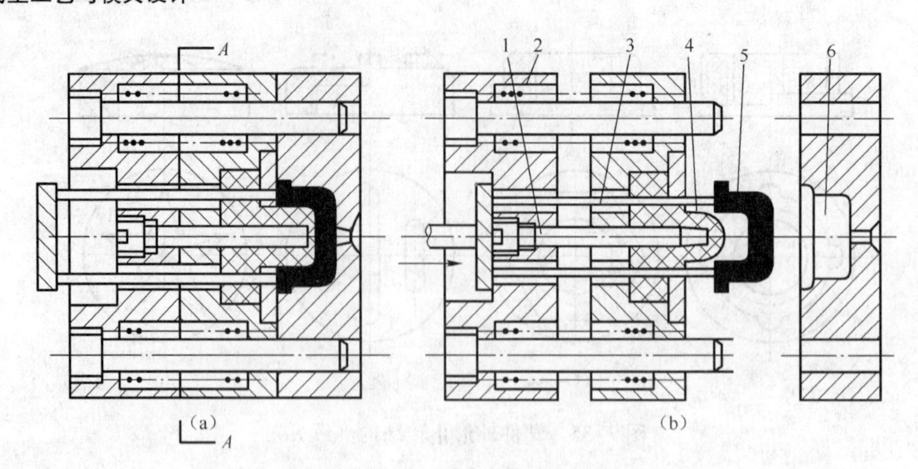

图 7-38　硅橡胶螺纹型芯脱模机构

1—芯杆；2—弹簧；3—推杆；4—硅橡胶螺纹型芯；5—塑件；6—凹模型腔

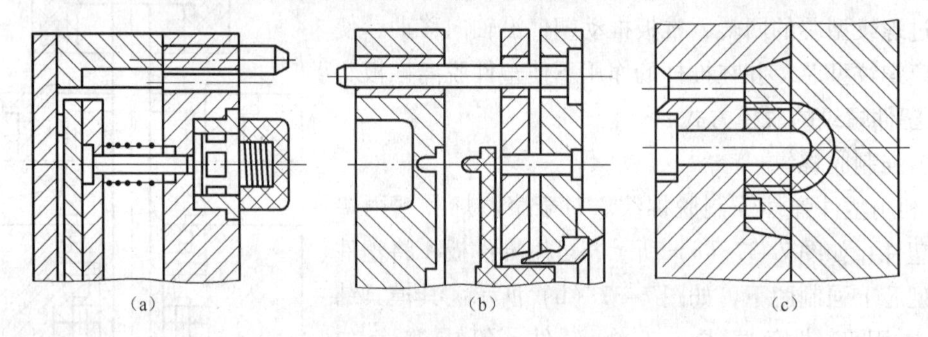

图 7-39　活动螺纹型型芯与螺纹型环

（3）螺纹部分回转的脱模机构。利用塑件与螺纹型芯或型环相对转动与相对移动脱出螺纹。通常模具回转机构设置在动模一侧。

螺纹脱模机构回转部分的驱动方式有人工驱动、液压或气动、电动机驱动；以及利用开模运动时，通过齿轮齿条驱动等。

（4）型芯式型环旋转的脱模方式。（见图 7-40）。用手工摇动蜗杆，与它啮合的蜗轮通过滑键带动螺纹型芯旋转，由于凸模的顶部设有止转槽，螺纹型芯在回转的同时向左移动（箭头所示），顺利与塑件脱离，然后开启模具从 I-I 处分型，由推板将塑件推出。

① 手动模内旋转脱模机构。图 7-41 所示为手动模内旋转脱模机构。开模后通过手轮转动轴 1，驱使螺纹型芯 7 旋转，制品轴向退出，由于弹簧 4 的张力作用，活 动型芯 6 与制品同步右移，并将制品推离型芯 7。

图 7-42 所示为类似的脱螺纹方式，内螺纹制品靠浇注系统凝料止转并沿轴向退出。制品内螺纹与冷料穴螺纹旋转方向相反。

② 机动脱螺纹机构。通过齿轮齿条或丝杠的运动使螺纹型芯作回转运动而脱离塑件。有如下几种方法：

采用齿轮齿条脱出侧向螺纹型芯（见图 7-43）开模时，齿条导柱带动螺纹型芯旋转并沿套筒螺母轴向移动，脱离塑件。

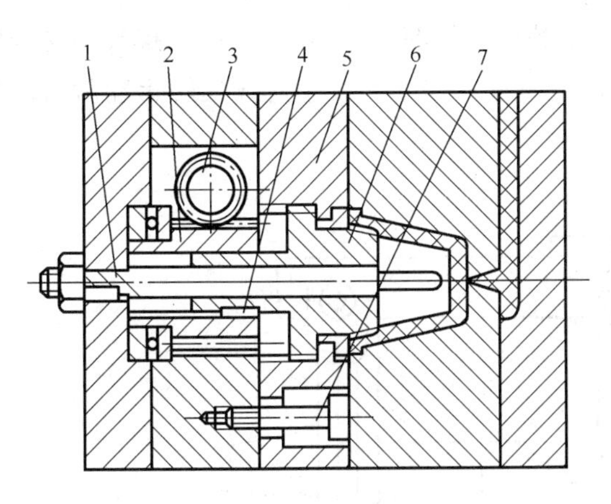

图7-40　蜗杆蜗轮旋出螺纹型芯

1—型芯；2—斜齿轮（45°）；3—斜齿轮；4—键 ；5—推件板；6—螺纹型芯；7—限位螺钉

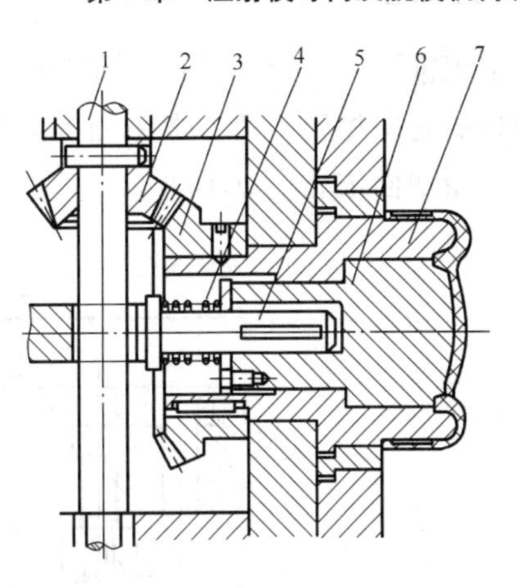

图7-41　手动旋转脱螺纹之一

1—轴；2、3—齿轮；4—弹簧；5—花键轴；6—活动型芯；7—螺纹型芯

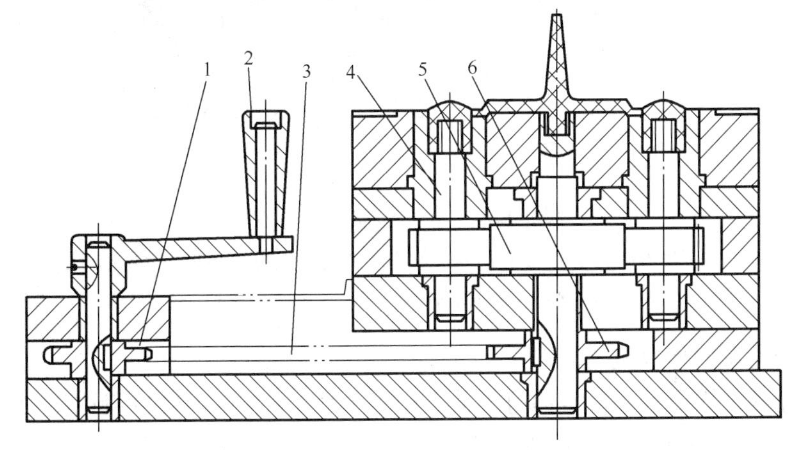

图7-42　手动旋转脱螺纹之二

1、6—链轮；2—手柄；3—链条；4—螺纹型芯；5—齿轮

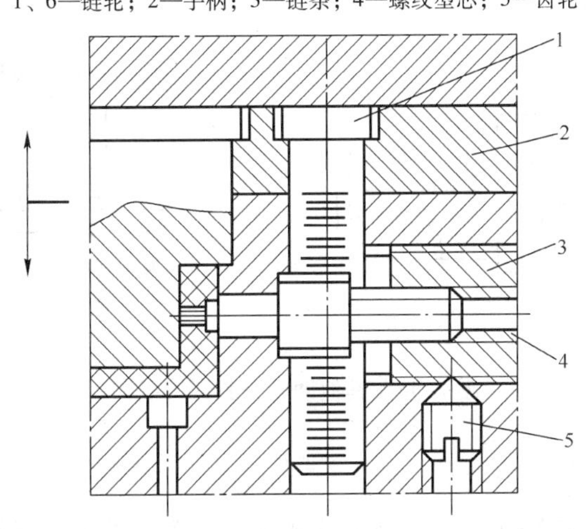

图7-43　齿轮齿条脱螺纹机构

1—齿条导柱；2—固定板；3—套筒螺母；4—螺纹型芯；5—紧定螺钉

采用锥齿轮脱螺纹型芯　用于侧浇口多型腔模。如图 7-44 所示，由于螺纹型芯与螺纹拉料杆的旋向相反，两者螺距相等并做成正反螺纹，只要螺纹型芯作回转运动就可脱出塑件。齿轮塑件依靠浇口止动。

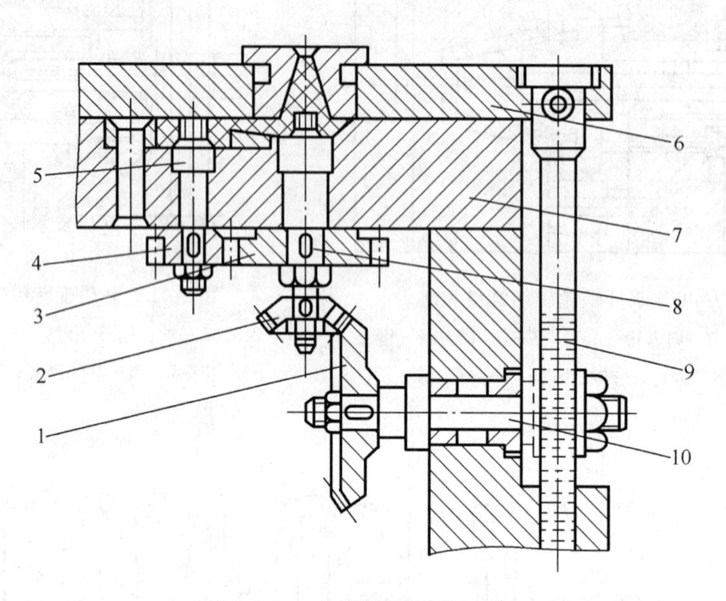

图 7-44　锥齿轮脱螺纹机构

1、2—锥齿轮；3、4—圆柱齿轮；5—螺纹型芯；6—定模底板；7—动模板；8—螺纹拉料杆；9—齿条导柱；10—齿轮轴

③ 其他动力源脱螺纹机构。

依靠液压缸或气缸使齿条往复运动，通过齿轮带动螺纹型芯回转进行脱模，如图 7-45（a）。依靠电动机和蜗轮蜗杆使螺纹型芯回转的脱螺纹机构，如图 7-45（b）。

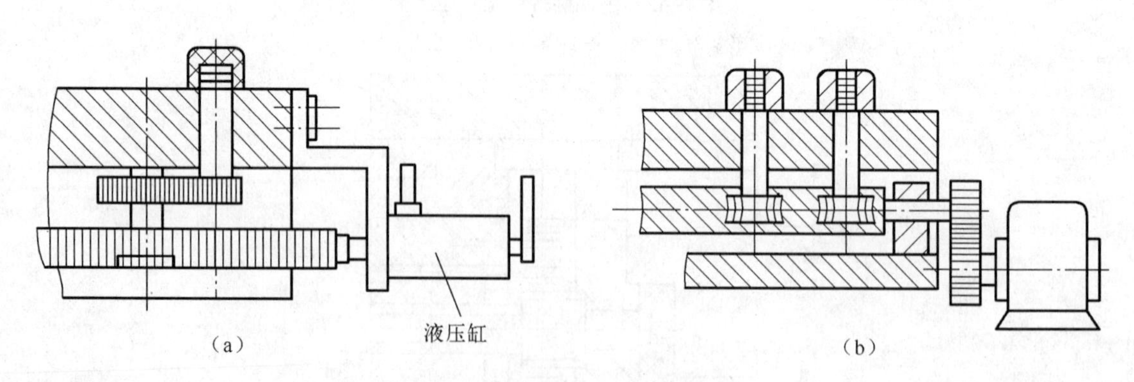

图 7-45　其他动力源脱螺纹机构

小测验

塑料饮料瓶盖带有螺纹结构，试分析设计其分型面位置和脱模机构。

思考与练习题

1. 为什么注射模中要设置导向机构？导向机构有几种形式？各有何特点？
2. 注射模中为何要设置脱模机构？其设计原则是什么？
3. 简单脱模机构有几种？
4. 推杆脱模机构由哪几部分组成？
5. 为何要采用二次脱模机构？简述其工作原理？

第8章 侧向分型与抽芯机构设计

知识目标

1. 了解注射模侧向分型与抽芯机构的组成与分类。
2. 设计与计算注射模抽芯机构并理解工作原理。
3. 识别注射模其他形式的抽芯机构类型。

能力目标

1. 能够正确选择注射模侧向分型与抽芯机构。
2. 分析注射模抽芯机构的结构组成与工作原理。
3. 运用抽芯力计算公式，能够设计出简单零件的推出机构。

如图8-1所示，当在注射成型的塑料上与开合模方向不同的内侧或外侧壁带有孔、凹穴、凸台等塑料制件时，模具上成型该处的零件就必须制成可侧向移动的零件，以便在脱模之前先抽掉侧向成型零件，否则就无法脱模。带动侧向成型零件作侧向移动抽拔与复位的整个机构称为侧向分型与抽芯机构。但在一般设计中，侧向分型与侧向抽芯常常混为一谈，均称为侧向分型抽芯，甚至只称侧向抽芯。

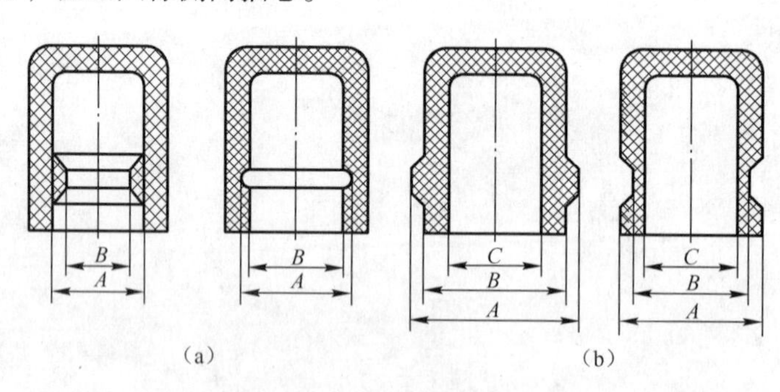

图8-1 需要侧向分型的典型零件

8.1 侧向分型与抽芯机构的分类

注射模中凡是与注射机开模方向一致的分型和抽芯都比较容易实现，模具结构也较简单。对于某些带侧凹的塑料制件，不可避免地存在着与开模方向不一致的分型。除极少数制件可以进行强制脱模外，一般都需要进行侧向分型与抽芯，才能取出制件。

能将活动型芯抽出和复位的机构称为抽芯机构。侧向分型和抽芯机构按动力来源可分为手动、气动、液压和机动四种类型。

8.1.1　手动侧向分型与抽芯机构

在推出制件前或脱模后用手工方法或手工工具将活动型芯或侧向成型镶块取出的方法称为手动抽芯方法。

手动抽芯机构的结构简单，但劳动强度大，生产效率低，故仅适用于小型制件的小批量生产。

（1）图8-2（a）所示的手动抽芯结构最简单，在推出制件前，用扳手旋出活动型芯；

（2）图8-2（b）所示的活动型芯不可随螺栓旋转，抽芯时活动型芯只作水平移动，适用于非圆形侧孔的抽芯。

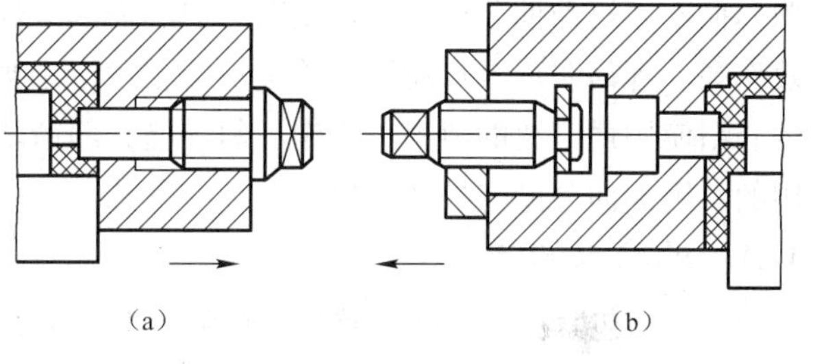

图8-2　手动抽芯机构

8.1.2　液压或气动侧向分型与抽芯机构

侧向分型的活动型芯可以依靠液压传动或气压传动的机构抽出。

一般注射机没有专设抽芯油缸或气缸，需要另行设计液压或气压传动机构及抽芯系统。

液压传动比气压传动平稳，且可得到较大的抽拔力和较长的抽芯距离，但受模具结构和体积的限制，油缸尺寸不能太大。

与机动抽芯不同，液压或气压抽芯是通过一套专用的控制系统来控制活塞移运，实现抽芯。抽芯动作不受开模时间和推出时间的影响。

1. 气动侧向抽芯机构

如图8-3所示，气动抽芯机构一般没有锁紧装置，对于侧孔为通孔或者活动型芯仅承受很小的侧向压力时，可利用气缸压力锁紧活动侧型芯，当侧压力较大或成型盲孔时，应考虑设置活动型芯的锁紧装置。

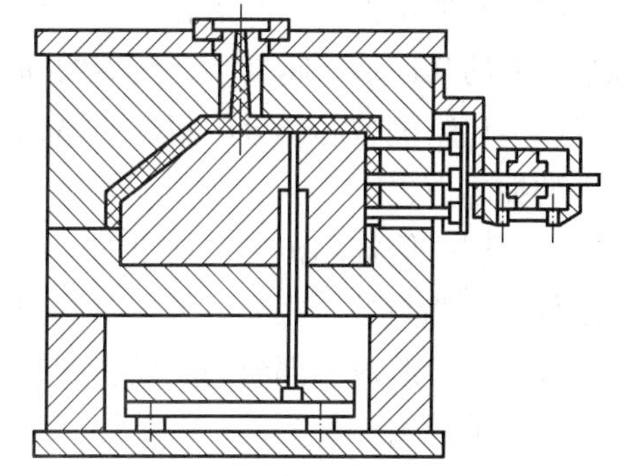
图8-3　气动抽芯机构

2. 液压侧向抽芯机构

如图8-4所示，液压抽芯机构一般带有锁紧装置，侧向活动型芯设在动模一侧。成型时，侧向活动型芯由定模上的锁紧块锁紧，开模时，锁紧块离去，由液压抽芯系统抽出侧向活动型芯，然后再推出制件，推出机构复位后，侧向型芯再复位。这种抽芯方式传动平稳，抽芯力较大，抽芯距也较长，抽芯的时间顺序可以自由

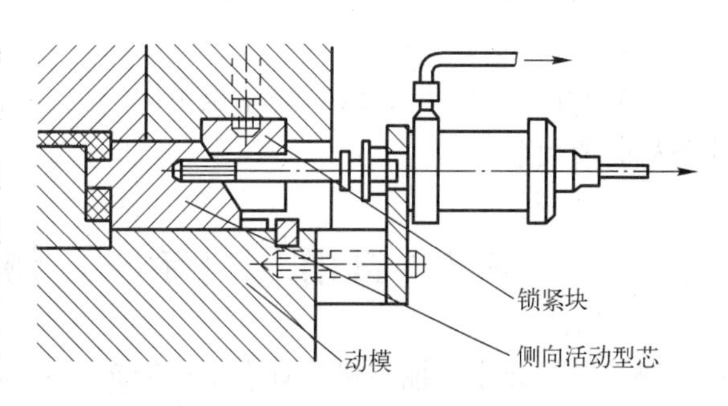

图8-4　液压抽芯机构

地根据需要设置。其缺点是增加了操作工序，而且需要配置专门的液压抽芯器及控制系统。现代注射机随机均带有抽芯的液压管路和控制系统，所以采用液压作侧向分型与抽芯也十分方便。

8.1.3 机动侧向分型与抽芯机构

机动侧向分型与抽芯是利用注射机的开模力，通过传动机构改变运动方向，将侧向的活动型芯抽出。机动抽芯机构比较复杂，但不需人工操作，抽拔力较大，具有灵活、方便、生产效率高、容易实现全自动操作等优点，在生产中被广泛采用。机动抽芯结构形式多种，本节将介绍使用最广泛的斜销、弯销、斜导槽、斜滑块和齿轮齿条五种抽芯结构，重点是最为常用的斜销侧向分型与抽芯机构。

8.1.4 抽芯力的确定

由于塑件包紧在侧向型芯或黏附在侧向型腔上，因此在各种类型的侧向分型与抽芯机构中，侧向分型与抽芯时必然会遇到抽拔的阻力，侧向分型与抽芯的力（简称抽芯力）一定要大于抽拔阻力。侧向抽芯力与脱模力的计算方法相同可按式（7-1）、（7-2）、（7-3）、（7-4）来计算。

影响抽芯力大小的因素很多，也很复杂，但与塑件脱模时影响其推出力的大小相似，归纳起来有以下几个方面：

（1）成型塑件向凹凸形状的表面积越大，即被塑料熔体包络的侧型芯侧向表面积越大，包络表面的几何形状越复杂，所需的抽芯力越大。

（2）包络侧型芯部分的塑件壁厚越大、塑件的凝固收缩越大，则对侧型芯包紧力越大，所需的抽芯力也越大。

（3）同一侧抽芯机构上抽出的侧型芯数量增多，则塑料制件除了对每个侧型芯产生包紧力之外，型芯与型芯之间由于金属液的冷却收缩产生的应力也会使抽芯阻力增大。

（4）侧型芯成型部分的脱模斜度越大，表面粗糙度低，且加工纹路与抽芯方向一致，则可以减少抽芯力。

（5）注射成型工艺对抽芯力也有影响，压射比压大，对侧型芯的包紧力增大，增加抽芯力；注射结束后的保压时间长，可增加塑件的致密性，但线收缩大，需增大抽芯力，塑件保压结束后在模内停留时间越长，对侧型芯的包紧力越大，增大抽芯力；注射时模温高，塑件收缩小，包紧力也小，减小抽芯力；模具喷刷涂料，减小塑件与侧型芯的黏附，减小抽芯力。

（6）塑料品种不同，线收缩率也不同，也会直接影响抽芯力的大小，另外，粘模倾向大的塑料会增大抽芯力。

8.2 斜销（斜导柱）侧向分型与抽芯机构

斜销侧向分型与抽芯机构具有结构简单、制造方便、工作可靠等特点。

8.2.1 工作原理

如图 8-5 所示，斜销固定在定模板上，侧型芯由销钉固定在滑块上，开模时，开模力通过斜销迫使滑块在动模板的导滑槽内向外移动，完成抽芯动作。

如图 8-6 所示，为了保证合模时斜销能准确地进入滑块的斜孔中，以便使滑块复位，机构上设有定位装置，依靠螺钉和弹簧的张力，使滑块退出后紧靠在限位挡块上定位；成型时侧型芯将受到成型压力的作用，使滑块受到侧向力，故机构上应设有楔紧块，保证滑块在成型时定位可靠。抽芯后，塑件靠推管推出型腔。

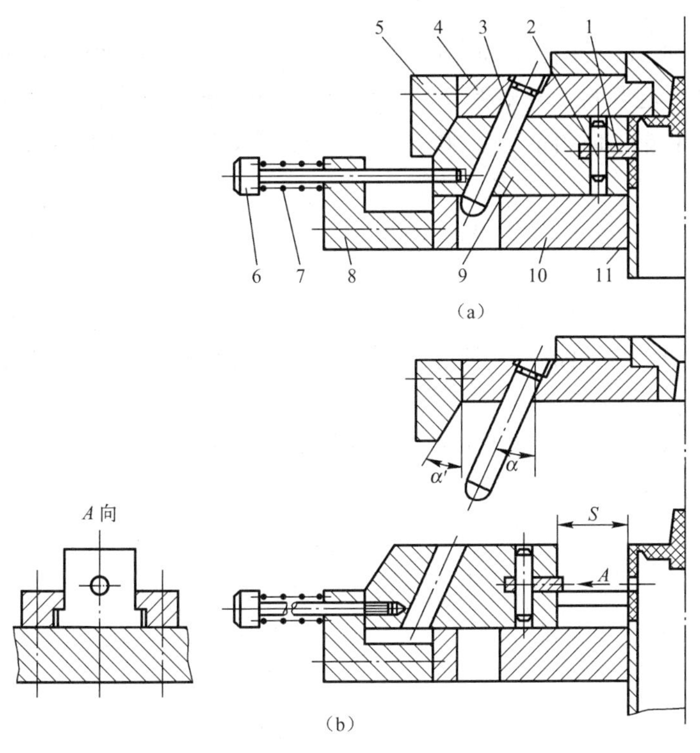

图 8-5　斜销侧向分型与抽芯机构

1—侧型芯；2—销钉；3—斜销；4—定模板；

5—楔紧块；6—螺钉；7—压紧弹簧；

8—限位块；9—滑动；10—动模板；11—推管

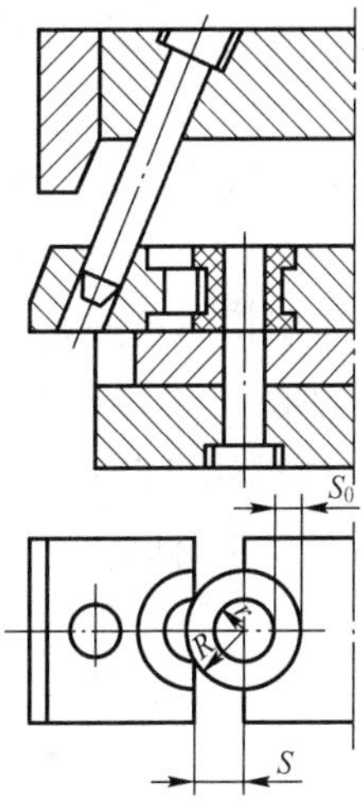

图 8-6　抽芯距的确定

8.2.2　斜导柱（斜销）侧向分型与抽芯机构主要参数的确定

1. 抽芯距 S

型芯从成型位置抽到不妨碍塑件脱模的位置所衔的距离叫抽芯距，用 S 表示。一般抽芯距等于侧孔或侧凹深度 S_0 加上 2 ～ 3 mm 的余量，即

$$S = S_0 + (2 \sim 3) \tag{8-1}$$

2. 斜销的倾角 α

斜销的倾角 α 是决定斜销抽芯机构工作效果的一个重要参数，它不仅决定了开模行程和斜销长度，而且对斜销的受力状况有着重要的影响。

当抽拔方向垂直于开模方向时，为了达到要求的抽芯距 S，所需的开模行程 H 与斜销的倾角 α 的关系为：

$$H = S\cot a \tag{8-2}$$

斜销的有效工作长度 L 与倾角 a 的关系为：

$$L = \frac{S}{\sin\alpha} \tag{8-3}$$

由式（8-2）和式（8-3）可见，倾角 α 增大，为完成抽芯所需的开模行程及斜销有效工作长度均可减小，有利于减小模具的尺寸。

但是从斜销受力角度来看，抽芯时滑块在斜销作用下沿导滑槽运动，当忽略摩擦阻力时，滑块将受到下述三个力作用：抽芯阻力 F_C、开模阻力 F_K（即导滑槽施于滑块的力）以及斜销作用于滑块的正压力 F'。由此可得抽芯时斜销所受的弯曲力 F（与 F''大小相等，方向相反）

$$L = \frac{F_C}{\cos\alpha} \tag{8-4}$$

抽芯时的开模阻力为：

$$F_k = F_c \tan\alpha \tag{8-5}$$

由此二式可知，当倾角 α 增大时，斜销所受的弯曲力 F 和开模阻力 F_k 均增大，斜销受力情况变差。

决定斜销倾角的大小时，应从抽芯距、开模行程和斜销受力几个方面综合考虑。生产中，一般取 $\alpha = 15° \sim 20°$，不宜超过 25°。

3. 斜销的直径

由图 8-7 可以看出，抽芯时，斜销受有弯矩 M 的作用

$$M = FL \tag{8-6}$$

式中：L——斜销有效工作长度。

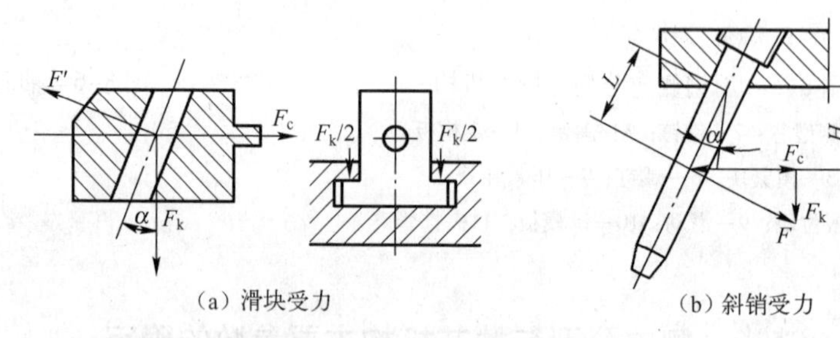

（a）滑块受力　　（b）斜销受力

图 8-7　滑块斜销受力分析

由材料力学可知斜销的弯曲应力为

$$\sigma_w = M/W \leqslant [\sigma]_w \tag{8-7}$$

式中：W——斜销的抗弯截面系数；

$[\sigma]_w$——斜销材料的弯曲许用应力。

斜销多为圆形截面，其截面系数：

$$W = \frac{1}{32}\pi d^3 = 0.1d^3 \tag{8-8}$$

由式（8-8）可得斜销直径　$d = \sqrt[3]{\dfrac{FL}{0.1[\sigma]_w}}$　(8-9a)

或
$$d = \sqrt[3]{\frac{F_C L}{0.1\,[\sigma]_w \cos\alpha}} \tag{8-9b}$$

由式（8-9）可知，斜销的直径必须根据抽芯力、斜销的有效工作长度和斜销的倾角来确定，也可采用查表法来确定。

查表前，首先要计算出抽芯力 F_c，根据 F_c 和斜销倾角 α 由表 8-1 查出最大弯曲力 F_W。

表 8-1　斜销倾角、抽芯力与最大弯曲力的关系

最大弯曲力 F_w/kN	斜销倾角 α/(°)					
	8	10	12	15	18	20
			抽芯力 F_c/kN			
1.00	0.99	0.98	0.97	0.96	0.95	0.94
2.00	1.98	1.97	1.95	1.93	1.90	1.88
3.00	2.97	2.95	2.93	2.89	2.85	2.82
4.00	3.96	3.94	3.91	3.86	3.80	3.76
5.00	4.95	4.92	4.89	4.82	4.75	4.70
6.00	5.94	5.91	5.86	5.79	5.70	5.64
7.00	6.93	6.89	6.84	6.75	6.65	6.58
8.00	7.92	7.88	7.82	7.72	7.60	7.52
9.00	8.91	8.86	8.80	8.68	8.55	8.46
10.00	9.90	9.85	9.78	9.65	9.50	9.40
11.00	10.89	10.83	10.75	10.61	10.45	10.34
12.00	11.88	11.82	11.73	11.58	11.40	11.28
13.00	12.87	12.80	12.71	12.54	12.35	12.22
14.00	13.86	13.79	13.69	13.51	13.30	13.16
15.00	14.85	14.77	14.67	14.47	14.25	14.10
16.00	15.84	15.76	15.64	15.44	15.20	15.04
17.00	16.83	16.74	16.62	16.40	16.15	15.93
18.00	17.82	17.73	17.60	17.37	17.10	16.80
19.00	18.81	18.71	18.58	18.33	18.05	17.80
20.00	19.80	19.70	19.56	19.30	19.00	18.80
21.00	20.79	20.68	20.53	20.26	19.95	19.74
22.00	21.78	21.67	21.51	21.23	20.90	20.68
23.00	22.77	22.65	22.49	22.19	21.85	21.62
24.00	23.76	23.64	23.47	23.16	22.80	22.56
25.00	24.75	24.62	24.45	24.12	23.75	23.50
26.00	25.74	25.61	25.42	25.09	24.70	24.44
27.00	26.73	26.59	26.40	26.05	25.65	25.38
28.00	27.72	27.58	27.38	27.02	26.60	26.32
29.00	28.71	28.56	28.36	27.98	27.55	27.26
30.00	29.70	29.65	29.34	28.95	28.50	28.20
31.00	30.69	30.53	30.31	29.91	29.45	29.14
32.00	31.68	31.52	31.29	30.88	30.40	30.08
33.00	32.67	32.50	32.27	31.84	31.35	31.02
34.00	33.66	33.49	33.25	32.81	32.30	31.96
35.00	34.65	34.47	34.23	33.77	33.25	32.90
36.00	35.64	35.46	35.20	34.74	34.20	33.84
37.00	36.63	36.44	36.18	35.70	35.15	34.78
38.00	37.62	37.43	37.16	36.67	36.10	35.72
39.00	38.61	38.41	38.14	37.63	37.05	36.66
40.00	39.60	39.40	39.12	38.60	38.00	37.60

然后根据最大弯曲力、侧型芯中心线与斜销固定底面的距 H_w（$H_w = L\cos a$），以及斜销的倾角，由表 8-2 查得斜销的直径 d。

表 8-2　斜导柱倾角、高度 H_w、最大弯曲力和斜导柱直径的关系

斜导性倾角 α/(°)	H_w/mm	最大弯曲力/kN 1	2	3	4	5	6	7	8	9	10	11	12	13	14	15
		斜导柱直径/mm														
8	10	8	10	10	12	12	14	14	14	15	15	16	16	18	18	18
	15	8	10	12	14	14	15	16	16	18	18	18	20	20	20	20
	20	10	12	14	14	15	16	18	18	20	20	20	20	22	22	22
	25	10	12	14	15	18	18	18	20	20	22	22	22	24	24	24
	30	10	14	15	16	18	18	20	20	22	22	24	24	24	24	25
	35	12	14	16	18	18	20	20	20	22	24	24	25	25	26	26
	40	12	14	16	18	20	20	22	22	24	24	25	26	26	28	28
10	10	8	10	12	12	12	14	14	14	15	15	16	18	18	18	18
	15	8	12	12	14	14	15	16	16	18	18	18	20	20	20	20
	20	10	12	14	14	15	16	18	18	20	20	20	22	22	22	22
	25	10	12	14	15	18	18	18	20	20	22	22	22	24	24	24
	30	12	14	15	16	18	20	20	22	22	22	24	24	24	25	25
	35	12	14	16	18	20	20	20	22	22	24	24	25	25	26	26
	40	12	14	18	18	20	22	22	24	24	24	25	26	26	28	28
12	10	8	10	12	12	12	14	14	14	15	16	16	16	18	18	18
	15	8	12	12	14	14	15	16	16	18	18	18	20	20	20	20
	20	10	12	14	14	16	16	18	18	20	20	20	22	22	22	22
	25	10	12	15	16	18	18	20	20	20	22	22	22	24	24	24
	30	12	14	15	16	18	20	20	22	22	22	24	24	24	25	25
	35	12	14	16	18	20	20	22	22	24	24	24	25	25	25	28
	40	12	14	16	18	20	22	22	24	24	24	25	26	26	28	28
15	10	8	10	12	12	12	14	14	14	15	16	16	16	18	18	18
	15	10	12	12	14	14	15	16	16	18	18	20	20	20	20	20
	20	10	12	14	14	16	16	18	18	20	20	20	22	22	22	22
	25	10	12	14	16	18	18	20	20	20	22	22	22	24	24	24
	30	12	14	15	16	18	20	20	22	22	22	24	24	24	25	25
	35	12	14	16	18	20	20	22	22	24	24	24	24	25	26	28
	40	12	15	16	18	20	22	22	24	24	24	25	26	28	28	28
18	10	8	10	12	12	14	14	14	16	15	16	16	18	18	18	18
	15	10	12	12	14	14	14	16	18	18	18	18	20	20	20	20
	20	10	12	14	15	16	18	18	20	20	20	20	22	22	22	22
	25	10	14	14	16	18	18	20	20	20	22	22	22	24	24	24
	30	12	14	15	18	18	20	20	22	24	22	24	24	24	25	25
	35	12	14	16	18	20	20	22	24	24	24	24	24	26	26	28
	40	12	15	18	18	20	22	22	24	24	25	25	26	28	28	28
20	10	8	10	12	12	14	14	14	14	15	16	16	18	18	18	18
	15	10	12	12	14	14	15	16	18	18	18	18	20	20	20	20
	20	10	12	14	14	16	18	18	18	20	20	20	22	22	22	22
	25	10	14	14	16	18	18	20	20	20	22	22	22	24	24	24
	30	12	14	15	18	18	20	20	22	22	22	24	24	24	25	25
	35	12	14	16	18	20	20	22	22	24	24	24	24	26	26	28
	40	12	14	18	18	20	22	22	24	24	25	25	26	28	28	28

斜导柱倾角 α/(°)	H_w/mm	最大弯曲力/kN 16	17	18	19	20	21	22	23	24	25	26	27	28	29	30
		斜导柱直径/mm														
8	10	18	18	20	20	20	20	20	20	20	22	22	22	22	22	22
	15	20	22	22	22	22	24	24	24	24	24	24	24	25	25	25
	20	24	24	24	24	24	25	25	25	26	26	26	28	28	28	28
	25	24	25	25	26	26	26	28	28	28	28	28	30	30	30	30
	30	26	26	28	28	28	28	28	30	30	30	30	32	32	32	32
	35	28	28	28	30	30	30	30	30	32	32	32	34	34	34	34
	40	28	30	30	30	30	32	32	32	32	34	34	34	34	34	35
10	10	18	18	20	20	20	20	20	20	22	22	22	22	22	22	22
	15	22	22	22	22	22	22	24	24	24	24	24	24	25	25	25
	20	24	24	24	24	24	25	25	25	26	26	28	28	28	28	28
	25	24	25	25	26	26	28	28	28	28	28	30	20	30	30	30
	30	26	26	28	28	28	28	30	30	30	30	30	32	32	32	32
	35	28	28	28	30	30	30	30	32	32	32	32	32	34	34	34
	40	28	30	30	32	30	32	32	32	32	34	34	34	34	34	36
12	10	18	18	20	20	20	20	20	20	22	22	22	22	22	22	22
	15	22	22	22	22	22	24	24	24	24	24	24	24	24	25	25
	20	24	24	24	24	26	26	26	25	26	26	26	28	28	28	28
	25	24	25	25	26	26	26	28	28	28	28	30	30	30	30	30
	30	25	26	28	28	28	28	30	30	30	30	30	32	32	32	32
	35	28	28	28	30	30	30	30	32	32	32	32	32	34	34	34
	40	28	30	30	30	32	32	32	32	32	34	34	34	34	34	35
15	10	18	18	20	20	20	20	20	20	22	22	22	22	22	22	22
	15	22	22	22	22	22	24	24	24	24	24	24	25	25	25	25
	20	22	22	24	24	24	25	25	26	26	26	28	28	28	28	28
	25	24	25	25	26	26	28	28	28	28	28	30	30	30	30	30
	30	26	26	28	28	28	28	30	30	30	30	30	32	32	32	32
	35	28	28	28	28	30	30	30	32	32	32	32	32	34	34	34
	40	30	30	30	30	32	32	32	32	34	34	34	34	34	35	36
18	10	18	20	20	20	20	20	20	22	22	22	22	22	22	22	22
	15	22	22	22	22	22	24	24	24	24	24	24	25	25	25	25
	20	24	24	24	24	25	25	25	26	26	26	28	28	28	28	28
	25	25	25	26	26	26	28	28	28	28	28	30	30	30	30	30
	30	26	26	28	28	28	30	30	30	30	30	32	32	32	32	32
	35	28	28	30	30	30	30	30	32	32	32	32	34	34	34	34
	40	30	30	30	30	32	32	32	32	34	34	34	34	34	34	35
20	10	18	20	20	20	20	20	20	22	22	22	22	22	22	22	22
	15	22	22	22	22	22	24	24	24	24	24	25	25	25	25	25
	20	24	24	24	24	25	25	25	26	26	28	28	28	28	28	28
	25	25	25	26	26	26	28	28	28	28	30	30	30	30	30	30
	30	26	28	28	28	28	30	30	30	30	30	32	32	32	32	32
	35	28	28	28	30	30	30	32	32	32	32	32	34	34	34	34
	40	30	30	30	30	32	32	32	32	34	34	34	34	34	35	35

4. 斜销的长度

在确定了斜销倾角 α、有效工作长度 L 和直径 d 之后，便可按图 8-8 所示几何关系计算斜销的长度 $L_{总}$。

$$L_{总}=L_1+L_2+L_3+L_4+L_5$$

$$=\frac{D}{2}\tan\alpha+\frac{t}{\cos\alpha}+\frac{d}{2}\tan\alpha+\frac{s}{\sin\alpha}+(10\sim15) \qquad (8-10)$$

式中：L_5——锥体部分长度，一般取（10 ～ 15）mm；

D——固定轴肩直径；

t——斜销固定板厚度。

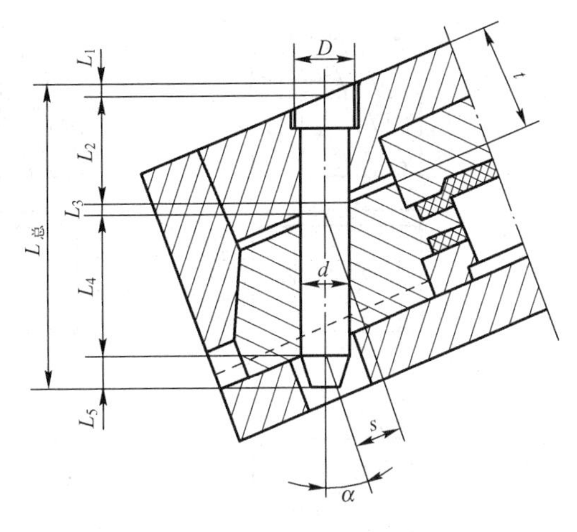

图 8-8　斜销长度计算

8.2.3　斜销侧向分型与抽芯机构设计要点

1. 斜导柱（斜销）

（1）斜导柱（斜销）结构。如图 8-9 所示，斜销形状多为圆柱形，为了减小其与滑块的摩擦，可将其圆柱面铣扁。

斜销端部常成半球状或锥形，锥体角应大于斜销的倾角，以避免斜销有效工作长度部分脱离滑块斜孔之后，锥体仍有驱动作用。

（2）斜导柱（斜销）材料。斜销材料与导柱相似，常采用 45 钢、T10A、T8A ；或 20 钢渗碳淬火，热处理硬度在 55HRC 以上。

（3）斜导柱（斜销）连接与配合。斜销与其固定板采用 H7/m6 或 H7/k6 配合；与滑块斜孔采用较松的间隙配合：H11/d11，或留有 0.5 ～ 1 mm 间隙。

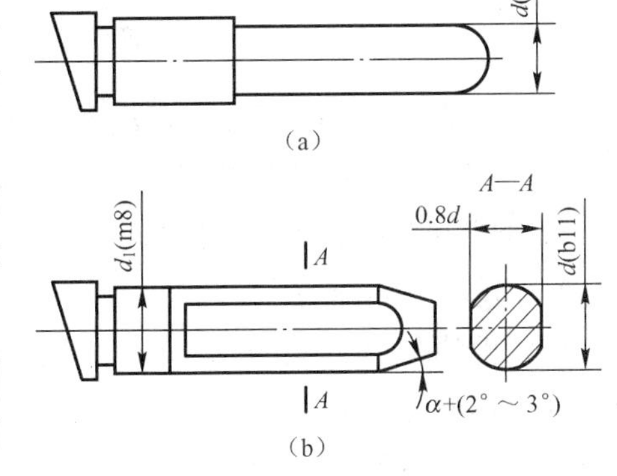

图 8-9　斜销形状

2. 滑块

滑块上装有侧型芯或成型镶块，在斜销驱动下，实现侧抽芯或侧向分型，因此滑块是斜销抽芯机构中的重要零部件。

（1）滑块的结构形式。滑块与型芯有整体式和组合式两种结构。整体式适用于形状简单便于加工的场合；组合式便于加工、维修和更换，并能节省优质钢材，故被广泛采用。

（2）滑块与侧型芯的连接方式（见图 8-10）。

① 对于尺寸较小的型芯：将型芯嵌入滑块部分，可用中心销固定［见图 8-10（a）］；也可用骑缝销固定［见图 8-10（b）］；

② 薄片状型芯可嵌入通槽再用销钉固定见［图 8-10（e）］；

③ 多个小型芯采用压板固定见［图 8-10（f）］。

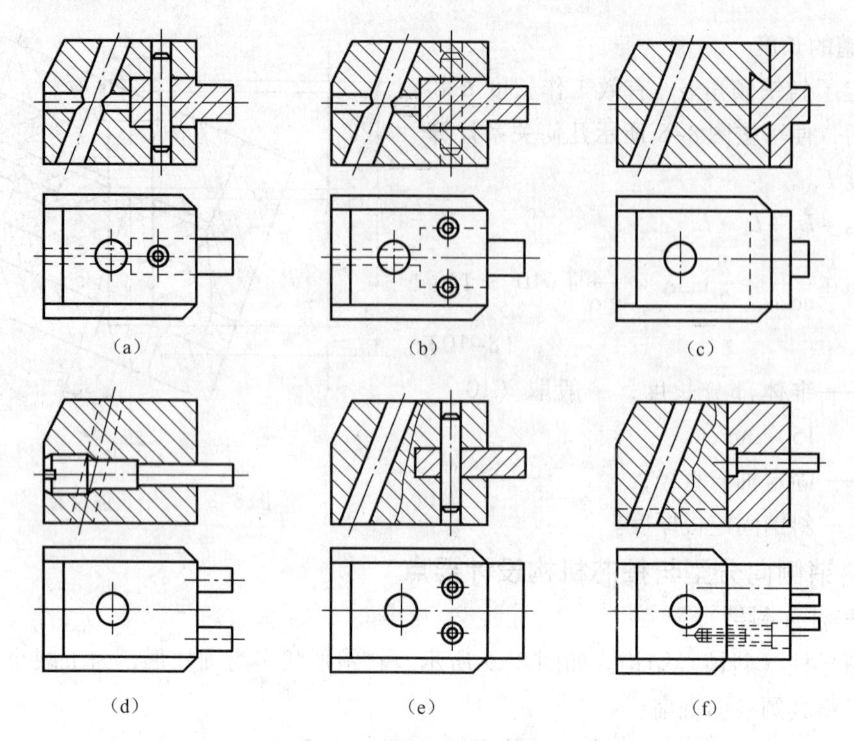

图 8-10　侧型芯与滑块的连接

(3) 滑块与型芯的材料与热处理。

① 滑块常用 45 钢或 T8、T10 制造，淬硬至 40HRC 以上；

② 型芯可用低合金冷作模具钢 CrWMn、T8、T10 或 45 钢制造，硬度在 50HRC 以上。

3. 滑块的导滑槽

(1) 滑块与导滑槽的配合形式。导滑槽应使滑块运动平衡可靠，二者之间上下、左右各有一对平面配合，配合取 H7/f7，其余各面留有间隙，如图 8-11 所示。

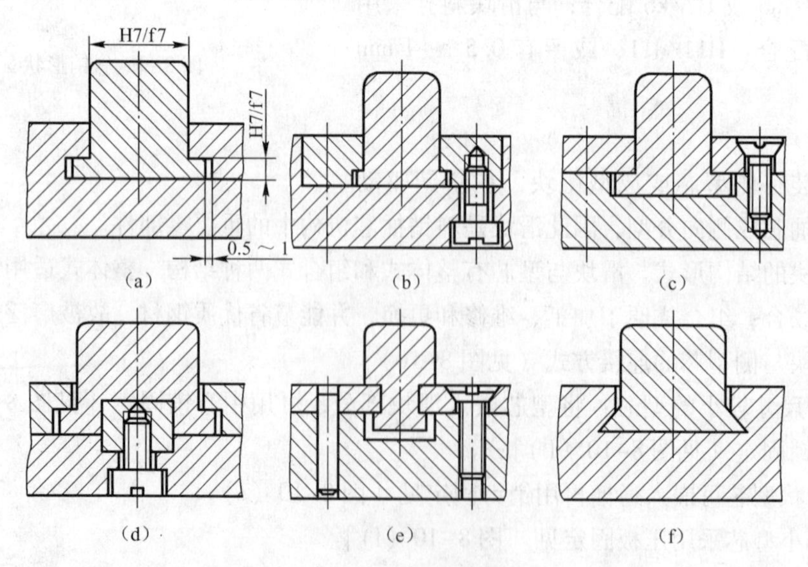

图 8-11　滑块的导滑形式

（2）导滑槽的长度。滑块的导滑部分应有足够的长度，以免运动中产生歪斜，一般导滑部分长度应大于滑块宽度的 2/3，否则滑块在开始复位时容易发生倾斜。

（3）导滑槽材料。导滑槽应有足够的耐磨性，由 T8、T10 或 45 钢制造，硬度在 50HRC 以上。

4. 滑块定位装置

① 利用限位挡块定位。

如图 8–12（a）所示是利用滑块自重靠在限位挡块上定位；如图 8–12（b）所示是利用弹簧张力使滑块停靠在限位挡块上定位，弹簧力应为滑块自重的 1.5 ～ 2 倍。

② 用弹簧销定位，如图 8–12（c）所示。

③ 利用弹簧钢球定位，如图 8–12（d）所示。

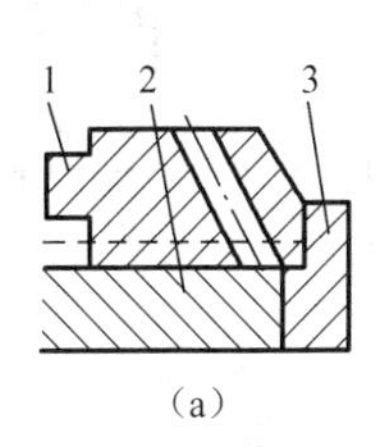

（a）

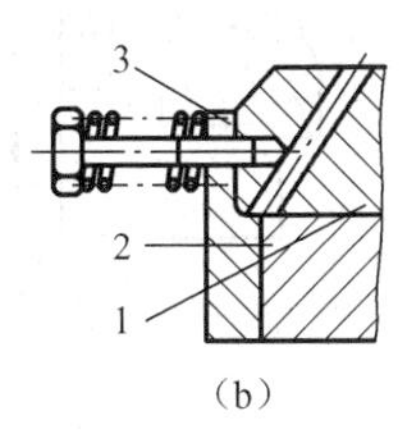

（b）

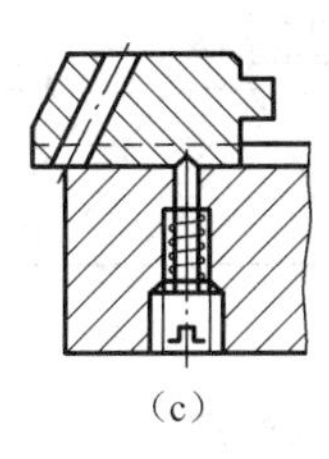
（c）

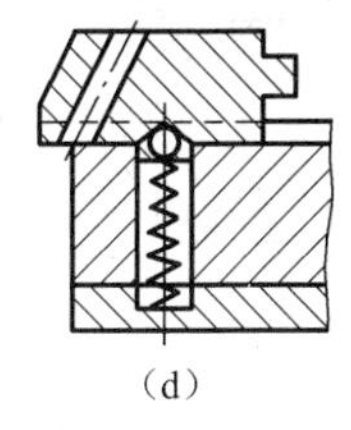
（d）

图 8–12 滑块定位装置

1—滑块；2—导滑槽板；3—限位挡块

5. 锁紧块

（1）锁紧块的作用。锁紧块用于在模具闭合后锁紧滑块，承受成型时塑料熔体对滑块的侧推力，以免斜销弯曲变形；

开模时，要求锁紧块迅速让开，所以 $\alpha' = \alpha + (2° \sim 3°)$ 以免阻碍斜销驱动滑块抽芯，如图 8–13 所示。

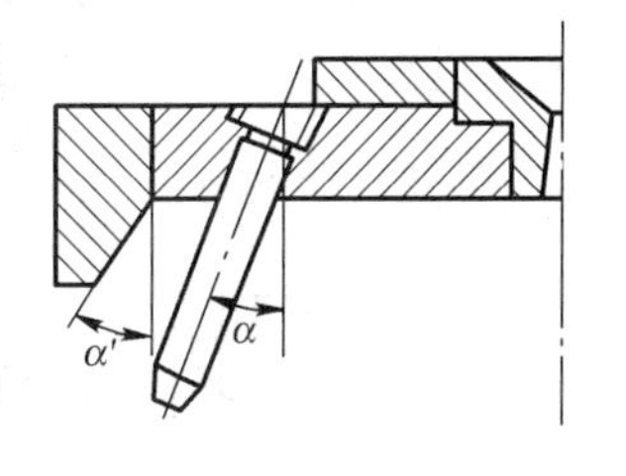

图 8–13 锁紧块角度

（2）锁紧块的结构形式。图 8–14（a）所示为整体式结构，这种结构牢固可靠，可承受较大的侧向力，但金属材料消耗大；图 8–14（b）所示为采用螺钉与销钉固定的结构形式，结构简单，使用较广泛；图 8–14（c）所示为利用 T 形槽固定锁紧块，销钉定位；图 8–14（d）所示为采用锁紧块整体嵌入模板的连接形式；图 8–14（e）所示采用两个锁紧块，起增强作用。一般图 8–14（d）、（e）所示结构适用于侧向力较大的场合。

6. 复位机构

如图 8–15 所示，当侧型芯与推杆在垂直于开模方向的投影时出 现重合部位 S'，合模时滑块复位先于推杆复位，使活动型芯与推杆相撞损坏。必须避免复位时侧型芯与推杆（或推管）发生干涉。

（1）避免侧型芯与推杆相干涉的措施。

① 在模具结构允许的情况下，应尽量避免将推杆布置于侧型芯在垂直于开模方向的投影范围内；

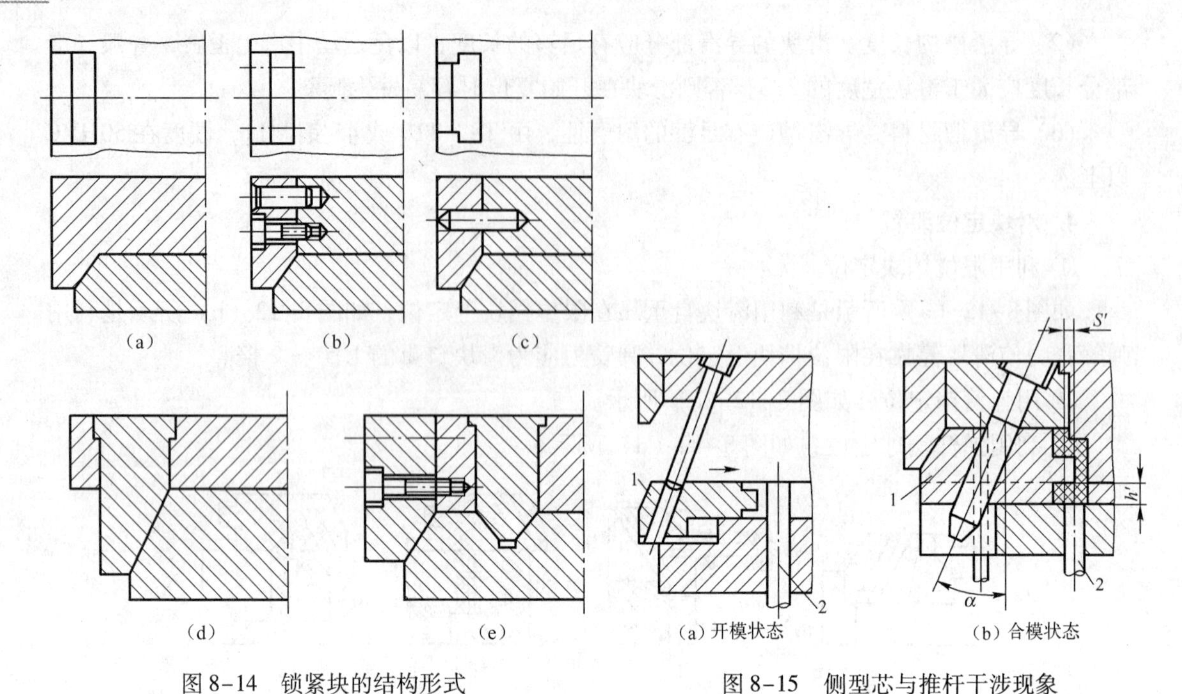

图 8-14 锁紧块的结构形式

图 8-15 侧型芯与推杆干涉现象

1—侧型芯滑块；2—推杆

② 使推杆的推出距离小于滑动型芯最低面；

③ 采用推杆先复位机构，使推杆先复位，然后再使侧型芯复位。

(2) 典型先行复位机构。

① 弹簧式。如图 8-16 所示，在推杆固定板与动模板之间设置压缩弹簧，开模推出塑件时，弹簧被压缩，一旦开始合模，注射机推顶装置与推出脱模机构脱离接触，依靠弹簧的恢复力推杆迅速复位。可靠性较差，一般适用于复位力不大的场合。

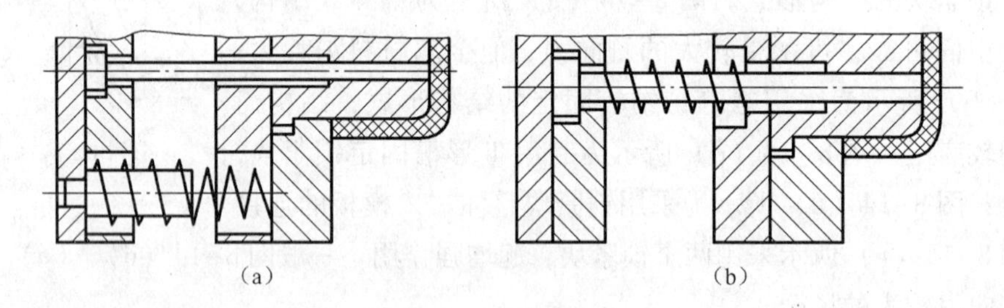

图 8-16 弹簧复位结构

② 楔形滑块复位机构。如图 8-17 所示，楔形杆固定在定模上，合模时，在斜销驱动滑块动作之前，楔形杆推动滑块右移，同时滑块又迫使推出板后退（下移）并带动推杆复位（下移）。

③ 摆杆复位机构。如图 8-18 所示，与楔形滑块复位机构的区别在于，摆杆复位机构由摆杆代替了楔形滑块。合模时，楔形杆推动摆杆转动，使推出板向下并带动推杆先于侧型芯复位。

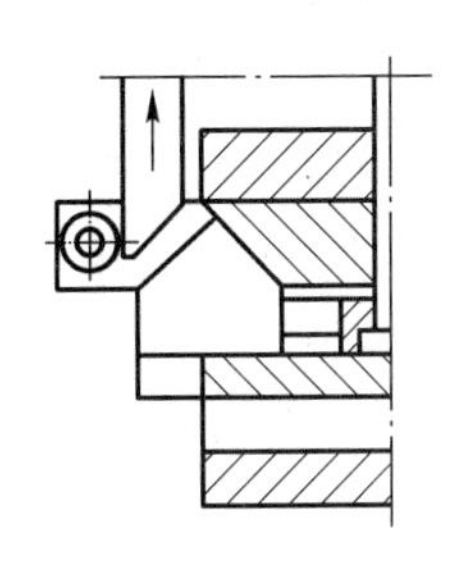

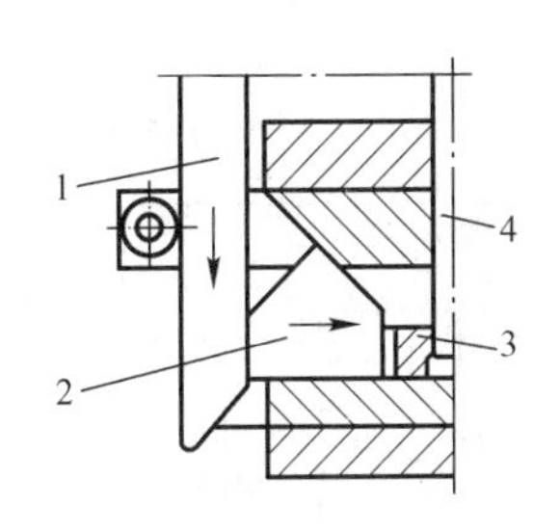

图 8-17 楔形滑块复位机构

1—楔形杆；2—滑块；3—推出板；4—推杆

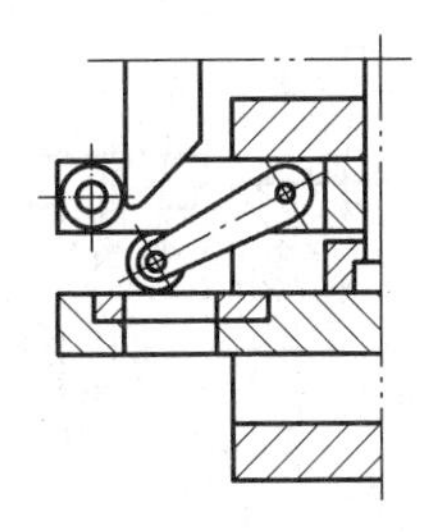

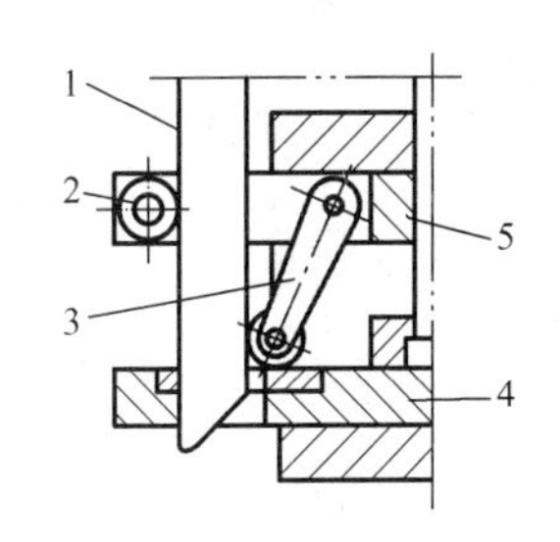

图 8-18 摆杆复位机构

1—楔形杆；2—滚轮；3—摆杆；4—推出板；5—推杆

7. 定距分型拉紧装置

有时由于塑件结构特点，滑块也可能安装在定模一侧，在这种情况下，为了使塑件留在动模上以便于脱模，在动、定模分型之前，应先将侧型芯抽出。为此，需在定模部分增设一个分型面，使斜销驱动滑块抽出型芯。

新增设的分型面脱开的距离必须大于斜销能使活动型芯全部抽出塑件的长度。达到这个距离后，才能使动、定模分型（即定距分型），然后推出制件。

常见的定距分型抽芯装置有如下几种：

(1) 弹簧螺钉式定距分型拉紧装置。如图 8-19 所示，在定模内装有弹簧和定距螺钉。开模时，在弹簧的作用下，首先从 I-I 处分型，滑块在斜销驱动下进行抽芯，当抽芯动作完成后，限位螺钉使凹模不再随动模移动。动模继续移动，动、定模从Ⅱ-Ⅱ处分型。

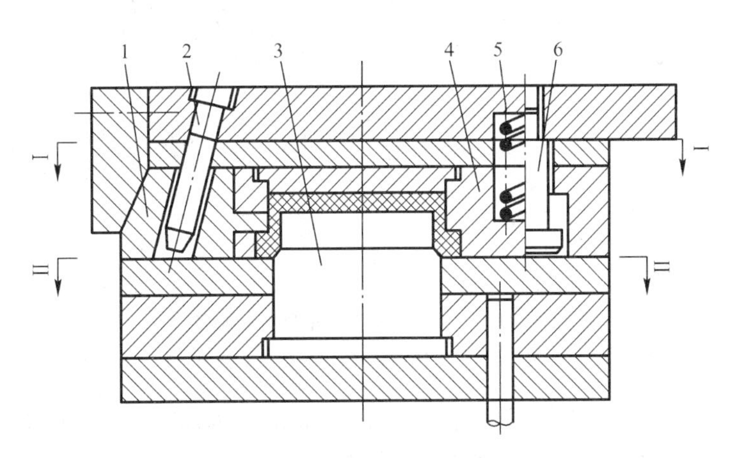

图 8-19 弹簧螺钉式定距分型拉紧装置

1—滑块；2—斜销；3—凸模；4—凹模；5—弹簧；6—定距螺钉

(2) 摆钩式定距分型拉紧装置。如图 8-20 所示，摆钩式定距分型拉紧装置由摆钩、弹簧、压块、挡块和定距螺钉组成。开模时，摆钩钩住挡块迫使模具首先从 I-I 处分型，进行侧抽芯。

当抽芯结束，压块的斜面迫使摆钩绕支点逆时针转动，定距螺钉使凹模侧板不再随动模移动。继续开模，动模由Ⅱ-Ⅱ处分型。

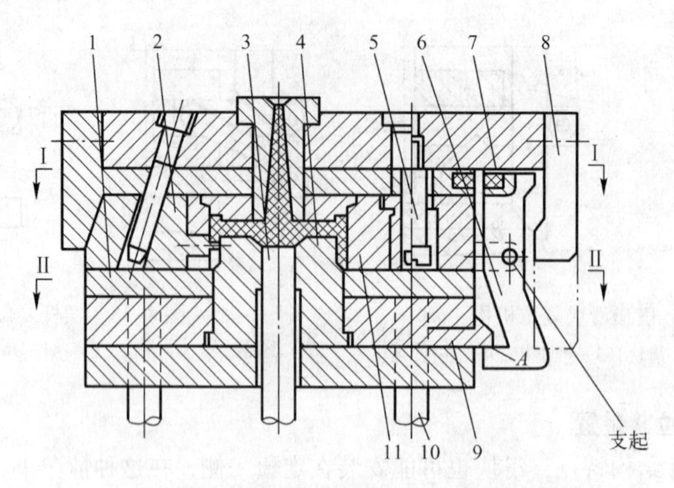

图 8-20　摆钩式定距分型拉紧装置

1—脱模板；2—侧向型芯滑块；3—推杆；4—凸模；5—定距螺钉；
6—摆钩；7—弹簧；8—压块；9—挡块；10—推杆；11—凹模侧板

(3) 滑板式定距分型拉紧装置。如图 8-21 所示，开模时，拉钩紧紧钩住滑板，使模具首先从 I 处分型，并进行抽芯。

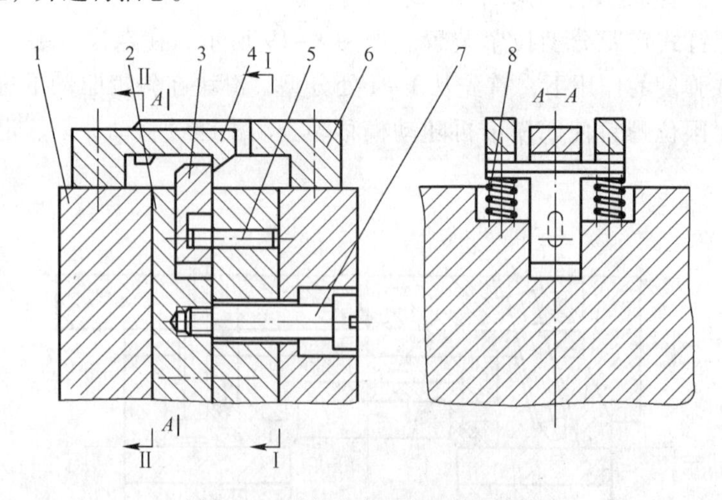

图 8-21　滑板式定距分型拉紧装置

1—动模；2—定模型板；3—滑板；4—拉钩；5—滑板定位销；6—压板；7—定距螺钉；8—弹簧

当抽芯动作完成后，在压板的斜面作用下，滑板向模内移动而脱离拉钩。由于定距螺钉的作用，当动模 继续移动时，动模与定模在Ⅱ处分型。

(4) 导柱式定距分型拉紧装置。如图 8-22 所示，开模时，由于弹簧力作用，止动销压在导柱的凹槽内，模具首先从 I 处分型。当斜销完成抽芯动作后，与限位螺钉挡住导柱拉杆使凹模停止运动。当继续开模时，开模力将大于止动销对导柱槽的压力，止动销退出导柱槽，模具便从Ⅱ处分型。这种机构的结构简单，但拉紧力不大。

8. 斜导柱分型与抽芯机构应用形式

(1) 斜导柱（斜销）与滑块均安装在动模一侧（见图 8-23）。开模时，脱模机构中的推杆推动推板，使瓣合式凹模滑块沿斜销侧向分型。

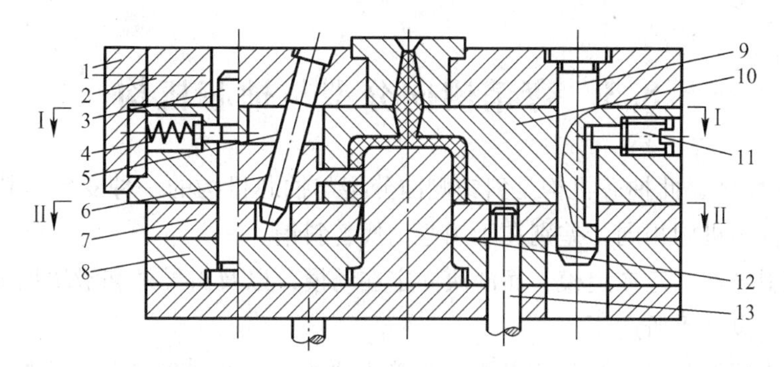

图 8-22　导柱式定距分型拉紧装置

1—锁紧块；2—定模板；3—导柱；4—止动销；5—斜销；6—滑块；7—推板；8—凸模固定板；9—导柱拉杆；10—凹模；11—限位螺钉；12—凸模；13—推杆

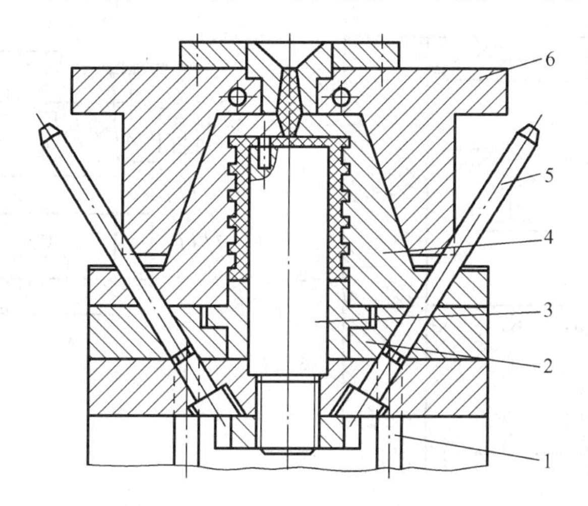

图 8-23　斜销与滑块同在动模一侧

1—推杆；2—推板；3—凸模；4—瓣合式凸模滑块；5—斜销；6—定模

（2）斜导柱（斜销）固定在动模而滑块安装在定模（见图 8-24）。开模时，动模板（支承板）下移，但被塑件包夹的凸模不动，先从Ⅰ面分型，在斜销作用下进行侧抽芯；当凸模的台肩与动模板接触，便可从Ⅱ面分型，并依靠推板将塑件推出。

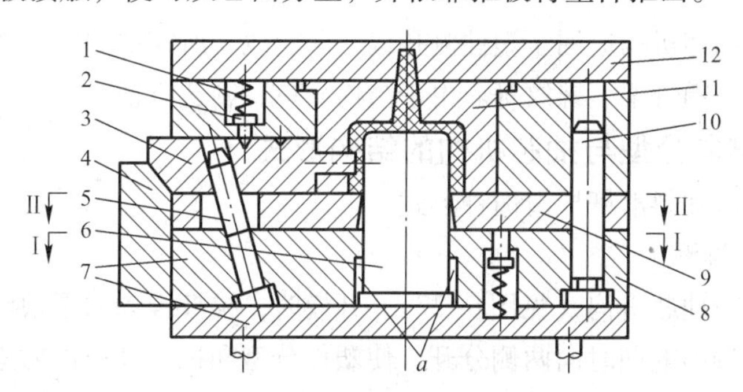

图 8-24　斜销在动模、滑块在定模的抽芯机构

1—弹簧；2—定位钉；3—滑块；4—锁紧块；5—斜销；6—凸模；7—支承板；8—导柱固定板；9—推板；10—导柱；11—凹模；12—定模板

8.3　弯销侧向分型与抽芯机构

如图 8-25 所示，此抽芯机构是斜销侧向分型与抽芯机构的一种变形。其工作原理与斜销侧向分型与抽芯机构相同，差别在于用弯销代替斜销。

此外还有斜导柱固定在定模，而滑块固定在动模，以及斜导柱和滑块均固定在定模等多种形式，可参考设计手册选用。

由于弯销为矩形截面，为避免滑块上弯销孔的加工，可在弯销中间开滑槽，于滑块上装销子，如图 8-26 示的拉板抽芯模具。开模时，滑块在拉板作用下实现侧向抽芯。该机构应用不如斜销抽芯机构普遍。

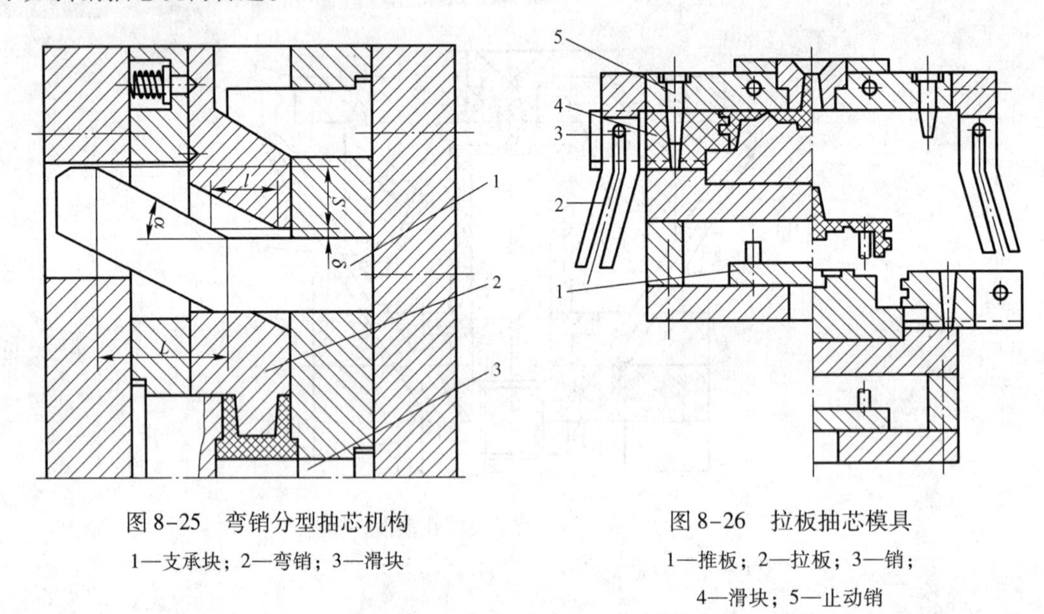

图 8-25　弯销分型抽芯机构

1—支承块；2—弯销；3—滑块

图 8-26　拉板抽芯模具

1—推板；2—拉板；3—销；4—滑块；5—止动销

8.4　斜滑块侧向分型与抽芯机构

斜滑块分型与抽芯机构适用于塑件侧孔或侧凹较浅、所需抽芯距不大但成型面积较大的场合，如周转箱、线圈骨架、螺纹等。由于结构简单、制造方便、动作可靠，应用广泛。

8.4.1　斜滑块侧向分型与抽芯机构的结构形式

可分为滑块导滑和斜滑杆导滑两种形式。

1. 利用斜滑块导滑

（1）外侧分型与抽芯机构（见图 8-27）。开模时，推杆推动斜滑块沿模套上的导滑槽上方移动；斜滑块被推出的同时向两侧分开，使塑件分型和抽芯动作同时进行。限位螺钉用以防止斜滑块从模套中脱出。

（2）内侧分型与抽芯机构（见图 8-28）。开模后，推杆固定板推动推杆并使滑块（带外螺纹）沿型芯的导滑槽移动，实现内侧分型与抽芯和塑件的推出。

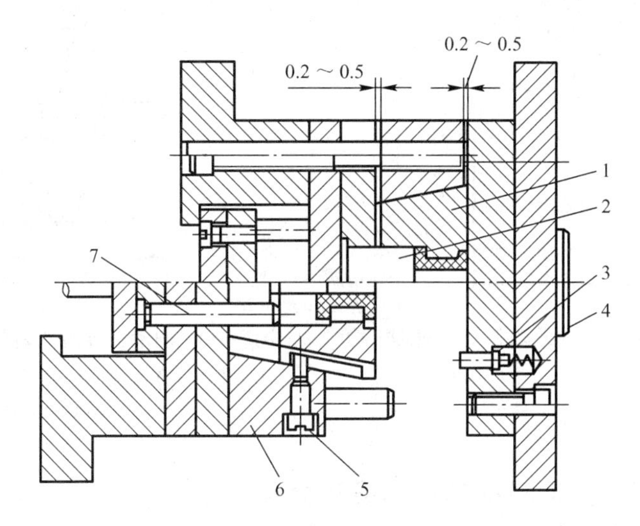

图 8-27　斜滑块外侧分型与抽芯机构

1—斜滑块；2—型芯；3—止动钉；4—弹簧；5—限位螺钉；6—模套；7—推杆

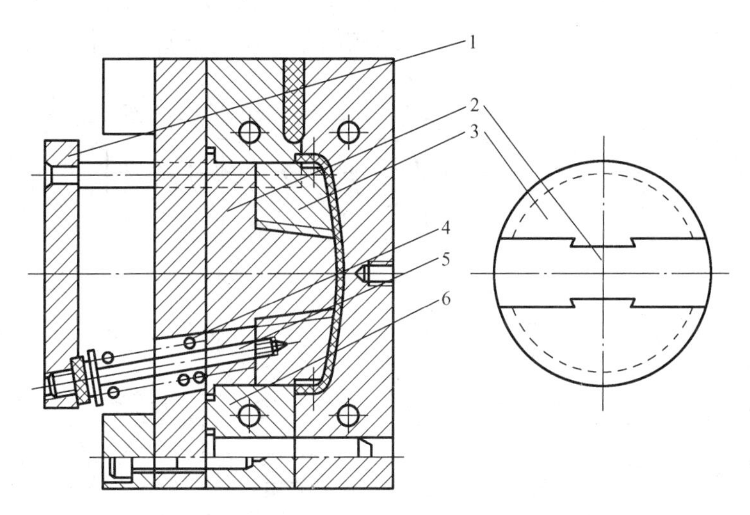

图 8-28　斜滑块内侧分型与抽芯机构

1—推杆固定板；2—型芯；3—滑块；4—弹簧；5—推杆；6—动模板

2. 利用斜滑杆导滑

（1）外侧分型（见图 8-29）。利用斜滑杆带动斜滑块沿模套的锥面移动，完成分型抽芯动作。斜滑杆在推板驱动下带动斜滑块工作，滚轮是为了减小摩擦。

（2）内侧分型。如图 8-30 所示，斜滑杆头部即为成型滑块，凸模上开有斜孔，在推出板的作用下，斜滑杆沿斜孔运动，使塑件一边抽芯，一边脱模。

斜滑杆导滑的斜滑块侧向分型与抽芯机构由于受斜滑杆刚度 的限制，故多用于抽芯力较小的场合。

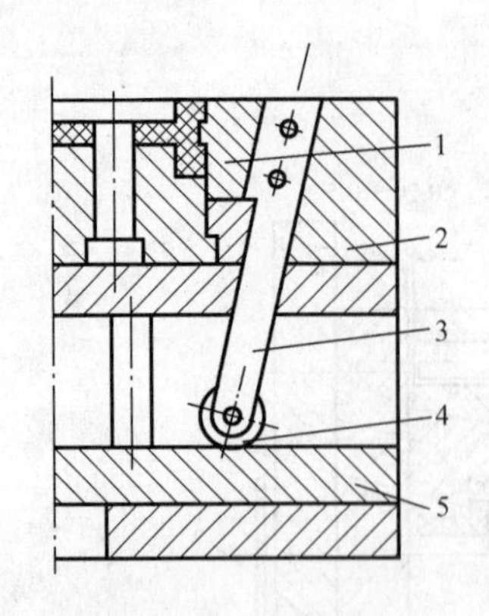

图 8-29　斜滑杆导滑的外侧分型与抽芯机构

1—斜滑块；2—模套；3—斜滑杆；

4—滚轮；5—推板

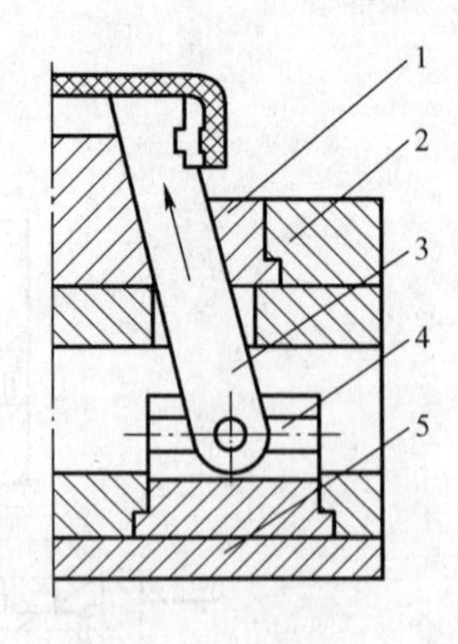

图 8-30　斜滑杆导滑的内侧分型与抽芯机构

1—斜滑块；2—模套；3—斜滑杆

4—滑座；5—推出板

8.4.2　斜滑块侧向分型与抽芯机构设计要点

1. 斜滑块导滑和组合形式

（1）斜滑块的结构形式。如图 8-31 所示为斜滑块常用组合形式，设计时应根据塑件外形、分型与抽芯方向合理组合，以满足最佳的外观质量要求。应避免塑件有明显的拼合痕迹。还应使组合部分有足够的强度，使模具结构简单、制造方便、工作可靠。

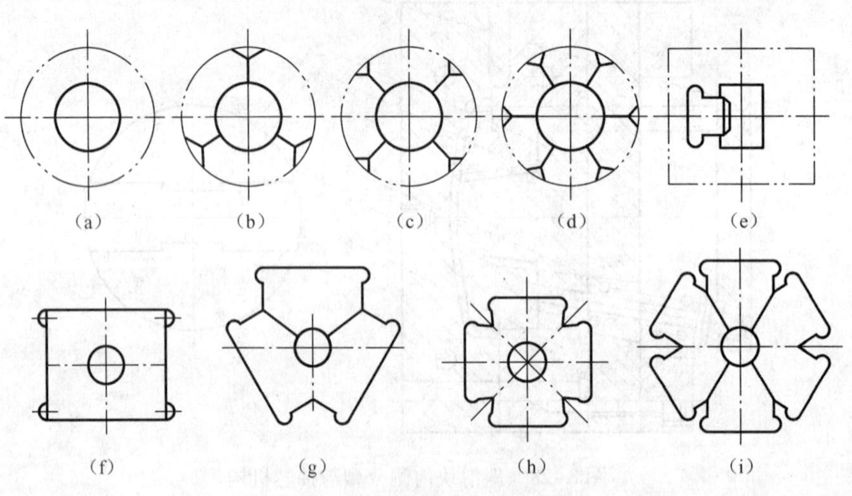

图 8-31　斜滑块的组合形式

（2）斜滑块的导滑形式。图 8 - 32 为瓣合模滑块和模套的一些组合形式。斜滑块的凸耳和导滑槽常见形式有：矩形凸耳与矩形导滑槽，如图 8 - 32（a）、（b），后者为组合式；半圆形凸耳与半圆形导滑槽，如图 8 - 32（c）；圆柱销导滑，如图 8 - 32（d）；燕尾槽导滑，如图 8 - 32（e）、（f）。燕尾槽的制造稍难一些，但占位尺寸较小，因此滑块数较多时常采用。为了运动灵活，凸耳和滑槽应采用较松动的配合。

2. 滑块止动装置

为了使塑件留在动模，希望塑件对动模部分的包紧力大于定模部分，但有时由于塑件形

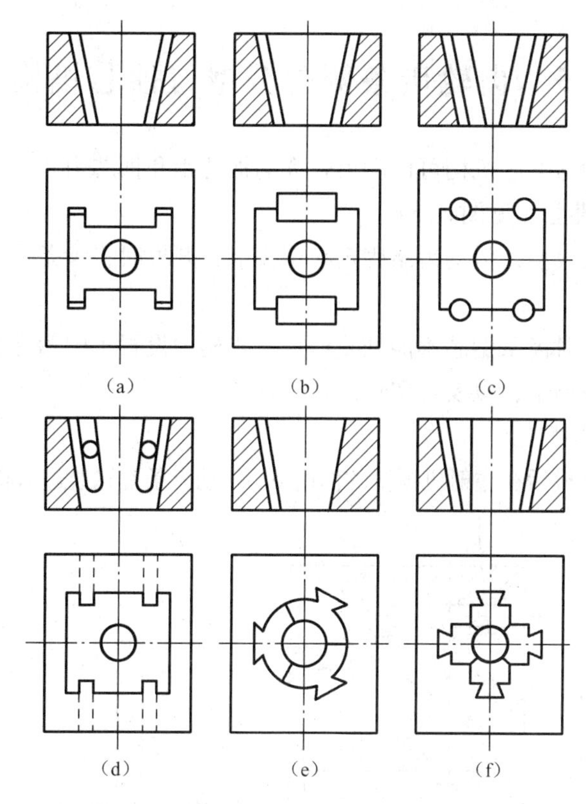

图 8-32　斜滑块的导滑形式

状特点，成型时塑件对定模部分的包紧力大于动模部分，开模时可能出现斜滑块随定模而张开，导致塑件损坏或滞留在定模。

为强制塑件留在动模一边，需设有止动装置，如图 8-33 所示，开模后止动销在弹簧作用下压紧斜滑块的端面，使其暂时不从模套脱出，当塑件从定模脱出后，再由推杆 1 使斜滑块侧向分型并推出塑件。

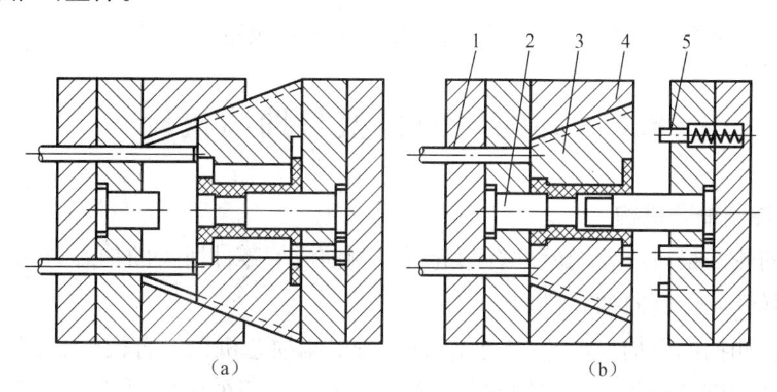

图 8-33　斜滑块止动结构

1—推杆；2—动模型芯；3—斜滑块（瓣合式凹模镶块）；4—模套；5—止动销

8.5 齿轮齿条侧向分型与抽芯机构

齿轮齿条侧向分型与抽芯机构可以获得较大的抽芯距和抽芯力。

1. 齿条固定在定模上（见图 8-34）

塑件孔由型芯齿条成型，传动齿条固定在定模上，开模时，齿条通过齿轮带动型芯齿条实现抽芯。

为了防止再次合模时齿条型芯不能恢复原位，机构中设置了弹簧定位销，在开模运动结束时插入齿轮轴的定位槽中，以实现定位。

2. 齿条固定在顶出板上

如图 8-35 所示，开模后在注射机顶杆的作用下，传动齿条首先通过齿轮将齿条型芯抽出。

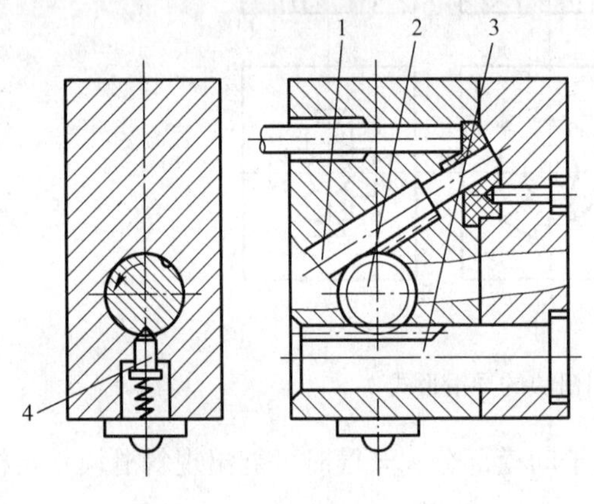

图 8-34 齿轮齿条抽芯机构

1—型芯；2—齿轮；3—齿条；4—弹簧定位销

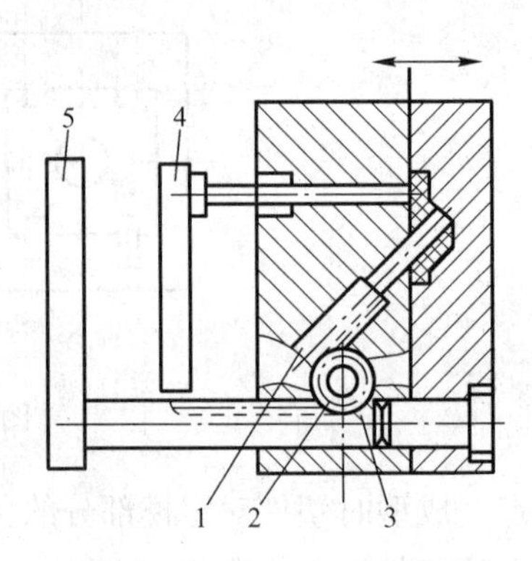

图 8-35 齿轮齿条抽芯机构

1—型芯；2—齿轮；3—齿条；4—内侧推杆；5—推杆

继续开模时，固定齿条的顶出板与固定顶杆的顶出板接触并同时运动，顶杆将塑件顶出。由于传动齿条与齿轮始终啮合，所以齿轮轴上不需再设定位装置。

8.6 其他侧向分型与抽芯机构

1. 弹性元件侧抽芯机构

当塑件上的侧凹很浅或者侧壁处有凸起时，侧向成型零件所需的抽芯力和抽芯距都不大时，可以采用弹性元件侧向抽芯机构。

（1）硬橡皮侧抽芯机构。图 8-36 所示为硬橡皮侧抽芯机构，合模时，楔紧 1 使侧型芯至成型位置。开模后，楔紧块脱离侧型芯，侧型芯在压缩了的硬橡皮的作用下抽出塑件。侧型芯的抽出与复位在一定的配合间隙（H8/f8）内进行。

（2）弹簧侧抽芯机构。图 8-37 所示为弹簧侧抽芯机构，塑件的外侧有一处微小的半圆凸起，同于它对侧型芯滑块没有包紧力，只有较小的黏附力，所以采用弹簧侧抽芯机构很合适，这样就省去了斜导柱，使模具结构简化。合模时，靠楔紧块将侧型芯滑块锁紧。开模后，楔紧块与侧型芯滑块脱离，在压缩弹簧的回复作用力下滑块作侧向短距离抽芯，抽芯结束，成型滑块由于弹簧作用紧靠在挡块上而定位。

2. 手动侧向分型机构与抽芯机构

在塑件处于试制状态或批量很小的情况下，或者在采用机动抽芯十分复杂或根本无法实现的情况下，塑件上某些部位的侧向分型与抽芯常常采用手动形式进行。

手动侧向分型与抽芯机构分为两大类：一类是模内手动抽芯，一类是模外手动抽芯。

（1）模内手动分型与抽芯机构。模内手动侧向分型抽芯机构是指在开模前用手工完成模具上的分型抽芯动作，然后再开模推出塑件。大多数的模内手动侧抽芯是利用丝杠和内螺纹的旋合使侧型芯退出与复位。图 8-38（a）所示为用于圆形型芯的模内手动侧抽芯，型芯与丝杠为一体，外端制有内六角，用内六角扳手即可使型芯退出或复位。图 8-38（b）所示为用于非圆形型芯的模内手动侧抽芯，用套筒扳手即可使侧型芯退出或复位。该形式由于侧芯的侧面积较大，最好要采用楔紧块装置锁紧侧型芯。

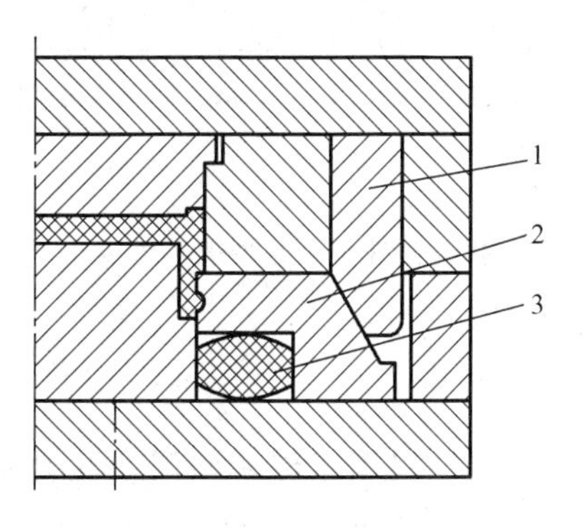

图 8-36　硬橡皮侧抽芯机构

1—楔紧块；2—侧型芯；3—硬橡皮；

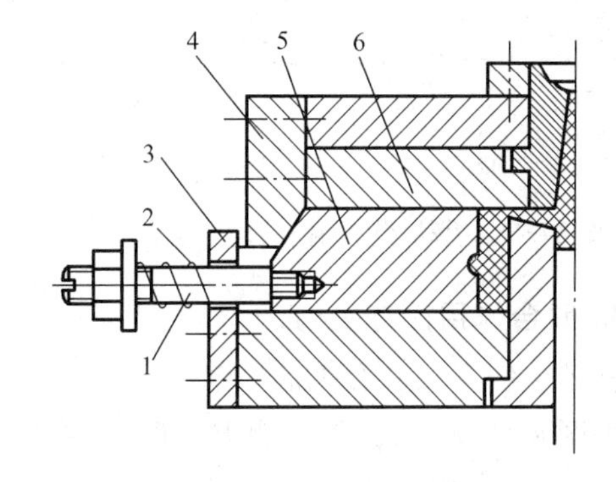

图 8-37　弹簧侧抽芯机构

1—螺杆；2—弹簧；3—挡块；4—楔紧块；5—侧型芯滑块；6—定模板

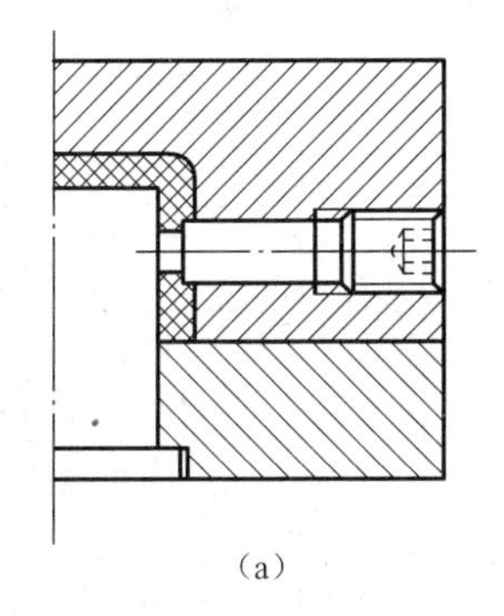

（a）

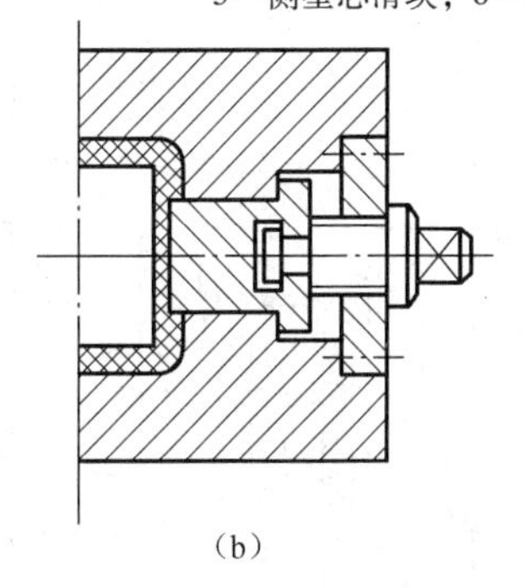

（b）

图 8-38　丝杆手动侧抽芯机构

图 8-39（a）所示为手动多型芯侧抽芯机构示意图，滑板向上推动，其上的偏心槽使固定于侧型芯上的圆柱销带动侧芯向外抽芯，滑板向下推动，侧型芯复位；图 8-39（b）所示为手动多滑块型腔圆周分型结构示意图，圆盘用手柄顺时针转动，其上的斜槽带动圆柱销使滑块周向分型，逆时针方向转动，使滑块复位。

（2）模外手动分型与抽芯机构是带有活动镶件的注射模结构，注射前，先将活动镶件以一定的配合在模内安放定位，注射后分型脱模，活动镶件随塑件一起推出模外，然后用手工的方法将活动镶件从塑件的侧向取下，准备下次注射时使用。图 8-40 所示就是模外手动分型抽芯的结构示例。图 8-40（a）中活动镶件的非成型端在一定的长度制出 3°～ 5°的斜面，以便于安装时的导向，而有 3 ～ 5 mm 的长度与动模上的安装孔进行配合，合模时，靠定模板上的小型芯与活动镶件的接触面精确定位；图 8-40（b）是塑件内侧有球状的结构，很难用其他抽芯机构，因而采用活动镶件的形式。合模前，左右活动镶件用圆柱销定位后镶入凸模，开模后推杆推动镶件将塑件从凸模上推出，最后手工将活动镶件侧向分开取出塑件。

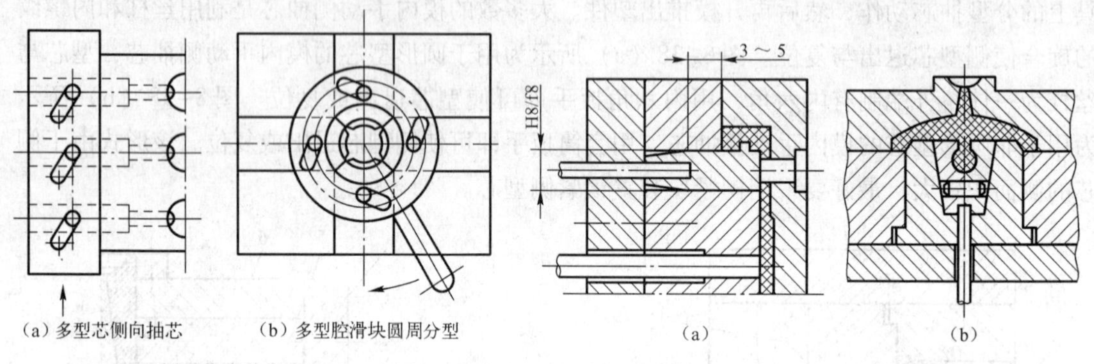

（a）多型芯侧向抽芯　（b）多型腔滑块圆周分型　（a）　（b）

图 8-39　手动多型抽拔结构示意图　　图 8-40　模外手动分型抽芯机构

3. 联合作用抽芯机构

斜销、斜滑块联合抽芯

如图 8-41 所示，为了抽出与侧向抽芯方向垂直的侧凹，采用了斜销斜滑块联合抽芯，侧滑块上开有斜向燕尾槽，内装斜滑块，开模过程中在斜销的驱动下，滑块移动，由于弹簧及制品的限制先完成斜滑块的抽芯，当限位螺钉限位时则斜销带动侧滑块及斜滑块完成全部抽芯。复位时由斜滑块的台阶面顶在挡块上完成斜滑块的复位动作。

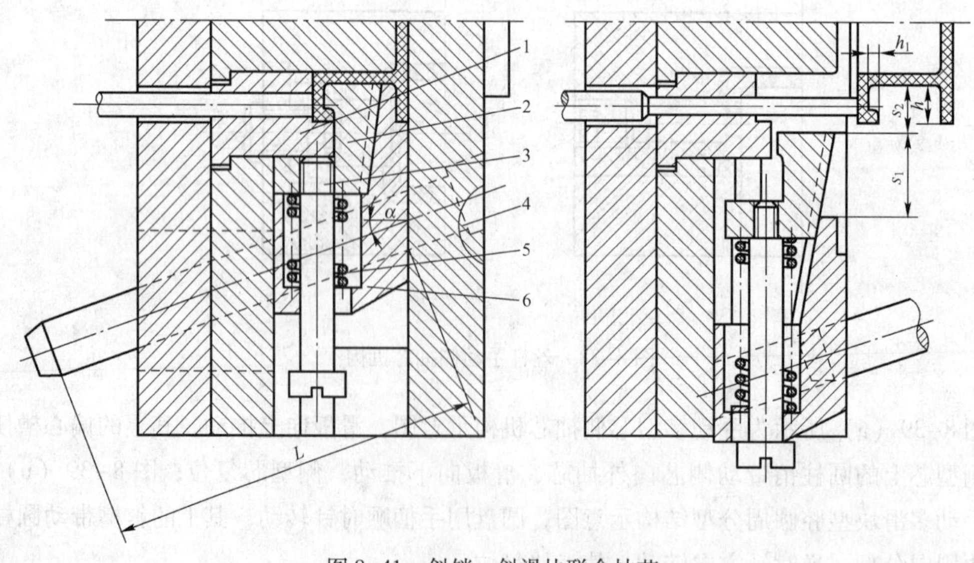

图 8-41　斜销、斜滑块联合抽芯

1—挡块；2—斜滑块；3—限位螺钉；4—斜销；5—弹簧；6—侧滑块

如图 8-42 所示的斜销推杆推出手动抽芯，制品为一内腔较深的筷子笼，为了模具结构紧凑，避免斜销过长，这里斜销作用是使侧滑块做短距离滑动，消除制品对侧型芯的包紧力，然后利用推杆使侧滑块上的侧型芯绕轴杆转动一角度，再用手（或机械手）从侧型芯上取下制品。弹簧使推出机构先行复位。

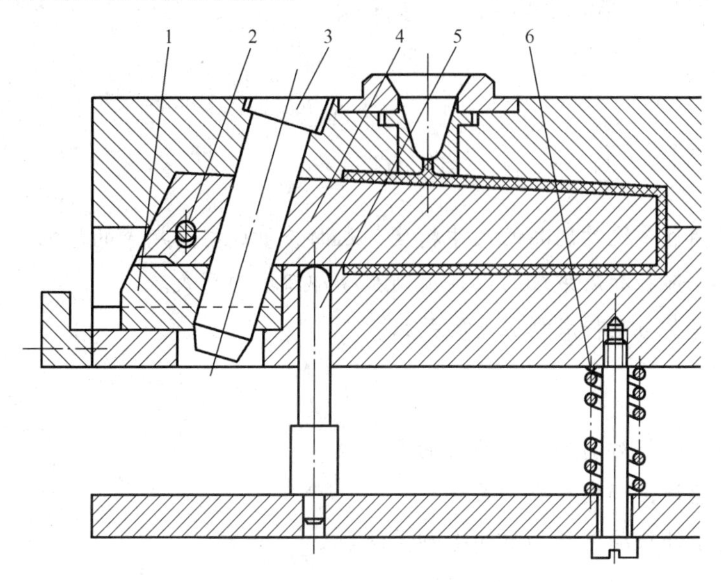

图 8-42　斜销推杆联合抽芯

1—滑块；2—轴杆；3—斜销；4—侧型芯；5—推杆套；6—弹簧

小测验

斜导柱侧抽芯时的“干涉现象”在什么情况下发生？如何避免侧抽芯时发生干涉现象？

思考与练习题

1. 模具中侧向分型抽芯机构的作用是什么？侧向分型抽芯机构有几大类？

2. 怎样计算抽拔力，计算斜销直径、斜销长度和开模行程？

3. 斜销侧向分型抽芯机构由哪些结构要素组成？设计时应注意哪些问题？

4. 一个则型芯所需抽拔力为 1000 N，斜销的斜角为 20°，抽拔距为 10 mm，斜销固定板厚度为 20 mm，若作用点距斜销固定点的距离为 20 mm，求所需斜销的直径及其总长和最小开模行程，假设塑件与钢的摩擦因数为 0.20，斜销凸肩直径 D = (d + 4) mm，$[\sigma]_w = 140$ MPa。

第9章 温度调节系统

知识目标

1. 熟悉温度调节系统对制品的尺寸精度、表面质量成型周期等的影响。
2. 掌握模具冷却和加热系统的设计原则及冷却回路的形式。
3. 掌握模具温度与塑料成型温度的关系。

能力目标

1. 能知道温度调节对制品质量的影响表现。
2. 能合理的设计出加热和冷却系统。
3. 学会根据塑件缺陷调整加热和冷却系统。

9.1 塑料成型温度及模具温度

注射模的温度对塑料熔体的充模流动、固化定型、生产效率及制品的形状和尺寸精度都有重要的影响。注射模中设置温度调节系统的目的，就是要通过控制模具温度，使注射成型具有良好的产品质量和较高的生产率。模具温度（模温）是指模具型腔和型芯的表面温度。不论是热塑性塑料还是热固性塑料的模塑成型，模具温度对塑料制件的质量和生产率都有很大的影响。

9.1.1 温度调节的必要性

温度调节对制品质量的影响表现在如下几个方面：

1. 尺寸精度

利用温度调节系统保持模具温度的恒定，能减少制品成型收缩率的波动，提高制品尺寸精度的稳定性。在可能的情况下采用较低的模温能有助于减小制品的成型收缩率，例如，对于结晶形塑料，因为模温较低，制品的结晶度低，较低的结晶度可以降低收缩率。但是，从尺寸的稳定性出发，模温不能太低，要适当提高模具温度，使制品结晶均匀。

2. 变形

模具温度稳定、冷却速度均衡，可以减小制品的变形。对于壁厚不一致和形状复杂的制品，经常会出现因收缩不均匀而产生翘曲变形的情况，因此必须采用合适的冷却系统，使模具凹模与型芯的各个部位的温度基本上保持均匀，以便型腔内的塑料熔体能同时凝固。

3. 表面质量

模具温度的恒定可以保证制品质量，如果温度过低，会使制品轮廓不清晰并产生明显的熔合纹，表面光泽低、缺陷多；而提高模具温度，可使制品表面粗糙度降低。

4. 力学性能

对于结晶形塑料，结晶度愈高，制品的应力开裂倾向愈大，故从减小应力开裂的角度出发，降低模温是有利的；但对于聚碳酸酯一类高黏度无定形塑料，其应力开裂倾向与制品中的内应力的大小有关，提高模温有助于减小制品中的内应力，也就减小了其应力开裂倾向。

5. 成型周期

缩短模塑成型周期就是提高模塑效率。缩短模塑成型周期关键在于缩短冷却硬化时间，而缩短冷却时间，可通过调节塑料和模具的温差，因而在保证制件质量和成型工艺顺利进行的前提下，降低模具温度有利于缩短冷却时间，提高生产效率。

9.1.2　模具温度与塑料成型温度的关系

注射入模具中的热塑性熔融树脂，必须在模具内冷却固化才能成为塑件，所以模具温度必须低于模具内熔融树脂的温度，即达到 θ_g（玻璃化温度）以下的某一温度范围，由于树脂本身的性能特点不同，不同的塑料要求有不同的模具温度。

对于黏度低、流动性好的塑料，例如聚乙烯、聚丙烯、聚苯乙烯、聚酰胺等，因为模具不断地被注入的熔融塑料加热，模温升高，单靠模具本身自然散热不能使模具保持较低的温度，这些塑料要求模温不能太高，因此，必须加设冷却装置，常用常温水对模具冷却，有时为了进一步缩短在模具内的冷却时间，或者在夏天，亦可使用冷凝处理后的冷水进行冷却。对于黏度高、流动性差的塑料，例如聚碳酸酯、聚砜、聚甲醛、聚苯醚和氟塑料等，为了提高充型性能，考虑到成型工艺要求较高的模具温度，因此，必须设置加热装置对模具进行加热。对于粘流温度 θ_f或熔点 θ_m较低的塑料，一般需要用常温水或冷水对模具冷却，而对于高粘流温度和高熔点的塑料，可用温水进行模温控制。对于模温要求在 90℃以上的，必须对模具加热。对于流程长、壁厚较小的塑件，或者粘流温度（或熔点）虽不高但成型面积很大的塑件，为了保证塑料熔体在充模过程中不至温降太大而影响充型，可设置加热装置对模具进行预热。对于小型薄壁塑件，且成型工艺要求模温不太高时，可以不设冷却装置而靠自然冷却。

部分塑料树脂与之相对应的模具温度参见表 9-1 和表 9-2。

表 9-1　部分塑料树脂与之相对应的模具温度　　单位:℃

树脂名称	成型温度	模具温度	树脂名称	成型温度	模具温度
LDPE	190～240	20～60	PS	170～280	20～70
HDPE	210～270	20～60	AS	220～280	40～80
PP	200～270	20～60	ABS	200～270	40～80
PA6	230～290	40～60	PMMA	170～270	20～90
PA66	280～300	40～80	硬 PVC	190～215	20～60
PA610	230～290	36～60	软 PVC	170～190	20～40
POM	180～220	90～120	PC	250～290	90～110

表 9-2　部分热固性树脂的模具温度　　单位:℃

树脂名称	模具温度	树脂名称	模具温度
酚醛塑料	150～190	环氧塑料	177～188
脲醛塑料	150～155	有机硅塑料	165～175
三聚氰胺甲醛塑料	155～175	硅酮塑料	160～190
聚邻（对）苯二甲酸二丙烯酯	166～177		

总之要得到优质产品，模具必须进行温度控制，在设计模具时根据塑料成型工艺的需要，设置冷却装置或加热装置。但有时会给注射生产带来一些问题，例如，采用冷水调节模温时，大气中水分易凝结在模具型腔的表壁，影响塑件表面质量；而采用加热措施，模内一些间隙配合的零件可能由于膨胀而使间隙减小或消失，从而造成卡死或无法工作。这些问题在设计时应注意。

9.2　冷却回路的尺寸确定

模具冷却装置的设计与使用的冷却介质、冷却方法有关。模具可以用水、压缩空气和冷凝水冷却，但用水冷却最为普遍，因为水的热容量大，传热系数大，成本低廉。水冷就是在模具型腔周围和型芯内开设冷却水回路，使水或者冷凝水在其中循环，带走热量，维持所需的温度。冷却回路的设计应做到回路系统内流动的介质能充分吸收成型塑件所传导的热量，使模具成型表面的温度稳定地保持在所需的温度范围内，而且要做到使冷却介质在回路系统内流动畅通，无滞留部位。但在冷却水回路开设时，受到模具上各种孔（顶杆孔、型芯孔、镶件接缝等）的限制，所以要按理想情况设计较困难，必须根据模具的具体特点灵活地设置冷却回路。

9.2.1　冷却回路所需的总表面积

所需总表面积可按下式计算

$$A=\frac{Mq}{3600\alpha(\theta_m-\theta_w)} \tag{9-1}$$

式中：A——冷却回路总表面积，m^2；

M——单位时间内注入模具中树脂的质量，kg/h；

q——单位质量树脂在模具内释放的热量，J/kg（查表9-3）；

α——冷却水的表面传热系数，$W/(m^2 \cdot K)$；

θ_m——模具成型表面的温度,℃；

θ_w——冷却水的平均温度,℃。

表 9-3　单位质量树脂成型时放出的热量　　单位：10^5 J/kg

树脂名称	q值	树脂名称	q值	树脂名称	q值
ABS	3～4	CA	2.9	PP	5.9
AS	3.35	CAB	2.7	VA6	5.6
POM	4.2	PA66	6.5～7.5	PS	2.7
PAVC	2.9	LDPE	5.9-6.9	PTFE	5.0
丙烯酸类	2.9	HDPE	6.9～8.2	PVC	1.7～3.6
PMMA	2.1	PC	2.9	SAN	2.7-3，6

冷却水的表面传热系数，可用下式计算

$$\alpha = \phi \frac{(\rho \nu)^{0.8}}{d^{0.2}} \tag{9-2}$$

式中：ρ——冷却水在该温度下的密度，kg/m^3；

ν——冷却水的流速，m/s；

d——冷却水孔直径，m；

ϕ——与冷却水温度有关的物理系数，ϕ 的值可从表 9-4 查得。

表 9-4　水的 ϕ 值与其温度的关系

平均水温/℃	5	10	15	20	25	30	35	40	45	56
ϕ 值	6.16	6.60	7.06	7.50	7.95	8.40	8.84	9.28	9.66	10.05

9.2.2　冷却回路的总长度

冷却回路总长度可用下式计算

$$L = \frac{A}{\pi d} \tag{9-3}$$

式中：L——冷却回路总长，m；

A——冷却回路总表面积，m^2；

d——冷却水孔直径，m。

确定冷却水孔的直径时应注意，无论多大的模具，水孔的直径不能大于 14 mm，否则冷却水难以成为湍流状态，以至降低热交换效率。一般水孔的直径可根据塑件的平均壁厚来确定。平均壁厚为 2 mm 时，水孔直径可取 8 ～ 10 mm；平均壁厚为 2 ～ 4 mm 时，水孔直径可取 10 ～ 12 mm；平均壁厚为 4 ～ 6 mm 时，水孔直径可取 10 ～ 14 mm。

9.2.3　冷却水体积流量的计算

塑料树脂传给模具的热量与自然对流散发到空气中的模具热量、辐射散发到空气中的模具热量及模具传给注射机热量的差值，即为用冷却水扩散的模具热量。假如塑料树脂在模内释放的热量全部由冷却水传导的话，即忽略其他传热因素，那么模具所需的冷却水体积流量则可用下式计算

$$V = \frac{G \cdot q}{60C \cdot \rho(t_1 - t_2)} \tag{9-4}$$

式中：V——冷却水体积流量，m^3/min；

G——单位时间注射人模具内的树脂质量，kg/h；

q——单位时间内树脂在模具内释放的热量，J/kg（查表 9-3）；

C——冷却水的比热容，J/(kg·K)；

ρ——冷却水的密度，kg/m^3；

t_1——冷却水出口处温度，℃；

t_2——冷却水人口处温度，℃。

9.3 冷却系统的设计

模具冷却系统的设计方式一般是在型腔、型芯等部位合理地设计冷却管道，并通过调节冷却水的流量及流速来控制模温，冷却水一般为常温水，为加强冷却效率，还可先降低常温水称低温水)，然后再通入模具。

9.3.1 模具冷却系统的设计原则

为了提高冷却系统的效率和使型腔表面温度分布均匀，设计冷却系统时应遵守以下原则：

1. 冷却回路数量应尽量多，冷却管道孔径要尽量大

冷却管道的直径与间距直接影响模温分布。图9-1所示是在冷却管道数量和尺寸不同的条件下通入不同温度（59.83 ℃和45 ℃）冷却水后，模具内的温度分布和制品收缩情况。其中上图为收缩应力分布情况，下图为温度分布情况。由图可知，采用五个较大的冷却管道孔时，型腔表面温度比较均匀，出现60 ～ 60.05 ℃的变化，如图9-1（a）所示；而同一型腔采用两个较小的冷却管道时，型腔表面温度出现53.33 ～ 58.38 ℃的变化，如图9-1（b）所示。由此可以看出，冷却回路孔径大，间距小，型腔散热均匀，因而型腔表面温度较均匀，制品内应力小，变形小，精度高；而冷却管道孔径小，间距大，型腔的温度变化大，造成制品各部分收缩不均匀。在模具结构允许的情况下，应尽量多设冷却管道且使用较大的孔径。

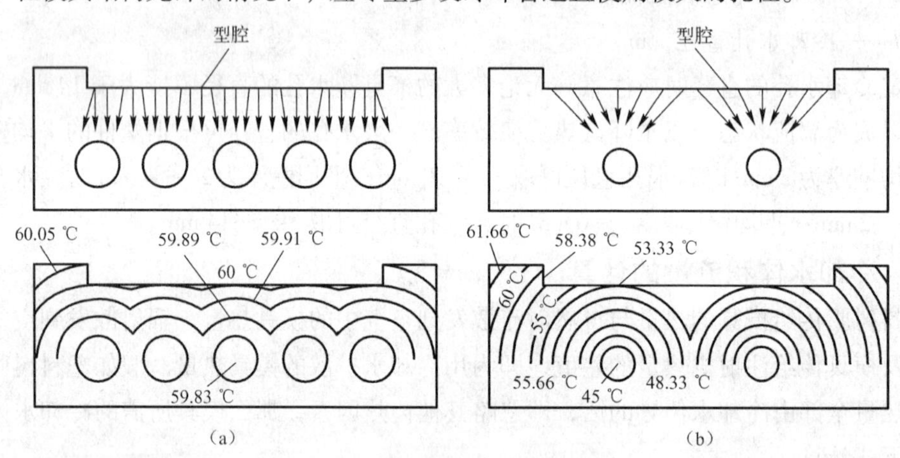

图9-1 模具内的温度分布

2. 冷却管道的布置应合理

当制品的壁厚均匀时，冷却管道与型腔表面的距离最好相等，分布尽量与型腔轮廓相吻合，如图9-2（a）所示；当制品的壁厚不均匀时，则在壁厚处应加强冷却，冷却管道间距小且较靠近型腔，如图9-2（b）所示。

3. 降低进、出口水的温差

冷却系统两端进、出水温差小，则有利于型腔表面温度均匀分布。通常可通过改变冷却管道的排列形式来降低进、出口水的温差。如图9-3（b）所示的结构形式由于管道长，进口与出口水的温差大，制品的冷却不均匀；图9-3（a）所示的结构形式因管道长度缩短，进口与出口水的温差小，冷却效果好。

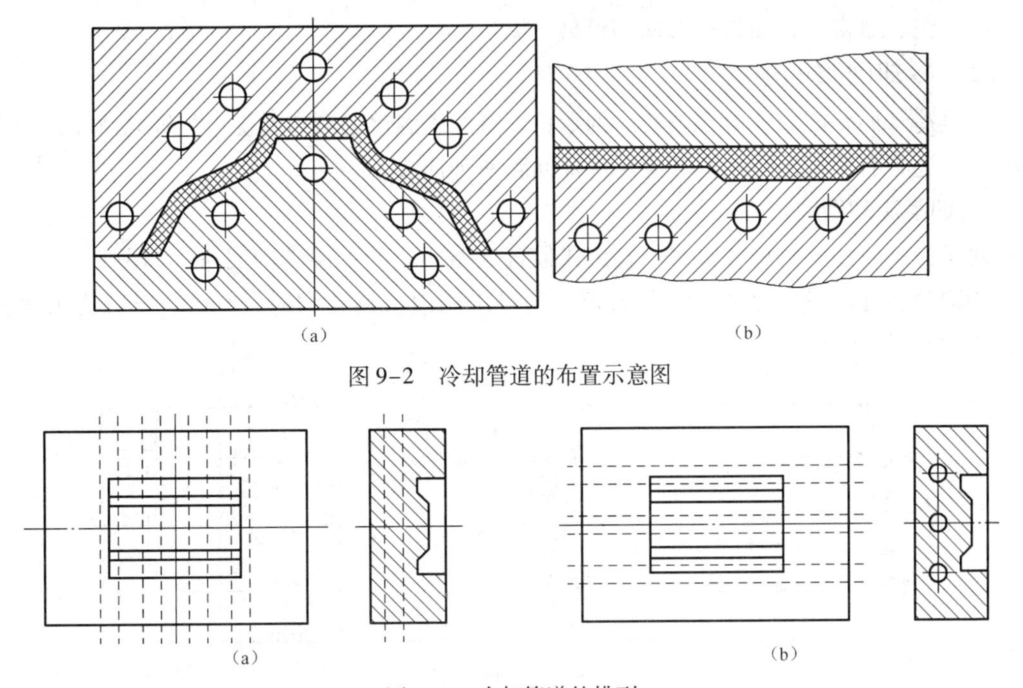

图 9-2　冷却管道的布置示意图

(a)　(b)

图 9-3　冷却管道的排列

4. 浇口处应加强冷却

塑料熔体在充模时，一般在浇口处附近的温度最高，而离浇口越远温度越低，因此应加强浇口处的冷却。通常采用将冷却回路的进水口设在浇口附近，可使浇口附近在较低水温下冷却，如图 9-4（a）所示。图 9-4（b）为多点浇口冷却回路的布置。

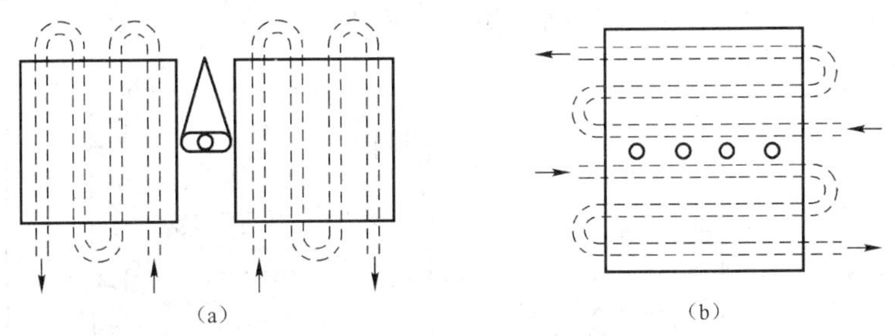

图 9-4　冷却回路入口的选择

5. 应避免将冷却管道设置在塑件易产生熔接痕部位

当采用多点浇口进料或型腔形状复杂时，多股熔体在汇合处易产生熔接痕，在熔接痕处的温度一般较其他部位要低，为了不使温度进一步降低，保证熔接质量，在熔接痕部位尽可能不设冷却管道。

6. 应注意水管的密封问题

一般冷却管道不应穿过镶块，以免在接缝处漏水，若必须通过镶块时，则应在该部位加密封圈。

7. 冷却管道应便于加工和清理

为便于加工和操作，一般管道直径为 10 mm 左右，并将进口、出口水管接头应尽量设在模具同一侧，通常设在注射机背面的模具一侧。

9.3.2 冷却回路的形式

模具冷却回路的形式应根据制品的形状、型腔内温度的分布及浇口位置等情况设计成不同形式。通常有凹模冷却回路和型芯冷却回路两种形式。

1. 凹模冷却回路形式

对于深度较浅的凹模，常采用直流式或直流循环式的单层冷却回路，如图9-5（a）所示。为避免在外部设置接头，冷却管道之间可采用内部钻孔沟通，非进、出口均用螺塞堵住，如图9-5（b）所示。

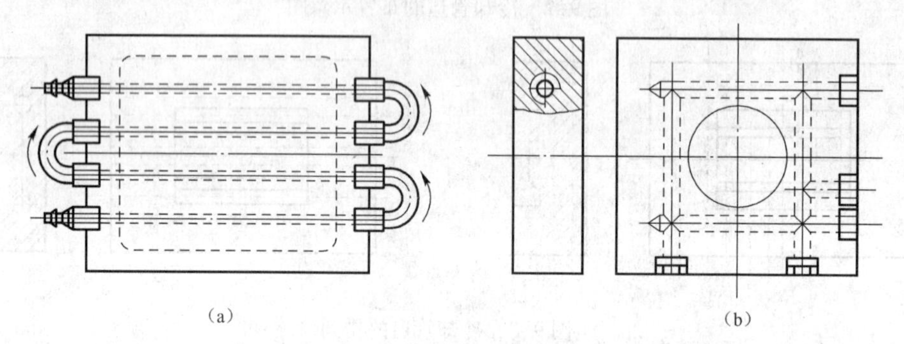

（a）　（b）

图9-5　单层式冷却回路

对于镶块式组合凹模，如果镶块为圆形，一般不宜在镶块上钻出冷却孔道，此时可在圆形镶块的外圆上开设冷却水环形槽，这种结构如图9-6所示。图9-6（a）的结构比图9-6（b）的好，因为在图9-6（a）中冷却水与三个传热表面相接触，而在图9-6（b）中冷却水只与一个传热表面接触。对于侧壁较厚的凹模，如圆筒形或矩形制品的凹模型腔，通常采用与凹模型腔相同布置的矩形多层式冷却回路，如图9-7所示。

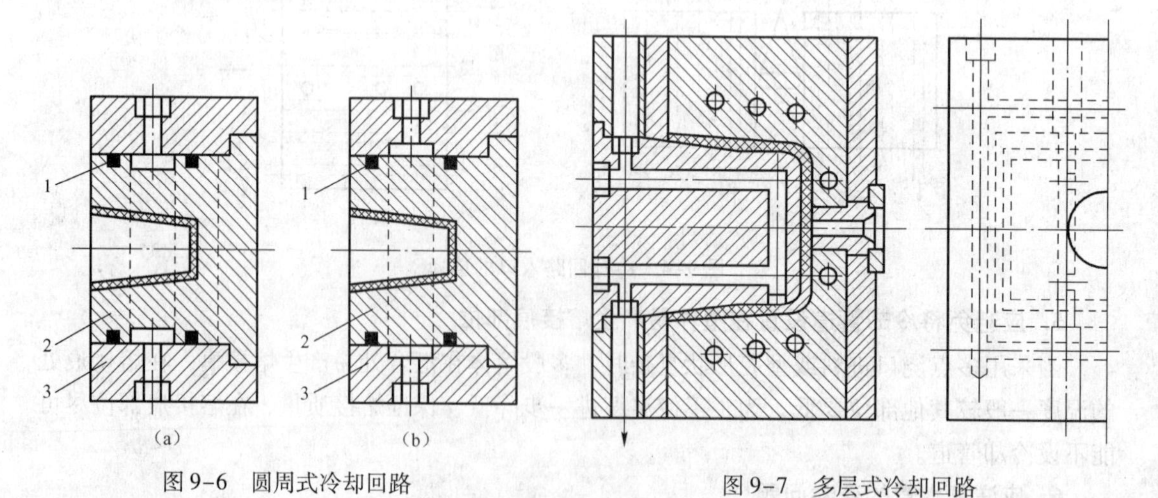

（a）　（b）

图9-6　圆周式冷却回路

1—密封圈；2—凹模镶块；3—冷却环槽

图9-7　多层式冷却回路

2. 型芯冷却回路形式

对于很浅的型芯，通常是在动、定模两侧与型腔表面等距离钻孔构成冷却回路，如图9-8所示。

对于中等高度的型芯，可在型芯上开设一排矩形冷却沟槽构成的冷却回路，如图 9–9 所示。

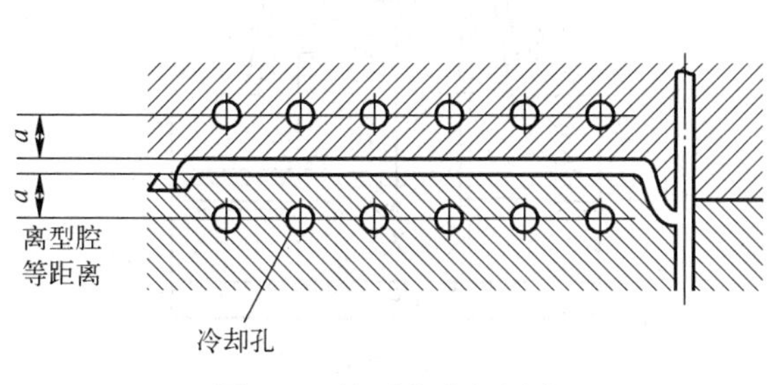

图 9–8　浅型芯冷却回路

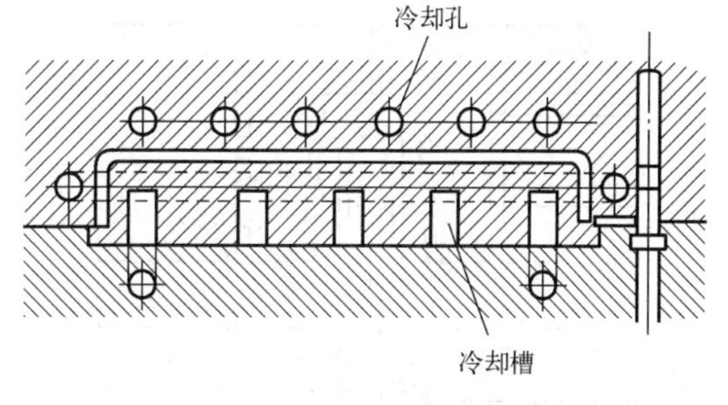

图 9–9　中等型芯的冷却回路

对于较高的型芯，为使型芯表面迅速冷却，应设法使冷却水在型芯内循环流动，其形式有以下几种：

（1）台阶式管道冷却回路。如图 9–7 所示，在型芯内部靠近表面的部位开设出冷却管道，形成台阶式管道冷却回路。

（2）斜交叉式管道冷却回路。如图 9–10 所示，采用斜向交叉的冷却管道在型芯内构成冷却回路，主要用于小直径型芯的冷却。

（3）隔板式管道冷却回路。如图 9–11 所示，采用与型芯底面相垂直的管道与底部的横向管道形成的冷却回路，为了使冷却水沿着冷却回路流动，在直管道中设置有隔板。

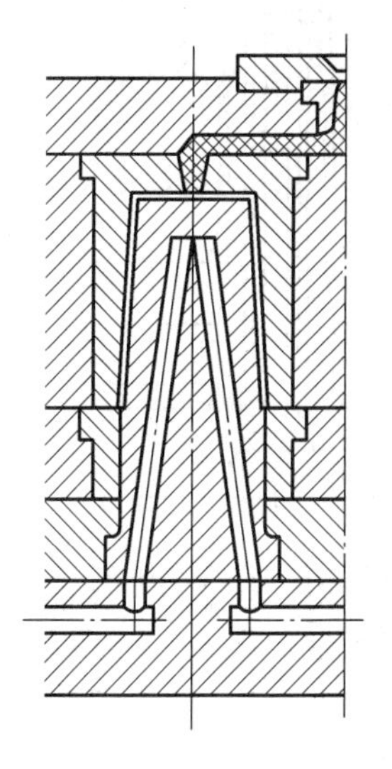

图 9–10　交叉式管道冷却回路

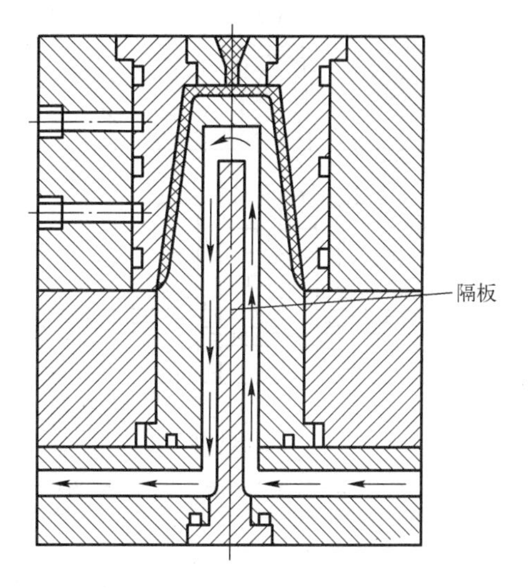

图 9–11　隔板式冷却回路

（4）喷流式冷却回路。如图 9–12 所示，在型芯中间装有一个喷水管，冷却水从喷水管中喷出，分流后，向四周流动以冷却型芯侧壁，适用于高度大而直径小的型芯的冷却。

（5）衬套式冷却回路。如图 9–13 所示，冷却水从型芯衬套的中间水道喷出，首先冷却温度较高的型芯顶部，然后沿侧壁的环形沟槽流动，冷却型芯四周，最后沿型芯的底部流出。该形式回路冷却效果好，但模具结构复杂，只适用于直径较大的圆筒形型芯的冷却。

（6）其他冷却方式。对于细小型芯，如果用水冷却，其管道很小，容易堵塞，可用间接冷却或压缩空气冷却。

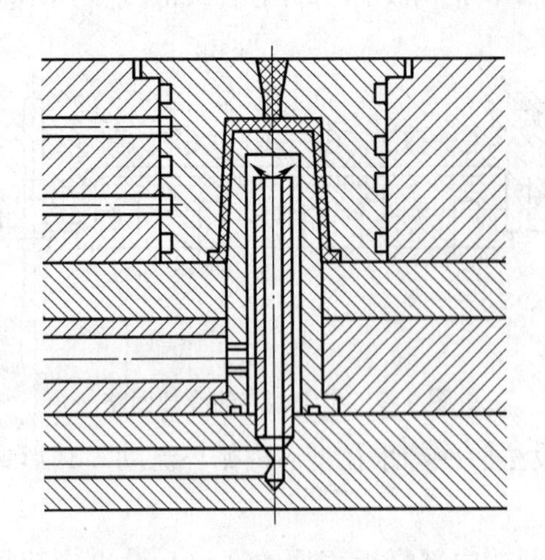

图 9-12　喷流式冷却回路

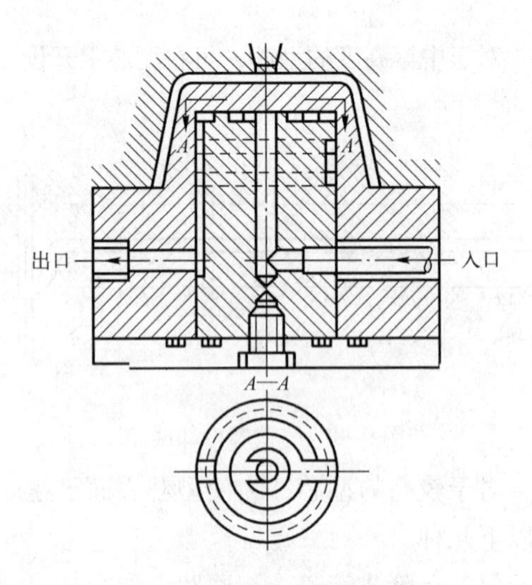

图 9-13　衬套式冷却回路

图 9-14 所示为间接冷却方式，在型芯中心压入热传导性能好的软铜或铍铜芯棒，并将芯棒的一端伸入到冷却水孔中冷却，热量通过芯棒间接传给水而使型芯冷却；图 9-15 所示为采用压缩空气冷却的方式。

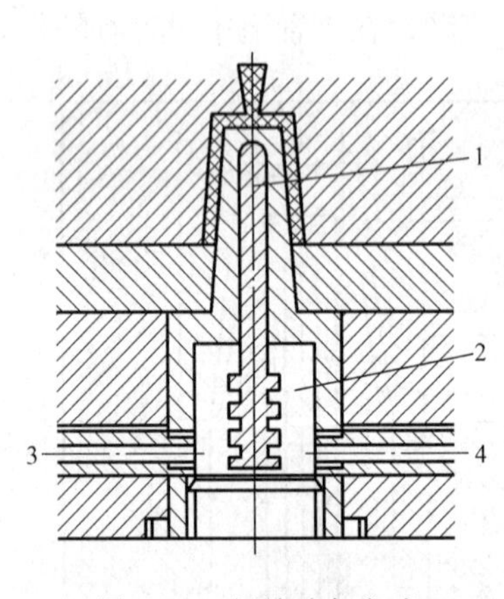

图 9-14　间接冷却方式

1—铍铜芯棒；2—冷却水；3—入口；4—出口

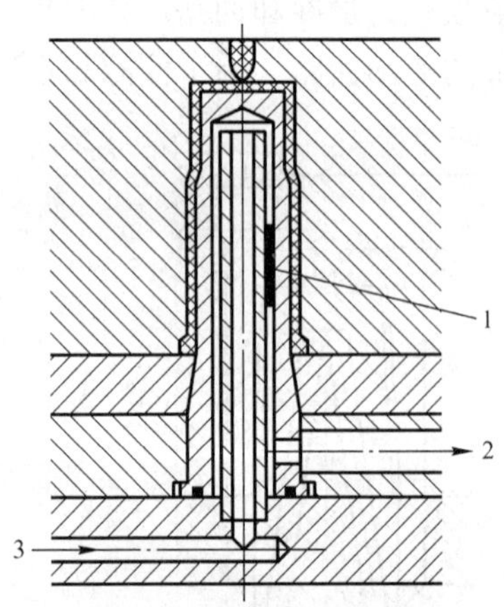

图 9-15　压缩空气冷却方式

1—空气；2—出口；3—入口

9.4　加 热 系 统

9.4.1　模具加热的方式

热固性塑料需要较高的模具温度促使交联反应进行，某些热塑性塑料也需维持 80 ℃以上的模温，如聚甲醛、聚苯醚等，这样就要求对模具进行加热。

当注射成型工艺要求模具温度在 90 ℃以上时，模具中必须设置加热装置。模具的加热方式有很多，如热水、热油、水蒸气、煤气或天然气加热和电加热等。目前普遍采用的是电加热温度调节系统，电加热有电阻加热和工频感应加热，前者应用广泛，后者应用较少。如果加热介质采用各种流体，那么其设计方法类似于冷却水道的设计。下面介绍电加热的主要方式：

电热丝直接加热将选择好的电热丝放人绝缘瓷管中装人模板的加热孔，通电后就可对模具加热。这种加热方法结构简单、成本低廉，但电热丝与空气接触后易氧化，寿命较短，同时也不太安全。

电热圈加热将电热丝绕制在云母片上，再装夹在特制的金属外壳中，电热丝与金属外壳之间用云母片绝缘，将它围在模具外侧对模具进行加热。电热圈加热的特点是结构简单、更换方便；缺点是耗电量大。这种加热装置主要适合于压缩模和压注模。

电热棒加热电热棒是一种标准的加热元件，它是由具有一定功率的电热丝和带有耐热绝缘材料的金属密封管组成，使用时根据需要的加热功率选用电热棒的型号和数量，然后将其插人模板上的加热孔内通电即可，如图 9－16 所示，电热棒加热的特点是使用和安装都很方便。

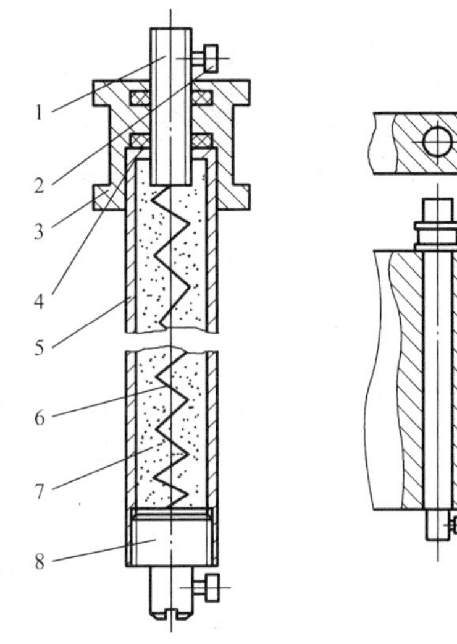

图 9－16　电热棒及其在加热板内的安装

1—接线柱；2—螺钉；3—固定帽；4—密封圈；5—外壳；6—电阻丝；7—石英砂；8—塞子

9. 4. 2　对模具电加热的要求

（1）电热元件功率应适当，不宜过小也不宜过大，过小，模具不能加热到并保持规定的温度；过大，即使采用温度调节器仍难以使模温保持稳定。这是由于电热元件附近温度比模具型腔的温度高得多，即使电热元件断电，其周围积聚的大量热仍继续传到型腔，使型腔继续保持高温，这种现象叫做“加热后效”电热元件功率愈大，“加热后效”越显著。

（2）合理布置电热元件，使模温趋于均匀。

（3）注意模具温度的调节，保持模温的均匀和稳定。加热板中央和边缘可采用两个调节器。对于大型模具最好将电热元件分为两组，即主要加热组和辅助加热组，成为双联加热器。主要加热组的电功率占总电功率的 2/3 以上，它处于连续不断的加热状态，但只能维持稍低于规定的模具温度，当辅助加热组也接通时，才能使模具达到规定的温度。调节器控制着辅助加热组的接通或断开。现在模具温度多由注射机相应的温控系统进行调控。

电加热装置清洁、简单，便于安装、维修和使用，温度调节容易，可调节温度范围大，易于实现自动控制。但升温较慢，不能在模具中轮换地加热和冷却，有“加热后效”现象。

小测验

设计一种加热棒的结构，使其在加热板内易安装且模温稳定。

思考与练习题

1. 为什么注射模具要设置温度调节系统？
2. 常见冷却系统的结构举式有哪几种？分别适合于什么场合？
3. 在注射成型中，哪几类热塑性塑料模具需要采用加热装置？为什么？常用的加热方法是什么？

第⑩章 其他塑料成型工艺与模具设计

知识目标

1. 熟悉压缩、压注成型模具的分类方法及适用范围。
2. 理解压缩、压注成型模具的设计特点及方法。
3. 掌握其他各类塑料成型新技术的发展状况。

能力目标

1. 能够分析各类其他塑料成型工艺的工作原理。
2. 会合理选择其他塑料成型工艺的工艺参数。
3. 能够设计简单的压缩、压注成型模具。

10.1 压缩成型模具

压缩成型模具（简称压缩模）成型是热固性塑料的主要成形方法之一，又称为模压成型或压制成型。压缩模成型是使用最早、应用时间最长的塑料成型方法。它的基本原理是将粉状或松散颗粒状的固态塑料直接加人到模具的加料室中，通过加热、加压方法使它们逐渐软化熔融，然后根据模腔形状进行流动成型，最终经过固化变为塑料制件。压缩成型的优点是可以压制大平面制件及使用多腔模具进行大批量生产。不足之处是周期长、效率低、后期处理（清理飞边）工作量大。

10.1.1 压缩成型模具结构

图 10–1 所示为典型的压缩模具结构，该模具为倒装结构，即凸模安装在下模部分。它可分为装在压力机上模板的上模和装在下模板的下模两大部件。上下模闭合使装于加料室和型腔中的塑料受热受压，成为熔融状态充满整个型腔。当制件固化成型后，上下模打开。利用推出装置推出制件。压缩模具若按零部件的功能划分，可像注射模一样分为以下几大部分。

（1）成型零部件。成型零部件包括凸模、凹模以及特种型芯（或成型杆）、型坯、成型镶块和瓣合模块等，如图 10–1 所示。

（2）加料室。加料室是指凹模的上半部分所构成的空腔，图 10–1 中为凹模断面尺寸的扩大部分。由于塑料与塑料制件相比具有较大的比体积，成型前单靠型腔往往无法容纳全部塑料，因此在型腔之上设有一段加料腔。

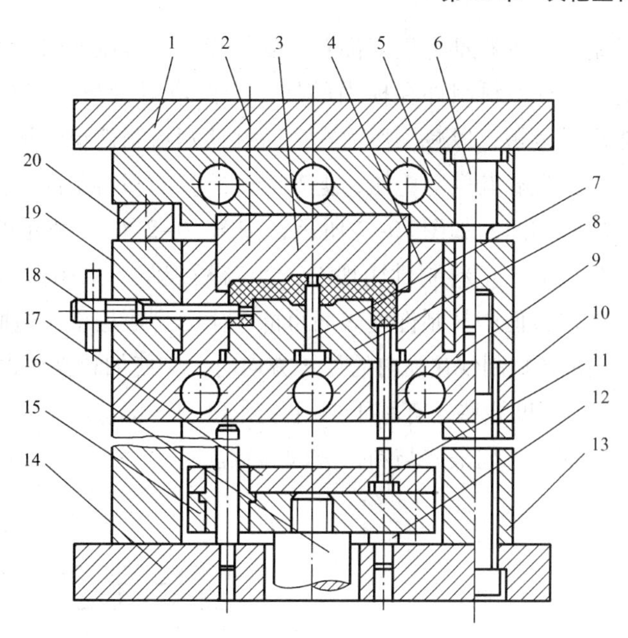

图 10-1　典型压缩模结构

1—上模座；2—螺钉；3—上凸模；4—凹模；5、10—加热板；6—导柱；7—型芯；8—下凹模；9—导套；11—推杆；12—挡钉；13、15—垫板；14—下模座；16—拉杆；17—推杆固定板；18—侧型芯（带手动丝杆）；19—型腔固定板；20—承压板

（3）排气结构。压缩成型过程中必须对模腔内的塑料进行排气，排气方法有两种，一种是用模内的排气结构自然排气，另一种则是通过压力机短暂卸压排放。图 10-1 中未画出排气结构，但设计时一定要注意排气问题，设计方法可参考注射模排气结构。

（4）推出脱模机构。压缩模推出脱模机构与注塑模相似，同样有简单脱模机构、二级脱模机构和上、下模均有脱模装置的双脱模机构等几类。简单脱模机构包括推杆脱模机构、推管脱模机构、推件板脱模机构等。

（5）侧向分型与抽芯机构。压缩模的侧向分型与抽芯机构可以采用斜滑块、铰链瓣合模、斜销、弯销、偏心转轴、模外斜面分型和丝杆抽芯等多种结构形式。

（6）温度调节系统。热固性塑料压缩模的型腔温度必须高于塑料的交联温度，所以模具中必须设置加热系统。图 10-1 中加热板 5、10 分别对上凸模、下凸模和凹模进行加热。加热板圆孔中插入电加热棒。热塑性塑料压缩模需要在型腔周围设温度控制装置，通常是塑料塑化时送入蒸汽进行加热，塑料定型阶段关闭蒸汽入口阀，然后在蒸汽管道中通入冷却水进行冷却。

10.1.2　压缩模成型零部件设计

有关塑料成型模具结构的一些设计原则和公式，如型腔成型尺寸的计算、型腔壁厚尺寸的计算等。前面有关章节已讲述。由于它们也适用于热固性塑料压缩模，因此现仅将压缩模的一些特殊要求分述如下。

1. 塑料制件加压方向的确定

塑料制件在模内的加压方向，指压力机滑块或凸模向模腔施加压力的方向。加压方向对塑料制件质量、模具结构、脱模难易程度都有重要的影响，加压方向的确定原则如下。

（1）有利于压力传递。塑料制件在模内的加压方向应尽量与物料在模内的流动方向一致，并使压力传递距离尽量短，以减少压力损失，并使塑料制件组织均匀。例如、对于圆筒形塑料制件，一般情况下顺着其轴向施压，但对于轴线长的塑料制件，视具体情况，可改平行轴线加压为垂直于轴线加压。如图10–2所示，按图10–2（a）所示的方式加压，由于塑料制件过长，压力损失太大，塑料制件中段会产生疏松现象。采用图10–2（b）所示的方向加压，有利于压力传递，但塑料制件外表面可能产生分型痕迹或飞边而影响外观。

（2）便于加料。确定塑料制件在模内的加压方向时，应使加料操作力便。如图10–3（a）所示的加料腔直径大些，深度浅些，有利于加料。图10–3（b）所示的加料腔直径小些、深度大些，不利于加料。加压方向最好与料流方向一致。

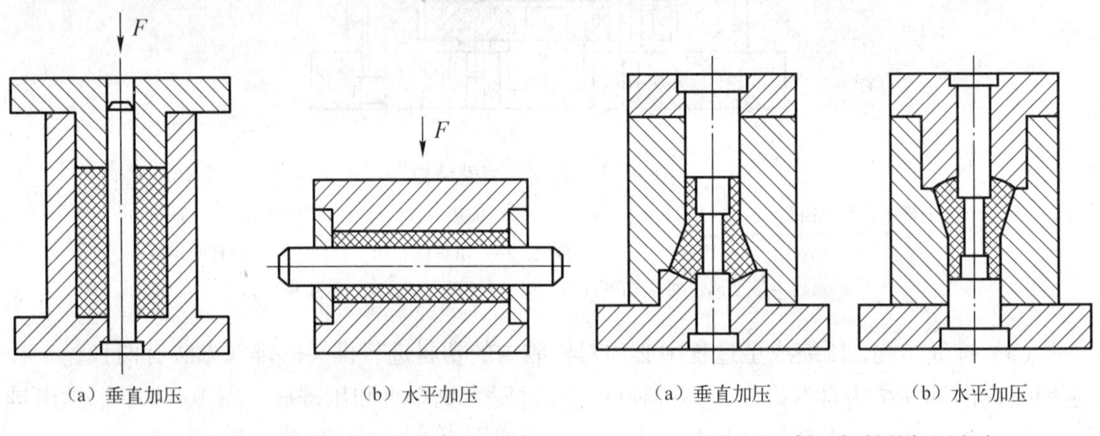

（a）垂直加压　（b）水平加压

图10–2　有利于传递压力的加压方向

（a）垂直加压　（b）水平加压

图10–3　便于加料的加压方向

（3）便于嵌件安放和固定。确定塑料制件在模内的加压方向时，应优先将嵌件安放在下模，如图10–4所示。这样不但操作方便，还可利用嵌件推出塑料制件而不留下推出痕迹。反之，不但生产操作不方便，而且嵌件也很容易松动落下损坏模具。

（4）有利于保证成型零件强度，防止成型零件变形。图10–5（b）所示的结构比图10–5（a）所示的结构凸模强度高。对于从正反面都可以加压成型的塑料制件，复杂型面一般安放在下模。加压方向选择应使凸模形状尽量简单、强度好。

（5）有利于简化模具结构。为有利于简化棋具结构，加压方向选择时应有利于脱模，对于下顶出的压机应优先考虑使塑料制件留在下模，加压方向还应有利于抽拔长型芯，当制件上具有多个不同方位的孔或侧凹时，应注意将抽拔距离较大的长型芯与加压方向保持一致，而将抽拔距离较小的型芯设计成能够进行侧向运动的抽拔结构。

（6）要保证重要尺寸的精度。因沿加压方向的塑料制件高度尺寸不仅与加料量多少有关，而且还受飞边厚度变化影响，故塑料制件精度高的尺寸不宜放在加压方向。

以上原则有时会相悖，如图10–4所示，从考虑塑料制件组织密实的角度选取图10–5（b）为好，但是从考虑外观质量，无拼接缝或溢料痕，以及长型芯受力变形小的角度则图10–5（a）好，因此设计时应综合考虑，抓住主要矛盾加以解决。

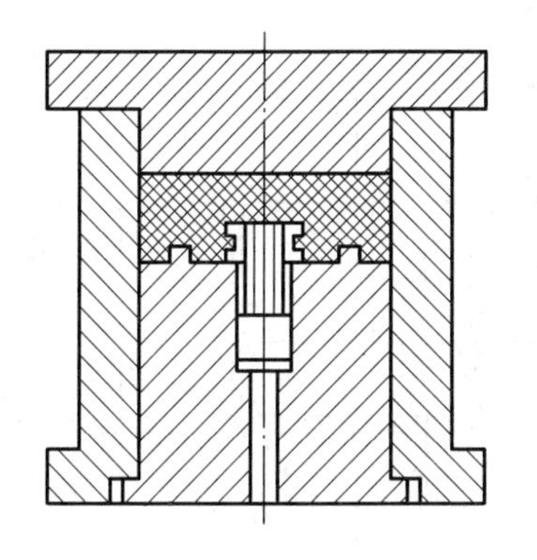

图 10-4　便于嵌件安放的加压方向

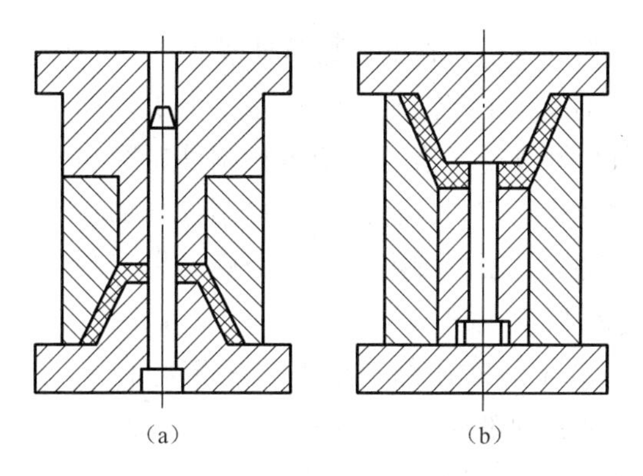

图 10-5　有利于凸模强度的加压方向

2. 凸、凹模的结构设计

(1) 凸、凹模的配合形式。

① 溢式压缩模。这种类型压缩模的凸、凹模配合形式如图 10-6 所示，其特点一是它没有单独的加料腔。型腔就是加料腔，型腔高度等于制件高度；二是凸模与凹模无配合部分，而是依靠导柱和导套进行定位和导向。凸、凹模间有一环形挤压面，合模过程中物料被压缩，当合模至终点，环形面才完全闭合，多余的料从分型面溢出成为飞边。因此溢式压缩模物料损失较大，飞边较厚。一般加料量略大于塑料制件质量的 5%。为了减小飞边的厚度，挤压环宽度不宜太大，单边宽度为 3 ～ 5 mm，如图 10-6 (a) 所示。为了提高承压面积，在溢料面外开溢料槽。还可在溢料槽外面增设承压面，如图 10-6 (b) 所示。

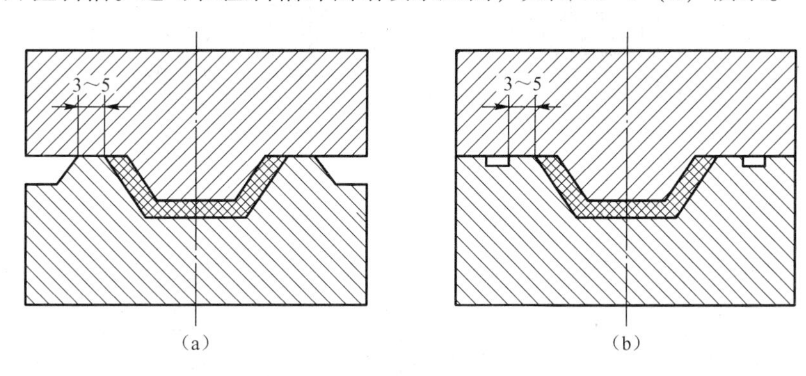

图 10-6　溢式压缩模的凸、凹模配合形式

溢式压缩模结构简单，便于安装嵌件和取出制件，但制件精度低，这一方面由于凸、凹模无配合，靠导柱导向，影响了壁厚尺寸精度；另一方而其合模的快慢直接影响飞边厚度、溢料量的多少和制件的致密度，因此它适合于压缩扁平的盘形塑料制件，或是对压缩率要求不太大、精度要求不是很高的制件。

② 不溢式压缩模。典型的不溢式压缩模的凹、凸模配合形式如图 10-7 所示。其加料腔为型腔的延长部分，二者断面尺寸相同，两者间有一段配合段 (L_1) 和一段引导段 (L_2)。配合段采用较松间隙配合，一般单边间隙为 0. 025 ～ 0. 075 mm，使凹、凸模准确对合，这一间隙使在高温工作条件下减小擦伤、防止咬死和顺利排气，同时又仅有少量溢料。引导段带有锥度或斜度 (15′ ～ 20′)，起着引导凸模并减少凹、凸模间的摩擦和塑料制件脱模时表

面擦伤的作用，利于提高模具寿命。

不溢式压缩模排气性较差，为了顺利排气应开设排气槽。由于塑料制件轮廓与加料腔轮廓相同，脱模时塑料制件与加料腔摩擦大，脱模较困难，要求模具带有塑料制件脱模机构。

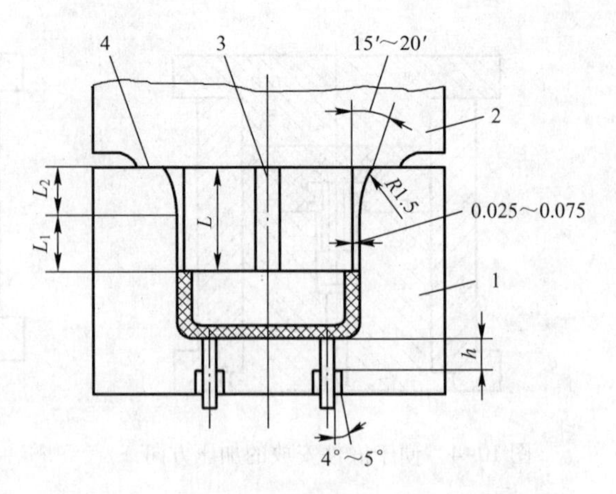

图 10-7　不溢式压缩模的凹、凸模的配合形式

1—凹模；2—凸模；3—排气管；4—承压面

③ 半溢式压缩模的凸、凹模配合形式。典型的半溢式压缩模的凸、凹模配合形式如图 10-8 所示。它与溢式压缩模相同的是都有一个水平的环形挤压面，称挤压环。与不溢式压缩模相似的是凸模与加料腔间也常设有配合段和引导段，配合段单边间隙常为 0.025 ～ 0.075 mm，或设有溢料槽，使多余的塑料溢出，并兼有排气作用。

为便于凸模进入加料室，除设计有引导段外，凸模前端应制成圆角或45°倒角，加料室对应的转角也应呈圆弧过渡，以增加模具强度而且便于清理废料，其圆弧半径应小于凸模圆角。

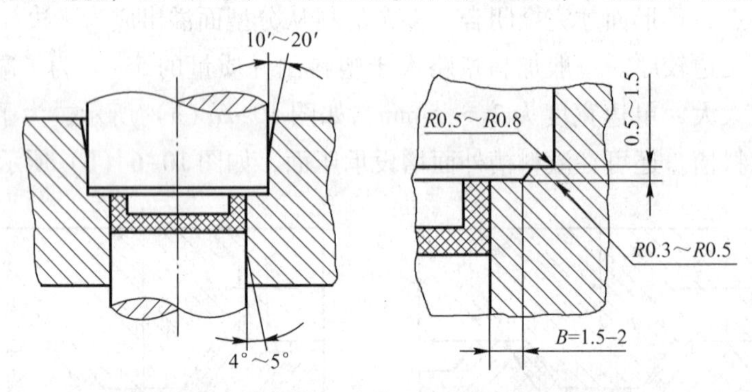

图 10-8　半溢式压缩模的凸、凹模配合形式

(2) 凸、凹模各组成部分的参数设计。图 10-9 所示压缩模的凸、凹模各组成部分的参数设计及作用如下。

① 配合环（L_1）。配合环是凸模与凹模的配合部分。它的作用是保证凸模定位准确防止塑料溢出并能通畅地向外排气。

凸、凹模的配合间隙以不发生溢料和双方侧壁互不擦伤为原则、通常可采用 H8/f8、H9/f9。或将单边间隙取 0.025 ～ 0.075 mm，一般来讲，对于移动式模具间隙取小些，固定式模具间隙取大些。凸、凹模配合环的长度应按凸、凹模的间隙而定，间隙小则长度取短些。一般移动式压缩模 L_1 取 4 -6 mm。固定式压缩模当加料腔高度 H > 30 mm 时，L_1 可取8 ～ 10 mm。

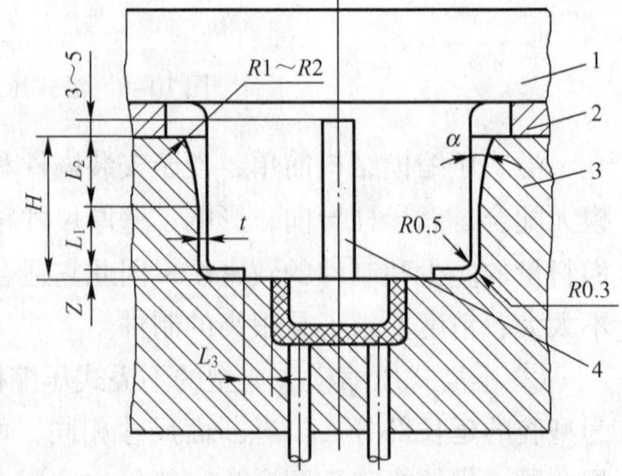

图 10-9　半溢式压缩模的凸、凹模

1—凸模；2—承压面；3—凹模；4—排气槽

② 引导环（L_2）。引导环（L_2）是引导凸模进入凹模的部分．除加料腔高度小于 10 mm 的凹模外，一般均没有引导环。引导环为一段斜度为 α 的锥面，并设有圆角 R，其作用是使凸模顺利进入凹模，减少凸、凹模之间的摩擦，避免在推出塑料时擦伤表面，增大模具使用寿命，减少开模阻力，并可进行排气。一般情况、R 可取 1 ～ 2 mm。移动式压缩模引导环斜角取 $\alpha=20'$ ～ 1°30′；固定式取 $\alpha=20'$ ～ 1°。有上、下凸模时，为加工方便，α 取 4° ～ 5°。引导环长度 L_2 一般取 5 ～ 10 mm，当加料室高度 $H>30$ mm 时，L_2 取 10 ～ 20 mm。

总之，引导环长度应保证物料熔融时，凸模已进入配合环。

③ 储料槽。储料槽的作用是排出余料，如图 10-10 所示，凸、凹模配合后留有的小空间即为储料槽，它的尺寸常取 0. 5 ～ 1 mm；若空间过大，易发生塑料制件缺料或不致密，过小则影响塑料制件精度及飞边。

④ 挤压环（L_3）。挤压环主要用于溢式和半溢式压缩模。作用是限制凸模下行位置，并保证最薄的横向飞边。挤压环长度 L_3 的值按塑料制件大小及模具材料用钢而定。一般中小型模具 L_3 取 2 ～ 4 mm；较大模具 L_3 可取 3 ～ 5 mm。采用挤压环时，凸模圆角 R 取 0. 5 ～ 0. 8 mm，凹模圆角取 0. 3 ～ 0. 5 mm，这样可增加模具强度，便于凸模进入加料腔，防止损坏模具，同时便于加工，便于清理废料。

⑤ 排气溢料槽。压缩成型时为了减少飞边，保证塑料制件精度和质量，必须将产生的气体和余料排出，一般可通过成型过程中进行排气操作或利用凸凹模配合间隙来实现，但压缩形状复杂塑料制件及流动性较差的纤维填料的塑料时则应设排气溢料槽。

排气溢料槽的大小应视成型压力和溢料量大小而定，凡是成型压力大的深形塑料制件都应开设排气溢料槽。其形式如图 10-10 所示。其中图 10-10（a）、（b）为移动的半溢式压缩模的排气溢料槽结构形式。图 10-10（c）～（f）为固定的半溢式压缩模的排气溢料槽结构形式。必须注意无论用何种形式排出的余料都不要使之连成一片或包住凸模。

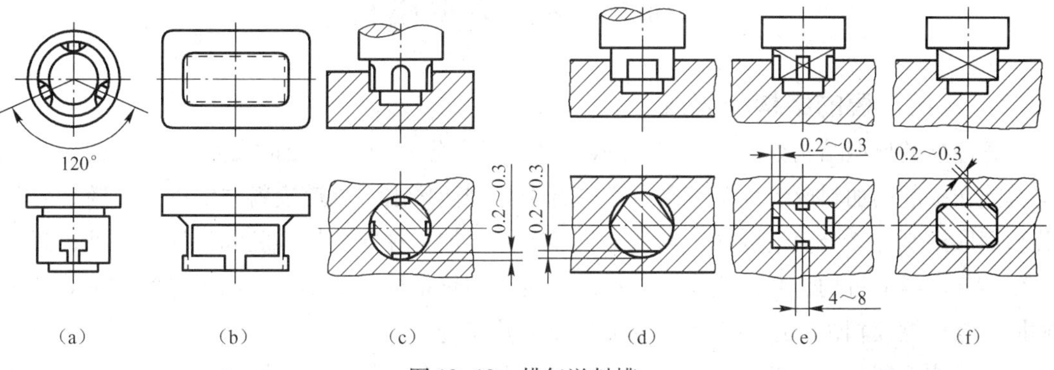

图 10-10　排气溢料槽

⑥ 加料腔。它是用来装塑料，其容积应保证装入压制塑料制品所用的塑料后，还留有 5 ～ 10 mm 深的空间，以防止压制时塑料溢出模外。加料腔的结构形式可以是型腔的延伸，也可根据具体情况按型腔形状扩大成圆形、矩形等。

⑦ 承压面。承压面的作用是减轻挤压环的载荷，延长模具的使用寿命。模具承压面结构形式不同，对模具的使用寿命及塑料制件质量是有影响的。如图 10-11 所示，图 10-11（a）用挤压部分作承压面，模具容易损坏，但飞边较薄；图 10-11（b）是内凸模台肩与凹模上端

面作承压面，挤压部分不易损坏，但飞边较厚；图 10-11（c）是用承压块作挤压面，挤压部分不易损坏，通过调节承压块的厚度来控制凸模进入凹模的深度，减少了飞边厚度。

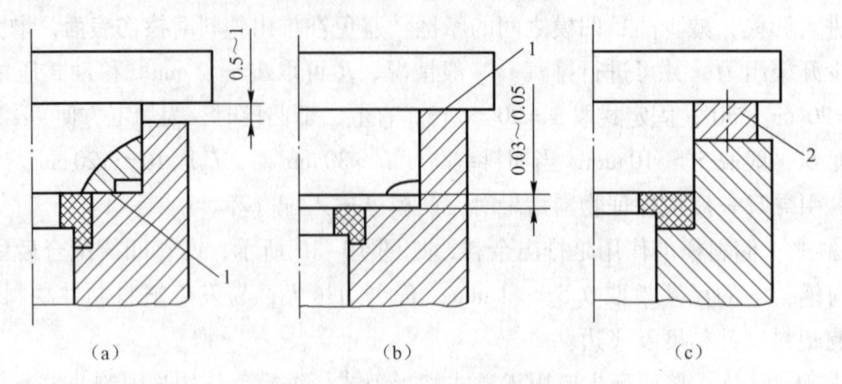

图 10-11　压缩模承压面的结构形式

1—承压面；2—承压块

3. 成型零部件设计

压缩模成型零部件的设计与注射模相似，也有整体式、组合式、镶拼式等，这里不再重述、仅叙述一些要特别注意之处。第一，组合式模应尽量避免水平接缝，原因是注射模先闭模锁紧再注入熔料，而压缩时物料先进入型腔再压缩，当型腔未完全闭合前尚无锁模力，而物料已熔融且有较高压力极易进入缝隙中，如产生水平飞边会使塑料制件难于脱模。第二，由于压缩时型芯受力情况较注射时恶劣，特别是轴线垂直于压缩方向的型芯，受力更差，因此型芯不能太长，对于太长的型芯应采用双支承，以保证型芯刚度。第三，型芯端面与成型面不应相碰，应留出 0. 05 ～ 0. 1 mm 的间隙。对于大孔型芯则应做出一圈挤压面。

10. 2　压注成型模具

10. 2. 1　压注模的结构和组成

压注模的典型结构如图 10-12 所示，它有两个分型面，开模时可以分为下模、上模及与其连在一起的加料腔、柱塞三部分。打开上分型面拔出主流道废料并清理加料腔，打开下分型面取出制件和分流道废料。与压缩模相比除增加了柱塞、加料腔和浇注系统外，其他如成型零件、导向机构、脱模机构、侧抽芯机构、加热系统以及模具与压力机的关系等都大致相同。与压缩模相仿，压注模也可细分为以下几部分。

（1）成型零件。成型制品的部分，同样由凹模、型芯等组成。图中由型芯、凹模、上凹模板所组成。

（2）加料腔和柱塞。属塑化压料部件，由加料腔和柱塞构成。物料在加料腔内受热熔融，并在柱塞压力作用下经流道进入型腔。

（3）浇注系统。是塑料从加料腔到型腔的流动通道。与注射模相似，它主要由主流道、分流道和浇口组成。与注射模不同的是加料腔底部可以开设几个通道同时进入型腔。

（4）导向机构。一般由导柱和导向孔组成。在型腔分型面之间以及柱塞和加料腔之间都应设置导向机构。

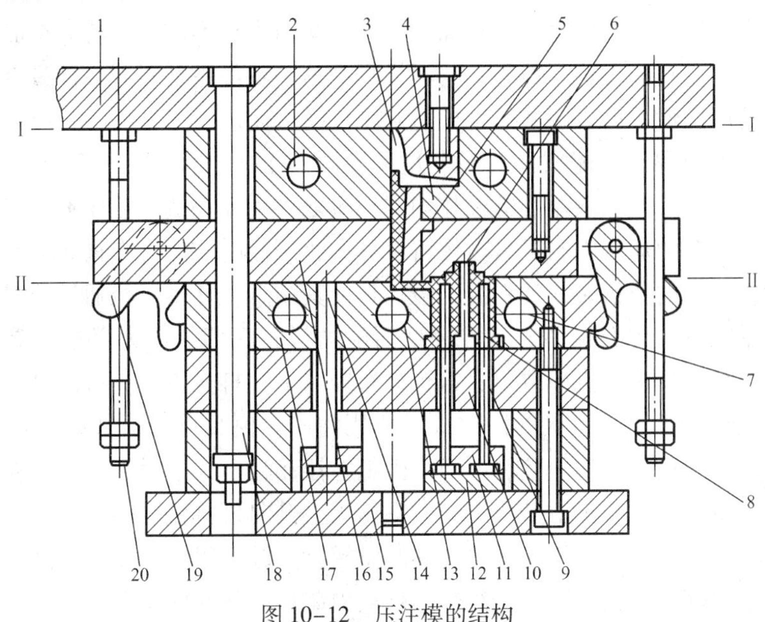

图 10-12　压注模的结构

1—上模座；2、7—加热器安装孔；3—压料柱；4—压料室；5—主流道衬套；6—型芯；8—凹模；9—推杆；10—支撑板；11—推杆固定板；12—推板；13—浇注系统；14—复位杆；15—下模座；16—上凹模板；17—凹模固定板；18—定距拉杆；19—拉钩；20—拉杆

（5）侧向分型抽芯机构。压注模的侧向分型抽芯机构与压缩模和注射模基本相同。图中制品没有测孔或侧凹，故不用设侧向分型抽芯机构。

（6）脱模机构。压注模与压缩模和注射模的脱模机构大致相同。该模具由拉杆、拉钩及定距拉杆完成两个分型面的顺序分型：由推杆和推板完成制品脱模，并由复位杆完成脱模机构的复位。

（7）加热系统。与压缩模一样，压注模也必须设置加热装置。图中在加料腔和型腔周围分别设有加热孔，可在孔中插入加热元件进行加热。对于移动式压注模一般利用装在压机上的上、下加热板进行加热。

（8）排气系统。通常可以利用模具分型面上的间隙、成型零件或活动零件间的配合间隙排气，若不能满足要求时，则需开设排气槽或采取其他方式排气。

（9）其他结构零件。主要由上模座板、下模座板、支承板、垫块及连接螺钉等零件组成，分别起连接、固定、支承等作用，以满足结构上的要求。

10. 2. 2　压注模的分类及各类特点

压注模和压缩模一样也可按其在压机上的固定方式分为移动式压注模和固定式压注模，但压注模的最大特点是具有单独的加料腔，按加料腔的结构特征可将其分为罐式压注模和柱塞式压注模。

1. 罐式压注模

这类模具主要在普通压机上使用，由于普通压机上没有设置专门的压料油缸，所以压机提供给压料柱塞的压力既要完成塑料熔体的充模，同时又要完成对型腔分型面的锁紧。因此罐式压注模加料腔内腔的水平投影面积必须大于型腔及浇注系统在水平分型面上的投影面积之和，保证压注时压料柱塞对型腔分型面产生的锁紧力大于型腔压力将分型面涨开的力，防止在分型面上产生溢料的飞边。此外，这类模具的另一特征是加料腔底部设有主流道。由于普通压机使用的广泛性，所以罐式压注模得到了广泛应用。

图 10–13 所示是移动式罐式压注模。这种模具的上、下模均不与压机上、下压板固定连接，加料、合模、开模、取制品等操作均在压机之外手动完成。主要适用于塑件批量不大的压注成型生产。图中加料腔与模具本体可以分离，压注时首先合上模具使型腔闭合，装上加料腔，然后将定量的塑料装入加料腔，经加热使其熔融，并由压机通过压料柱塞将已熔融的物料由浇注系统挤入闭合模腔，型腔分型面由加料腔底部的压力锁紧。待塑料固话定型后，打开压机，将模具从压机中取出，再将加料腔取下，打开模具，取出制品。

图 10–14 是用于上压式压机的固定式罐式压注模。模具可分成如图所示三个部分。柱塞固定在压机的上压板上，加料腔和上凸模固定在浮动板上，下模部分固定在压机的下压板上。生产时，下模可随下压板上升或下降。下压板上升时模具型腔闭合，随即推动浮动板继续上升，待与柱塞接触后开始压注塑料，同时将模具型腔锁紧。下压板下降时模具先从上分型面分开，浮动板随下模向下运动，当浮动板被限制块挡住时停止向下运动，完成第一分型面的分型。下模随压机下压板继续向下运动时，型腔分型面打开，当顶出装置被推板挡住时，制品即开始从型腔中脱出。

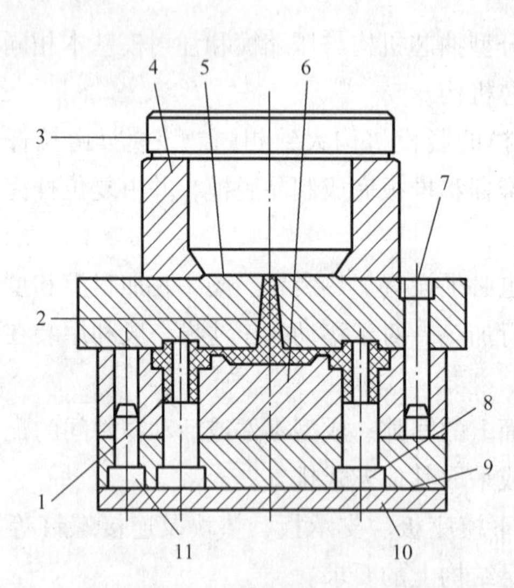

图 10–13　移动式罐式压注模

1—制品；2—浇注系统；3—压料柱塞；4—加料腔；
5—上模板；6—凹模；7—导柱；8—凸模；
9—凸模固定板；10—下模座；11—导柱

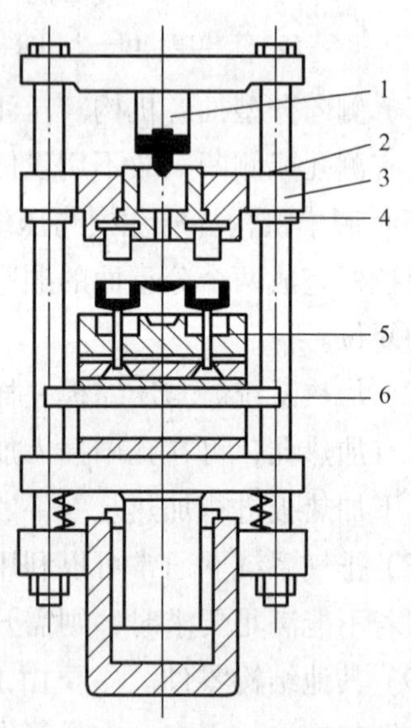

图 10–14　固定式罐式压注模

1—柱塞；2—加料腔；3—浮动板；
4—限制块；5—凹模；6—推板

由于上压式压机使用不多，故上述固定式罐式压注模的应用受到了限制，在生产实际中应用最广泛的是用于下压式压机的固定式罐式压注模。

2. 柱塞式压注模

这类模具主要在专用压机上使用。专用压机是双压式液压机，它具有两个液压缸，一个起锁模作用，称为主缸；另一个通过压料柱塞起压料作用，称为辅助缸。主缸的压力比辅助缸的压力要大得多，以防锁模力不足而引起分型面溢料。柱塞式压注模的主要特点是一般没有主流道，其主流道已扩大成为圆柱形的加料腔（见图 10-15）。与罐式压注模相比，压注时的压注压力不再起锁模作用，加料腔断面尺寸较小。制品、浇注系统及残留在加料腔中的废料从型腔分型面脱出，生产效率较高。此外，加料腔内的塑料可以由压料柱塞直接压入闭合型腔（单腔模时）或再通过较短的分流道及浇口压入闭合型腔（多腔模时），用于单腔模时可成型流动性较差的塑料。

图 10-15 所示柱塞式压注模，由于柱塞和加料腔在模具上方，因此液压机的辅助缸位于上方，自上而下进行压注；主缸位于液压机下方，自下而上进行合模。生产时先合上模具，再将塑料原料（一般需经过预热）加入加料腔中，辅助缸带动压料柱塞向下移动将熔融物料挤入闭合型腔。塑料固话后，主缸即可带动下模向下运动而开模，最后由推杆将制品连同浇道废料脱出。

图 10-16 所示为压料柱塞在下方的柱塞式压注模。这种模具也是安装固定在上、下双压式液压机中，由于压料柱塞设置在模具的下方，因此液压机的辅助缸应位于下方，自下而上地进行压注；主缸位于液压机上方，自上而下进行合模。生产时先要从分型面将模具打开，将塑料原料加入加料腔中，然后合上模具，压料柱塞自下而上将熔融料经分流道、浇口挤入型腔，塑料固话后辅助缸卸压，主缸带动上模向上运动将模具打开，然后将制品脱出。

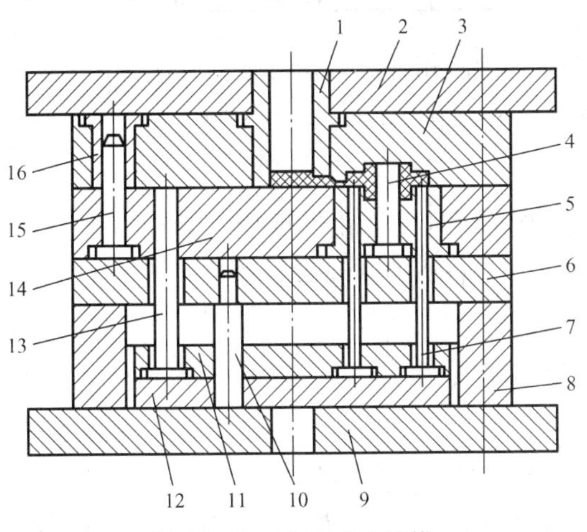

图 10-15　柱塞式压注模

1—加料腔；2—上模座板；3—上模板；4—型芯；5—凹模镶块；6—支撑板；7—推杆；8—垫块；9—下模座板；10—推板导柱；11—推杆固定板；12—推板；13—复位杆；14—下模板；15—导柱；16—导套

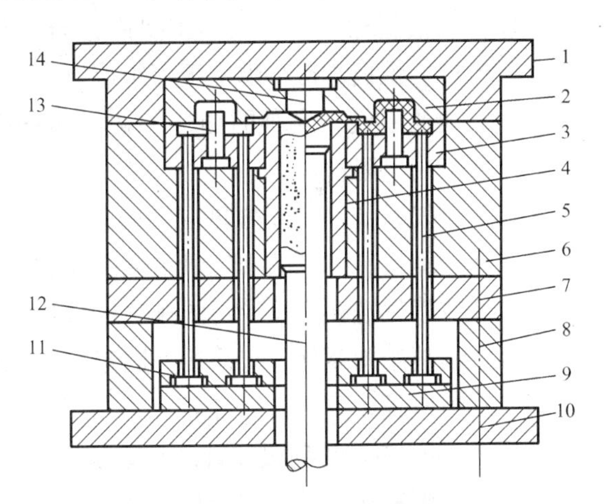

图 10-16　压料柱塞在下方飞柱塞式压注模

1—上模座板；2—上凹模；3—下凹模；4—加料室；5—推杆；6—下模板；7—支撑板（加热板）；8—垫块；9—推板；10—下模座板；11—推杆固定板；12—柱塞；13—型芯；14—分流锥

10.3　其他类型注射模具

10.3.1　热固性塑料注射模

1. 热固性塑料注射模的结构组成

热固性塑料注射模的结构与热塑性塑料注射模的结构相似，只是由于热塑性塑料在模具型腔内需进行冷却，而热固性塑料在模具型腔内需经加热才能固话定型，大部分热固性塑料在固话反应时会产生大量气体。同时热固性塑料注射时在型腔中的流动性极好。成型时注射压力和注射速度较高，模具的排气和磨损问题更加突出。所以热固性塑料注射模的设计与热塑性塑料注射模相比，还存在一些差别。

图 10-17 所示是典型的热固性塑料注射模，由动模和定模两大部分组成，定模固定安装在注射机固定模板上，动模固定安装在注射机的移动模板上。与热塑性塑料注射模一样，也可细分为以下几部分。

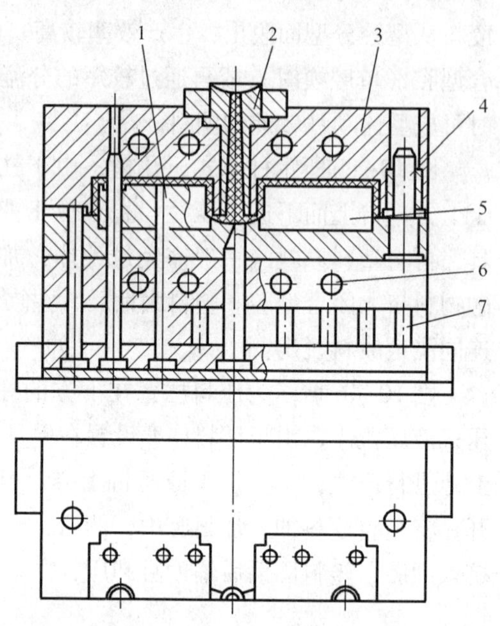

图 10-17　热固性塑料注射模具

1—推杆；2—浇口套；3—凹模；4—导柱；5—型芯；6—加热棒；7—复位杆

（1）成型零件。成型零件主要由凹模和凸模组成。

（2）浇注系统。将热固性塑料由注射机喷嘴过渡到型腔的流动通道，一般由主流道、分流道、浇口等组成。

（3）导向机构。导向机构由导柱和导向孔组成。

（4）侧向分型抽芯机构。若制品带有测孔或侧凹时，需设置侧向分型抽芯机构。

（5）脱模机构。脱模机构主要由推杆、拉料杆、复位杆、推板、推杆固定板等组成。

（6）加热系统。模具的加热方法与压缩模相同，主要采用电阻丝加热。

（7）排气系统。大部分热固性塑料在模具型腔中固话时发生化学反应，会产生许多气体，因此这类模具要求的排气量更大。除利用分型面、推杆以及成型零件之间的配合间隙排气外，还应根据需要开设专门的排气槽或排气孔排气。

（8）其他结构零件。起连接、固定、支承作用的结构零件主要有定模座板、支承块、支承板、动模座板以及连接螺钉等。

2. 热固性塑料注射模设计注意事项

热固性塑料注射模的结构和热塑性塑料注射模基本相同，下面仅就其主要不同之处阐述设计注意事项。

（1）浇注系统。

① 主流道。为使物料在充模流动过程中逐渐升温，为减少浇注系统废料，总倾向于将主流道设计的比较细小，主流道的形式和热塑性塑料注射模的相同。圆锥形主流道的进口处直径应比喷嘴孔径大 0.8 ～ 1 mm；锥角宜小些，可取 1°～ 2°；主流道内壁的表面粗糙度值应小于 $Ra = 0.8\ \mu m$。

② 分流道。分流道的截面形状有圆形、半圆形、梯形、U 形以及矩形等不同形式。在选择分流道截面形状时，除了要求分流道对塑料熔体的流动阻力不太大之外，还要求分流道的比表面积适当大些，其目的在于能加快模具向塑料熔体传热。分流道的截面形状应结合其

长度综合考虑，分流道较长时，为减小流动阻力，宜选用圆形、梯形或 U 形截面；当分流道较短时，则应选用比表面积大的半圆形或矩形截面，以利用传热，使物料升温。在实际应用中考虑到加工的方便，最常用的还是梯形与半圆形截面的分流道。半圆形的半径一般取 2 ～4 mm，梯形的底边宽度约取 4 ～ 7 mm，侧边斜度约取 20°，深度可取宽度的 2/3。对于其他截面，分流道截面积可参考下面经验公式（适用于酚醛塑料粉及类似的热固性塑料）进行估算

$$A = 0.26m_w + 20 \tag{10-1}$$

式中：A——分流道断面积，mm^2；

m_w——由该流道供给的塑料质量，g。

分流道的布置原则与热塑性塑料注射模相同，有平衡式和非平衡式两类。一般都希望采用平衡式布置，并要求分流道的长度尽可能短，但两者之间常会发生矛盾，需要根据具体情况权衡利弊进行选择。

③ 浇口。热塑性塑料注射模的浇口形式以及浇口位置的选择原则等大多适用于热固性塑料注射模。浇口断面形状也以圆形和矩形为主，由于固化后热固性塑料较脆易于除去浇口，所以浇口厚度可以取大些。同时考虑到热固性塑料填料多，对浇口磨损大，浇口部位要选用耐磨性好的钢材制造。

④ 冷料穴。为了防止注射机喷嘴口处的物料过热而在下次注射时堵塞浇口或进入型腔造成制品缺陷，因此常在主流道末端设置冷料穴和拉料机构。冷料穴结构类似于热塑性塑料注射模冷料穴结构，主要有带球形头、Z 字形拉料杆的冷料穴和带推杆的倒锥形冷料穴。在设计冷料穴结构时应注意热固性塑料具有较脆、容易断裂的特点，所以对热塑性塑料常用的“Z” 字形和球形头拉料杆结构应谨慎选用，以防塑料被拉断而失效。而倒锥形冷料穴虽然制造比较麻烦，但它动作可靠，因此被广泛采用。只是要注意锥度不可太大，否则难以顶出。

（2）分型面。由于热固性塑料充模时流动性极好，注射压力又高，因此极易在分型面上产生严重溢料。设计分型面时要注意以下事项。

① 减小分型面的接触面积，面积减小既有利于加工和装配时保证分型面的平行度要求，也有利于提高分型面上单位面积接触压力，从而保证分型面紧密结合。

② 分型面上应尽量避免出现孔穴和凹坑，以免塑料进入后黏附其中，难以清除。

（3）型腔数量。型腔数量的确定与热塑性塑料注射模一样，也要考虑注射量、锁模力、模板面积、成型精度及经济性等多方面因素。但是由于热固性塑料在充模时的流动性比热塑性塑料好且注射压力高，沿分型面易产生溢料飞边，故锁模力应较热塑性塑料注射模大，因此，按锁模力确定型腔数量时，应按下式核算

$$(0.6 \sim 0.8)F \geqslant pA \tag{10-2}$$

式中：F——注射机额定锁模力；

A——型腔及浇注系统在分型面上的投影总面积；

P——模腔最大平均压力。酚醛塑料约为 30 ～ 40 MPa，氨基塑料约为 40 ～ 60 MPa，聚氨酯塑料约为 10 ～ 20 MPa。

（4）型腔布置。

① 型腔的布置应力求使其投影面积重心与注射机的锁模力重心相重合，如图 10-18 所示，图 10-18（a）虽然分流道较短，但压力重心和锁模力重心不重合，势必造成锁模压力不平衡，沿模具分型面易产生严重溢边，故不宜采用。图 10-18（b）分流道较长，但锁模压力平衡，布置合理。有时型腔布置不能取得压力完全平衡时，应尽量使投影面积重心与锁模力重心的偏移尽可能小些。

② 型腔布置应尽可能减小模腔上下方向的距离，以缩小同一型腔或型腔之间因上、下方向位置不同引起的温差。如图 10-19（a）所示，型腔布置沿上下方向距离大，由于自然对流热空气向上，致使模具上部散热慢，下部散热快，因此对模具上下各部均匀地进行加热，则上下型腔必然形成温差，上、下距离越大，温差越大，这对制品成型和均匀固话极为不利。相反，图 10-19（b）的型腔布置合理，效果较好。在布置模具加热元件也可采取不均匀分布，以取得均匀的模腔温度。

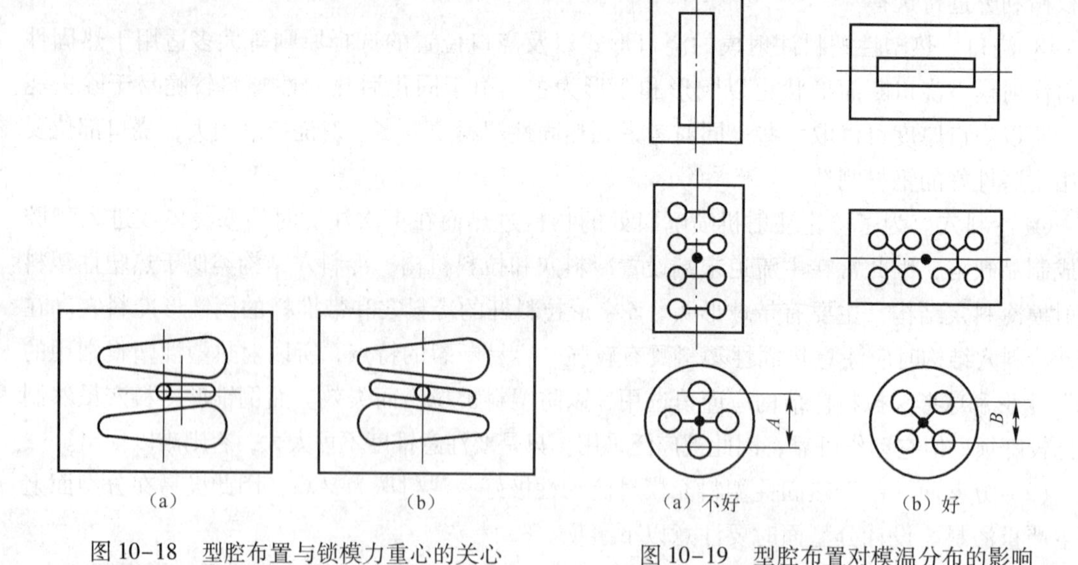

图 10-18　型腔布置与锁模力重心的关心

图 10-19　型腔布置对模温分布的影响

(5) 脱模机构。

① 推杆脱模。由于推杆脱模机构结构简单，制造方便，易于保证所需配合间隙，动作灵活可靠，而且热固性塑件壁厚普遍较大能够适应推杆顶出，所以热固性塑料注射模广泛采用推杆脱模机构。

② 推件板、推管及推块脱模。当成型的制品为薄壁圆筒件等时，不能用推杆脱模而必须采用推件板、推管及推块等脱模机构时，由于加工困难，不易保证配合精度，因此在结构设计时应注意尽量减少配合部位和可能溢料的部位，并保证有足够的脱模顶出空间以利飞边或型腔内废屑的清理。如图 10-20 所示推件板脱模机构，图 10-20（a）形成的溢料飞边清理困难，应避免采用，而应采用图 10-20（b）所示的结构形式。

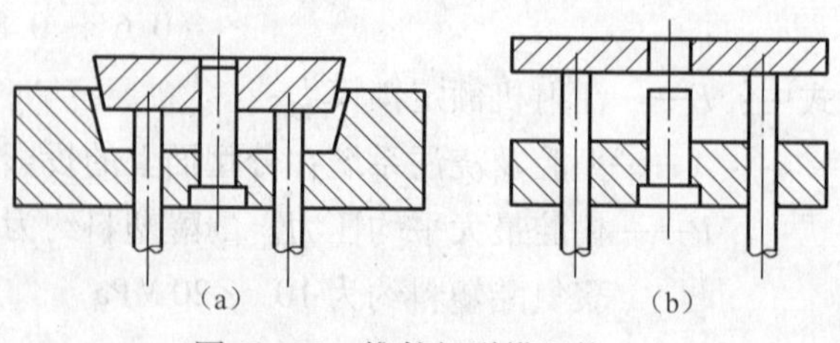

图 10-20　推件板脱模机构

如图 10–21 所示推块结构，图 10–21（a）中塑料从推块与型腔滑动面间隙渗入会留于型腔下部台肩处，无法清理，故应避免采用。图 10–21（b）中省去了台阶，但要求推块完全被顶出型腔，这样才能进行清理，由于需要顶出的距离较大，这种结构有时会受到注射机开模行程的限制。图 10–21（c）中将推块直接固定在推板上，型芯用一根穿过推块的键固定在凹模板和支撑板之间，推块做成中空结构，下段侧面开槽，同时将支撑板上的孔做得比型腔尺寸大，这样无论是从型芯和推块间的间隙、还是推块和凹模间的间隙溢出的飞边都可以在凹模下方清除。

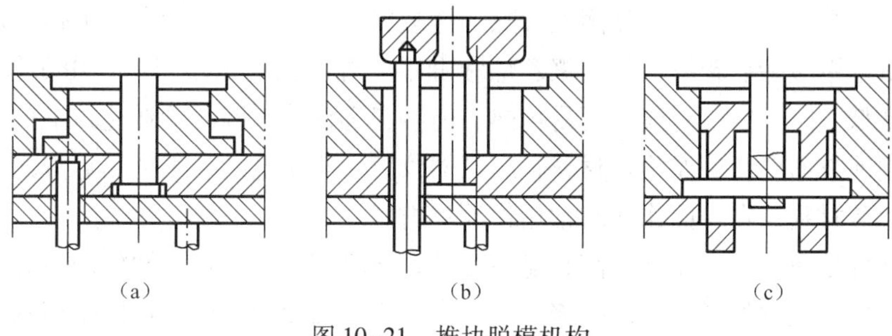

图 10–21　推块脱模机构

（6）安装嵌件的结构。嵌件在模具上的安装除了要求定位可靠、防止嵌件位移之外，还应注意防止溢料飞边的产生。在设计嵌件琥珀嵌件杆时应尽量采用台肩式结构，如图 10–22 和图 10–23 所示。在嵌件数目较多时，考虑到模具温度高，嵌件安放困难，而且安放时间长易导致喷嘴头部的塑料过热，因此常采取在模外将多个嵌件安装在夹具上，然后一次装模的方法，以实现多嵌件的快速安装。

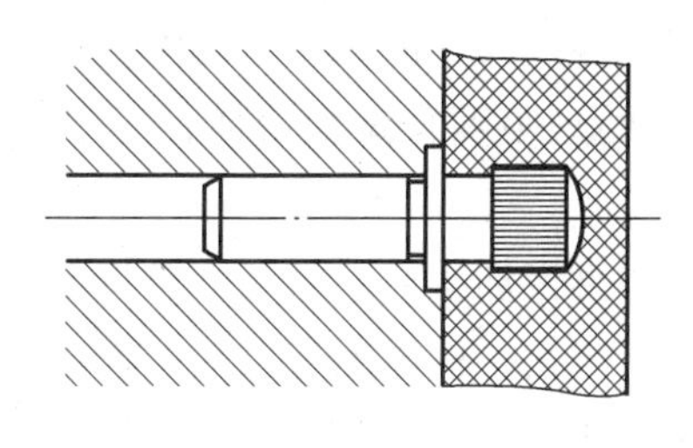

图 10–22　台肩式嵌件

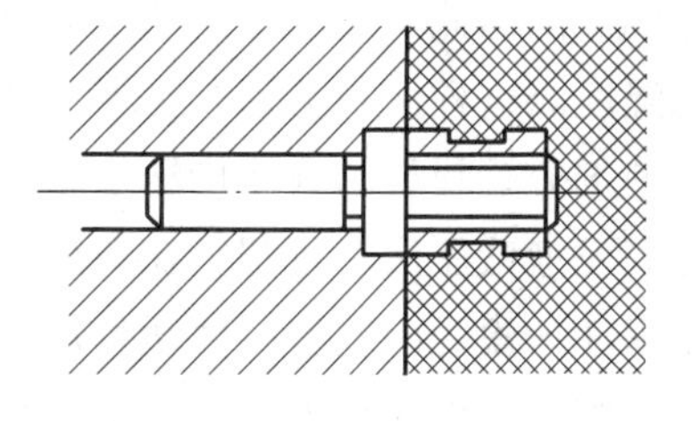

图 10–23　台肩式嵌件杆

（7）其他注意事项。

① 热固性塑料注射模在开模时制品对型芯的包紧力不大，易留于凹模中，故模具设计时常需采用强制留模措施。

② 滑动零件要求硬度高，一般要求为 HRC54 ～ 58；表面粗糙度值要求低，一般应小于 *Ra*0. 4；滑动部分应进行热处理，提高耐磨性；保证滑动部分在高温下不产生咬合或拉毛现象。

③ 热固性塑料注射模一般都要开设排气槽，为了使塑料不致从排气槽溢出，排气槽深度一般取 0. 03 ～ 0. 05 mm，必要时也可深达 0. 1 ～ 0. 3 mm，宽度约为 4 ～ 10 mm。

④ 由于热固性塑料注射模工作温度较高，受力较大，有时还要经受腐蚀性气体的作用，工作条件比较恶劣，因此成型零件、滑动零件。脱模零件等均应选用耐磨钢材制造并经淬硬，达到 HRC54 ～ 58. 其他结构件硬度也应在 HRC30 以上。

⑤ 由于热固性塑料的粘附性小，所以脱模斜度可以小些，对一些较小和较薄塑料板件可以不设脱模斜度。

⑥ 由于热固性塑件的冲击强度较热塑性塑件差，故受力部位应比热塑性塑件增厚。另外，热固性塑件对壁厚均匀性要求不高，即使在壁厚较大处也很少产生缩孔、凹痕等不良现象。

10.3.2 低发泡注射模

低发泡塑料是指发泡率在五倍以下、密度为 $0.2 \sim 1.0\ g/cm^3$ 的塑料。在某些塑料中加入一定量的发泡剂，通过注射成型获得内部低发泡、表面不发泡的塑件的工艺方法称为低发泡注射成型。至今，几乎所有的热固性和热塑性塑料都能制成泡沫塑料，但最常用的有：聚苯乙烯、聚氨基甲酸酯、聚氯乙烯、聚乙烯和脲甲醛等。在泡沫塑料中，由于气相的存在，所以具有密度低、防止空气对流、不易传热、能吸音等优点。因此，在建筑上广泛采用作隔音材料；在制冷方面广泛用作绝热材料；在仪器仪表、家用电器、工艺品等方面广泛用作防振、防潮的包装材料；在水面作业时常用作漂浮材料。

低发泡塑件除质量轻、比强度高、刚性好外，还具有如下优点：塑件内应力小，塑件表面无一般注射成型塑件那样的收缩凹陷，也不会产生翘曲变形；塑件可以采用铁钉、自攻螺钉等连接，而不会产生破坏性应力集中。

1. 低发泡的工艺特点

低发泡塑料的注射成型可采用低压法、夹芯注射法和高压法三种方法，其中低压法是比较常用的一种方法。这里仅介绍低压法。

低压发泡法是向模腔内注入发泡剂与熔融塑料的混合物，混合物在模腔内膨胀发泡充满整个型腔。该方法又可分为化学发泡剂法和氮气发泡低压法。

（1）化学发泡剂低压法。将化学发泡剂与树脂混合加入到螺杆注射机内塑化，加热到发泡剂分解的温度。这种注射方法应采用带封闭锁阀的短喷嘴，减少熔体在喷嘴中的停留时间，防止发泡剂分解释放的气体增压使熔体流涎。

（2）氮气发泡低压法。将塑料在料筒塑化过程中直接加压通入氮气，再将含有氮气的熔体以较低压力注入模腔内发泡、对塑料用挤出机进行塑化，机筒上有氮气加入口。将塑化好并含有氮气的塑料熔体先挤入一个或数个储料器内，并在约 35 MPa 的压力下保存，防止过早发泡。当储料器内达到要求的加料量后，通入模腔的阀打开，将熔体以较低的压力注入模腔。这种方法可获得泡沫均匀、表面平直无凹陷产品，但产品表面带有特有的卷曲花纹，只能用表面涂饰等装饰工序加以修饰。

2. 低发泡注射模设计要点

低发泡注射成型模具比较简单，总体结构与一般注射模基本相同。主要差别是型腔压力低，除生产批量大、表面质量要求高、形状复杂的塑件必须采用钢质模具外，一般都可采用强度低、易切削加工的模具材料。对于小型、薄壁和复杂的泡沫塑件或者小批量生产的泡沫塑件，常采用蒸箱发泡的手工操作模具；对于大型厚壁或者大批量生产的泡沫塑件，常采用带有蒸气室的液压机直接通蒸汽发泡模具。常见的低发泡注射模由以下部分组成：

（1）注射用喷嘴。低发泡注射用喷嘴应具有能实现塑料熔体快速流动和防止流涎的功能，喷嘴出口孔径大于一般注射用喷嘴。

（2）主流道。主流道应开设在单独的主流道衬套内，应具有比一般注射模主流道大的锥度，设计锥度可取 7°～8°，小端直径大于注射机喷嘴内径 0.8～1.0 mm，最大长度一般不应超过 60 mm，向分流道或型腔的转折过渡应设较大圆角。这种粗而短和大圆角的设计是为了避免妨碍快速充模。

（3）分流道。通常采用比表面积大的圆形或梯形截面的分流道，以减少塑料熔体流过时的压力损失和热量损失，保持必要的流动速率。分流道直径取 9.5～19 mm，具体数值应按塑件体积、充模速度要求和流动长度确定。

（4）浇口。一般注射模中的浇口形式原则上都适用，但最常用的是直接浇口和侧浇口，优先选用直接浇口。

（5）排气槽。低发泡注射成型时，因发泡剂会产生大量气体，所以必须开设排气槽。分型面上料流末端及料流汇合处的排气槽深度取 0.1～0.2 mm，型腔底部排气塞上排气槽狭缝为 0.15～0.25 mm。

（6）推出机构。低发泡塑件表面虽坚韧，但内部是泡孔状的弹性体，所以推杆的推出面积过小容易损坏塑件，因此，推杆直径应比普通注射成型的推杆大 20%～30%。对于大型塑件也可采用压缩空气推出。

10.3.3　精密注射模

精密注射成型是随着塑料工业迅速发展而出现的一种新的注射成型工艺方法。使用精密注射成型得到的塑件尺寸和形状精度很高、表面粗糙度很小，而所用的注射模具即为精密注射模。

精密注射模的基本结构和一般注射模相同，其特别之处在于进行精密注射模设计时，着重考虑如何防止塑件出现变形；防止成型收缩率的波动；防止塑件发生脱模变形；使模具制造误差得到最小；防止模具精度发生波动等。因此在选择塑料品种、注射成型工艺、注射机、进行注射模具设计计算、选择模具材料和模具加工方法等方面时，综合考虑诸因素以确保成型精密塑件。

判断塑件是否需要精密注射的依据主要是塑件的精度。在精密注射成型中，影响塑件精度和表面粗糙度的因素很多，如何确定塑件的精度和表面粗糙度，是一个非常重要、而且比较复杂的问题，既要使塑件精度满足生产实际需要，又要考虑目前模具制造所能达到的精度，塑料品种及其成型技术、注射机等满足精密成型的可能性。下表所列为日本塑料工业技术研究会综合塑模结构和塑料品种两方面的因素提出的精密注射成型塑件最小公差数值。这些极限值是在采用单腔塑模结构时，塑件所能达到的最小公差值，不适于多模腔和大批量生产，表中的实用极限是指在采用四腔以下的塑料模结构时，塑件所能达到的最小公差值。

1. 精密注射成型用塑料

对于精密塑件要求的公差值，并不是所有塑料品种都能达到。对于不同的聚合物和添加剂组成的塑料，其成型特性及成型后塑件的形状与尺寸的稳定性有很大差异，即使是成分相同的塑料，由于生产厂家、出厂时间和环境条件的不同，注射成型的塑件还会存在形状与尺寸稳定性的差异问题。因此，如需要将某种塑件进行精密注射成型，除了要求他们必须具有良好的流动性能和成型性能外，还须要求成型出的塑件能够具有形状和尺寸方面的稳定性，否则塑件的精度很难保证。所以在采用精密注射成型时，必须对塑料品种及其成型塑料的状态和品级进行严格选择。表10–1所示为精密塑件的基本尺寸与公差。

表10–1　精密塑件的基本尺寸与公差　　单位：mm

基本尺寸	PC、ABS		PA、POM	
	最小极限	实用极限	最小极限	实用极限
0.5	0.003	0.003	0.005	0.01
0.5～1.3	0.005	0.01	0.008	0.025
1.3～2.5	0.008	0.02	0.012	0.04
2.5～7.5	0.01	0.03	0.02	0.06
7.5～12.5	0.015	0.04	0.03	0.08
12.5～25	0.022	0.06	0.04	0.10
25～50	0.03	0.08	0.05	0.15
50～75	0.04	0.10	0.06	0.20
75～100	0.05	0.15	0.08	0.25

目前使用精密注射成型的塑料品种主要有聚碳酸酯（包括玻璃纤维增强型）、聚酯胺及其增强型、聚甲醛（包括碳纤维和玻璃纤维增强型）及ABS等。

2. 精密注射成型的工艺特点

塑料的注射压力大、注射速度快和温度控制准确，是精密注射成型的主要工艺特点。

（1）注射压力大。一般注射成型的注射压力为40～200 MPa，而精密注射成型的注射压力则为180～250 MPa（目前最高压力可达415 MPa）。采用这样高的注射压力有几个原因：

① 提高塑件的注射压力可以增大塑料熔体的体积压缩量，使其密度增加、线膨胀系数减小，从而降低塑件的收缩率及其波动值，提高塑件形状尺寸的稳定性；

② 提高塑件的注射压力可使成型时允许使用的流动比增大，从而有助于改善塑件的成型性能并能成型薄壁塑件。

③ 提高塑件的注射压力有助于充分发挥注射速度的功效。形状复杂的塑件一般都必须采用较快的注射速度，较快的注射速度必须靠较高的注射压力来保证。

（2）注射速度快且塑件质量高。精密注射成型时，如果采用较快的注射速度，不仅可以成型形状比较复杂的塑件，而且还能保证较小塑件的尺寸公差，这一结论已经得到生产实践的验证。

（3）温度控制精确且塑件质量提高。温度对塑件成型质量影响很大，它是注射成型的三大工艺条件之一。对精密注射成型来讲，不仅要注意控制注射温度的高低，而且必须严格控制温度的波动范围，即存在温度的控制精度问题。很显然，在塑件的精密注射成型中，如果温度控制的不精确，则塑料熔体的流动性以及塑件的成型性能和收缩率就会不稳定，也无法保证塑件的精度。因此，在精密注射成型的实际生产中，为了保证塑件的精度，除了必须严格控制机筒、喷嘴和塑模的温度之外，还要考虑到塑件脱模后周围环境的温度以及进行24 h连续生产时，塑件尺寸波动与模温和室温的影响。

3. 精密注射成型工艺对注射机的要求

由于精密注射成型对塑件具有较高的精度要求，因此一般都应在专门的精密注射机上完成。这种注射机有如下特点。

（1）注射功率大。在精密注射成型中，除了满足注射压力和注射速度的要求之外，还需要注意注射功率对塑件精度的改善作用。因此，精密注射机一般都采用比较大的注射功率。

（2）控制精度要高。要实现精密注射，就要求注射机控制系统必须保证各种注射的工艺参数具有良好的重复精度，以避免塑件精度因工艺参数波动而发生变化。因此，要求精密注射机的控制系统应具有良好的控制精度。精密注射机一般都对注射量、注射压力、注射速度、保压力、背压力和螺杆转速等工艺参数采取多级反馈控制，而对于机筒和喷嘴温度等采取 PID 控制器进行控制，温度波动可控制在 ±0.5 ℃。另外，精密注射机还必须对合模力大小能够进行精确控制，因为过大或过小的合模力都将对塑件精度产生不良影响；必须对液压回路中的工作油温进行精确控制，以防液体温度变化而引起黏度和流量变化，并进一步导致注射工艺参数波动，从而使塑件失去应有的精度。

（3）液压回路的反应速度要快。为了满足高速成型对液压系统的工艺要求，精密注射机的液压系统必须具有很快的反应速度。因此液压系统除了必须选用灵敏度高、响应快的液压元件外，还可以采用插装比例技术，或在设计时缩短控制元件到执行元件之间的油路，必要时也可加装蓄能器，这样不仅可以提高系统压力反应速度，而且也能起到吸振和稳定压力以及节能等作用。目前精密注射机的液压控制系统正朝着机、电、液、仪一体化方向发展，使注射机实现稳定、灵敏和精确工作。

4. 精密注射模的设计要点

一般注射模设计计算方法基本适用于精密注射模的设计。但由于塑件的精度要求高，所以进行模具设计时，应注意以下几点：

（1）合理确定精密注射模的设计精度。精密注射模应首先具有较高的设计精度，如果再设计时没有提出恰当的技术要求，或模具结构设计的不合理，则无论加工和装配技术多么高，成型精度也不可能得到可靠保证。为了确保精密注射模的设计精度，设计时要求模具型腔精度和分型面精度要与塑件精度相适应。一般精密注射模型腔的尺寸公差应小于塑件公差的 1/3，并应根据塑件的实际情况来确定。

模具中的通用零部件虽然不直接参与注射成型，但其精度却能影响模具精度，并进而影响塑件的精度。因此，无论是设计一般注射模还是精密注射模，均应对它们的通用零部件提出恰当而又合理的精度及其他技术要求。此外，在精密注射模设计中，为尽量减少动、定模之间的错位以确保动模和定模的对合精度，可将锥面定位机构或圆柱导正销定位机构与导柱导向机构配合使用。

（2）合理选择精密模具的结构、模具加工精度及加工方法。为了使模具在使用过程中保持其原有的精度，必须使注射模的制造误差达到最小，使它具有较高的耐磨性，所以需要对模具的有关零件进行淬火。但淬火后的钢材除了磨削加工外，很难有达到 0.01 mm 级以下的尺寸精度。因此，凡是精度在 0.03 mm 以下的精密注射模零件，就应该设计成易于采用磨削加工或电加工的结构，为了减小磨削变形和缩短加工时间，可选用淬火变形小的钢材和设计成淬火变形小的结构形式。

（3）控制收缩率的波动对塑件精度的影响。成型收缩率的波动对塑件精度及精度的稳定性影响较大，为防止成型收缩率发生波动，正确设计浇注系统或温度调节系统是解决成型收缩均匀性的有效途径。

① 型腔的排列。

为了较为简便地确定精密成型模具的成型条件，多型腔模具的分流道应采用平衡布置，通常采用圆形排列或一模四腔的 H 形排列。

② 型腔温度单独调节。

温度控制系统最好能对各个型腔温度进行单独调节，以使各型腔的温度保持一致，防止因各腔温差引起塑件的收缩率的差异。设计时，可对每个型腔单独设置冷却水路，并在各型腔冷却水路出口处设置流量控制装置。如果不对各个型腔单独设置冷却水路，而是采用串联式冷却水路，则必须严格控制入水口和出水口的温度。一般水温调节精度为 ±0.5 ℃，入水口和出水口温差在 2 ℃以内能满足使用要求。

同理，对型腔和型芯分别设置冷却水路，分别用温度调节器进行温度控制是符合生产要求的。

(4) 防止塑件的脱模变形。由于精密注射成型塑件的尺寸一般都比较小，壁厚也比较薄，有的还带有许多薄筋，因此很容易在脱模时产生变形，这种变形必然会造成塑件精度下降。因此需要注意以下几点：

① 精密注射成型的塑件脱模斜度一般都比较小，不易脱模。为了减少脱模阻力，防止塑件在脱模过程中变形，必须对脱模部件的加工方法提出恰当的技术要求。例如，适当降低塑件包络部分的成型零件的表面粗糙度，对模具零件进行镜面抛光，抛光方向应与脱模方向一致等。

② 一般精密注射成型的塑件最好用推板推出机构脱模，以免塑件产生脱模变形。但若无法使用推板推出机构时，就必须考虑用其他合适的顶出零件。例如，对于带有薄肋的矩形塑件，可在肋部采用直径很小的圆形顶杆或宽度很小的矩形顶杆，并且还要均衡配置。

③ 对于成型精度要求特别高的塑件，必要时应做试验模，并按大批量生产的成型条件进行成型，然后根据实测数据设计与制造生产用注射模。

10.3.4 气体辅助注射模

气体辅助注射成型技术是国外 20 世纪 80 年代开始使用的一种新技术，他将结构发泡成型和注射成型的优点结合在一起，具有较大的技术应用优势。该方法已成功应用于汽车、家电、家具、日常用品、办公用品等领域，能成型用普通成型方法难以成型的塑件，为塑件成型开辟了一个全新的道路。

1. 气体辅助注射成型的原理

塑料注射成型时，熔体在注射压力的作用下，进入模具型腔后，在同一截面上，各点的流速是不同的，中间最快，越靠近型腔壁流速越慢，接触型腔壁的一层速度为零。这是由于越靠近型腔壁，冷却速度越快，温度越低，熔体黏度越大的原因造成的。而中心部位温度最高，熔体黏度最小，这样，注射压力总是通过中间层迅速传递，致使中心部位的质点以最快的速度前进。由于熔体外层流速慢，内层流速快，内层熔体在向前推进的同时，向外翻而贴膜。这时，如果让注射机注射到一定位置停止注射，以一定压力的气体代替熔体注入，气体同样会向流动阻力最小的中间层流动，这样借助气体气压的作用，就会将中部塑料熔体向前继续推进，并将注入型腔的熔体吹胀直至熔体贴满整个型腔，形成壁部中空，外形完整的塑件，如图 10–24 所示。气体辅助注射成型工艺过程可分为四个阶段，分别是熔体注射、气体注射、气体保压和塑件脱模。

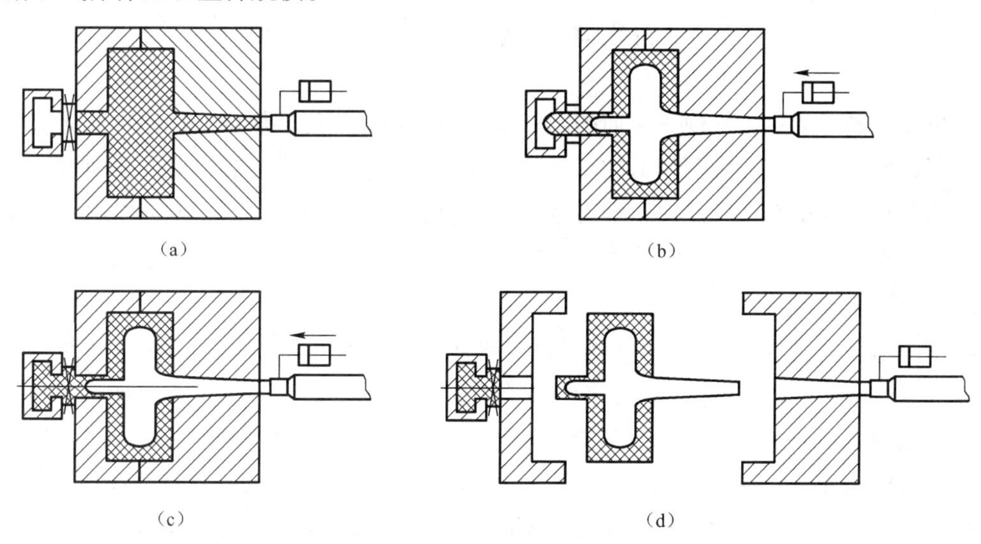

图 10–24　气体辅助注射成型工艺过程

气体辅助注射成型过程中，气体总是按流动阻力最小的路径，由高压向低压，向壁厚部位流动，因为该部位温度高、阻力小。除特别柔软的塑料外，几乎所有的热塑性塑料（如：聚苯乙烯、ABS、聚乙烯、聚丙烯、聚氯乙烯、聚碳酸酯、聚甲醛、聚酰胺和聚苯硫醚等）和部分热固性塑料（如酚醛树脂等）均可用气体辅助注射成型。

需要注意的是，在气体辅助注射中，熔体的精确定量十分重要，一般充满型腔的 70% ～ 95%，实际生产时预注射量因塑件而异。若注入熔体过多，则会造成壁厚不均匀；反之，若注入熔体过少，气体会冲破熔体使成型无法进行。

2. 气体辅助注射成型的特点

（1）气体辅助注射成型的优点。与传统的注射成型的方法相比较，气体辅助注射成型有如下优点：

① 能够成型壁厚不均匀的塑件及复杂的三维中空塑件，且气体辅助注射成型产品在设计时可将壁厚减薄，同时在注射时不需满料注射，因此可节省原料 15% ～ 20%。

② 气体从浇口至流动末端形成连续的气体通道，能有效传递压力，实现低压注射成型，由此能获得低残余应力的塑件，减少产品发生翘曲的问题。

③ 传统注射成型时注射过程基本分为三个阶段（充填、压缩和保压），而气体辅助注射成型的注射过程只有一个充填阶段，它的压缩段与保压段在回料的同时由高压气体保压来代替完成，因此可提高生产效率 20% 左右。

④ 由于注射成型所需的压力比普通注射成型需要的压力小得多，而且气体压力在型腔中分布很均匀，所以可在锁模力较小的注射机上成型尺寸较大的塑件，通常可降低锁模力达 25% ～ 60%。

（2）气体辅助注射成型存在的缺点。气体辅助注射成型存在一些缺点，如：需要增设供气装置和充气喷嘴，提高了设备的成本；对注射机的精度和控制系统有一定要求；塑件注入气体与未注入气体的表面会产生不同的光泽等。

10.4 挤出模具

挤出成型是用加热或其他方法使塑料塑化，再利用螺杆旋转加压或柱塞加压方式使其通过口模而得到和模具流道截面相似的连续体再使其定型。挤出成型能适应几乎所有的热塑性塑料和部分热固性塑料，广泛用于加工管材、棒材、单丝、板材、薄膜、异型材、电线电缆包层及其他涂层制品等，是塑料成型加工的主要方法之一。

10.4.1 机头的典型结构

挤出成型模具又称机头，它的作用是使物料由螺杆挤出时的螺旋运动变为直线运动，产生必要的成型压力，保证制品密实，赋予制品所需要的截面形状。由于挤出加工的制品种类很多，所以与之相应的机头形式也各异，下面以管机头为例说明挤出模具的基本结构。

图 10-25 所示是一种典型的直通式管材挤出机头，其主要组成部分及其作用如下。

（1）多孔板和过滤网。多孔板和过滤网的作用是将物料由螺旋运动变为直线运动，阻止未塑化的料及其他机械杂质进入机头，提高螺杆头部物料的压力，混合物料。多孔板还起支撑过滤网的作用。

（2）机头体。机头体用于支撑、固定机头内各零部件，并与挤出机料筒连接。

（3）分流器。分流器能使圆柱形物料变成圆环形料流，完成产品截面的初步分流造型，并使塑料层变薄，便于均匀受热和塑化。

（4）分流器支架。分流器支架主要起支撑分流器和芯棒的作用，但熔体经分流器支架后会产生熔接痕。

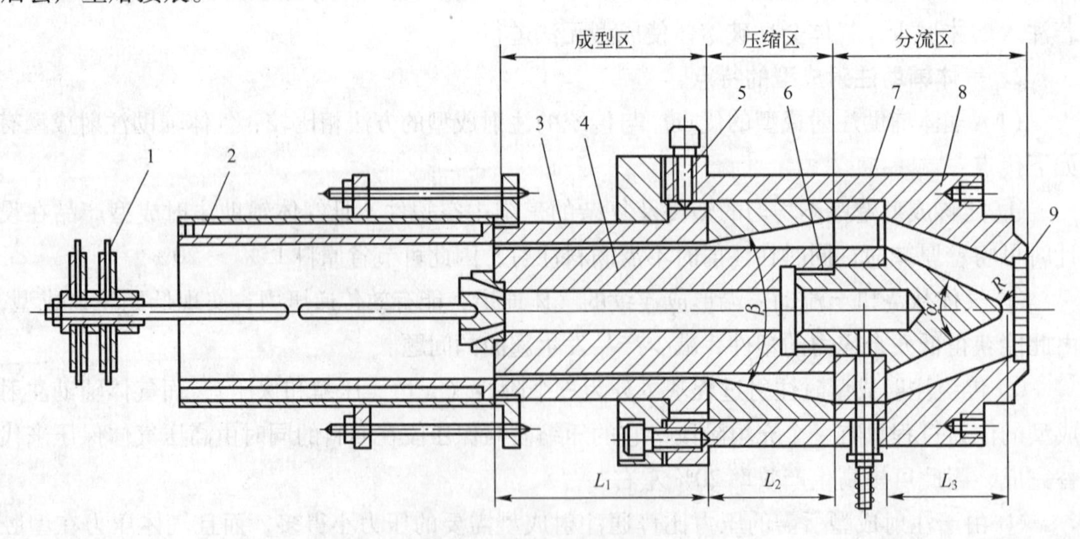

图 10-25 直通式挤管机头

1—气塞；2—定径套；3—口模；4—芯棒；5—调节螺钉；6—分流器；7—分流器支架；8—机头体；9—多孔板

（5）芯棒。芯棒是成型管材内表面的零件。

（6）口模。口模是成型管材外表面的零件，并使通过口模的料坯具有一定的外形和尺寸。

（7）调节螺钉。调节螺钉用作调节口模和芯棒相对位置，以满足制品的壁厚均匀性要求。

（8）温度调节系统。用于调节与控制机头的温度以满足成型的要求。

（9）定径套。使从口模挤出的料坯经定径套后获得所需的截面形状和尺寸。

1. 机头的分类

机头的分类方法较多，常用的分类方法如下。

（1）按挤出制品的出口方向分类。按挤出制品的出口方向，可将各种机头分为直通机头和角式机头两大类型。直通机头是制品的出口方向与挤出机螺杆轴线方向一致。角式机头的特点是制品的出口方向与挤出机螺杆轴线方向呈一定角度，当该角度为 90°时，角式机头又可称为直角机头。

（2）按挤出制品的种类分类。根据所生产制品的种类，可将机头分为管材机头，板材机头，片材机头，单丝机头，网机头，吹膜机头，异型材机头，电线电缆包覆机头等。

2. 机头的设计原则

（1）机头进口处应设多孔板和过滤网，使熔体由螺旋运动变成直线运动，同时可以增大熔体流动阻力，使螺杆头部压力得到提高，有利于物料的均匀塑化和制品的密实。

（2）机头内应有压缩区，并具有足够的压缩比（机头内流道型腔最大截面积与定性段出口处截面积之比）。使流道截面沿出口方向逐渐变小，保证物料在成型过程中得到足够的压力，同时也起到进一步压实物料，消除由分流器支架形成的熔接痕的作用。若压缩比过小，则制品不密实，熔接痕消除不良；若压缩比过大，则导致机头结构庞大，流道阻力大，生产率低，并使制品表面粗糙，从而影响产量和质量。压缩比常取 3 ～ 6，一般不超过 10。

（3）机头内流道应做成光滑的流线型。流道尺寸不能突变，更不能形成死角和停滞区，否则易引起塑料滞流和分解，致使产品质量下降，影响连续生产的进行。

（4）机头的定型段应有适当的长度，以保证有足够的定型时间，在定型区使料流稳定均匀，减轻挤出物的离模形变，得到预定的断面形状和尺寸。

（5）口模设计应考虑留有修模的余地。

（6）机头结构紧凑。在保证足够的强度和刚度的调节下，机头结构应设计得简单、紧凑，与机筒衔接严密，易于装卸。其形状应尽量规则对称，以便与均匀加热。

（7）机头选材要合理。由于机头磨损较大，而有的塑料还具有较强的腐蚀性，所以机头材料应具有一定的耐磨性和耐腐蚀性。

（8）机头内应设适当的调节装置。为了满足制品的形状、尺寸、性能和质量的要求，常在机头内设置一些能对物料流速、流量及挤出型坯的尺寸进行调节与控制的装置。通过调节熔体的流速与流量以保证满足制品形状尺寸和质量的要求，通过调节口模以保证制品壁厚均匀。

（9）机头应设置独立的温度控制系统。为了正确控制温度，以取得良好的制件外观、减小变形、防止热分解，机头体的口模部分的温控系统最好相互独立。

10.4.2 管材挤出成型机头

1. 直通式管机头

直通式管机头的结构如图 10-26 所示。其主要特点为结构简单，制造容易；物料出口方向和挤出机螺杆的轴线方向一致；机头、挤出机螺杆及管材三者同心，生产占地面积小。但芯棒加热困难，由分流器支架所产生的熔接缝不易消除，定型长度要求较长，机头长度较大。直通式管机头主要适用于成型软、硬聚氯乙烯、聚乙烯、聚酰胺、聚碳酸酯等管材。

2. 直角式管机头

直角式管机头的结构如图 10-27 所示。其主要特点为结构复杂，制造困难；物料的出口方向与挤出机螺杆的轴线方向成直角，生产占地面积较大、机头内无分流器支架，芯棒加热方便；熔体包围芯棒向前流动时只产生一条熔接缝，所需定型段长度较短，熔体流动阻力较小，料流稳定，出料均匀，生产率高，管材质量比较好。此外，在配用冷却装置时可方便地对管材内径进行冷却定型。特别适用于聚乙烯、聚丙烯、聚酰胺等内径尺寸精度要求较高的管材的生产。

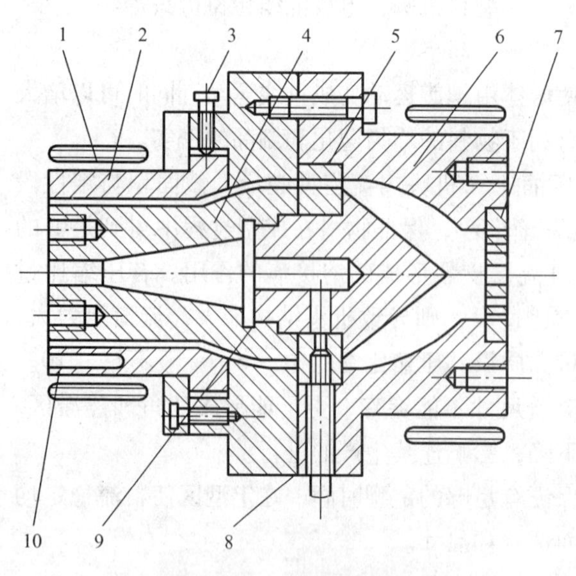

图 10-26 直通式管机头

1—电加热器；2—口模；3—调节螺钉；4—芯棒；5—分流器支架；6—机头体；7—过滤板；8—进气管；9—分流器；10—测温孔

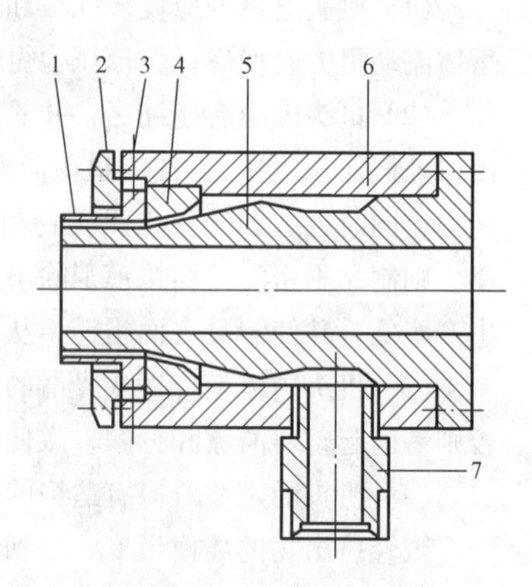

图 10-27 直角式管机头

1—进气口；2—压环；3—调节螺钉；4—口模座；5—芯棒；6—机头体；7—机颈

3. 旁侧式管机头

旁侧式管机头的结构如图 10-28 所示。其结构特点与直角式机头相似，料在机颈中比直角式机头多一个 90°拐弯，熔体流动阻力比较大。其特点与直角式机头相近。物料的出口方向与螺杆轴线方向平行，但不一致，生产占地面积较小。

4. 筛孔板式管机头

其结构如图 10-29 所示。物料的出口方向与螺杆轴线方向一致，塑料熔体通过筛板孔进入口模的定型段。塑化均匀，无熔接痕，机头结构紧凑，体积小，特别适用于生产大口径的聚烯烃管材。筛板孔直径一般可为 ϕ1.5 ～ 2 mm，孔间距一般可为 4 ～ 6 mm。

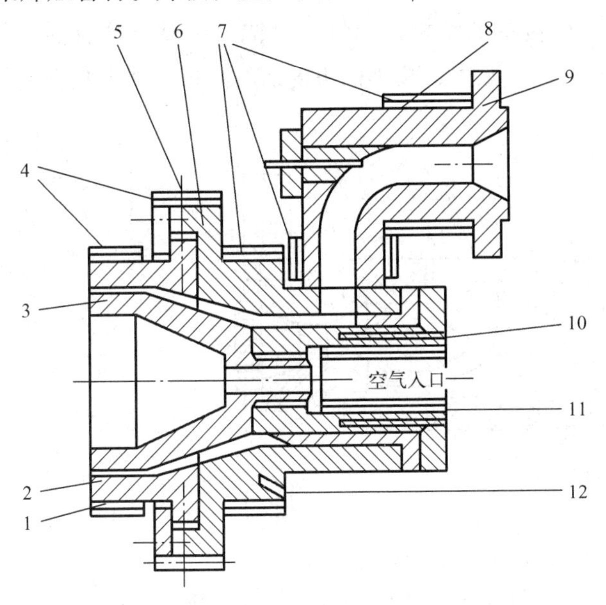

图 10-28　旁侧式挤管机头

1、10、12—温度计插孔；2—口模；3—芯棒；4、7—电热器；5—调节螺钉；6—机头体；8—熔融塑料测温插孔；9—机颈；11—芯棒加热器

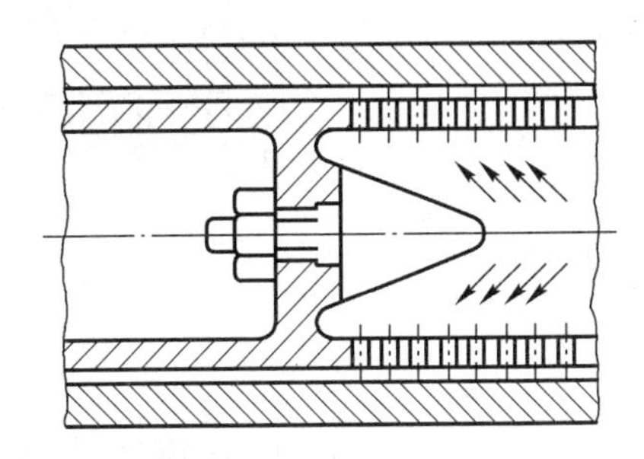

图 10-29　筛孔板式挤管机头

10.4.3　棒材挤出成型机头

塑料棒材一般是指实心的圆棒，用于棒材生产的原料主要是聚酰胺、聚甲醛、聚碳酸酯、ABS、聚砜、聚苯醚等工程塑料，聚氯乙烯、聚乙烯、聚丙烯、聚苯乙烯等通用塑料，有时也用来生产棒材。虽然棒材的生产方法很多，但挤出成型工艺合理，生产速度快，而且能连续地挤直径小于或大于挤出机螺杆直径的棒材，因此挤出成型是制造塑料棒材最主要的加工方法之一。

棒材挤出机头如图 10-30 所示，它与挤管机头的结构不同，既没有芯棒，也没有分流器，但机头中有一段直径较小的平直段。平直段具有阻流阀的作用，可以提高机头压力，使机头中的塑料熔体能形成足够的压力，以便向冷却定型模内塑料棒中心熔融区进行快速补料，从而可以获得致密的实心棒材。

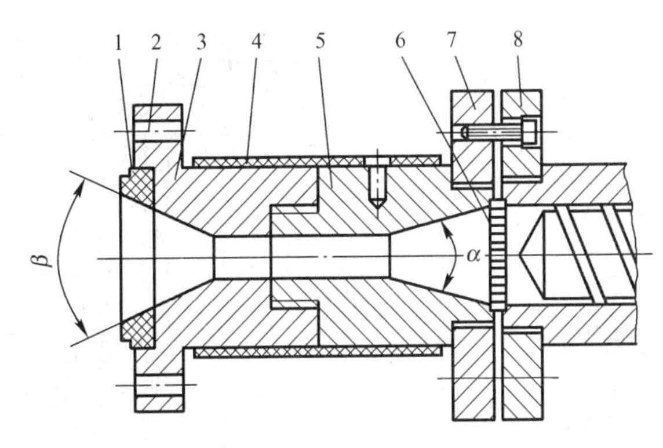

图 10-30　棒材挤出成型机头

1—绝热垫圈；2—螺栓孔；3—口模段；4—加热圈；5—机头体；6—栅板；7、8—连接法兰

机头平直部分直径一般为 16 ～ 25 mm，棒材直径越大取值可越大。平直部分长度一般为直径的 4 ～ 10 倍，直径小时取大值。机头进口处的收缩角一般为 30° ～ 60°，收缩区长度为 50 ～ 100 mm。机头出口处的扩张角常取 45° 左右，过大易形成料流死角，

过小不利于对冷却定型套内塑料棒中心熔融区的快速补料。机头口模内径应等于冷却定型套的内径。

图 10-31 所示是另一种棒材挤出成型机头的结构，其特点是机头中设有分流器，其结构类似于挤管机头。分流器的作用是增大机头压力，减小机头内部的容积，加大塑料受热面积，改善料流状态。

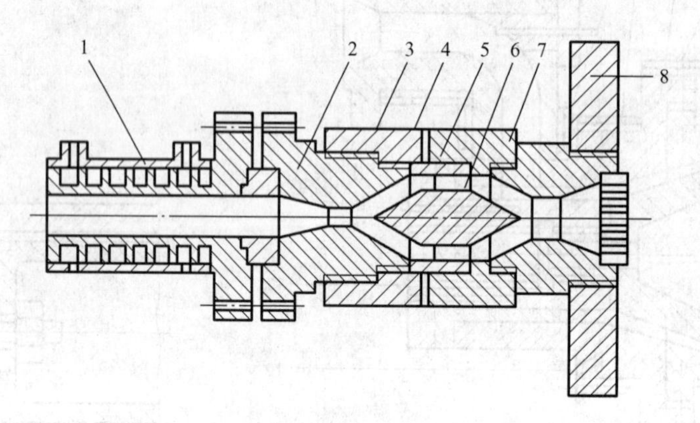

图 10-31　带分流器的棒材挤出成型机头

1—水冷定径套；2—口模段；3—连接螺钉；4—连接段；5—衬环；6—分流器；7—模体；8—连接法兰

10.4.4　吹塑薄膜挤出成型机头

塑料薄膜可以用压延、流延拉伸、吹塑以及扁平机头直接挤出等方法生产。吹塑法生产薄膜设备投资少，工艺简单，操作方便，原料适应性广，而且膜的性能良好，因此在塑料薄膜的生产中广泛采用。

目前使用的吹塑薄膜机头形式较多，本书主要介绍常见的芯棒式机头、中心进料式机头、螺旋式机头和旋转式机头的结构及特点。

1. 芯棒式机头

芯棒式机头的结构如图 10-32 所示。熔融塑料经过滤网多孔板、机颈到达芯棒轴后，一方面向机头出口方向流动，一方面绕过芯棒轴、在芯棒尖处汇合后向机头出口方向流动，

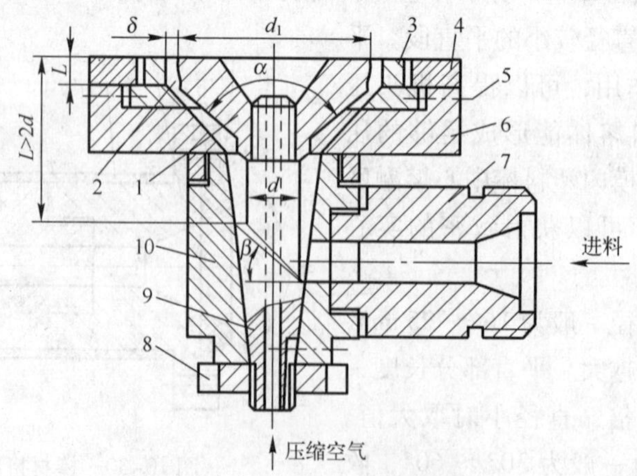

图 10-32　芯棒式机头

1—芯棒；2—流道；3—口模；4—压紧圈；5—调节螺钉；6—上模体；7—机顶；8—螺母；9—芯棒轴；10—下模体

由芯棒内的进气口通入压缩空气将膜管吹胀并经纵向拉伸牵引成为薄膜。

这种机头的主要特点是结构简单，装拆方便；机头内存料空间小，物料不易过热分解；熔融物料只在芯棒尖处形成一条合流线。但是，由于机头采取侧面进料，使靠近进口一侧物料流动距离短，阻力小，出料快；而芯棒尖一侧物料流动距离长，阻力大，出料慢；造成四周出料不均匀。同时芯棒轴还受到料流的侧向压力，易产生“偏中”现象，导致口模间隙不均，因此这种机头生产的薄膜厚薄均匀性不易控制。芯棒式机头对塑料原料的适应性较广，对聚乙烯、聚丙烯、聚氯乙烯、尼龙等大多数塑料均能适用。

2. 中心进料式机头

中心进料式机头又称“十”字形机头，其结构如图 10-33 所示。这种机头与直通式挤管机头相似，它的特点是熔融塑料经分流器形成环形料流挤出，出料均匀，膜厚容易控制。而且芯棒不受单向侧压力作用，不会产生“偏中”现象。但料流经分流器支架后要形成多条合流线，为了不使这些合流线在薄膜上产生明显的熔接痕，要求分流筋在保证强度的前提下，数量尽量少些，截面应尽量呈流线型。此外，分流筋到模口的距离不能太短，或在分流筋上方开设缓冲槽，以消除熔接痕，稳定周向料流压力，提高产品质量。

3. 螺旋式机头

螺旋式机头结构如图 10-34 所示，芯轴上开有数个螺旋槽，螺旋槽由深逐渐变浅，每个螺旋槽与机头中心进口流道通过分料槽连接。熔融物料从机头中心进口挤入，经过多条分料槽分别进入芯轴的螺旋流道，多股料流逐渐旋转汇合后进入流道，在环形缓冲槽内稳压后从口模挤出。

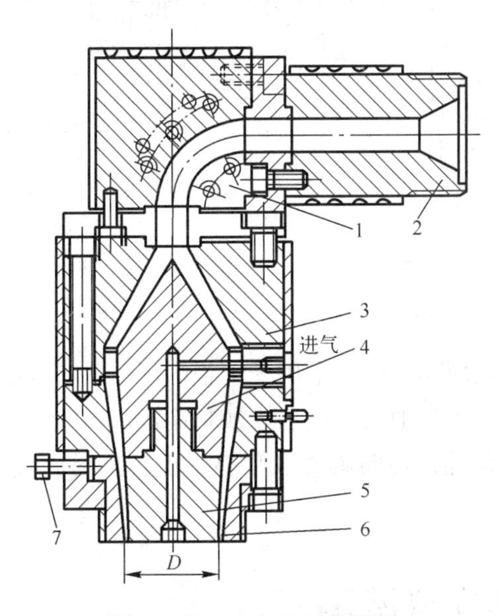

图 10-33 中心进料式机头

1—直角连接头；2—挤出机机头；3—机头体；4—分流梭；5—芯棒；6—模套；7—调节螺钉

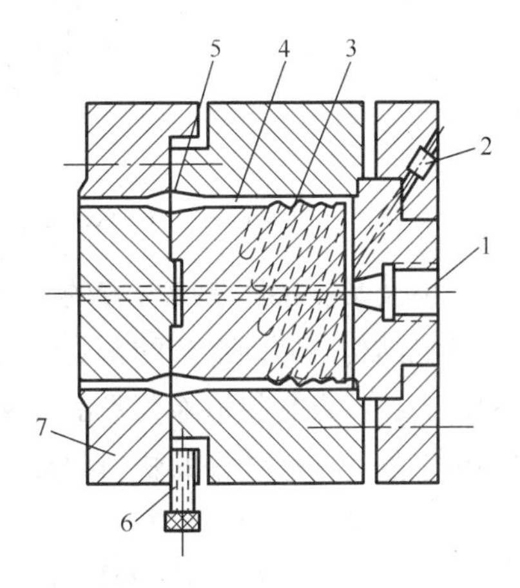

图 10-34 螺旋机头

1—进口；2—通气孔；3—芯轴；4—流道；5—缓冲槽；6—调节螺钉；7—口模

这种机头的特点是出料均匀，膜厚容易控制，无合流线，薄膜物理力学性能好。但机头内存料空间大，料的流程长，流动阻力大。只适合于加工聚乙烯、聚丙烯、聚苯乙烯、聚酰胺等黏度较小、热稳定性好的塑料。

4. 旋转式机头

旋转式机头是指口模和芯棒能相对旋转的机头，其旋转方式有：口模转，芯棒不转；口模不转，芯棒转；口模和芯棒一起同向或反向转动。图10-35是一座旋转机头的结构图，其结构特征是芯棒和口模能各自单独转动，使芯棒和口模能以同速、不同速，或同向、异向旋转。生产时由直流电机经减速后驱动链轮，并通过空心轴使芯棒转动；同时，另一台直流电机驱动链轮，使口模支持体和机头旋转体连同口模一起转动。

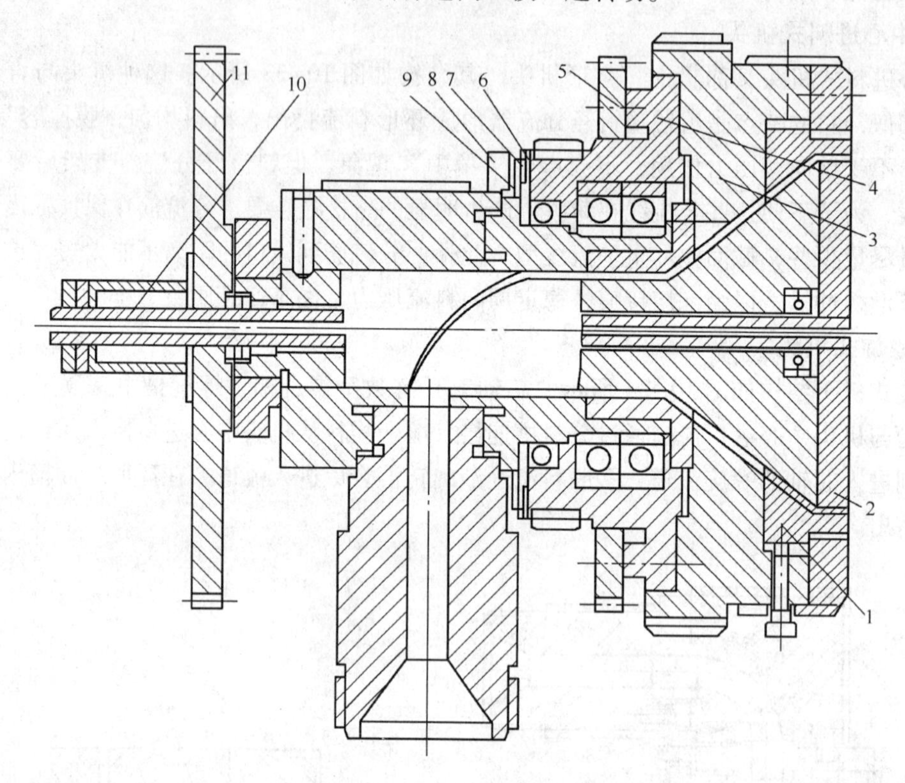

图10-35　旋转机头

1—口模；2—芯棒；3—机头旋转体；4—口模支持体；5、11—链轮；6—绝缘环；7、9—铜环；8—炭刷；10—空心轴

由于口模及其支持体是旋转着的，为了加热模体，图中采用了由绝缘环、铜环以及炭刷所组成的输电结构。转动部分的密封元件一般选用青铜或四氟乙烯塑料制成。

这种机头的特点是能消除薄膜的厚薄不均匀性，使薄膜卷取平整，而且出料比较均匀，目前主要用于热稳定性较好的塑料的加工。

10.5　气动成型模具

真空成型、吹塑成型、压缩空气成型均属热塑性塑料的气动成型。采用气动成型法成型，能利用简单的成型设备，获得大尺寸的塑料制件，生产费用低，生产效率较高，是一种较为经济的二次成型方法。

气动成型的基本过程是把塑料坯材加热至高弹状态，即达到成型塑料的软化点以上，接近而低于流动温度的状态。当然，利用刚挤出的坯材成型时就不需要进行加热了。然后把已加热的坯材固定在模具上，也可把冷坯材固定在模具上再加热至塑性状态，然后采用在坯材的一边通入压缩空气的办法来提高压力，或者采用抽真空的办法降低压力，以使坯材紧贴模具成型表面而成为塑件。待塑件充分地冷却之后，除去压差，打开模具，取出塑件。真空成型时单位面积的成型压力为一大气压；吹塑成型及压缩空气成型时单位面积的成型压力为 0.3 ～ 0.6 MPa。

显然气动成型法是利用气体的作用代替部分模具成型零件（阳模或阴模）来成型塑件的。与压制成型法、注射成型法相比，成型压为低，因此对模具材料强度要求不高，模具结构简单、成本低廉。

10.5.1　真空成型模具

真空成型是把热塑性塑料坯材（板、片）固定在模具上，使其加热至塑性状态，用真空泵把坯料与模具之间的空气抽掉，借助大气压力使坯材覆盖于模具成型表面上而成为塑件。待塑件冷却之后，再用压缩空气脱模。

真空成型的优点是：不必要整副模具，仅制作阳模或阴模中的任何一个即可；能自由的设计、制作模具、易于修整，易变更塑件的厚度、材质及色彩；可以制作大、薄、深及具有侧凹的塑件，模具结构简单、成本低廉；可以观察塑件的成型过程。

真空成型的不足是要把塑件设计成在成型之后容易修整的形状，往往成型的塑件壁厚薄厚不均匀。当模具上起伏剧烈，且其距离较近时和凸型拐角处为锐角时，在成型的塑件上容易出现皱折。另外由于真空成型的压差有限，不超过一大气压，因而不能成型厚壁塑件。

根据真空成型的特点，可把真空成型模具分为以下几类。

1. 抽真空成型模具

仅用阴、阳模中的任何一个都可以进行真空成型，用阴模成型的塑料制件外表面精度较高，但因用阴模成型是把坯材固定在模具上加热的，固定部分的塑件厚度接近原坯材的厚度，而弯曲部分的壁厚变得较薄，故成型的塑件壁厚均匀性差些。如果塑件内腔很深，特别是小件，其底部拐角处就变得很薄，因此内腔深度不大的塑件适于用阴模抽真空成型。

用阳模进行抽真空成型时，加热时使坯材悬空，避免了使加热的坯材过早地与冷模具接触而黏附于阳模上，使塑件的壁厚均匀性变差，因此用阳模抽真空成型的塑件的壁厚均匀性比用阴模抽真空成型的塑件的壁厚均匀性较好。有凸起形状的薄壁塑件适于用阳模抽真空成型，所成型的塑件内表面精度较高。

此外采用多型腔的阴模抽真空成型比用同样个数的阳模抽真空成型较为经济，因为阴模型腔之间的距离可以近一些，用同样面积的坯材可以加工更多的塑件。

图 10-36 是用阴模进行抽真空成型的成型原理示意图。图 10-36（a）是表示把坯材固定在印模的上方，用密封圈密封，防止空气进入坯材与型腔之间，然后把加热器移至坯材的上方进行加热，待坯材达到塑化状态后移去加热器。图 10-36（b）是表示把型腔中的空气抽去，使已塑化的坯材在大气压力作用下覆盖于型腔表面成为塑料制件。图 10-36（c）是表示待成型的塑件冷却之后，通入压缩空气使塑件脱模。

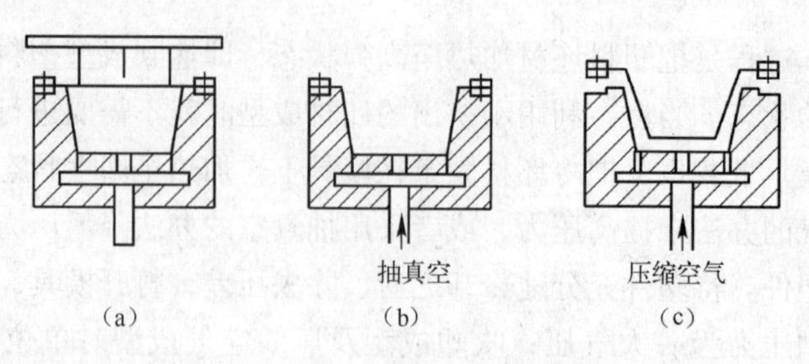

图 10-36 阴模真空成型

图 10-37 是用阳模进行真空成型的成型原理示意图。图 10-37（a）是表示把坯材夹持在框架上加热使其软化；图 10-37（b）表示把坯材及框架固定在阳模上；图 10-37（c）表示抽真空使坯材包围阳模而成型为塑件；图 10-37（d）是表示待已成型的塑件冷却之后，用压缩空气使其脱模。

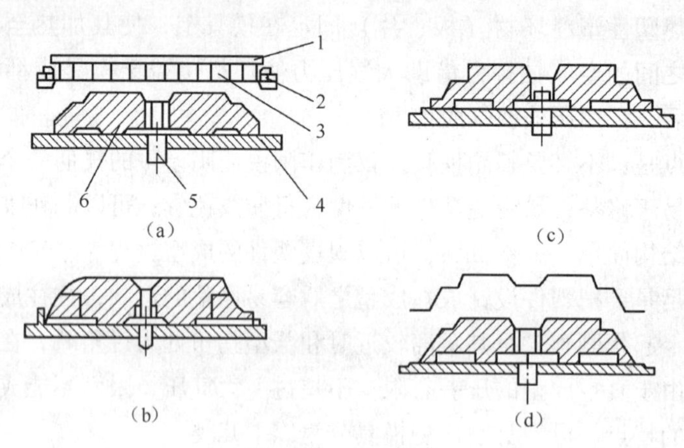

图 10-37 阳模真空成型

1—加热器；2—框架；3—坯材；4—底板；5—管；6—阳模

2. 延伸抽真空成型模具

为了提高塑件的质量，成型内腔较深而壁厚比较均匀的塑件时可以采用延伸真空成型，就是在成型过程中使坯材先延伸，然后再成型。

图 10-38 是利用活动阳模进行延伸成型的图例。用压紧框架把热塑性塑料片材固定到模具上，用橡胶垫密封，用加热器加热片材至软化状态后移开加热器，使活动阳模上升，延伸片材，使片材包在阳模上。然后通过管接头抽真空进行成型。待已成型的塑件冷却后，停止抽真空，使件下降，从模具上取下塑件。

此外还可利用压缩空气的作用进行延伸真空成型，例如：用阴模或阳模进行成型，待夹在模具上的坯材加热软化之后，向阴模或阳模通入压缩空气，使坯材延伸，然后再抽真空。在另一侧依靠大气压力或通入压缩空气使坯材紧贴模具的成型表面而成为塑件，冷却后使塑件脱模。采用阴模成型，持夹在模具上的坯材加热软化之后移去加热器，依靠柱塞由坯料上方向下面推压坯材和处于坯材与阴模之间的空气移动而使坯材延伸，然后抽真空使坯材紧贴阴模型腔而成为塑件，待塑件冷却后脱模，这种成型方法会使柱塞在塑件上留下痕迹。待夹在模具上的坯材加热软化之后移去加热器，在软化的坯材两侧依次吹入压缩空气使软化的坯材延伸。

再在成型面一侧抽真空，在另一侧依靠大气压或压缩空气的作用使坯材紧贴于模具成型表面而成为塑件，待塑件冷却之后，用压缩空气脱模。所成型的塑件表面质量好，无柱塞印痕。

图 10-39 是向软化的坯材两边吹送压缩空气进行延伸的图例。图 10-39（a）是用加热器加热坯材，使坯材软化。图 10-39（b）、（d）是表示把软化的坯材与固定框架一起轻轻地压向阴模，向阴模通入压缩空气使坯材鼓起，同时通过柱塞由坯材的上方向坯材吹送加热的空气，柱塞并逐渐地下降，使坯材在两层空气之间进行拉伸延展之后，停止吹送压缩空气。图 10-39（e）是表示柱塞上升，从阴模侧抽真空，使坯材紧贴于阴模成型表面而成为塑件，待塑件冷却之后，用压缩空气脱模。

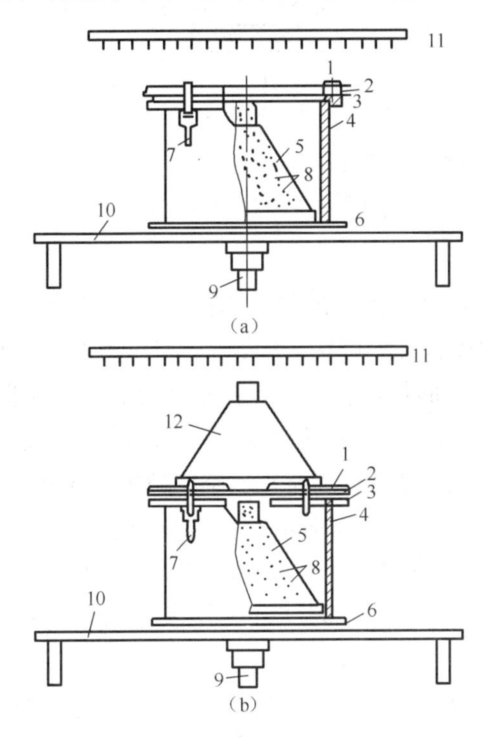

图 10-38　用活动阳模进行延伸真空成型

1—夹紧框；2—热塑性塑料片材；3—橡胶垫；4—模身；5—活动阳模；6—橡胶垫；7—偏心锁模装置；8—排气孔；9—真空泵管接头；10—装置工作台；11—加热器；12—塑件

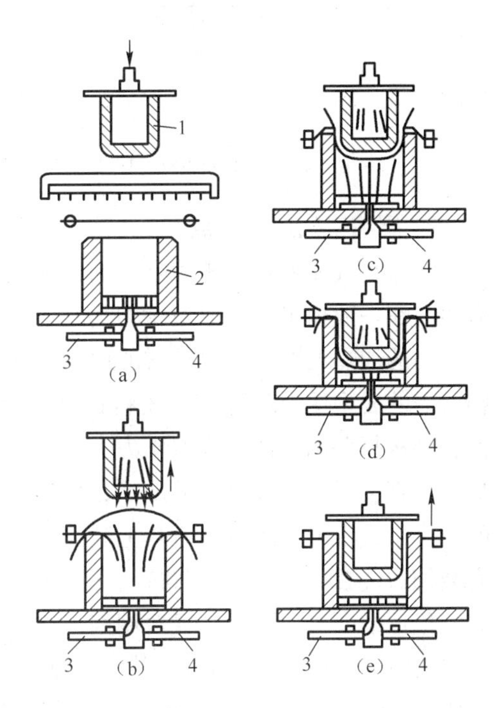

图 10-39　用压缩空气使坯材延伸的真空成型

1—柱塞；2—阴模；3—空气管路；4—抽真空管路

10.5.2　压缩空气成型模具

1. 压缩空气成型方法简介

压缩空气成型就是借助于压缩空气的压力，把加热软化后的坯料压到模具的型腔表面上进行成型的方法。压缩空气成型的工艺过程如图 10-40 所示，图 10-40（a）是成型前的开模状态。图 10-40（b）是向型腔内通入低压空气，迫使坯料板材与加热板接触进行直接加热；图 10-40（c）是待坯料板材加热软化之后，停止向型腔内通入低压空气，同时从模具的上方，通过加热板向已加热软化的坏料板材吹送压力为 0.8 MPa 的预热空气，迫使软化的坯料板材下凹，贴于模具型腔表面而成为塑件；图 10-40（d）是待塑件完成冷却之后，使加热板下降切除余料；图 10-40（e）是借助于压缩空气把塑件从模具中吹出去的情况。

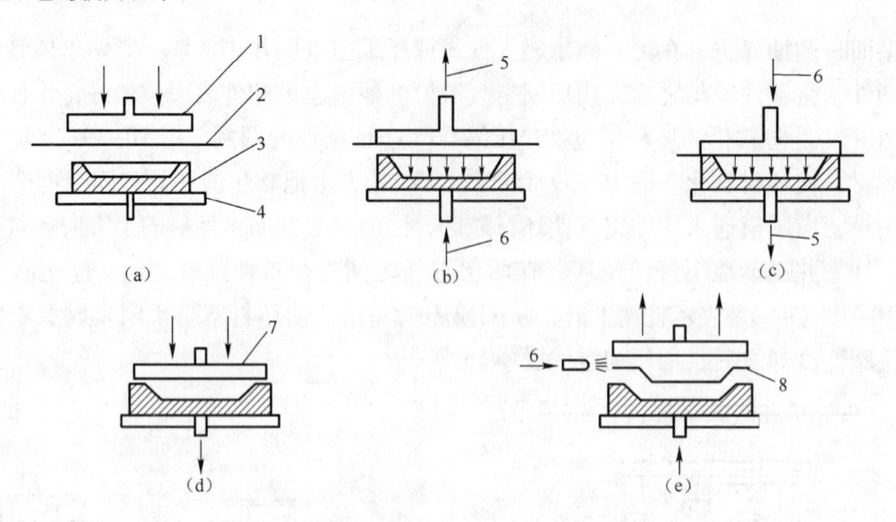

图 10-40　压缩空气成型的工艺过程

1—加热板；2—坯料板材；3—型刃；4—阴模；5—排气；6—压缩空气；7—加压合模；8—工件

2. 压缩空气成型特点

压缩空气成型是用压缩空气的力量把软化的坯料板材压到阴模或阳模的成型表面上进行成型。在一般情况下，成型压力为 0.3 ～ 0.8 MPa，最大可达 3 MPa。成型压力的大小与坯料板材的加热温度、坯料板材的厚度、塑件的几何形状等有关。坯料板材的加热温度愈高，则所需的成型压力就愈低。坯料板材的厚度大需要的成型压力也大。平面塑件需成型压力低，结构复杂的塑件需成型压力大。压缩空气成型周期短，通常比实空成型快三倍以上。用加热板直接与坯料板材接触加热，加热效果好，需要的加热时间短。可以把加热器作为模具的一个组成都分，还可在模具上装切边装置，在成型过程中切除余边，但复杂的阳模不容易安装切边装置。用压缩空气成型的塑件尺寸精度高，细小部分的再现性好，光泽透明性也好，但压缩空气成型的装置费用高。

真空成型是在坯料板材与模具成型表面之间抽真空，在大气压的作用下使坯料板材覆盖模具成型表面而成为塑件。它既可以用阴模成型，也可以用阳模成型，成型装备价格低，但比压缩空气成型周期长，加热时间长。用真空成型法成型的塑件各方面的质量均比用压缩空气成型的塑件差，塑件脱模后需在另外的装置上切除余边，且加热器不是模具组成的一部分。

10.5.3　吹塑成型模具

目前吹塑成型主要用于吹制包装容器和中空成型制品，因此也叫中空成型。适用于吹型成型的塑料有高压聚乙烯、低压聚乙烯、硬聚氯乙烯、纤维素塑料、聚苯乙烯、聚酰胺、聚甲醛、聚丙烯、聚碳酸酯等。其中应用最多的主要是聚乙烯，其次是聚氯乙烯。聚乙烯无毒、加工性能好。聚氯乙烯价廉，透明性及印刷性能较好。吹塑成型使用的主要设备是挤出机、挤出机头、吹塑成型模具及供气装置等。

吹塑成型的基本过程是：制造所要求的型坯，把型坯夹持固定到模具中，通入压缩空气、处长型坯，使型坯紧贴模腔面成为塑件。压缩空气的压力一般为 0.27 ～ 0.5 MPa，在保持成型压力下使塑件在模内充分的冷却，然后放出制品内的压缩空气，开启模具、取出塑件。根据成型方法的不同，通常可把吹塑成型分为以下几种。

（1）挤出吹塑成型。挤出吹塑成型是成型中空制品的主要方法，其成塑过程是挤出管状型坯，把型坯夹到模具中，向型坯中通入压缩空气，使型坯膨胀贴于模具成型表面而成为塑件，待保压、冷却定型后，放出压缩空气，取出塑件。这种成型方法使用的设备及模具简单，但是成型的塑件壁厚不均匀。

（2）注射吹塑成型。注射吹塑成型是用注射成型制造型坯，然后把型坯移装入吹塑模具中进行中空成型。这种成型方法适于小塑件的大批量生产，所生产的塑件壁厚均匀，无毛边、不需要后加工修饰。塑件底部无挤缝，强度好、生产效率高，但生产费用大。

（3）注射延伸吹塑成型。注射延伸吹塑成型的成型过程是注射成型有底型坯，加热型坯使其软化，对型坯进行延伸，约延伸二倍，再进行吹塑成型、冷却脱模。用这种方法生产的塑件透明性好. 强度也有所提高。注射延伸吹塑成型可用于聚氯乙烯、聚丙烯等塑料的成型。

（4）多层吹塑中空成型。多层吹塑中空成型的关键是首先用注射法或挤出法制造出壁厚均匀的多层型坯，然后进行吹塑成型。成型过程，模具结构基本与一般吹塑成型的过程及模具结构相同。

采用多层吹型成型的目的是为了通过材料的不同组合，互相弥补不足，改善塑件的使用性能。例如为了降低渗透性，可与渗透性低的聚酰胺、聚偏氯乙烯等塑料组合把着色遮光层和一般的着色层组合制作避光容器，把发泡层和非发泡层组台用作保温瓶的绝热层；还可以把再生料与一般料组合使用等等。

（5）片材吹塑成型。片材吹塑成型是最早采用的中空组件的吹塑成型方法。采用这一方法的成型过程是把已加热软化的两片塑料放在两半模之间，闭合模具，两半模沿塑件轮廓把两片塑料牢牢地夹住，同时使受管接头挤压的塑料成型为螺纹。通过管接头用压缩空气吹胀塑料片材，使其紧贴于型腔而成为塑件，进行冷却之后抽出管接头，分开模具，取出塑件，如图 10-41 所示。

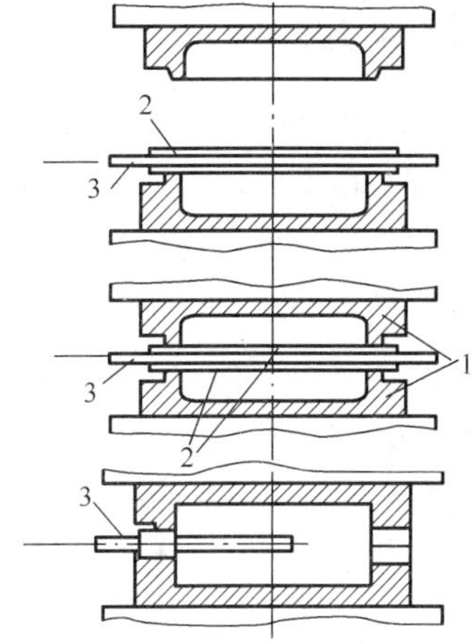

图 10-41　片材吹塑成型
1—阴模；2—塑料片材；3—管接头

小测验

讨论压缩空气成型和真空成型的工艺特点并比较两者区别。

思考与练习题

1. 压缩成型时如何选择塑件在模具中的加压方向？
2. 画图说明溢式、不溢式、半溢式压缩模的凸模与加料室的配合结构特点。
3. 与注塑模和压缩模相比，压注模有什么特点？
4. 压注模按加料室的结构可分成哪几类？
5. 挤出成型模具包括哪几部分？各有什么作用？
6. 管材挤出机头有哪些类型？各有什么特点？用于什么场合？
7. 简述真空成型、压缩空气成型及吹塑成型的工艺过程。

第⑪章 注射模设计指导

知识目标

1. 熟悉注射模具标准模架的类型及选用方法。
2. 掌握注射模具材料的类别、特点及选用方法。
3. 理解注射模具设计的一般原则与设计步骤。

能力目标

1. 具备注塑模具的设计方法、步骤和技能。
2. 具备对注塑件的结构、技术要求、成型工艺的分析能力。
3. 能够根据设计要求绘制相应的装配图和零件图。

由于注射模具的多样性和复杂性，很难总结出可以普遍适用于实际情况的注射模设计步骤。本章所列出的设计步骤仅供在设计中参考。其主要目的是使学生对注射模的设计全过程有一个总体认识，同时也是对已学内容的一次总结。

11.1 注射模的设计步骤

在实际生产中，由于塑件结构的复杂程度、尺寸大小、精度高低、生产批量以及技术要求等各不相同，因此，模具设计是不可能一成不变的，应根据具体情况，结合实际生产条件，综合运用模具设计的基本原理和基本方法，设计出合理经济的注射模具。

注射模的类型和形式很多，但是，各类注射模的设计是有共同点的，只要掌握这些共同点的基本规律，就可以缩短模具设计周期，提高模具设计水平。

注射模具设计时应保证塑件的质量要求，尽量减少塑件的后加工，模具应具有最大生产能力，且经久耐用，制造方便，价格便宜等。

现就注射模设计的一般程序介绍如下。

1. 接受任务书

成型塑件的任务书通常由塑件设计者提出，任务书内容包括：经过审签的正规塑件图纸，并注明所用塑料的型号、颜色、透明度等；塑件说明书或技术要求；塑件的生产数量。如系仿制，还附有塑件实物。

通常，模具设计任务书由塑件成型工艺人员根据塑件的成型任务书提出，模具设计人员以塑件成型任务书和模具设计任务书为依据来设计模具。

2. 搜集、分析和消化原始资料

搜集整理有关塑件设计、成型工艺、成型设备、机械加工及特殊加工等技术资料以备模具设计时使用。

明确塑件的设计要求。通常，模具设计人员通过塑件的零件图就可以了解塑件的设计要求，但对形状复杂和精度要求较高的塑件，有必要了解塑件的使用目的、装配要求及外观等。

分析塑件模塑成型工艺的可能性和经济性。根据塑件所用塑料的工艺性能（如流动性、收缩率等）及使用性能（如强度、透明性等）、塑件结构形状、尺寸及其公差、表面粗糙度、嵌件形式、模具结构及其加工工艺等，对塑件工艺性进行全面分析，深入了解塑件模塑成型工艺的可能性和经济性。必要时，还应与产品设计者探讨塑件的塑料品种与结构修改的可能性，以适应成型工艺的要求。

明确塑件的生产批量。塑件的生产批量与模具的结构关系密切，小批量生产时，为了缩短模具制造周期，降低成本，多采用移动式单腔模具；而在大批量生产时，为了缩短生产周期，提高生产率，只要塑件可能，通常采用固定式多型腔模具和自动化生产。为了满足自动化生产需要，对模具的推出机构、塑件及流道凝料的自动脱落机构等提出相应要求。

计算塑件的体积和重量。为了选用成型设备，提高设备利用率，确定模具型腔数目及模具加料腔尺寸等，必须计算塑件的体积和重量。

（1）分析工艺资料。分析工艺资料就是分析工艺任务书提出的成型方法、成型设备、材料型号、模具类型等要求是否合理，能否落实。

（2）熟悉有关参考资料及技术标准。常用的有关参考资料有《模具材料手册》《成型设备说明书》等，常用的有关技术标准有《机械制图标准》等。

（3）熟悉工厂实际情况。这方面的内容很多，主要是成型设备的技术规范，模具生产车间的技术水平，工厂现有设计参考资料以及有关技术标准等。

3. 设计模塑成型工艺

有些分工比较细致的工厂，模塑成型工艺的设计任务是由塑料成型工艺人员来完成的，模具设计人员也可兼做此项工作。关于塑料模塑工艺规程的编制问题，已在前面作了详细叙述，这里不再重复。

4. 熟悉成型设备的技术规范

在设计模塑成型工艺中，只是对成型设备的类型、型号等作了粗略的选择，这种选择远远不能满足模具设计的需要。因此，模具设计人员必须熟悉成型设备的有关技术规范。如液压机的公称压力、顶出力、顶出杆的最大行程、上压板的行程、上、下压板之间的最大开距及最小开距、他们的面积大小及安装螺孔位置、注射机调距螺母的可调长度、最大开模行程、注射机拉杆的间距、顶出杆直径及其位置、顶出行程等。

5. 确定模具结构

理想的模具结构必须满足塑件的工艺技术要求和生产经济要求。工艺技术要求是要保证塑件的集合形状、尺寸公差及表面粗糙度。生产经济要求是要使塑件成本低，生产率高，模具使用寿命长，操作安全方便。在确定模具结构时主要解决以下问题：

（1）塑件成型位置及分型面的选择。在选择分型面时，应从模具结构及成型工艺角度判断分型面的选择是否合理。

（2）型腔数目的确定，型腔的布置和流道布局以及浇口位置的设计。

① 模具工作零件的结构设计。确定型腔和型芯的结构和固定方式，并对其工作尺寸进行计算。在设计时应合理地选择成型零件的结构、表面粗糙度、热处理硬度和尺寸精度，保证塑件外观品质。

② 侧向分型与抽芯机构的设计。

③ 推出机构设计。推出机构设计一定要合理，推出时不能使塑件变形，并要核对注射机的开模距离能否取出塑件。塑件的测孔和侧凹等结构，尽量要由模具一次成型，不能一次成型的，应设计侧向分型抽芯机构，以保证顺利脱模。

④ 拉料杆形式的选择。

⑤ 排气方式的设计。对于大型和高速成型的注射模，要考虑设计排气系统。

⑥ 加热或冷却方式、沟槽的形状及位置、加热元件的安装部位的确定。应选择能迅速冷却型腔和型芯的冷却回路，使型腔表面的温度均匀；冷却系统的布置应先于推出机构，并注意协调推出装置与冷却回路之间的位置。

⑦ 选择合适的标准模架。

6. 模具设计的有关计算

（1）成型零件的工作尺寸计算。

（2）加料腔的尺寸计算。

（3）型腔壁厚、底板厚度的确定。

（4）有关机构的设计计算。

（5）模具加热或冷却系统的计算。

（6）模具浇注系统的计算。

7. 模具总体尺寸的确定与结构草图的绘制

在以上模具零部件设计的基础上，参照有关塑料模架标准和结构零件标准，初步绘出模具的完整结构草图，并校核预选的成型设备。需要校核模具与注射机有关尺寸，具体包括：最大注射量的校核、锁模力的校核、模具与注射机安装部分相关尺寸的校核。

8. 模具结构总装图和零件工作图的绘制

（1）模具总装图的绘制。

① 尽可能按1:1比例绘制，并应符合机械制图国家标准。

② 绘制时先由型腔开始绘制，主视图与其他视图同时画出。为了更好地表达模具中成型零件的形状、浇口位置等，在模具总图中俯视图上，可将上模（或定模）拿掉，而只画出下模（或动模）部分的俯视图。

③ 模具总装图应包括全部组成零件，要求投影正确，轮廓清晰。

④ 通常，将塑件零件图绘制在模具总装图的右上方，并注明名称、材料、收缩率、制图比例等。

⑤ 按顺序将全部零件的序号编出，并填写零件明细表。

⑥ 标注技术要求和使用说明，标注模具的必要尺寸（如外形尺寸、装配尺寸、闭合尺寸等）。模具的技术要求的内容通常是：模具装配工艺要求，使用及装拆方法，试模及检验要求等。

（2）主要零件图的绘制。由模具总装图拆画零件图的顺序为：先外后内，先复杂后简单，先成型零件，后结构零件。

① 图形应按需要选择适当比例绘制，要求视图选择合理，投影正确，布置得当，图形清晰。

② 标注尺寸要统一、集中、有序、完整。

③ 根据零件的用途，正确标注表面粗糙度。

④ 填写零件名称、图号、材料、数量、热处理、表面处理、硬度及图形比例等内容。

9. 校对、审图后用计算机出图

（1）校核。以自我校核为主。校核的内容是：模具及其零件与塑件图纸的关系，成型收缩率的选择，注射机的锁模力，模板尺寸，注射量选用是否能够满足要求，推杆强度的校核，模具结构的确定等。

（2）审图。审核模具总装图、零件图的绘制是否正确，验算成型零件的工作尺寸、装配尺寸、安装尺寸等。

（3）打印出图。在所有校对、审核正确无误后，用计算机打印出图，或以磁盘或联网的方式将设计结果送达生产部门组织生产。

此外，模具设计人员还应参加模具零件的加工、组装、试模、投产的全过程才算完成任务。

11.2　注射模的设计实例

如图 11-1、图 11-2 所示为塑料喷滤头制件，材料为 ABS 塑料，精度等级为一般精度（4 级精度），制品要求外观表面光泽、无杂色，无收缩痕迹，不准有飞边和毛刺，不能出现气泡、裂纹、划痕等缺陷，大批量生产。对注塑模具的要求是：能生产出尺寸精度、外观、物理性能等各方面均能满足使用要求的优质制品。从模具的使用角度，要求高效率、自动化、操作方便；从模具制造的角度，要求结构合理、制造容易、成本低廉。

1. 产品工艺性分析

ABS 为热塑性材料，密度 1.03 ～ 1.07 g/cm^3，抗拉强度 30 ～ 50 MPa，抗弯强度 41 ～ 76 MPa，拉伸弹性模量 1587 ～ 2277 MPa，弯曲弹性模量 1380 ～ 2690 MPa，收缩率 0.3% ～ 0.8%，常取 0.5%。该材料综合性能好，即冲击强度高，尺寸稳定，易于成型，耐热和耐腐蚀性能也较好，并有良好的耐寒性。该件的形状特点是：喷嘴处侧抽芯及塑件底部不同心螺纹脱出机构的设计，因此需要设计侧抽芯机构和齿轮齿条脱螺纹机构。

2. 注射机型号的选择

根据提供的二维图和塑件样品，利用 Pro/E 等软件创建三维数据模型，利用软件能自动计算出该塑件的体积，当然也可以根据塑件的几何形状进行手工计算得到该塑件的体积。密

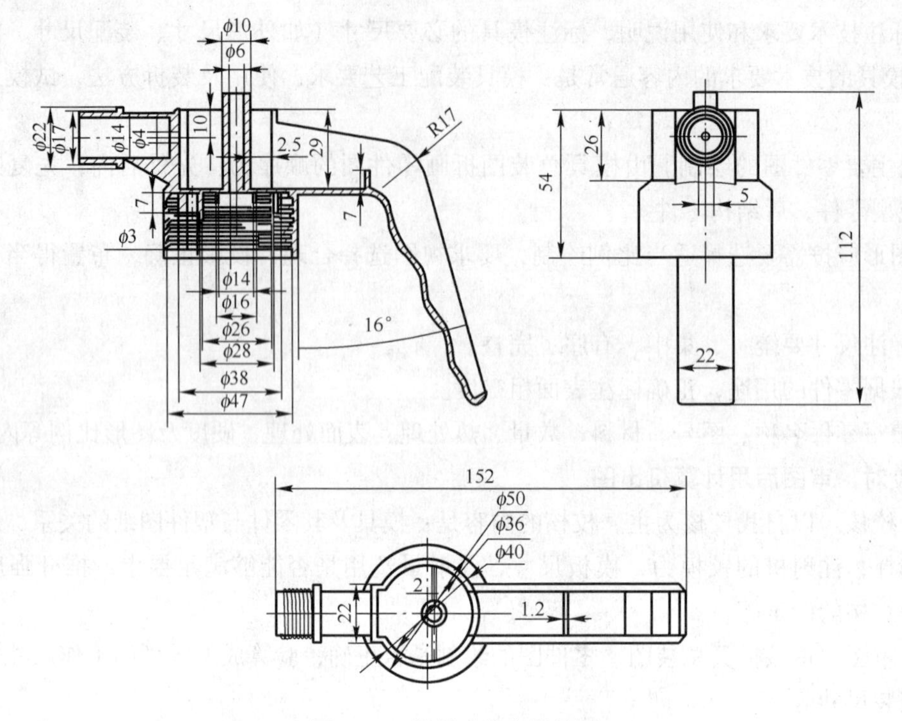

图 11-1　塑料喷滤头零件图

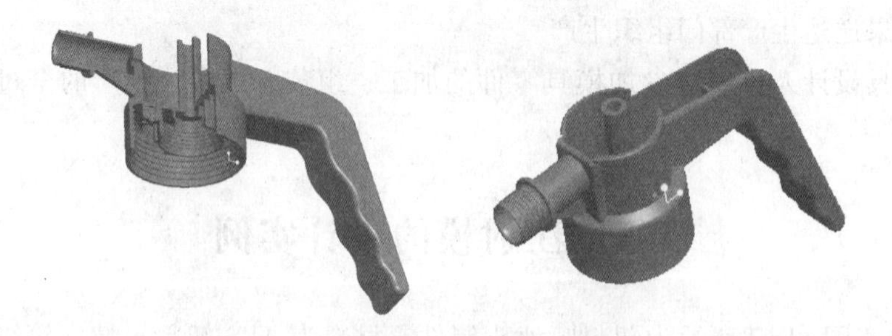

图 11-2　塑料喷滤头三维实体

度采用 1.05 g/cm³，因此可以得出该塑件的质量为 $m=\rho V=1.05\times 3.69=3.88$ g。

该塑件主要从经济性角度确定型腔数目。已知塑料喷滤头是大批量生产，且精度一般，由塑件制品的工艺分析可知塑料喷滤头制件结构特殊且塑件体积较大。有三个个侧抽芯机构，两个齿轮齿条脱螺纹机构。故采用一模一件，这样可以简化模具结构，更容易实现开模，减小模架尺寸，降低成本。

根据注射机实际注射量最好为理论注射量的 60% －80%，结合上面的计算，初步确定注射机型号为 SZ630/3500，主要技术参数如表 11-1 所示。

表 11-1　国产注射 SZ630/3500 技术参数表

特　性	内　容	特　性	内　容
结构类型	卧式	拉杆内间距/mm	545×485
理论注射容积/cm³	634	移模行程/mm	490
螺杆（柱塞）直径/mm	58	最大模具厚度/mm	500

续表

特　　性	内　　容	特　　性	内　　容
注射压/MPa	150	最小模具厚度/mm	250
注射速率/(g/s)	220	锁模形式/mm	双曲肘
塑化能力/(g/s)	24	模具定位孔直径/mm	ϕ180
螺杆转速/(r/min)	10～125	喷嘴球半径/mm	SR18
锁模力/kN	3500	喷嘴口直径	—

3. 分型面的确定

模具闭合时型腔与型芯相接触的表面称之为分型面。为了便于脱模，分型面的位置应设在塑件断面尺寸最大的地方，还要不影响制品的外观。根据该塑件的性构特征，选定水平分型面，其位置如图 11-3 所示。

4. 浇注系统的设计

(1) 主流道设计。主流道是指紧接注塑机喷嘴到分流道为止的那一段锥形流道，通常和注塑机的喷嘴在同一轴线上，断面为圆形，有一定的锥度，目的是便于冷料的脱模，同时也改善料流的速度，因为要和注塑机相配，所以其尺寸与注塑机有关，在卧式或立式注射机用的模具中，主流道垂直于分型面，其几何形状如图 11-4 所示。

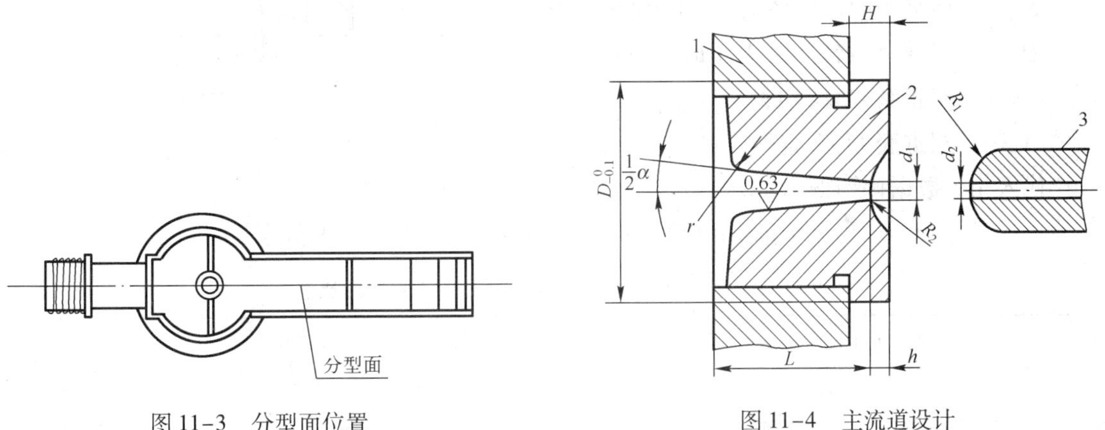

图 11-3　分型面位置

图 11-4　主流道设计

(2) 浇口设计。浇口是连接分流道与型腔的一段细短的通道，它是浇注系统的关键部分，浇口的形状，数量，尺寸和位置对塑件的质量影响很大，浇口的主要作用有两个，一是塑料熔体流经的通道，二是浇口的适时凝固可控制保压时间。浇口的类型有很多，有点浇口、侧浇口、直接浇口、潜伏式浇口等，各浇口的应用和尺寸按塑件的形状和尺寸而定，该模具采用直接浇口。

用模流分析软件分析最佳浇口位置如图 11-5（a）考虑到采用的是一模一件及脱模机构的排布，经改进后浇口的位置选在图 11-5（b）位置。这样的就要适当的加大注射压力以保证能够充满型腔，以保证塑件的质量。

(3) 浇口套设计。材料采用 45 钢，局部热处理，SR18 球面硬度 38 ～ 45HRC，其余应符合 GB/T 4170—2006 的规定，设计尺寸如图 11-6，标注表面粗糙度 Ra =6. 3 μm，未注倒角 1 mm ×45°，a 可选砂轮越程槽或 R0. 5 mm ～ R1 mm 圆角。

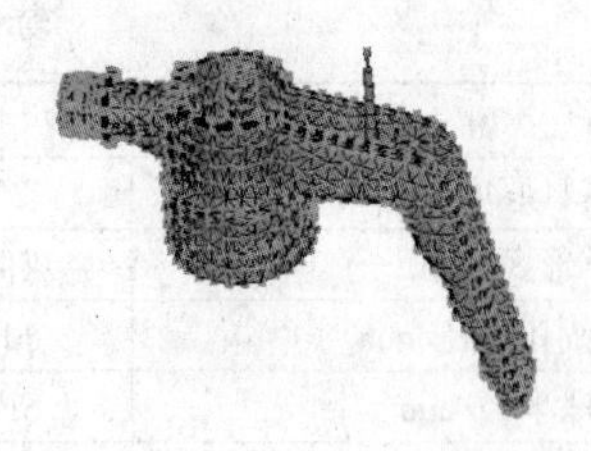

（a）模流分析结果

（b）改进后

图 11-5　浇口位置

如图 11-6 所示该设计采用整体式。浇口套通过螺钉连接固定在定模板上。

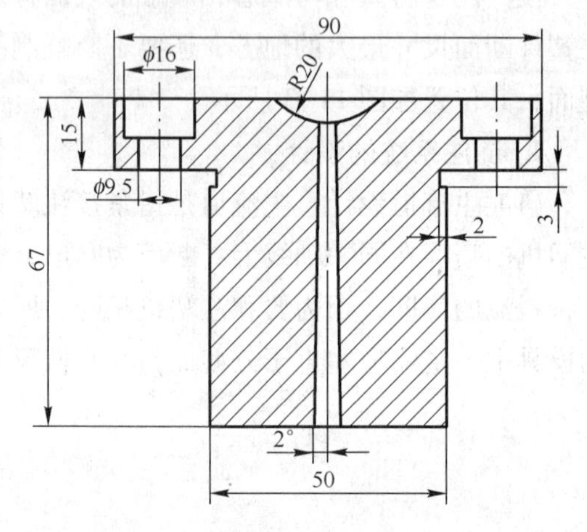

图 11-6　浇口套

5. 成型零件的确定

（1）型腔径向尺寸为

$$D_m = [(1+S_{cp})d - x\Delta]_0^{+\Delta_m} \quad (11\text{-}1)$$

式中：d——制品的名义尺寸（最大尺寸）；

Δ——制品公差（负偏差）；

S_{cp}——所采用的塑料平均成形收缩率；

D_m——凹模径向名义尺寸（最小尺寸）；

x——修正系数取 3/4；

Δ_m——根据表 11-2 查得。

代入相关数据计算得：

$$D_m = [(1+0.05)\times 152 - 0.75\times(-0.27)]_0^{+0.05} = 159.8_0^{+0.05}\ \text{mm}$$

表 11-2　模具制造公差 Δ_m 在制品公差 Δ 中所占比例

塑件基本尺寸 L/mm	$\frac{\Delta_m}{\Delta}$
0～50	$\frac{1}{3}$～$\frac{1}{4}$
50～140	$\frac{1}{4}$～$\frac{1}{5}$
140～250	$\frac{1}{5}$～$\frac{1}{6}$
250～355	$\frac{1}{6}$～$\frac{1}{7}$
355～500	$\frac{1}{7}$～$\frac{1}{8}$

（2）型芯径向尺寸为

$$d_m = [(1+S_{cp})D + x\Delta]_{-\Delta_m}^{0} \quad (11\text{-}2)$$

式中：d_m——型芯径向名义尺寸（最大尺寸）；

D——制品的名义尺寸（最小尺寸）；

Δ——制品公差（正偏差）；

Δ_m——模具制造公差；

x——修正系数取 3/4。

代入相关数据计算得：

$$d_{m1} = [(1+0.05)\times 10 + 0.75\times 0.27]_{-0.05}^{0} = 10.7_{-0.05}^{0}\ \text{mm}$$

（3）型腔深度为

$$H_m = [(1+S_{cp})h_s - x\Delta]_{0}^{+\Delta_m} \tag{11-3}$$

式中：H_m——凹模深度名义尺寸（最小尺寸）；

h_s——制品高度名义尺寸（最大尺寸）；

x——修正系数取 2/3。

代入相关数据计算得：

$$H_m = [(1+0.05)\times 25 - 2/3\times 0.12]_{0}^{+0.05} = 26.3_{0}^{+0.05}\ \text{mm}$$

（4）型芯高度为

$$h_m = [(1+S_{cp})h + x\Delta]_{-\Delta_m}^{0} \tag{11-4}$$

式中：h_m——型芯高度名义尺寸（最大尺寸）；

h——制品孔深名义尺寸（最小尺寸）；

x——修正系数取 2/3。

代入相关数据计算得：

$$h_m = [(1+0.05)\times 54 + 2/3\times 0.16]_{-0.04}^{0} = 56.8_{-0.04}^{0}\ \text{mm}$$

6. 脱模机构的设计

脱模机构的结构因塑件的脱模要求的不同而有所变化，但对脱模机构所应达到的基本要求是一致的：使塑件在顶出的过程中不会损坏变形；保证塑件在开模的过程中留在设置有顶出机构的动模内；若塑件需留在定模内，则要在定模上设置顶出机构。其中，一次顶出机构是最常用的顶出机构，此机构只需一次动作就能使塑件脱模。本模具选用推杆脱模一次推出机构。

推杆在完成塑件的推出动作后，为了进行下一循环的注射成型，必须回到其初始位置，因此需要设置复位机构。常用的复位机构有弹簧复位和复位杆复位两种，因弹簧复位不可靠，这里采用复位杆复位。

7. 侧向抽芯机构的设计

（1）脱螺纹机构。因塑件内部有螺纹结构且不同心，脱螺纹机构有：气动脱螺纹、手动脱螺纹、机动脱螺纹、齿轮齿条脱螺纹等。考虑到模具整体机构及型腔位置等因素这里采用齿轮齿条脱螺纹机构，其结构形式如图 11-7 所示。

（2）斜销。斜销形状多为圆柱形，为了减小其与滑块的摩擦，可将其圆柱面铣扁。斜销端部常成半球状或锥形，锥体角应大于斜销的倾角，以避免斜销有效工作长度部分脱离滑块斜孔之后，锥体仍有驱动作用。

与导柱相似，斜销常采用 45 钢、T10A、T8A 及 20 钢渗碳淬火，热处理硬度在 55HRC 以上，表面粗糙度 Ra 不大于 0.8 μm。斜销与其固定板采用 H7/n6。与滑块采用较松的间隙配合或留有 0.5 ～ 1 mm 间隙，此间隙使滑块运动滞后于开模作用切使分型面处于打开一缝隙，使塑件在活动型芯未抽出前获得松动，然后再驱动滑抽芯。本设计中采用前者。斜销与滑块的结构如图 11-8 所示。

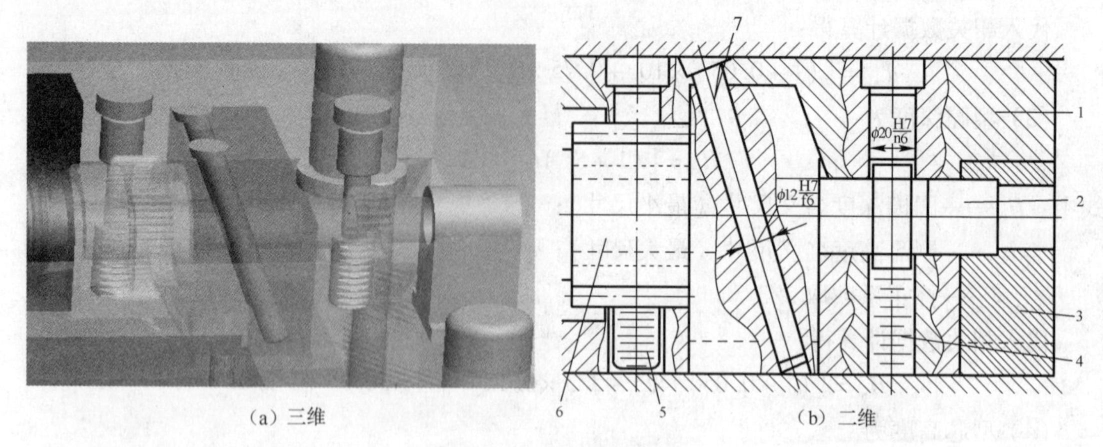

（a）三维　　（b）二维

图 11-7　齿轮齿条机构

1—定模板；2—内齿轮；3—动模板；4—内齿条；5—外齿条；6—外齿轮；7—斜导柱

（3）滑块。滑块上装有侧型芯或成型镶块，在斜销驱动下，实现侧抽芯或侧向分型，因此滑块是斜销抽芯机构中的重要零部件。

滑块与型芯有整体式和组合式两种结构。整体式使用于形状简单便于加工的场合，组合式便于加工、维修和更换，并能节省优质钢材，故被广泛采用。型芯和滑块的连接形式如图 11-9 所示，图 11-9（a）、图 11-9（b）、图 11-9（d）为较小型芯的固定形式；图 11-9（c）为燕尾槽固定形式，用于较大型芯；型芯为薄片时，可用图 11-9（e）所示的通槽固定形式；对于多个型芯，可用图 11-9（f）所示的固定板固定形式。本设计中采用整体式滑块。

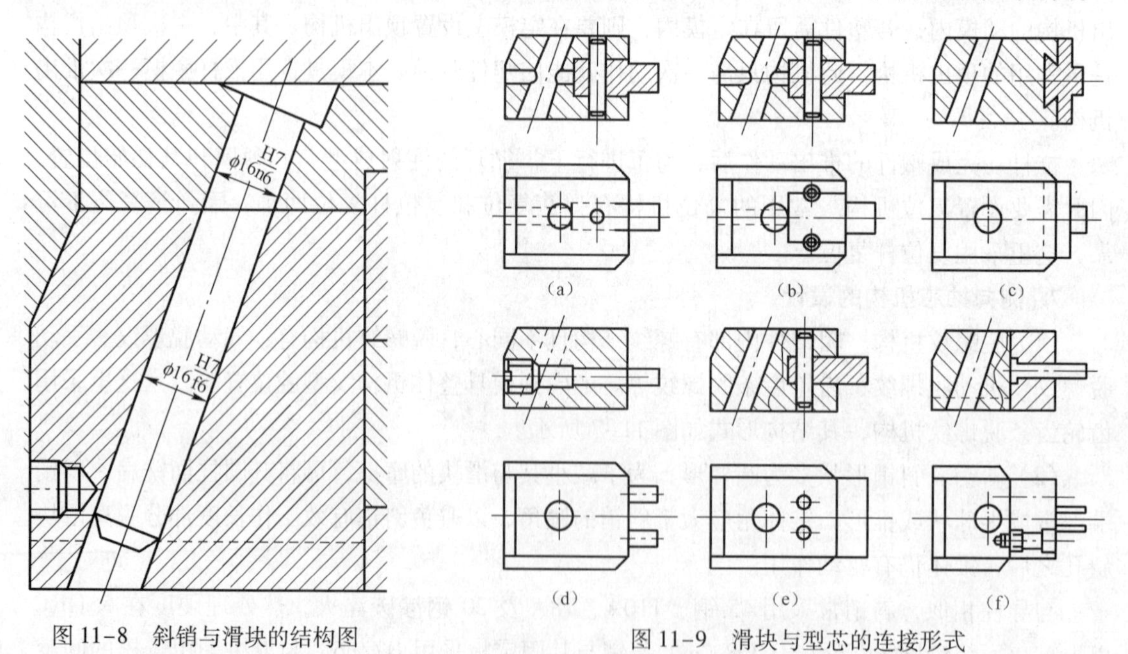

图 11-8　斜销与滑块的结构图　　图 11-9　滑块与型芯的连接形式

（4）锁紧块。锁紧块用于在模具闭合后锁紧承受成型时塑料熔体对滑块的推力，以免斜销弯曲变形；但开模时，又要求锁紧块迅速让开，以免阻碍斜销驱动滑块抽芯。因此，锁紧块的楔角 α' 应大于斜销的倾斜角 α。一般取

$$\alpha' = \alpha + (2^\circ \sim 3^\circ)$$

图 11-10 所示为常见的几种锁紧块的结构形式。图 11-10（a）为整体式结构，这种结构牢固可靠，可承受较大的侧向力。但金属材料消耗大；图 11-10（b）为采用螺钉与销钉固定的结构形式，结构简单，使用较广泛；图 11-10（c）为利用 T 形槽固定锁紧块，销钉定位；图 11-10（d）为采用锁紧块整体嵌入板的连接形式；图 11-10（e）图 11-10（f）采用了两个锁紧块起增强作用。后几种形式适用于侧向力较大的场合。

本设计中的楔紧块采用整体式。

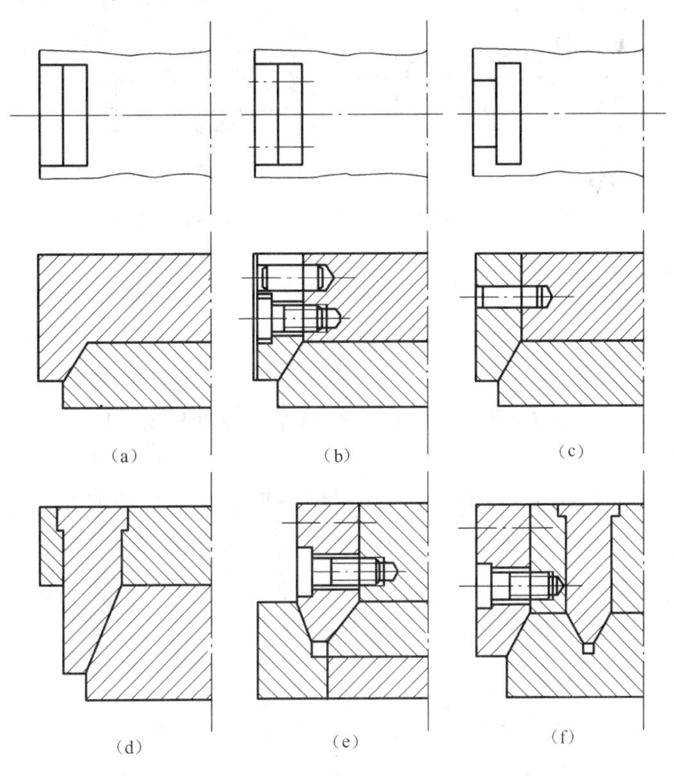

图 11-10　楔紧块结构形式

8. 冷却回路的设计

（1）冷却水管直径 $\phi 9$ mm。

（2）冷却回路的形式：型腔和型芯一样均采用外接单一直流式冷却回路。

9. 模架的选择

根据型腔的数量以及塑件的尺寸选择正装的 450 mm × 450 mm 的 A2 型标准中小型模架，模架采用螺钉固定，如图 11-11 所示。模架总高度 $L = 40 + 60 + 60 + 63 + 100 + 40 = 363$ mm。故模架总高度为 363 mm。

10. 校核计算

（1）推杆的强度、刚度校核（略）。

（2）成型零件的强度、刚度校核（略）。

（3）模具与注射机的部分相关尺寸校核（最大注射量、注射压力、安装尺寸、开模行程和顶出行程、锁模力的校核）（略）。

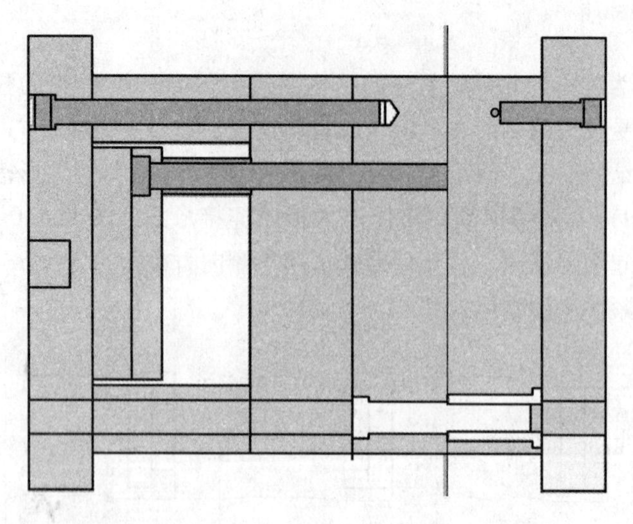

图 11-11　450 mm×450 mm 的 A2 型标准模架

11. 绘制模具装配图和零件图

（略）

11.3　注射模具材料的选用

塑料模具的结构较复杂，一副简单的注射模至少也有十几种零件，这些零件由于工作时所处的状况不同，作用不同，因此，对材料的要求也不相同。此外，由于塑料制品的形状、大小、精度各不相同，制品的批量和塑料材料品种也不一样，型腔的加工方法也不相同，因此，不同模具的同类零件有时也需考虑具体情况采取不同材料制造。

塑料模具材料的性能要求：

（1）加工性能良好，热处理后变形小 塑料模具零件往往形状很复杂，而在淬火以后加工又很困难，所以应尽量选择热处理后变形小的钢材，零件表面硬度要求不高时，一般可在退火状态进行粗加工，再进行调质处理，最后进行精加工；也有用调质处理或正火处理的钢坯，直接进行粗加工和精加工，这样可消除模具零件在热处理时产生的变形。

（2）抛光性良好，塑件常要求有良好的光泽和表面状态，因而模腔几乎都要求做到镜面光泽，所以选用的钢材不应含有杂质和气孔，具有不低于 38HRC 的硬度，最好为 40 ～46HRC，而达到 55HRC 最佳。

（3）耐磨性良好，塑件的表面粗糙度和尺寸精度都和模腔表面的耐磨性有直接关系，特别是含硬质填料或玻璃纤维的塑料，更要求具有良好的耐磨性。

（4）芯部强度高，除表面硬度外，选用的钢材应具有足够的强度，特别是注射模，工作时将承受很大的压力，必须具有足够的强度。

（5）耐腐蚀性良好，某些塑料及其添加剂对钢的表面有腐蚀作用（如 PVC 因分解放出 HCl 气体），应选用耐腐蚀的钢材或对型腔表面进行镀铬、镀镍处理。

（6）有一定的热硬性。

11.3.1　结构零件材料

塑料模具中有许多单纯为了组成模具结构的零件，如注射模的座板、垫板等，一般采用碳素结构钢。

1. Q235（A3）钢

为廉价钢材，用于注射模的动模及定模座板、垫板等。

2. 45 钢

为产量最大、用途最广的钢材，可用于注射模的推杆固定板、侧滑块导轨、侧滑块体等。也可用于制造形状简单的型芯和凹模，但其有效寿命短（保证精度的寿命不过 50000～80000 次，而且抛光性不良，不能抛到 *Ra*0.4，调质后硬度不足而且硬化层浅）。

3. 55 钢

可用于制造形状简单，要求塑件尺寸精度在 GB/T 14486—2008 标准中的一般精度的中型塑件注射模的成型零件，也可用于制造注射模的推板、侧滑块体、楔紧块、模套、复位杆、直径较大的推杆、型芯固定板、支撑板等。

4. 40Cr 钢

为用途广泛的中碳低合金钢，可以用于制造形状不太复杂的中小型热塑性注射模的成型零件，小的型芯、推杆、其他各种脱模机构的零件。可以淬硬、调质。

5. T7A、T8A 碳素工具钢

可用于制造导柱、导套、斜导柱、弯销、推杆、耐磨垫片、热固性压缩模的承压板及一切需要淬硬到 HRC45 以上的零件，也可以制造形状简单的压缩模成型零件。

11.3.2　模具钢

1. 通用模具钢

（1）CrWMn、9Mn2V、9SiCr 用于热固性压缩模、压注模和注射模的成型零件，热处理性能较好。

（2）5CrMnMo 用于调质后精加工的大型热塑性塑料注射模的成型零件，淬火变形小，但抛光性差。

（3）CrMn2SiWMoV 用于热固性塑料注射模的复杂型芯、嵌件等，可以淬硬（空淬）而微变形。

（4）20CrMnTi 用于小型精密型腔嵌件，用渗碳增加表面硬度，提高耐磨性。

（5）38CrMoAl 用于制造聚乙烯、聚碳酸酯等成型时有腐蚀性气体产生的注射模型腔，可以作渗氮处理，调质后具有一定的硬度（28～32HRC），渗氮后表面硬度达 1000HV 调质后不渗氮时，耐磨性差。

2. 塑料模具专用模具钢

（1）预硬化钢。3Cr2Mo（P20）为我国引进美国通用的塑料模具钢，预硬化后硬度 36～38HRC，用于中、小型热塑性塑料注射模的成型零件。真空熔炼的品种可以抛成镜面光泽，抗拉强度为 1330 MPa。

5CrNiMnMoVSCa（简称 5NiSCa）、55CrNiMnMoVS（SM1）这两种为含碳易切削钢，适用于制造大、中型热塑性塑料注射模的成型零件，预硬化后硬度 35～45HRC。

（2）析出硬化钢。20CrNi3AlMnMo（SM2）预硬化后时效硬化，硬度可达 40 ～ 45HRC。

10Ni3CuAlVS（PMS）预硬化后时效硬化，硬度可达 40 ～ 45HRC，热变形极小，可作镜面抛光，特别适合于腐蚀精细花纹，抗拉强度 1400 MPa。

以上两种钢适用于热塑性塑料及热固性塑料注射模的成型零件，要求长寿命而精度高的中小型模具。

（3）马氏体时效钢。06Ni6CrMoVTiAl、06Ni7Ti2Cr 这两种钢在未加工前为固溶体状态，易于加工。精加工后以 480 ～ 520 ℃温度进行时效，硬度可达 50 ～ 57HRC。适用于制造尺寸精度高的小型塑料注射模的成型零件，可作镜面抛光。

（4）镜面钢。10Ni3CuAlVS（PMS）见前。

8CrMnWMoVS（简称 8CrMn）为易切预硬化钢，抗拉强度可达 3000 MPa，用于大型注射模可以减小模具体积。调质后硬度 33 ～ 35HRC。淬火时可空冷，硬度可达 42 ～ 60HRC。

25CrNi3MoAl 适用于型腔腐蚀花纹，属于时效硬化型钢，调质后硬度 23 ～ 25HRC，可用普通高速钢刀具加工，时效后硬度 38 ～ 42HRC。可以作渗氮处理，处理后表层硬度可达 HV1100。

（5）耐腐蚀钢。Cr16Ni4Cu3Nb（PCR）为空冷淬火钢，属于不锈钢类型，空冷淬硬可达 42 ～ 53HRC，适用于制造聚氯乙烯及混有阻燃剂的热塑性塑料注射模成型零件。

（6）易切削钢。4Cr5MoSiVS 用于制造大型热塑性塑料注射模中的形状不太复杂的成型零件，空冷淬火、二次回火，硬度可达 43 ～ 46HRC。

（7）高速钢基体钢。65Cr4W3Mo2VNb（简称 65Nb）、7Cr7Mo3VSi（LD2）、6Cr4Mo3Ni2WV（GC－2）、5Cr4Mo3SiMnVAl（012Al）这些为高速钢基体钢型模具钢，适用于小型、精密、形状复杂的型腔及嵌件，热处理后耐磨性优。

11.3.3 塑料模钢材的选用

在设计模具时，如何合理地选用模具钢，是关系到模具质量的前提条件，选用塑料模钢材时，表 11-3、表 11-4 可供参考。

表 11-3 成型零部件选材举例

塑料品种	总生产数				
	小型件		中型件		大型件
	1 万～10 万	10 万～100 万	1 万～10 万	10 万～100 万	1 万以上
一般用途丙烯酸酯系塑料、醋酸纤维素、聚丙烯、乙基纤维素、聚乙烯、聚苯乙烯、丙酸纤维素	P20 或预硬化钢 >300HB	CrWMn 53～56HRC P20 渗碳 54～58HRC	P20 或预硬化钢 >300HB	CrWMn 53～56HRC P20 或预硬化钢 >300HB	P20 或预硬化钢 >300HB
尼龙等流动性好的塑料	低碳合金钢渗碳 或 P20 渗碳 54～58HRC	CrWMn 53～57HRC	低碳合金钢渗碳 54～58HRC	低碳合金钢渗碳 54～58HRC	不适用
乙烯基类等耐腐蚀性塑料	预硬钢 >300HB 镀铬 5～25 μm	CrWMn 53～56HRC 镀铬 5～25 μm 3Cr13 45～50HRC	P20 或预硬化钢 >300HB 镀铬 5～25 μm	低碳合金钢渗碳 54～58HRC 镀铬 5～25 μm 3Cr13 45～50HRC	P20 或预硬化钢 >300HB 镀铬 5～25 μm

表11-4　塑料模结构件选材举例

序　　号	零件名称	钢　　种	热 处 理	硬　　度
1	定模座板	20～55	R、N或H	123～235HB
2	定模板	50、55、42CrMo、T8	N、A或H	183～235HB
3	动模板			
4	点浇口板			
5	卸料板			
6	支承板			
7	垫板	20～55	R、N或H	125～235HB
8	推杆固定板			
9	推板			
10	动模座板			
11	型芯	50、55、42CrMo、T8	N、A或H	183～235HB
12	定位圈	50、55、T8	R、N或A	183～235HB
13	浇口套	50、55、T8、T10、42CrMo	N或H	正火：183～235HB 淬火：>40HRC
14	导柱	T12、T10、CrWMn、GCr15	H	>55HRC
15	导套			
16	拉料杆	T12、T10、CrWMn、38CrMoAl	A或渗氮	>55HRC
17	推杆			
18	推管	T12、T10、CrWMn、GCr15	R	
19	反推杆	T12、T10、CrWMn		
20	止动拉杆	20～55、T12、T10	R、N或H	正火：HB123～207 淬火：>55HRC
21	定位销	20～55、CrWMn		
22	推板导柱	T12、T10、CrWMn、GCr15	H	>55HRC
23	支承柱	20～55	R、H或N	123～235HB
24	拉板、限位螺钉			
25	浇道拉料杆	T12、T10、CrWMn	H	>55HRC
26	连杆	20～55	R或N	123～207HB
27	连杆螺栓			
28	延时零件，延时零件螺钉			
29	侧型芯	50、55、T12、T10、T8 CrWMn、42CrCrMo	N或H 局部H	183～235HB
30	侧型芯挡块	T12、T10、CrWMn	H	52～56HRC
31	滑块	50、55	R或N	183～235HB
32	锁模块	50、55、T12、T10	N或H	正火：179～255HB 淬火：52～56HRC
33	斜导柱	T12、T10、CrWMn	H	>55HRC
34	凸轮	GCr15、50、55	N或H	183～235HB
35	螺塞	20～30	R	123～257HB

注：R：锻造、压延或拉拔；A：退火；H：淬火回火；N：正火。

11.4　注射模的标准模架

11.4.1　概述

模架是设计、制造塑料注射模的基础部件。为了提高模具质量、缩短模具制造周期、组织专业化生产，我国于2006年完成了《塑料注射模中小型模架》和《塑料注射模大型模架》等国家标准的修订，并由国家技术监督局审批、发布实施。

选择模架，可以大大简化模具设计和制造，即模具设计主要是设计成型产品内、外形的凹、凸模零件以及开模和脱模方式的设计，模具的大部分零部件可以直接选用标准件，模具的加工通常是成型零件的加工和选用的模板按要求进行二次加工。通常模架的选择是在确定了分型面、浇注系统、成型零件及制品的推出方式之后才进行。

11.4.2 标准模架的组成与类型

1. 模架的主要组成零件

模架包括定模座板、定模板、动模板、推板、垫板、动模座板、支撑板和垫块等零件，如图11-12所示。这些零件主要起装配、定位和安装作用。

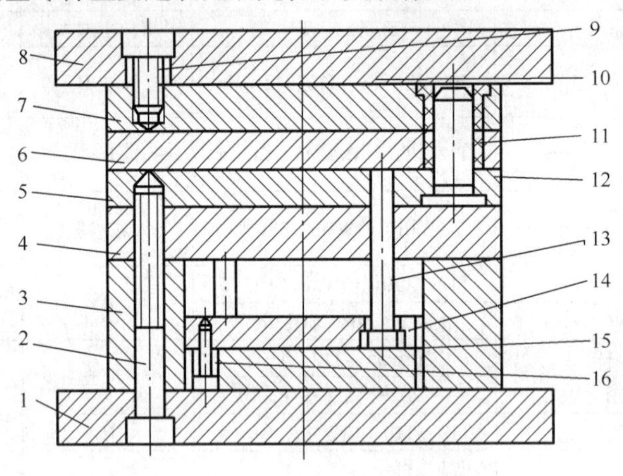

图11-12　中小型模架的组成

1—动模座；2、9、16—螺钉；3—垫块；4—支撑板；5—动模板；6—推件板；7—定模板；8—定座板；10—带头导套；11—直导套；12—带头导柱；13—复位杆；14—推杆固定板；15—推板

2. 模架的类型

我国对塑料注射模模架的国家标准为GB/T 12555—2006《塑料注射模模架》。中小型模架的结构形式按品种型号分，有基本型4种，如图11-13所示，派生型9种：以定模、动模座板有肩、无肩划分，又增加13个品种，共26个模架品种。以模板的每一宽度尺寸为系列主参数，各配以一组尺寸要素，组成12个尺寸系列。按照同品种、同系列所选用的模板厚度A、B和垫板高度C再来划分每一系列的规格。

3. 模架选择步骤

选择模架的关键是确定型腔模板的周边尺寸（长×宽）和厚度，要确定模板的周边尺寸，就要确定型腔到模板边缘之间的壁厚。有关壁厚尺寸大小的确定，一般有两种方法：计算法，根据型腔壁厚和底板壁厚的强度和刚度计算公式来确定，但比较复杂且烦琐。在实际生产中通常采用查表或用经验公式来确定模板的壁厚。有关壁厚确定的经验数据如表11-5所示。

模板的厚度主要由型腔的深度来确定，并考虑型腔底部的刚度和强度是否足够，如果型腔底部有支撑板，型腔底部就不需太厚，有关支撑板厚度的经验数据如表11-6所示。另外，模板厚度的确定还要考虑到整副模架的闭合高度、开模空间等与注射机相适应。

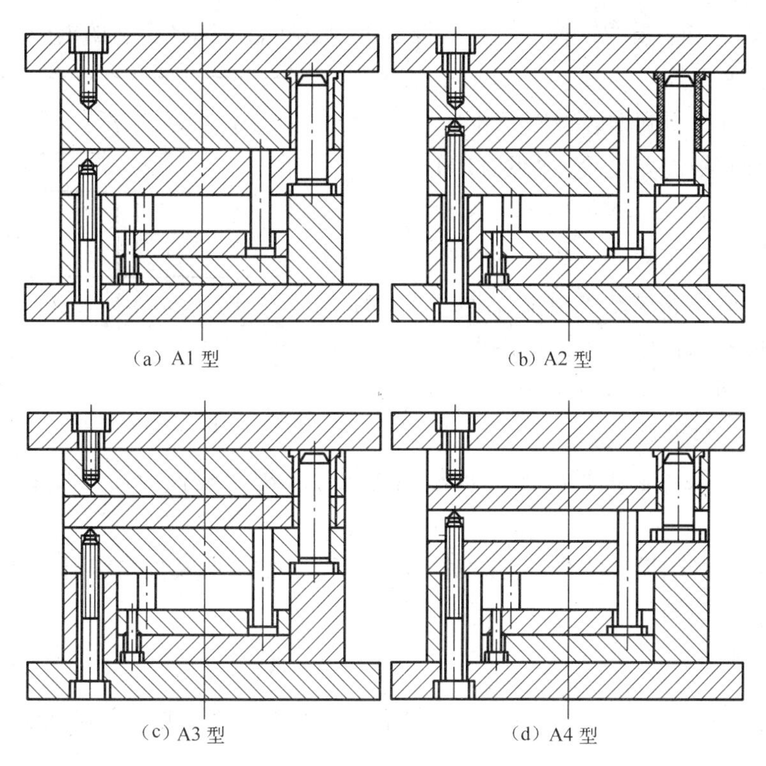

图 11-13　中小型模架基本组合形式

表 11-5　型腔壁厚的经验数据

型腔压力/MPa	型腔侧壁厚度 s/mm
<29（压缩）	0.14L+12
<49（压缩）	0.16L+15
<49（注射）	0.20L+17

注：型腔为整体式，L>100 mm，表中值需乘以 0.85～0.9。

表 11-6　支撑板厚度的经验数据

b/mm	$b\approx L$/mm	$b\approx 1.5L$/mm	$b\approx 2L$/mm
<102	(0.12～0.13)b	(0.1～0.131)b	0.08b
102～300	(0.13～0.15)b	(0.11～0.12)b	(0.08～0.09)b
300～500	(0.15～0.17)b	(0.12～0.13)b	(0.09～0.10)b

注：当压力 $p>29$ MPa，$L\geqslant 1.5b$ 时，取表中数值乘以 1.25－1.35；当压力 $p<49$ MPa，$L\geqslant 1.5b$ 时，取表中数值乘以 1.5－1.6。

（1）确定模架组合形式。根据制品成型所需的结构来确定模架的结构组合形式，如浇注系统的类型、动（定）模的结构、制件的推出机构类型等来选择合适的模架。

（2）确定型腔壁厚。通过查表 11-5、表 11-6，或通过壁厚公式计算得到型腔壁厚尺寸。

（3）计算型腔板周界尺寸。如图 11-14 所示。

型腔模板的长度　$L = S + A + t + A + S$　（11-5）

型腔模板的宽度　$N = S + B + t + B + S$　（11-6）

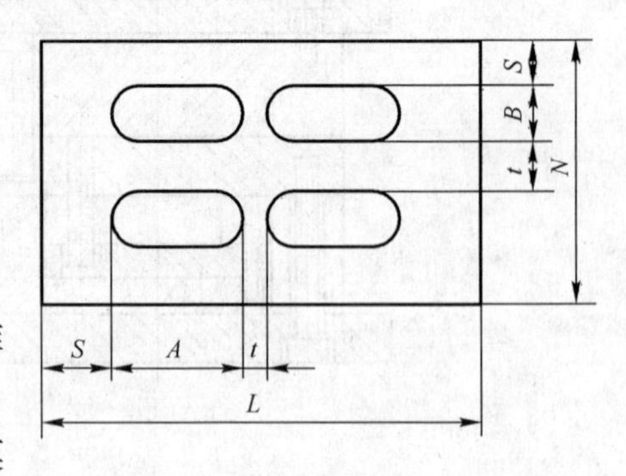

图 11-14　型腔模板的长宽

（4）修正模板周界尺寸。由上一步尺寸套标准模板。修整时应考虑有足够空间安装其他零件。

（5）确定模板厚度。根据型腔深度，并参考模架标准得到模板厚度并修整。

（6）选择模架尺寸。根据确定的模板周边尺寸，配合模板所需厚度查标准选择模架型号。

（7）检验所选择的模架的合适性。对所选的模架还需检验模架与注射机之间的关系，如闭合高度，开模空间等，如不合适，还需重新选择。

小测验

试讨论塑料模具标准模架与冲压模具标准模架在选取的原则上有哪些区别？

思考与练习题

1. 模具设计任务书应包括哪些内容？内容不全对设计有无影响？

2. 设计前，设计者应该明确哪些事项？

3. 模具设计的一般步骤是什么？

4. 正确选择模具材料有何重要性和实际意义？

5. 中小型标准模架由几部分组成？各部分的作用是什么？

6. 分组设计一套具有中等复杂程度的塑件（带有内凹结构）的注射成型工艺和模具，其具体内容是设局模具装配图一张，关键成型零件图若干张，塑件图一张，编制塑料注射成型工艺一份和编写模具设计说明书一份。

附录 A 塑料及树脂缩写代号

英文简称	英文全称	中文全称
ABA	Acrylonitrile - butadiene - acrylate	丙烯腈/丁二烯/丙烯酸酯共聚物
ABS	Acrylonitrile - butadiene - styrene	丙烯腈/丁二烯/苯乙烯共聚物
AES	Acrylonitrile - ethylene - styrene	丙烯腈/乙烯/苯乙烯共聚物
AMMA	Acrylonitrile/methyl Methacrylate	丙烯腈/甲基丙烯酸甲酯共聚物
ARP	Aromatic polyester	聚芳香酯
AS	Acrylonitrile - styrene resin	丙烯腈 - 苯乙烯树脂
ASA	Acrylonitrile - styrene - acrylate	丙烯腈/苯乙烯/丙烯酸酯共聚物
CA	Cellulose acetate	醋酸纤维塑料
CAB	Cellulose acetate butyrate	醋酸 - 丁酸纤维素塑料
CAP	Cellulose acetate propionate	醋酸 - 丙酸纤维素
CE	Cellulose plastics, general	通用纤维素塑料
CF	Cresol - formaldehyde	甲酚 - 甲醛树脂
CMC	Carboxymethyl cellulose	羧甲基纤维素
CN	Cellulose nitrate	硝酸纤维素
CP	Cellulose propionate	丙酸纤维素
CPE	Chlorinated polyethylene	氯化聚乙烯
CPVC	Chlorinated poly (vinyl chloride)	氯化聚氯乙烯
CS	Casein	酪蛋白
CTA	Cellulose triacetate	三醋酸纤维素
EC	Ethyl cellulose	乙烷纤维素
EEA	Ethylene/ethyl acrylate	乙烯/丙烯酸乙酯共聚物
EMA	Ethylene/methacrylic acid	乙烯/甲基丙烯酸共聚物
EP	Epoxy, epoxide	环氧树脂
EPD	Ethylene - propylene - diene	乙烯 - 丙烯 - 二烯三元共聚物
EPM	Ethylene - propylene polymer	乙烯 - 丙烯共聚物
EPS	Expanded polystyrene	发泡聚苯乙烯
ETFE	Ethylene - tetrafluoroethylene	乙烯 - 四氟乙烯共聚物
EVA	Ethylene/vinyl acetate	乙烯 - 醋酸乙烯共聚物
EVAL	Ethylene - vinyl alcohol	乙烯 - 乙烯醇共聚物
FEP	Perfluoro (ethylene - propylene)	全氟（乙烯 - 丙烯）塑料
FF	Furan formaldehyde	呋喃甲醛
HDPE	High - density polyethylene plastics	高密度聚乙烯塑料
HIPS	High impact polystyrene	高冲聚苯乙烯
IPS	Impact - resistant polystyre ne	耐冲击聚苯乙烯
LCP	Liquid crystal polymer	液晶聚合物
LDPE	Low - density polyethylene plastics	低密度聚乙烯塑料

续表

英文简称	英文全称	中文全称
LLDPE	Linear low - density polyethylene	线性低密聚乙烯
LMDPE	Linear medium - density polyethylene	线性中密聚乙烯
MBS	Methacrylate - butadiene - styrene	甲基丙烯酸 - 丁二烯 - 苯乙烯共聚物
MC	Methyl cellulose	甲基纤维素
MDPE	Medium - density polyethylene	中密聚乙烯
MF	Melamine - formaldehyde resin	密胺 - 甲醛树脂
MPF	Melamine/phenol - formaldehyde	密胺/酚醛树脂
PA	Polyamide（nylon）	聚酰胺（尼龙）
PAA	Poly（acrylic acid）	聚丙烯酸
PADC	Poly（allyl diglycol carbonate）	碳酸 - 二乙二醇酯 · 烯丙醇酯树脂
PAE	Polyarylether	聚芳醚
PAEK	Polyaryletherketone	聚芳醚酮
PAI	Polyamide - imide	聚酰胺 - 酰亚胺
PAK	Polyester alkyd	聚酯树脂
PAN	Polyacrylonitrile	聚丙烯腈
PARA	Polyaryl amide	聚芳酰胺
PASU	Polyarylsulfone	聚芳砜
PAT	Polyarylate	聚芳酯
PAUR	Poly（ester urethane）	聚酯型聚氨酯
PB	Polybutene - 1	聚丁烯 -［1］
PBA	Poly（butyl acrylate）	聚丙烯酸丁酯
PBAN	Polybutadiene - acrylonitrile	聚丁二烯 - 丙烯腈
PBS	Polybutadiene - styrene	聚丁二烯 - 苯乙烯
PBT	Poly（butylene terephthalate）	聚对苯二酸丁二酯
PC	Polycarbonate	聚碳酸酯
PCTFE	Polychlorotrifluoroethylene	聚氯三氟乙烯
PDAP	Poly（diallyl phthalate）	聚对苯二甲酸二烯丙酯
PE	Polyethylene	聚乙烯
PEBA	Polyether block amide	聚醚嵌段酰胺
PEBA	Thermoplastic elastomer polyether	聚酯热塑弹性体
PEEK	Polyetheretherketone	聚醚醚酮
PEI	Poly（etherimide）	聚醚酰亚胺
PEK	Polyether ketone	聚醚酮
PEO	Poly（ethylene oxide）	聚环氧乙烷
PES	Poly（ether sulfone）	聚醚砜
PET	Poly（ethylene terephthalate）	聚对苯二甲酸乙二酯
PETG	Poly（ethylene terephthalate）glycol	二醇类改性 PET
PEUR	Poly（ether urethane）	聚醚型聚氨酯
PF	Phenol - formaldehyde resin	酚醛树脂
PFA	Perfluoro（alkoxy alkane）	全氟烷氧基树脂
PFF	Phenol - furfural resin	酚呋喃树脂
PI	Polyimide	聚酰亚胺
PIB	Polyisobutylene	聚异丁烯
PISU	Polyimidesulfone	聚酰亚胺砜
PMCA	Poly（methyl - alpha - chloroacrylate）	聚 α - 氯代丙烯酸甲酯

续表

英文简称	英文全称	中文全称
PMMA	Poly (methyl methacrylate)	聚甲基丙烯酸甲酯
PMP	Poly (4 – methylpentene – 1)	聚4 – 甲基戊烯 – 1
PMS	Poly (alpha – methylstyrene)	聚α – 甲基苯乙烯
POM	Polyoxymethylene, polyacetal	聚甲醛
PP	Polypropylene	聚丙烯
PPA	Polyphthalamide	聚邻苯二甲酰胺
PPE	Poly (phcnylcne ether)	聚苯醚
PPO	Poly (phenylene oxide) deprecated	聚苯醚
PPOX	Poly (propylene oxide)	聚环氧（丙）烷
PPS	Poly (phenylene sulfide)	聚苯硫 醚
PPSU	Poly (phenylene sulfone)	聚苯砜
PS	Polystyrene	聚苯乙烯
PSU	Polysulfone	聚砜
PTFE	Polytetrafluoroethylene	聚四氟乙烯
PUR	Polyurethane	聚氨酯
PVAC	Poly (vinyl acetate)	聚醋酸乙烯
PVAL	Poly (vinyl alcohol)	聚乙烯醇
PVB	Poly (vinyl butyral)	聚乙烯醇缩丁醛
PVC	Poly (vinyl chloride)	聚氯乙烯
PVCA	Poly (vinyl chloride – acetate)	聚氯乙烯醋酸乙烯酯
PVCC	chlorinated poly (vinyl chloride) (* CPVC)	氯化聚氯乙烯
PVI	poly (vinyl isobutyl ether)	聚（乙烯基异丁基醚）
PVM	poly (vinyl chloride vinyl methyl ether)	聚（氯乙烯 – 甲基乙烯基醚）
RAM	restricted area molding	窄面模塑
RF	resorcinol – formaldehyde resin	甲苯二酚 – 甲醛树脂
RIM	reaction injection molding	反应注射模塑
RP	reinforced plastics	增强塑料
RRIM	reinforced reaction injection molding	增强反应注射模塑
RTP	reinforced thermoplastics	增强热塑性塑料
S/AN	styrene – acryonitrile copolymer	苯乙烯 – 丙烯腈共聚物
SBS	styrene – butadiene block copolymer	苯乙烯 – 丁二烯嵌段共聚物
SI	silicone	聚硅氧烷
SMC	sheet molding compound	片状模塑料
S/MS	styrene – α – methylstyrene copolymer	苯乙烯 – α – 甲基苯乙烯共聚物
TMC	thick molding compound	厚片模塑料
TPE	thermoplastic elastomer	热塑性弹性体
TPS	toughened polystyrene	韧性聚苯乙烯
TPU	thermoplastic urethanes	热塑性聚氨酯
TPX	ploymethylpentene	聚 – 4 – 甲基 – 1 戊烯
VG/E	vinylchloride – ethylene copolymer	聚乙烯 – 乙烯共聚物
VC/E/MA	vinylchloride – ethylene – methylacrylate copolymer	聚乙烯 – 乙烯 – 丙烯酸甲酯共 聚物
VC/E/VCA	vinylchloride – ethylene – vinylacetate copolymer	氯乙烯 – 乙烯 – 醋酸乙烯酯共 聚物
PVDC	Poly (vinylidene chloride)	聚（偏二氯乙烯）
PVDF	Poly (vinylidene fluoride)	聚（偏二氟乙烯）
PVF	Poly (vinyl fluoride)	聚氟乙烯

续表

英文简称	英文全称	中文全称
PVFM	Poly (vinyl formal)	聚乙烯醇缩甲醛
PVK	Polyvinylcarbazole	聚乙烯咔唑
PVP	Polyvinylpyrrolidone	聚乙烯吡咯烷酮
S/MA	Styrene - maleic anhydride plastic	苯乙烯 - 马来酐塑料
SAN	Styrene - acrylonitrile plastic	苯乙烯 - 丙烯腈塑料
SB	Styrene - butadiene plastic	苯乙烯 - 丁二烯塑料
Si	Silicone plastics	有机硅塑料
SMS	Styrene/alpha - methylstyrene plastic	苯乙烯 - α - 甲基苯乙烯塑料
SP	Saturated polyester plastic	饱和聚酯塑料
SRP	Styrene - rubber plastics	聚苯乙烯橡胶改性塑料
TEEE	Thermoplastic Elastomer, Ether - Ester	醚酯型热塑弹性体
TEO	Thermoplastic Elastomer, Olefinic	聚烯烃热塑弹性体
TES	Thermoplastic Elastomer, Styrenic	苯乙烯热塑性弹性体
TPEL	Thermoplastic elastomer	热塑（性）弹性体
TPES	Thermoplastic polyester	热塑性聚酯
TPUR	Thermoplastic polyurethane	热塑性聚氨酯
TSUR	Thermoset polyurethane	热固聚氨酯
UF	Urea - formaldehyde resin	脲甲醛树脂
UHMWPE	Ultra - high molecular weight PE	超高分子量聚乙烯
UP	Unsaturated polyester	不饱和聚酯
VCE	Vinyl chloride - ethylene resin	氯乙烯/乙烯树脂
VCEV	Vinyl chloride - ethylene - vinyl	氯乙烯/乙烯/醋酸乙烯共聚物
VCMA	Vinyl chloride - methyl acrylate	氯乙烯/丙烯酸甲酯共聚物
VCMMA	Vinyl chloride - methylmethacrylate	氯乙烯/甲基丙烯酸甲酯共聚物
VCOA	Vinyl chloride - octyl acrylate resin	氯乙烯/丙烯酸辛酯树脂
VCVAC	Vinyl chloride - vinyl acetate resin	氯乙烯/醋酸乙烯树脂
VCVDC	Vinyl chloride - vinylidene chloride	氯乙烯/偏氯乙烯共聚物

附录 B 热塑性塑料的某些性能

性能名称		聚乙烯		聚丙烯(PP)	聚氯乙烯(PVC)		聚苯乙烯	丙烯腈－丁二烯	聚甲基丙烯酸甲酯(有机玻璃 PMMA)
		高密度	低密度		硬质	软质			
物理性能	密度/(g/cm³)	0.941～	0.91～0.925	0.9～0.91	1.30～1.58	1.16～1.35	1.04	1.03～1.06	1.17～1.2
	吸水率/%	<0.01	<0.01	0.03～0.04	0.07～0.4	0.5～1.0	0.03	0.2～0.25	0.2～0.4
力学性能	抗拉强度/MPa	21～38	3.9～15.7	35～40	45～50	10～25	50～60	21～63	50～77
	拉伸弹性模量/GPa	0.4～	0.12～0.24	1.1～1.6	3.3	—	2.8～4.2	1.8～2.9	2.4～3.5
	断后伸长率/%	20～	90～800	200	20～40	100～450	1.0～3.7	23～60	2～7
	抗压强度/MPa	18.6～	—	—	—	—	—	18～70	—
	抗弯强度/MPa	—	—	42～56	80～90	—	69～80	62～97	84～120
	冲击韧度(悬臂梁,缺口)/(J/m²)	80～	853.4	10～100	30～40J/m²(简支梁,无缺口)	—	10～80	123～454	14.7
	硬度	60～70HD	41～50HD	50～102HRR	14～17HBS	50～75HA	65～80HRM	62～121HRR	10～18HBS
热性能	比热容/[kJ/(kg·K)]	2.3	—	1.93	1.05～1.47	1.26～2.1	1.4	1.26～1.67	1.47
	线胀系数/(10^{-5}/K)	11～13	16～18	10.8～11.2	5～6	7～25	3.6～8.0	5.8～8.5	5～9
	热导率/[W/(m·K)]	0.46～0.52	0.35	0.1～0.21	0.15～0.21	0.13～0.17	0.1～0.14	0.19～0.33	0.17～0.25
	最高使用温度(无载荷)/℃	79～121	82～100	88～116	66～79	60～79	60～79	66～99	65～95
	连续耐热温度/℃	85	—	—	—	—	—	130～190	—
电性能	表面电阻率/Ω	—	—	—	—	—	—	—	10^{15}
	体积电阻率/(Ω·cm)	10^{16}	—	$>10^{16}$	10^{11}～10^{16}以上	—	$>10^{16}$	10^{13}～10^{16}	—
	相对介电常数/(工频)	2.5(10^6Hz)	—	—	2～3	—	—	2.4～5.0	—
成型加工	成型收缩率/%	1.5～4.0	1.2～4.0	1.0～2.5	0.1～0.5	1～5	0.2～0.7	0.3～0.6	0.2～0.6
	挤出成型温度/℃	150～280	120～180	150～280	140～190	120～190	—	160～200	—
	注射成型温度/℃	150～280	120～230	230～290	140～190	—	170～260	200～240	220～250
	注射成型压力/MPa	50～130	50～100	50～100	80～130	—	60～130	60～100	70～130

续表

性能名称		聚酰胺(尼龙 PA)					聚碳酸酯(PC)	聚甲醛(POM)		热塑性聚酯(线性聚酯)	
		PA-6	PA-66	PA-610	PA-1010	铸型 PA-MC		均聚	共聚	聚对苯二甲酸乙二(醇)酯 PETP	聚对苯二甲酸丁二(醇)酯 PBTP
物理性能	密度/(g/cm³)	1.13～1.15	1.14～1.15	1.07～1.09	1.04～1.07	1.1	1.18～1.2	1.42～1.43	1.41～1.43	1.37～1.38	1.3～1.55
	吸水率/%	1.9～2.0	1.5	0.5	0.39	0.6～1.2	0.2～0.3	0.2～0.27	0.22～0.29	0.08～0.09	0.03～0.09
力学性能	抗拉强度/MPa	54～78	57～83	47～60	52～55	77～92	60～88	58～70	62～68	57	52.5～65
	拉伸弹性模量/GPa	—	—	—	1.6	2.4～3.6	2.5～3.0	2.9～3.1	2.8	2.8～2.9	2.6
	断后伸长率/%	150～250	40～270	100～240	100～250	20～30	80～95	15～75	40～75	50～300	—
	抗压强度/MPa	60～90	90～120	70～90	65	—	—	122	113	—	—
	抗弯强度/MPa	70～100	60～110	70～100	82～89	120～150	94～130	98	91～92	84～117	83～103
	冲击韧度(悬臂梁,缺口)/(J/m²)	53.3	43～64	3.5～5.5	4～5	500～600	640～830	64～123	53～85	0.4	35.4
	硬度	85～114HRR	100～118HRR	90～130HRR	71HBS	14～21HBS	68～86HRM	118～120HRR	120HRR	68～98HRM	118HRR
热性能	比热容/[kJ/(kg·K)]	1.67～2.09	1.67	1.67～2.09	—	—	1.17～1.26	1.47	1.47	1.17	1.17～2.3
	线胀系数/(10^{-5}/K)	7.9～8.7	9.1～10.0	9	10.5	8～9	6～7	10	11	6.0～9.5	6
	热导率/[W/(m·K)]	0.21～0.35	0.26～0.35	—	—	—	0.19	—	—	0.15	—
	最高使用温度(无载荷)/℃	82～121	82～149	—	—	—	121	91	100	79	138
	连续耐热温度/℃	—	—	—	—	—	120	121	80	—	-85
电性能	表面电阻率/Ω	—	—	—	—	—	—	—	—	10^{15}	—
	体积电阻率/(Ω·cm)	10^{14}～10^{15}	10^{14}～10^{15}	10^{14}～10^{15}	10^{14}～10^{15}	10^{14}～10^{15}	10^{16}	10^{14}	10^{14}	—	10^{16}
	相对介电常数/(工频)	3.1～3.6	3.1～3.6	3.1～3.6	3.1～3.6	3.1～3.6	3.1	3.8	3.8	3.37	3.0～4.0 (10^5Hz)
成型加工	成型收缩率/%	—	1.5～2.2	1.5～2.0	1～2.5	径向 3-4 纵向 7-12	0.5～0.8	2.0～2.5	2.0～3.0	—	1.5～2.5
	挤出成型温度/℃	230～260	250～315	230～270	210～280	—	220～270	160～190	160～190	<304	250～280
	注射成型温度/℃	210～280	230～300	230～260	210～240	—	250～300	160～185	160～185	270～300	230～270
	注射成型压力/MPa	70～160	60～150	60～150	60～150	—	80～160	60～130	60～130	50～100	40～170

续表

性能名称		氟塑料			聚苯醚（PPO）	聚酰亚胺（PI）		聚砜（PSU）	聚苯硫醚（PPS）	聚醚醚酮（PEEK）	聚芳酯（PAR）
		聚四氟乙烯 PTFE	聚三氟氯乙烯	聚全氟乙烯丙		均苯型	醚酐型				
物理性能	密度/(g/cm^3)	2.1～2.2	2.1～2.2	2.1～2.2	1.06～1.36	1.42～1.43	1.36～1.38	1.24～1.61	1.3～1.9	1.26～1.32	1.2～1.51
	吸水率/%	0.01～0.02	0.02	0.01	0.06～0.12	0.2～0.3	0.3	0.3	0.25	0.1～0.4	0.26～0.27
力学性能	抗拉强度/MPa	14～25	31～42	19～22	48～66	94.5	120	66～68	66～103	70～103	60～67
	拉伸弹性模量/GPa	0.4	1.1～2.1	0.35	2.3～2.6	—	—	2.5～4.5	3.3	—	2.1～2.3
	断后伸长率/%	250～500	50～190	250～330	35～60	6.0～8	6.0～10	50～100	1.0～4	30～50	50～65
	抗压强度/MPa	—	—	—	69～113	>276	>230	276	76～159	124	82
	抗弯强度/MPa	18～20	52～65	—	57～97	117	200～210	99～106	96～158	110	75～100
	冲击韧度(悬臂梁，缺口)/(J/m^2)	107～160	192	—	214～374	—	—	34.7～64.1	<26.7～53.4	85.4	219～294
	硬度	50～65HD②	74HD②	60～65HD	115～120HRR	92～102HRM	—	69～74HRM	121～123HRR	—	65～100HRM
热性能	比热容/[kJ/(kg·K)]	1.05	0.92	1.17	1.46	1.13	—	1.3	—	—	—
	线胀系数/(10^{-5}/K)	10.0～12	4.5～7	8.5～10.5	3.3～3.7	—	—	3.4～5.6	2～4.9	4～4.7（<150℃）	6.2～6.3
	热导率/[W/(m·K)]	0.25	0.2～0.22	0.25	0.16～0.22	0.33～0.37	—	0.26	0.29	—	0.18
	最高使用温度(无载荷)/℃	288	177～199	204	79～104	260	—	149	260	249	—
	连续耐热温度/℃	—	—	—	60～121	60～88	—	—	—	—	—
电性能	表面电阻率/Ω	—	—	—	—	10^{14}	—	—	—	—	>10^{13}
	体积电阻率/(Ω·cm)	10^{17}～10^{18}	>10^{16}	10^{18}	10^{16}～10^{17}	10^{17}	10^{15}～10^{16}	10^{16}	—	10^{16}～10^{17}	10^{13}
	相对介电常数/(工频)	2.0～2.2	2.3～2.7	2.1(10^6 Hz)	2.6～2.8	3.0～4	3.1～3.5	3.1	—	2.2～2.3	3.0～3.6
成型加工	成型收缩率/%	1.0～5(模压)	1～2.5	2.0～5	0.5～0.8	—	0.5～1.0	0.4～0.7	0.4～0.8	1.1	0.6～0.9
	挤出成型温度/℃	—	—	—	270～330	315～340	315～340	315～380	300～340	—	—
	注射成型温度/℃	—	—	—	280～340	340～370	340～370	315～400	280～340	—	—
	注射成型压力/MPa	—	—	—	80～200	>140	>140	100～200	60～140	—	—

附录 C 热塑性塑料注射成型制品缺陷及产生的原因

制品缺陷	产生原因
制品填充不足	（1）料筒、喷嘴及模具温度偏低 （2）加料量不够 （3）料筒剩料太多 （4）注射压力太低 （5）注射速度太慢 （6）流道或浇口太小，浇口数目不够、位置不当 （7）模腔排气不良 （8）注射时间太短 （9）浇注系统发生堵塞 （10）原料流动性太差
制品飞边	（1）料筒、喷嘴及模具温度太高 （2）注射压力太大，锁模力不足 （3）模具密封不严、有杂物或模板弯曲变形 （4）模腔排气不良 （5）原料流动性太大 （6）加料量太多
制品有气泡	（1）塑料干燥不良、含有水分、单体、溶剂和挥发性气体 （2）塑料有分解物 （3）注射速度太快 （4）注射压力太小 （5）模温太低、充模不完全 （6）模具排气不良 （7）从加料端带入空气
制品凹陷（缩水）	（1）加料量不足 （2）料温太高 （3）制品壁厚或壁薄相差大 （4）注射及保压时间太短 （5）注射压力不够 （6）注射速度太快 （7）浇口位置不当
制品表面有银纹及波纹	（1）原料含有水分及挥发物 （2）料温太高或太低 （3）注射压力太低 （4）流道、浇口尺寸太大 （5）嵌件未预热或温度太低 （6）制品内应力太大
制品褪色	（1）塑料污染或干燥不够 （2）螺杆转速太快，背压太高 （3）注射压力太大 （4）注射速度太快 （5）注射保压时间太长 （6）料筒温度过高，致使塑料、着色剂或添加剂分解 （7）流道、浇口尺寸不合适 （8）模具排气不良
制件分层脱皮	（1）不同塑料混杂 （2）同一种塑料不同级别相混 （3）塑化不均匀 （4）原料污染或混入异物
制品尺寸不稳定	（1）加料量不稳 （2）原料颗粒不匀，新旧料混合比例不当 （3）料筒和喷嘴温度太高 （4）注射压力太低 （5）充模保压时间不均 （6）浇口、流道尺寸不均 （7）模温不均匀 （8）模具设计尺寸不准确 （9）顶出杆变形或磨损 （10）注射机的电气、液压系统不稳定
制品粘模	（1）注射压力太高，注射时间太长 （2）模具温度太高 （3）浇口尺寸太大和位置不当 （4）模腔光洁度不够 （5）脱模斜度太小，不易脱模 （6）顶出位置或结构不合理
制品有明显的熔合纹	（1）料温太低、塑料的流动性差 （2）注射压力太小 （3）注射速度太慢 （4）模温太低 （5）型腔排气不良 （6）塑料受到污染
制品翘曲变形	（1）模具温度太高，冷却时间不够 （2）制品厚薄悬殊 （3）浇口位置不恰当，且浇口数量不合适 （4）推出位置不恰当，且受力不均匀 （5）塑料分子定向作用太大
主流道粘模	（1）料温太高 （2）冷却时间太短、主流道料尚未凝固 （3）喷嘴温度太低 （4）主流道无冷料穴 （5）主流道光洁度差 （6）喷嘴孔径大于主流道直径 （7）主流道衬套弧度与喷嘴弧度不吻合 （8）主流道斜度不够
制品强度下降	（1）塑料分解 （2）成形温度太低 （3）熔接不良 （4）塑料潮湿 （5）塑料混入杂质 （6）浇口位置不当 （7）制品设计不当，有锐角缺口 （8）围绕金属嵌件周围的塑料厚度不够 （9）模具温度太低 （10）塑料回料次数太多
制品表面有黑点及条纹	（1）塑料有分解 （2）螺杆转速太快，背压太高 （3）塑料碎屑卡入柱塞和料筒间 （4）喷嘴与主流道吻合不好，产生积料 （5）模具排气不良 （6）原料污染或带进杂质 （7）塑料颗粒太小不均匀

附录D 热固性塑料制品的缺陷及产生的原因

制品缺陷	产生的原因
制品表面起泡或鼓起	（1）塑料中水分和挥发物的含量太大； （2）模具过热或过冷； （3）模具成型压力不够； （4）成型时间过短； （5）塑料压缩率过大，所含空气太多； （6）加热不均匀
制品翘曲	（1）塑料的固化程度不够； （2）模具的温度过高，或凹、凸模表面温差过大，致使制品各部分的收缩不一； （3）制品结构的刚度不够； （4）制品壁厚不均匀且形状过于复杂； （5）塑料的流动性太好； （6）闭模前塑料在模内停留的时间过长； （7）塑料中水分和挥发物的含量太大
制品欠压（成型不完全，全部或局部疏松）	（1）成型压力太小； （2）加料量不足； （3）塑料的流动性太好或太差； （4）闭模太快或排气太快，使塑料自模具内溢出； （5）闭模太慢或模具温度过高，使部分塑料发生过早的固化
制品有裂缝	（1）金属嵌件的结构不正确胡体积过大、数量过多； （2）模具的结构设计不恰当或顶出机构不好； （3）制品各部分的壁厚相差太大； （4）塑料中水分或挥发物的含量太大； （5）制品在模内的时间过长

制品缺陷	产生的原因
制品的表面灰暗	（1）型腔的表面粗糙度太高； （2）润滑剂的质量差或用量不够； （3）模具温度过高或过低
制品表面出现斑点或小缝	（1）塑料含有杂物，尤其是油类物质； （2）模具没有好好清理
制品变色	模具温度过高
制品黏膜	（1）塑料中可能无润滑剂或用量不恰当； （2）型腔表面粗糙度太低
制品的毛边太高	（1）加料量太大； （2）塑料的流动性太差； （3）模具的设计不恰当； （4）导柱的套管被堵塞
制品表面呈橘皮状	（1）闭模速度太快； （2）塑料的流动性太好； （3）塑料的颗粒太粗； （4）塑料的水分过多（在空气中暴露太久）
制品脱模时呈柔软状	（1）塑料的固化程度不够； （2）塑料的水分过多； （3）模具上润滑油用得太多
制品尺寸不符要求	（1）加料质量准； （2）模具不精确或已磨损； （3）塑料不符合规格
制品的机械强度低	（1）塑料的固化程度不够，模具温度太低； （2）加料量不足； （3）成型压力太小

附录E 热塑性塑料注射机型号和主要技术规格

型号			SYS－10（立式）	SYS－30（立式）	YS－ZY－45（直角式）	C4730－1（直角式）	XS－Z－30	XS－Z－60
螺杆（柱塞）直径/mm			ϕ22	ϕ28	ϕ28	ϕ25	ϕ28	ϕ28
注射容量/（cm^3或g）			10g	30g	45	30	30	60
注射压力/10^5 Pa			1500	1570	1250	1700	1190	1220
锁模力/10 kN			15	50	40	38	25	50
最大注射面积/cm^2			45	130	95	—	90	130
模具厚度/mm	最大		180	200	—	325	180	200
	最小		100	70	70	165	60	70
模板行程/mm			120	80	—	225	160	180
喷嘴	球半径/mm		12	12	—	15	12	12
	孔半径/mm		ϕ2.5	ϕ3	—	—	ϕ4	ϕ4
定位孔直径/mm			$\phi 55^{+0.06}_{0}$	$\phi 55^{+0.10}_{0}$	—	—	$\phi 63.5^{+0.064}_{0}$	$\phi 55^{+0.03}_{0}$
推出	中心孔径/mm		ϕ30	ϕ50	—	ϕ30	—	ϕ50
	两侧	孔径/mm	—	—	—	—	ϕ20	—
		孔距/mm	—	—	—	—	170	—

型号			XS－ZY－125	XS－ZY－250	XS－ZY－500	XS－ZY－1000	XS－ZY－1000A
螺杆（柱塞）直径/mm			ϕ42	ϕ50	ϕ65	ϕ85	ϕ100
注射容量/（cm^3或g）			125	250	500	1000	2000
注射压力/10^5 Pa			1190	1300	1040	1210	1210
锁模力/10 kN			90	180	350	450	600
最大注射面积/cm^2			320	500	1000	1800	2000
模具厚度/mm	最大		300	350	450	700	700
	最小		200	250	300	300	300
模板行程/mm			300	350	700	700	700
喷嘴	球半径/mm		12	12	—	15	12
	孔半径/mm		ϕ4	ϕ4	ϕ7.5	ϕ7.5	ϕ7.5
定位孔直径/mm			$\phi 100^{+0.054}_{0}$	$\phi 125^{+0.06}_{0}$	$\phi 150^{+0.06}_{0}$	$\phi 150^{+0.06}_{0}$	$\phi 150^{+0.06}_{0}$
推出	中心孔径/mm		—	—	ϕ150	—	—
	两侧	孔径/mm	ϕ22	ϕ40	ϕ24.5	ϕ20	ϕ20
		孔距/mm	230	280	530	850	850

参考文献

[1] 屈华昌．塑料成型工艺与模具设计．2 版．北京：机械工业出版社，2007.

[2] 付宏生，刘京华．塑料制品与塑料模具设计．北京：化学工业出版社，2007.

[3] 陈元龙等．塑料成型工艺与模具设计．北京：北京航空航天大学出版社，2010.

[4] 杨安．塑料成型工艺与模具设计．北京：北京理工大学出版社，2007.

[5] 李东君．塑料成型工艺与模具设计．北京：化学工业出版社，2010.

[6] 俞芙芳．塑料成型工艺与模具设计．北京：清华大学出版社，2011.

[7] 徐政坤．塑料成型工艺与模具设计．北京：国防工业出版社，2008.

[8] 杨予勇．塑料成型工艺与模具设计．北京：国防工业出版社，2009.

[9] 张兴友．塑料成型工艺与模具设计．北京：冶金工业出版社，2009.

[10] 孙玲．塑料成型工艺与模具设计学习指导．北京：北京理工大学出版社，2008.

[11] 骆俊廷．塑料成型模具设计．北京：国防工业出版社，2008.

[12] 黄锐．塑料工程手册．北京：机械工业出版社，2000.

[13] 李力．塑料成型模具设计与制造．北京：国防工业出版社，2007.

[14] 庞祖高．塑料成型基础及模具设计．重庆：重庆大学出版社，2004.

[15] 陈剑鹤．模具设计基础．北京：机械工业出版社，2003.